信息与通信工程专业核心教材

密码学简明教程

陈　运　编著

電子工業出版社
Publishing House of Electronics Industry
北京·BEIJING

内 容 简 介

教育部高等学校网络空间安全专业教学指导委员会发布的第二版信息安全专业规范对研究教学类大学和技术应用类大学的密码学课程分别提出了不同的要求。本书覆盖了信息安全专业指导性专业规范所要求的密码学全部九个知识模块，并在此基础上进行了适当的扩充。

本书具体内容包括密码学的基本概念、分组密码、流密码、公钥密码、数字签名、杂凑函数和完整性校验、认证、密钥管理、密码协议，重点介绍国家商用密码算法和目前国际上广泛应用的典型密码算法，并对一些新的密码技术进行了简要介绍。

本书适合用作各类大学网络空间安全、信息安全及相关专业本科教材，也可作为计算机、通信、电子工程专业的选修课教材和研究生相关课程的参考教材，还可作为信息安全相关领域科技人员从事可信研究和技术开发的参考书。

图书在版编目（CIP）数据

密码学简明教程 / 陈运编著. —北京：电子工业出版社，2022.6
ISBN 978-7-121-43761-8

Ⅰ. ①密… Ⅱ. ①陈… Ⅲ. ①密码学－高等学校－教材 Ⅳ. ①TN918.1

中国版本图书馆 CIP 数据核字（2022）第 101313 号

责任编辑：韩同平
印　　刷：北京虎彩文化传播有限公司
装　　订：北京虎彩文化传播有限公司
出版发行：电子工业出版社
　　　　　北京市海淀区万寿路 173 信箱　邮编：100036
开　　本：787×1092　1/16　印张：13.75　字数：440 千字
版　　次：2022 年 6 月第 1 版
印　　次：2024 年 1 月第 2 次印刷
定　　价：55.90 元

凡所购买电子工业出版社图书有缺损问题，请向购买书店调换。若书店售缺，请与本社发行部联系，联系及邮购电话：（010）88254888，88258888。

质量投诉请发邮件至 zlts@phei.com.cn，盗版侵权举报请发邮件至 dbqq@phei.com.cn。

本书咨询联系方式：010-88254525，hantp@phei.com.cn。

前　言

2016年，国家网信安全生态联盟的大型调查显示，我国信息安全人才供需比达到1：100的严重失衡程度。信息安全人才培养成为刻不容缓的需求。

密码学作为信息安全的核心，是信息安全及相关专业的必修课。教育部网络空间安全专业教学指导委员会根据国内外信息安全技术的发展，对《信息安全专业指导性专业规范》进行了修订，其中对密码学的课程要求进行了更新。本书就是根据新近的第2版规范、遵循宽口径原则编写的，覆盖了两套培养方案所要求的古典密码、分组密码、流密码、杂凑函数、公钥密码、数字签名、认证、密钥管理和密码协议等密码学九个知识模块的全部内容。第一套方案以培养学生从事信息安全领域的研究和技术开发工作为主；第二套方案以培养学生从事信息安全领域的应用服务工作为主。其中国产的祖冲之流密码算法 ZUC、公钥密码算法 SM2、分组密码算法 SM4 和密码杂凑算法 SM3 是规范要求的必修内容。各教学单位可根据本校的实际情况对教材的内容进行取舍。

密码学涉及的数学基础较广，为了使读者能够相对轻松地掌握密码学原理和知识，按照本书作者屡试不爽的"三明治"教学法组织教学材料，即将数学知识拆开，揉进算法中，再举例说明如何应用，避免因数学知识过于集中带给读者的阅读困难。对于比较复杂的算法，尽量给出了图解，希望能够帮助读者理解算法原理和运行过程。书中丰富的示例，希望能够缩短读者从理解到应用的距离。为了压缩教材篇幅并照顾到有兴趣的读者，一些密码学经典读物和引自标准、参考材料及网络的算法、定理源程序以二维码形式提供。

感谢本书责任编辑韩同平！十年锲而不舍的约稿，终使这本书面世。密码学涉及面太广了，本人学识有限，书中错误疏漏在所难免。诚望读者反馈批评和建议！

作者联系方式：微信号 of85966901，电子邮箱 chenyun@uestc.edu.cn。

作者于成都

目　录

第1章 概 论

提起“密码”，人们自然想到的是计算机开机密码、手机密码、银行卡密码、……但此密码非彼密码，在密码学中，计算机、手机、银行卡等的所谓“密码”，被称为口令字。密码学中的密码建立在坚实的数学理论基础之上、有其约定的规则、特有的规律和性质、具有保护或确证信息系统各个环节真实性、安全性等的多重功能。

为了使读者能够了解密码学的全貌，本章对密码学的发展历史、密码思想的演变、功能的扩充和密码体制的分类进行概要介绍。

1.1 密码学发展历史

密码是一门古老的技艺，历史源远流长。一般认为有了消息传递后不久，就产生了消息保密的需求。消息发送者不希望“局外人”知道消息的内容，于是就把消息加以伪装，变成“局外人”不易识别和理解的秘密情报传给消息的接收者。毫无疑问，“局外人”如果截获并破译了这种秘密情报，就会得到许多好处。这就导致了伪装消息的密码“编码者”和“破译者”之间永无休止的勾心斗角。这种斗争随着通信媒介和技术的变化而变化，推动了密码学的形成和发展。

密码的起源很难追溯。考古学家 20 多年前发现了尼罗河畔梅尼库孚镇有一块属于贵族 Kemholt II 的墓碑，距今已有 4000 多年。墓碑上的铭文是一种从未见过的非常古怪的象形符号，完全不同于当时的古埃及圣书字。由于铭文满足了密码学的两大要素：秘密性和文字变形，于是考古学家认为碑文是密码，但是引起了很大的争议。

早在 3000 多年前，周代初期的著名军事家太公望在他所著的《太公兵法》中介绍了两种消息传递密码，阳符和阴符。阳符是物具，以长短表达不同的意思，如一尺长代表大获全胜，半尺长寓意需要后方增援。后来又在阳符的基础上发展出虎符、兵符、令箭、金牌、符节等，表达的内容更丰富、用途更广泛。这类不断改进的物具密码，一直沿用到清末才被淘汰。阴符是太公望发明的第二种密码，称为“一合而再离，三发而一起”。即把一份完整的军事文书按一定规则裁成三份，每份都是不可懂文字，分别派人传送到目的地后再拼合起来，恢复出完整的可懂文书。显然，阴符比阳符进了一步。

2500 多年前斯巴达人发明的“天书”，则比阴符更为科学和先进：加密器具是一根圆木棍，使用时将宽度固定的羊皮带紧紧缠满，既不留空隙，也不重叠，然后纵向写下文书，再把羊皮带解下送走，收到羊皮带者将其缠绕在相同直径的圆木棍上，便对密信一目了然。

古代的通信主要依靠人工传递文字。对消息的隐藏方法主要是隐写术和密码术。隐写术不对原始消息做任何更改，只把消息隐藏在书、画或其他载体中，通过常规的消息传递渠道进行传递。如中国古代的藏头诗是隐写术的一种表现手法。隐写术的另一种表现手法是采用“隐形墨水”，就是将文字写成看不见的形式或故意漏写，然后再用特殊的方法释读密信。例如，用毛笔蘸淘米水在白纸上写字，晾干后文字就看不见了。接收者收到后用棉签蘸碘酒擦抹白纸，隐写字会以蓝色复现出来。密码术是将可懂文字想方设法变成不可懂文字，猜字术就是早期的密码术之一。

上面讲到的几种古代密码术，对消息隐藏的思想可以分为两类：一类不改变表达消息的符号体系，仅改变符号的约定排列顺序或表示方式，如阴符、天书、隐写术；另一类将消息内容用其他符号或物件代替，如阳符、猜字术。

为了把信息隐藏得更好，后来就出现了各种各样的密码表。西方文字多为拼音文字，把原文字母用另外的字母或数字甚至符号代替，这样就扰乱了语言的既定规则，可懂文字就变成了不可懂文字——密码。这类密码后来发展成代替密码，至今仍然是密码设计的主要思想之一。将字母代替关系用密码表的形式固定下来，既规范、又便于操作，无疑是密码术的进步。最初的密码表是单字母固定代替，因为规则太简单，一旦猜中就等同于完全破解。后来出现了可变代替、随机代替，随后发展出多表代替，再进化为多字母/符号代替，代替可以等长，也可以不等长。随着密码术的发展出现了密码圆盘（图 1.1.1）、密码滑尺等用于加密和解密的工具。密码圆盘和密码滑尺是单字母代替密码的不同实现形式。

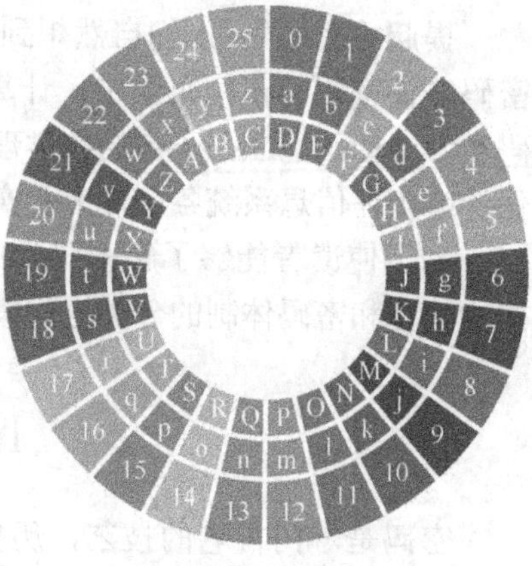

图 1.1.1　密码圆盘

密码思想的发展和密码工具的发明，推动了密码理论的萌芽。1499 年德国圣本尼迪克教派的 Johannes Trithemius 写了一本《隐写术》的书，收集了一些简单的密码本和密码表，还涉及某些心灵感应和魔术以及其他一些秘术，因为有争议，一直到 100 多年后的 1606 年才有印刷本。Trithemius 后来又写了一部名为《多词书法》的书，于 1516 年出版。书中记载了好几百个字母表，其中最著名的是万福玛莉亚密码表。这种密码表比先前的密码表复杂得多，共包含 384 栏的拉丁词，通过查表的方法进行加密和解密，可以把明文中的一个字母变成一个词或词组，也可以把明文的一个词或词组变成一个句子，其缺点是变换出的密文太冗长。密码继续发展，出现了密钥的概念，就是密码表的使用由密钥控制，这样就增加了密码的随机性，使得破译更加困难。到了 1586 年，法国一位退休外交官 Blaise De Vigenère 出版了《论密码》一书。书中收集了许多密码表、多表体制和密钥，并提出了“自身密钥体制”。即先约定好初始密钥，以后的密钥就用明文或密文代替，如此形成一个永不重复的密钥（见表 1.1-1），可以说萌发了流密码的嫩芽。

表 1.1-1　维吉尼亚自身密钥密码（明文作为密钥）

密钥字	m	a	y	v	i	g	e	n	e	r	e	p	o	l
明　文	v	i	g	e	n	e	r	e	p	o	l	y	a	l
密　文	H	I	E	D	V	K	V	R	T	F	P	N	O	W

无线电发明之前，截获秘密情报的主要手段是偷看别国政府文件。到了 16 世纪末，多数国家政府都成立了专事加密、解密和密码破译的“黑屋”，其中以意大利黑屋最为有名。破译密码在战争胜负、外交谈判和权力斗争中起着非常重要的作用，有时甚至关乎生死存亡，整个 17、18 世纪，黑屋都在欧洲盛行。即便如此，由于通信媒介没有发生根本性的变化，密码技术的发展仍然十分缓慢。

19 世纪，由于政治改革，各国政府纷纷关闭了黑屋，但密码设计和密码攻击的缠斗不曾停歇。这个时期英国的 Charles Wheatstone 爵士发明了另外一种不同的密码：两个字母成对代替而非单个字母一对一代替，这就使变换的组合大大增加，从而加大了破译难度，这种密码已经显现了分组密码的雏形。由于这种发明受到 Lyon Playfair 男爵的大力支持，因而被称为 Playfair 密码。

1871 年，上海大北水线电报公司用四码数字对 6899 个汉字编码，并设计了把编码加乱成密码的方法，可视为中国最初的商用密码。

1790 年，美国人 Thomas Jefferson 根据密码表代替的原理设计了一种简单的转轮密码器（见图 1.1.2），由若干相同直径的同轴轮盘组成，每个轮盘等间距刻写 26 个英文字母，各轮盘可以单独转动，加密时明文字母按照轮盘个数分组，将每组明文转动到转轮的初始位置，然后根据约定密钥读取某一行随机字母组作为密文，解密时反顺序读取即可。这种密码器结合了维吉尼亚多表密码和 Playfair 密码的优点并进行了改进，加快了加解密速度，又提高了加解密的准确度。这种机械虽然很简单，但其设计原理几乎成了后来所有机械和机电密码机的基础。

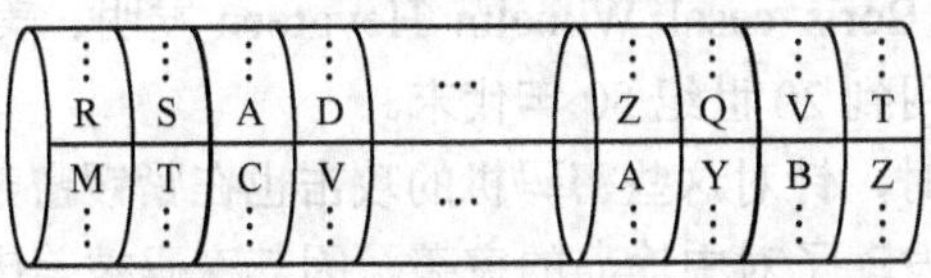

图 1.1.2　Jefferson 转轮密码机

随着电报和无线电的发明，信息传递的方式发生了革命性变化。以往由交通员传递的信件，改为电报和无线电通信，信息瞬间可达的便利性也促使信息交流更加频繁，同时也意味着消息更容易被敌方截获，被破译的风险大幅度增加。1894 年中日甲午海战，中方失败的原因之一就是大量清政府密电被日方破译。

第一、二次世界大战的爆发，对密码技术的进步起了很大的推动作用。为了防止密码被破译，新的密码思想和方法相继出现。例如第一次世界大战当中德国使用的 ADFGX 密码表，也称“棋盘格”。其方法是将 25 个德文字母写成 5 行 5 列的棋盘格方阵形式，行和列分别用 ADFGX 这 5 个字母进行序号标注，然后用标示行和列的 ADFGX 字母对，代替交叉点上的字母作为密文，解密时反查字母对，得到交叉点上的明文字母，字母代替关系见图 1.1.3。原文字母的顺序是任意的，并且经常更换。这种密码打破了原有明文单个字母的统计规律，也大幅度增加了字母的组合量，使得密码破解更加困难。

	A	D	F	G	X
A	n	b	x	r	u
D	q	o	k	d	v
F	a	h	s	g	f
G	m	z	c	l	t
X	e	i	p	j	w

FX	DD	AG	GF	XA	DG	GX	DD
f	o	r	c	e	d	t	o

AG	XA	GX	AG	XA	FA	GX
r	e	t	r	e	a	t

图 1.1.3　ADFGX 密码表及解密举例

第一次世界大战期间，德国还发明了另一种形式的密码，用随机数字组合代替一个词或词组。加密时，原文的词和词组按照字母顺序排列，其后的数字则随机排列，解密时使用按照数字顺序排列的密码本。这种密码称为“0075 密码本”，由于加密和解密是两个不同的密码本，也称为“两部本”密码，在密码术的发展中出现了“非对称”的影子。

这个时期出现的密码虽多，但不外乎三种思想：代替、换位或两者的混合，虽然词汇量较之前大幅增加，破译更为困难，但所用工具都是纸、笔或简单的器械。

第一次世界大战中，为了阻止当时中立的美国参战，德国外交部长 Arthur Zimmerman 计划一旦美国卷入战争，就让其陷入其他地方的斗争而无暇顾及欧战。英国破译了用“0075 密码本”拍发的 Zimmerman 电报，使其阴谋败露，在协约国濒于精疲力竭的紧要关头将美国拉入本方参战，根本性扭转了第一次世界大战的战局。可见密码分析对战争胜负的重要性。第一次世界大战结束的 1918 年，William F. Friedman 在论文《重合指数及其在密码学中的应用》(The Index of Coincidence and Its Applications in Cryptography）中系统讨论了重合指数用于密码分析的方法。

第二次世界大战爆发，使卷入战争的各方对保密通信的需求大幅度增长，加之无线电技术的广泛应用，带动了密码技术的空前革命。各国普遍采用了复杂而精巧的机械或机电密码。比较有名的有日本的“2597 字母打字机”，美军称其为“紫密机”，德国的 Enigma 密码机（见图 1.1.4）和瑞典人 Boris casal Wilhelm Heygreen 发明、美军改造使用的 M-209 密码机。M-209 密码机一直使用到 20 世纪 50 年代末。

新式密码机出现的同时，针对这些密码机的攻击也在紧锣密鼓地进行。

1942 年 6 月，日本发动了对中途岛的突袭，因其密码被美国破译，结果遭遇惨败，此役也成为太平洋战争的转折点。不到一年，美国密码分析学家又破译了日本 JN25 最新版本密码，结果使精心策划中途岛之战的日本海军大将山本五十六一命呜呼。

在第二次世界大战的编年史中，不列颠战役作为最艰苦最具决定性意义的一仗而独占篇章。英国战斗机总指挥官 Hugh Caswell doding 中将指挥大约 1200 多架飞机成功抗击了 3 倍于己的敌机，使德国元帅 Herman Grimm 的“鹰式计划”——摧毁英国皇家空军的梦想成为泡影，使以后盟军在诺曼底登陆得到了保障。这次胜利得益于英国破译了德国的 Enigma 密码机。最值得一提的是，为了破译 Enigma 密码机，Alan Turing 根据自己早年的研究和同事们一起造出用于辅助数学计算的机器，命名为“炸弹”(见图 1.1.5)——计算机的雏形。“炸弹”的问世又为破译 Enigma 密码机立下了汗马功劳。“炸弹”经过不断的改进，最终产生出了专事密码破译的 Colossus 机器，这是世界上第一台可以编写程序执行不同任务的计算机。

图 1.1.4　早期的 Enigma 密码机

图 1.1.5　“炸弹”原型

二战后，领导美国情报部门的美籍俄国人 William Frederick Friedman（Ф р и д м а н, Уильям Фредерик）出版了《密码分析原理》(*Principles of Cryptanalysis*）一书，提出了密

码分析的概念。

至二战结束，尽管密码技术得到了很大的发展，但是并没有形成理论体系，而且，计算机的发明使此前的绝大多数密码都变得不堪一击。1949 年，美国科学家 C.E.Shannon 在研究信息理论的时候对保密通信也进行了系统的研究，并在《贝尔系统技术杂志》发表了《密码体制的通信理论》(Communication Theory of Secrecy System)。在这篇划时代论文中，Shannon 证明了密码编码学能够置于坚实的数学基础之上，并证明了“一次一密”密码是完全安全的密码，从而奠定了密码学的理论基础。至此，密码才从艺术蜕变为科学。这是密码学发展史上的第一座里程碑。

二维码 1-1

20 世纪 60 年代，微电子技术的应用使得实现数学计算的复杂性戏剧般增长，为更高安全性的密码设计插上了翅膀，但同时也为密码分析提供了便利。随着晶体管、集成电路、大规模和超大规模集成电路的相继问世，电子设备的体积越来越小、速度越来越快、可靠性越来越高、功能越来越强而价格却越来越便宜，电子密码设备很快取代了机械和机电密码设备。

最初的电子密码设备，采用了线性反馈移位寄存器构成的伪随机序列发生器。这种密码设备以其速度快、体积小、易实现、灵活和随机性好，保密性高于机电密码设备而一度得到广泛应用，但后来人们发现，由于其线性特征，比较容易被破译。

1967 年，David Kahn 出版了它的著作《破译者》(The Code Breakers)，对实用密码分析技术进行了介绍，披露了许多破译密码的方法，进一步推动了密码分析技术的发展。当时美国国家安全局 NSA 还试图压制该书的出版。

计算机和网络技术的发展，使信息交流的规模、数量、种类飞速增长，伴随而来的是信息保密需求的扩大，密码技术不可阻挡地从军事、政治、外交领域迅速走向民用和商用领域，并开始触及普通的民众生活。对于信息通信的“安全”，已不单纯是保密的需求，还要求信息是真实的、完整的、可用的、不可否认的。现代计算机网络通信的发展呼唤新的密码功能的诞生。

到了 20 世纪 70 年代，密码学发展到一个全新的阶段。1973 年美国国家标准局 NBS (National Bureau of Standard) 公开征集数据加密标准算法，经过两年的竞争，IBM 公司提交的 Lucifer 算法从众多算法中脱颖而出，获得最终胜利。经过两年的公开讨论、分析和改进，NBS 决定更名该算法为数据加密标准 DES (Data Encryption Standard)，并于 1977 年 1 月 15 日正式公布。1980 年，美国国家标准学会 ANSI (American National Standards Institute) 正式采用 DES 算法作为商用数据加密标准。DES 发明人通过简单非线性函数的多轮迭代获得高复杂度密码的思路成为现代分组密码设计的必由之路。

1976 年，斯坦福大学密码学家 Whitfield E. Diffie 和 Martin E. Hellman 发表了惊世论文——《密码学的新方向》(New Directions in Cryptography)，提出了一种全新的密码思想，从理论上证明了无须传输密钥也能保密通信的可能性，从而开创了公钥密码技术的新纪元。这是密码学的又一座里程碑！两位作者还提出了一种实用的基于离散对数难题的 Diffie-Hellman 密钥交换体制（简称 D-H 体制）。由于他们对密码学理论和技术以及计算机安全的重要贡献，被授予 2015 年度图灵奖。

1978 年，麻省理工学院的 Ronald Rivest、Adi Shamir（以色列魏兹曼研究所研究员，当时在麻省理工学院从事学术访问）和 Leonard Adleman 按照 Diffie-Hellmand 的构想设计出第一个实用的公钥密码体制 RSA。该体制建立在大合数分解的难题之上，至今没有实用的破解方法，此后便成为公钥密码的标志，为保证各种信息技术应用场合的信息安全做出了巨大贡献。三位发明人也因此获得 2002 年度图灵奖。

数据加密标准和公钥密码体制的相继问世，树起了现代密码学的两大里程碑。此后的密码研究，包括密码编码和密码分析研究，如雨后春笋般蓬勃发展。除 DES 外，比较流行的分组密码算法还有日本的 FEAL 算法、瑞士的 IDEA 算法、美国的 SAFER 和 RC5；RSA 体制之外比较有代表性的公钥密码有背包体制、Lu-Lee 体制、Rabin 体制、ElGamal 体制以及 McElience 体制等。

David Chaum 被认为是数字货币的先驱者，他在 1982 年的论文 *Blind Signatures for Untraceable Payment* 中提出了盲签名技术和基于该技术的匿名数字现金 eCash。1990 年，David Chaum 创建了 DigiCash 公司，并实现了 eCash。

1982 年，麻省理工学院研究人员 Shafi Goldwasser、Silvio Micali 首次在计算意义下给出了加密安全性的定义，并用归约（reduction）方法证明了其构造方案的安全性。这一工作为现代密码学的研究奠定了理论基础。由于他们的一系列开创性工作，二人被授予 2012 年度图灵奖。二人还与同事 Charles Rackoff 合作，于 1985 年在《交互证明系统的知识复杂性》（The Knowledge Complexity of Interactive Proof-Systems）一文中首次提出了零知识证明的概念。

1984 年，IBM 公司的 Charles H. Bennett 和加拿大蒙特利尔大学的学者 Gilles Brassard 共同提出量子密码 BB84 协议、量子隐形传态以及量子纠缠纯化的理论方案。两人因此于 2019 年 9 月 18 日，荣获 2018/2019 年度墨子量子奖（量子通信领域理论类）。

1985 年，华盛顿大学数学家 Neal Koblitz 和美国普林斯顿大学通信研究中心 Victor S. Miller 分别独立提出了椭圆曲线密码体制 ECC（Elliptic Curve Cryptosystem），为公钥密码发展另辟蹊径。

同一时期，主要应用于军队、政府等机要部门的流密码理论也取得了重大的进展。美籍华裔科学家姚期智，长期从事计算理论研究，其中涉及通信复杂性和伪随机数生成计算理论以及安全形式化方法，由于这些贡献，美国计算机协会 ACM 将 2000 年度图灵奖授予他。2017 年 2 月，姚期智教授放弃美国国籍，加入中国国籍。

二维码 1-2

1989 年，R.Mathews, D.Wheeler, L.M.Pecora 和 Carroll 等人首次把混沌理论应用到流密码及保密通信理论中，为流密码的研究开辟了一条新的途径。

进入 20 世纪 90 年代，网络的普及促使电子金融和数字货币技术进入应用阶段，对金融、财产安全提出了更高的技术要求。美国国家标准局分别于 1991 年和 1995 年颁布了数字签名标准 DSA（Digital Signature Algorithm）和安全 Hash 标准。随着超大规模集成电路和软件技术的发展，计算机计算能力呈数量级提高，广泛应用的 DES 算法已经不再安全，电子前沿基金会 EFF（Electronic Frontier Foundation）使用一台价值 25 万美元的计算机在 56 小时内破译了 56 位 DES 算法。

1997 年 1 月 2 日，美国国家标准和技术研究所 NIST（National Institute of Standard and Technology，即前 NBS）开始征集新一代数据加密标准来接任即将退役的 DES。1998 年 8 月 20 日，NIST 宣布了第一轮评选结果，选出 15 个候选算法。1999 年 3 月 22 日，第二次遴选会议从 15 个算法中选出了 5 个候选算法，分别是：

➢ 美国的 MARS、Twofish、RC6 算法；

➢ 挪威的 Serpent 算法；

➢ 比利时的 Rijndael 算法。

作为美国政府的联邦信息处理标准 FIPS（Federal Information Processing Standard）算法草案。经过三年时间、三轮筛选，2000 年 10 月 2 日，美国商务部长 Norman Y. Mineta 宣布由比利时密码学家 Joan Daemen 和 Vincent Rijmen 提出的 Rijndael 算法最终获胜，将作为美国联邦政府新一代数据加密标准——AES（Advanced Encryption Standard）。2001 年 11 月 26 日，NIST 正式公布 AES 标准（标准号：FIPS 197），并于 2002 年 5 月 26 日正式生效。至此，DES 完成了其历史使命。

1999 年，美国密码学研究人员 Paul Kocher, J. Jafe 和 B. Jun 发表了《差分功耗分析》（Differential Power Analysis）的文章。他们在对 DES 密码算法进行分析的时候另辟蹊径，采集了 1000 条功耗曲线，并进行分类差分计算，最终提取出 DES 算法密钥，实验环境见图 1.1.6。尽管此前已有人提出密码计时分析的概念，但因易于防范，并未引起人们关注。这篇文章的发表，开启了密码物理分析的新篇章。随之而来的是针对密码硬件的物理分析方法大量涌现，迅速发展出密码分析的一个新的分支——边信道攻击 SCA（Side Channel Analysis），也翻译成侧信道攻击。此后，各种广泛应用的密码，不论是分组密码、杂凑函数还是公钥密码，亦或是流密码，均成为边信道攻击的刀俎之肉。为了保障硬件密码的安全，各国先后出台了防范边信道攻击和物理攻击的建议、标准或规范。

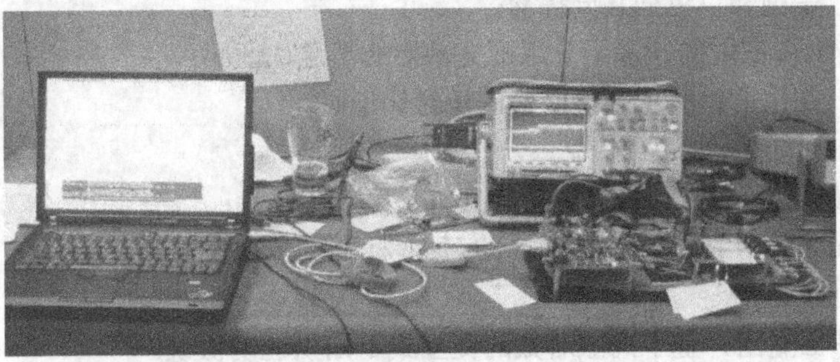

图 1.1.6　差分功耗分析论文中的 DES 算法攻击实验环境

2000 年 3 月 8 日，欧盟正式启动了新欧洲数字签名、数据完整性、数据加密计划，即 NESSIE（New European Schemes for Signatures, Integrity and Encryption），旨在征集包括分组密码、流密码、杂凑函数、消息认证码 MAC（Message Authentication Code）、数字签名和公钥密码等在内的一整套强壮的密码标准。共收到来自 10 多个国家的 42 个算法。经过三年的角逐，最后推荐了 4 个分组密码、4 个 MAC、2 个杂凑算法、3 个公钥密码算法、3 个数字签名方案和 1 个非对称识别方案。值得一提的是，6 个提交的流密码 1 个也没选中。推选的 17 个算法如下。

分组密码算法：

➢ MISTY1，日本三菱公司设计的 64 比特算法；

➢ Camellia，日本 NTT 和三菱公司联合提交的 128 比特分组算法，在用；

➢ SHACAL-2，法国 Gemplus 公司设计的 160 比特分组算法；

➢ AES，比利时密码学家设计的 128 比特密码算法，已被 NIST 公布为美国政府联邦信息处理标准，在用。

公钥算法：

➢ PSEC-KEM，日本提交，NESSIE 首要推荐的公钥密码，公钥 160 比特；

➢ ACE Encrypt，瑞士提交，建议参数为 160 比特椭圆曲线或 1536 比特素域；

➢ RSA-KEM，美国提交的密钥传输算法，NESSIE 第二推荐算法，在用。"KEM"意为 "Key Encapsulation Mechanism"。互联网工程工作组 IETF（Internet Engineering Task Force）在公布的 RFC 5990（Request for Comments）标准中对算法的参数有具体的建议。美国对应的标准号是 ANS X9.44（American National Standard）。

数字签名：

➢ RSA-PSS，瑞典和美国联合提出，NESSIE 首要推荐的数字签名算法，是概率签名方案 PSS（Probability Signature Scheme）和 RSA 的结合。建议指数 65537 比特，公钥参数至少 1536 比特；

➢ ECDSA，加拿大和美国共同提出。NESSIE 第二推荐算法，基于椭圆曲线的 160 比特数字签名算法；

➢ SFLASH，法国提交的算法。NESSIE 不推荐广泛使用，建议在智能卡上等建设能力不太强的器件上使用，公钥大小不限。

消息认证码：

➢ Two-Track-MAC 由德国和比利时提出，NESSIE 首推的消息认证码；

➢ UMAC，美国和以色列共同提交；

➢ CBC-MAC，在用的，基于分组密文链接的消息认证码；

➢ HMAC，在用的，基于杂凑函数的消息认证码。

杂凑函数：

➢ Wirlpool，巴西和比利时提交，散列值长度 512 比特；

➢ SHA-256/384/512，已作为 NIST 的 Hash 标准，杂凑值可变。

非对称识别方案：

➢ GPS，法国提出，基于离散对数的交互式零知识证明协议。

进入 21 世纪以来，国际密码学研究不仅在深度上借助于先进的计算工具和多学科理论渗透有了迅速的发展，而且研究的形式越来越多样化、分析手段越来越丰富、不同技术融合度越来越高、应用领域越来越广、研究范围也越来越宽。新的密码技术不断出现，如混沌密码、格密码、DNA 密码、量子密码，新的密码应用也日趋活跃，如量子密钥传输、区块链等。

中国在本世纪初也有计划地研究并先后推出了一系列商用密码算法。国家密码管理局从 2005 年开始公布了一系列密码算法技术规范和密码研究、生产、管理、检测、使用等一系列管理规定。2012 年到 2020 年 12 月 28 日止，先后公布了 116 个与密码有关的行业标准。其中祖冲之流密码算法 ZUC、分组密码算法 SM4、公钥密码算法 SM2、密码杂凑算法 SM3 分别是 2012 年公布的第 1～4 号标准（GM/T 0001/2/3/4-2012），SM4 算法 2016 年被确定为国家标准（标准号：GB/T 32907-2016）。2012 年第 8 号行业标准（GM/T 0008-2012）《安全芯片密码检测准则》对密码芯片的边信道安全提出了检测要求，2016 年公布了标识密码算法 SM9 的行业标准（标准号：GM/T 0044.1-2016）。

另外，我国的 SM2 和 SM9 两种算法，在 2017 年 10 月 30 日至 11 月 3 日于德国柏林召开的国际标准化组织 ISO/IEC（International Organization for Standardization/International Electro technical Commission）信息安全分技术委员会 SC27（Security Sub-Committee）第 55

次会议上，作为国际标准 ISO/IEC 14888-3/AMD1 研制项目的主体部分，被一致通过为《带附录的数字签名》国际标准，正式进入标准发布阶段。这是我国商用密码标准首次正式进入 ISO/IEC 国际标准，标志着我国商用密码研究进入国际先进行列。

2019 年 10 月 26 日，《中华人民共和国密码法》已由中华人民共和国第十三届全国人民代表大会常务委员会第十四次会议通过并公布，自 2020 年 1 月 1 日起施行。密码应用进入法制阶段，这对整个国家的信息安全、国家的通信和经济活动，有着极其重大的意义。

2020 年 4 月 24 日，在第 60 次国际标准化组织、国际电工委员会第一联合技术委员会信息安全分技术委员会（ISO/IEC JTC1 SC27）工作组会议上，含有国产祖冲之（ZUC）流密码算法的《信息技术-安全技术-加密算法-第 4 部分：流密码 补篇 1：ZUC》（ISO/IEC 18033-4/AMD1）获得一致通过，成为 ISO/IEC 国际标准，并于 2020 年 8 月正式发布。同时国产分组密码算法 SM4 也进入补篇草案（DAM）阶段。2021 年 6 月，SM4 算法作为 ISO/IEC 18033-3 标准的补篇 1，正式发布。

2020 年 4 月 28 日，国家市场监督管理总局、国家标准化管理委员会发布了中华人民共和国国家标准公告（2020 年第 8 号），公布了全国信息安全标准化技术委员会归口的 26 项国家标准正式发布，其中有《密码模块安全检测要求》（GB/T38625-2020）；原来的 SM9 行业标准分解为两部分：《信息安全技术 SM9 标识密码算法 第 1 部分：总则》（GB/T38635.1-2020）《信息安全技术 SM9 标识密码算法 第 2 部分：算法》（GB/T38635.2-2020）。这两项国家标准于 2020 年 11 月 1 日正式生效。

2020 年 12 月 28 日，国家密码管理局集中发布了 26 项密码行业标准，涉及多项密码应用规范和设计指南，其中值得关注的是发布了《密码模块非入侵式攻击缓解技术指南》（标准号：GM/T0083-2020）和《密码模块物理攻击缓解技术指南》（标准号：GM/T0084-2020）两个涉及密码硬件安全实现的规范。这些行业标准将于 2021 年 7 月 1 日起生效。

2021 年 3 月 9 日，国家市场监督管理总局、国家标准化管理委员会公布了商用密码应用的国家标准《信息安全技术 信息系统密码应用基本要求》（标准号：GB/T 39786-2021）。该标准是在行业标准 GM/T 0054-2018 的基础上修订而成的，对商用密码的应用在环境安全、网络和通信安全、设备和计算安全以及应用和数据安全四个方面提出了规范性意见。该标准将于 2021 年 10 月 1 日起正式生效。

纵观整个密码技术的发展，是从艺术到科学的过程。先是简单的手工密码，再是借助工具的器械密码，接着是精巧的机电密码，然后是高速复杂的电子、计算机密码，从简单到复杂，从零碎到系统，从单一学科走向多学科相互交叉、渗透、融合和相互推动的过程，在密码编码者和密码分析者之间旷日持久、永无休止的斗争中不断发展壮大。密码学也从最初的单纯保密发展为信息保密、数据完整性、数字签名、认证、密钥管理和保证系统性安全的密码协议，形成密码学理论和技术应用体系。

总结起来，密码技术的发展可分为几个阶段。

第一阶段：远古至二战之前。主要是手工密码和简单器械密码。尽管也有加解密和密码破译的著作，但主要集中在方法层面。

第二阶段：二战至 1949 年。比较精巧的机电密码大行其道，密码的复杂度有较大提高，为了破译敌方密码，促使计算机问世。

第三阶段：1949 至 1976 年。Shannon 的《保密体制的通信理论》论文，成了密码从艺术到科学的重要标识，堪称密码学历史上的第一座里程碑。此后密码理论和技术产生了飞跃式发展，进入电子密码时代并向计算机密码过渡。

第四阶段：1976 至 1997。Diffie 和 Hellman 的《密码学的新方向》，开创了公钥密码的新篇章，是密码学的又一座里程碑，密码技术借助计算机的普及进入商用和民用领域。

第五阶段：1997 年至今。密码进入网络时代。诞生了安全性更高、功能更强大的密码算法、提出了新的密码理论，同时也出现了更强的攻击手段。密码学与云计算、大数据、人工智能等高科技的相互渗透，一方面促进密码学的功能扩展和广泛应用，另一方面又催生新应用技术的诞生，如区块链技术。

未来，随着 DNA 技术、量子技术的发展和实用化，密码技术有可能以颠覆性的面貌重新展示。

但是，不管密码技术怎样变化，加密的思想就是两个大类：代替和换位。现代密码虽然比以前的密码复杂了许多，但基本加密思想仍然是代替和换位，在此基础上增加了两者的组合以及多轮迭代。代替也好，换位也罢，目的都是“置乱”，即打破原有信息的既有规则、关系和规律，使原有信息不再“可懂”。把不太复杂的单轮加密，经过简单的多轮迭代，使其变成非常复杂的非线性对应关系，从而大幅度提高密码算法的安全性，则是现代密码体制的精妙之处。

1.2 密码学基本知识体系

密码最初的需求是保密通信。一般的通信系统包含 7 个部分，见图 1.2.1。

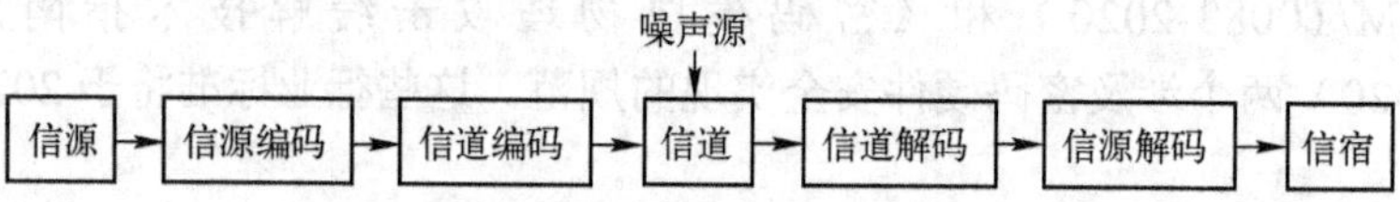

图 1.2.1 一般通信系统模型

信源即信息发送端，信源消息经过信源编码器编码，将消息适当压缩，再编成适合信道传输的码——通常是加入可检错、纠错的校验码并进行调制，然后送到公开信道当中。在传输的过程中会不可避免地受到外来噪声源的干扰，到达接收端先经过信道解码器解码，包括解调和信道译码——分别是调制和信道编码的逆过程，无误后再经信源解码——信源编码的反过程，恢复出原始信息并传给信宿，完成整个通信过程。早期的通信系统更简单一些，信源消息进过简单变换和处理直接发送。

一般通信系统中，信息的存储、传输、处理、变换都是以透明方式进行的，信道上流经的信息，除了收方双方外，其他用户也很容易获取。如存在不怀好意的用户对信息进行篡改、伪造、假冒、重放等操作，接收者不容易识别。为了防范敌手的攻击，就需要进行保密通信。

最初的保密通信是在一般的通信系统中加入加密器和解密器，并在通信前事先秘密约定好通信规则，包括加解密方法和控制加解密算法的参数。保密通信系统模型如图 1.2.2 所示。

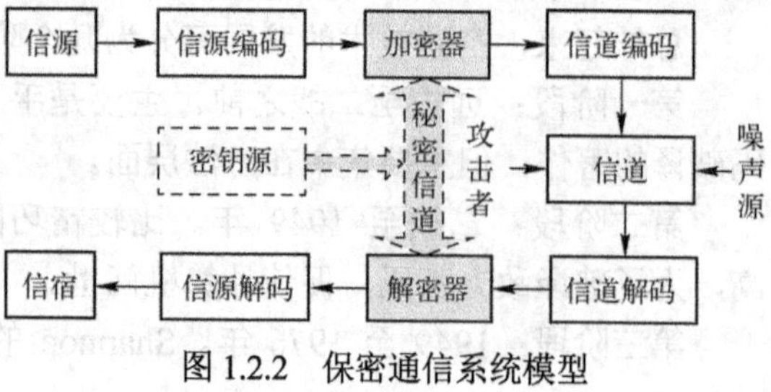

图 1.2.2 保密通信系统模型

与图 1.2.1 比较，保密通信系统多了加密器、解密器、密钥源、秘密信道和攻击者。虚线框之内流通的信息均为非公开的私密信息。加密器和解密器分别插入到信源和信道编、解码之间是常见的做法，针对不同的需求，也可以放在不同的位置。

加密器的作用是依据一定的规则和事先通过秘密渠道获取的控制参数——密钥，将可懂信息或通用可识别信息变换成不可懂或不可识别信息，目的是保护信息内容的私密性，只让许可的用户知晓信息内容，非许可用户即使在公开信道上截获了已经加密的内容，由于不可懂，也无法知晓信息内容。保密通信最初的需求就是保证信息的**机密性**。既然如此，如果有人获取了非许可信息，一定有利可图。于是就有了通过非常规方法试图破解信息的攻击者。最初的保密通信就是在加密者和攻击者之间不断的斗争中发展起来的。为了保证信息不被破解，加解密规则的设计不断进化、日趋科学和严密，形成**密码编码学**。而为了破解密码信息从中获益，密码攻击的方式方法和手段也不断进步，形成**密码分析学**。密码编码学和密码分析学，构成密码学的两个大类。密码编码学以密码体制为主，分为对称密码和非对称密码，对称密码又分为流密码和分组密码。非对称密码也称公钥密码，流密码也称为序列密码。密码分析学又可分为数学分析和物理分析两个大的分支。密码学分类如图 1.2.3 所示。更详细的分类将在后续章节中分别讲述。

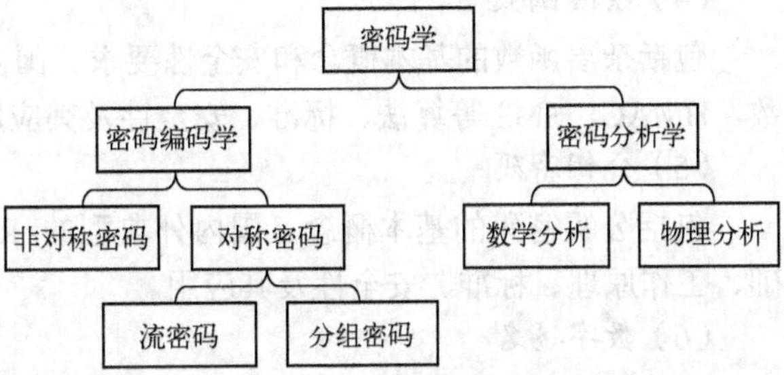

图 1.2.3　密码学分类

当密码从军用走向商用和民用，信息通过计算机网络存储、传输以后，信息在传输的过程中如果被部分替换或删除，接收方是不易发现的，为了防止所传输信息遭到恶意篡改或破坏，产生了保护**数据完整性**的需求，信息仅有保密已不够，需要扩展为信息安全。

到达信宿的信息到底是真还是假，接收者无法直接判断，这就要求有一种机制能够保证信息的来源是可靠的、真实的，即保证**信息的真实性**。

在电子商务系统中，如果交易双方产生了纠纷，需要对双方的行为规范进行认证，要求交易双方的行为具有**不可否认性**或者称为抗抵赖性，传统的密码，解决不了抵赖的问题。

如果攻击者破坏了信道中的信号，使合法接收者也不能通过解密译读发方信息，甚至不能接收发方信息，则通信仍是不安全的，所以还需要保证信息的**可用性**。当然，保证信息的可用性仅依靠密码技术是不够的，必须结合物理、行政乃至法律的通力合作。

归纳起来，密码学的基本属性应包含信息的机密性、数据的完整性、信息的真实性、行为的不可否认性，以及信息的可用性。密码学的目标是尽可能保证前 4 个属性的实现，在必要的情况下，与其他手段一起保证信息和信息系统的可用性。

为了达到密码学在信息安全领域中的实际应用目标，密码学知识体系至少应包含九个基本知识模块，如图 1.2.4 所示。

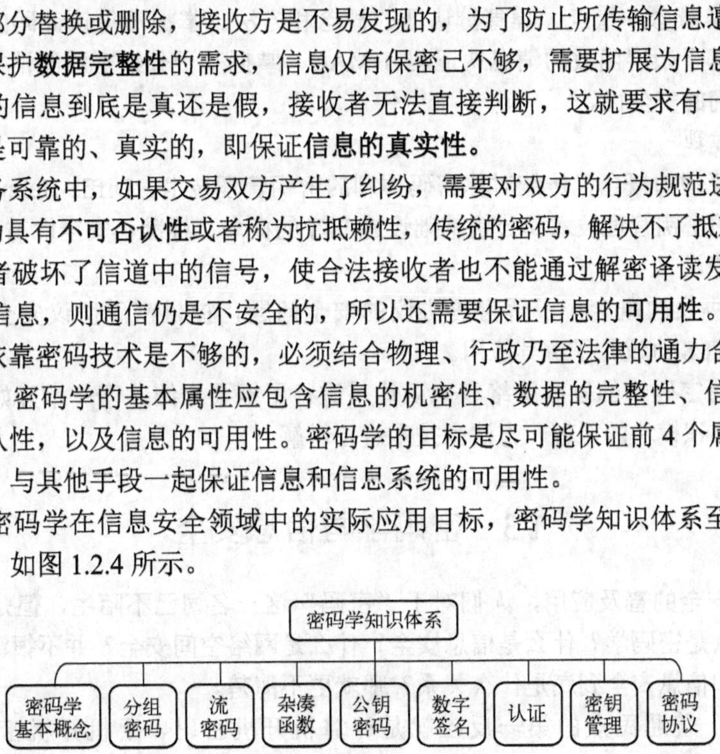

图 1.2.4　密码学知识体系

对于中国读者来说，每个知识模块所应掌握的基本内容如下：

（1）密码学基本概念

熟悉密码学基本定义、密码思想和体制、不同密码体制的组成结构、密码安全性概念和基本方法、掌握古典密码的编码方法、密码与信息安全的关系，以及密码技术在信息安全领域中的实际应用等。

（2）分组密码

包括分组密码的概念、设计原则、组成结构、工作方式和国内外分组密码，如 DES、3DES、AES、SM4 等典型算法、标准和安全性，以及这些算法的应用等。

（3）流密码

包括流密码的概念、线性反馈移位寄存器的基本构造方法、伪随机序列的产生和评价方法，以及常见的国内外流密码 RC4 和祖冲之算法、标准及安全性等。

（4）杂凑函数

包括杂凑函数的基本概念和安全性要求、国内外典型的杂凑函数，如 SHA 系列杂凑函数。HMAC、SM3 等算法、标准、安全性及其应用。

（5）公钥密码

包括公钥密码的基本概念、国内外典型的 RSA、ElGamal、SM2 等公钥算法的理论基础、工作原理、标准、安全性及其应用。

（6）数字签名

包括数字签名的概念、国内外规范应用的 RSA、ElGamal、SM2 等基于公钥算法的数字签名原理和方法、标准、安全性及其应用。

（7）认证

认证的基本概念，重点了解身份认证的概念和方法。掌握消息认证码的基本概念和构造方法、掌握基于杂凑函数的消息认证码 HMAC、掌握基于分组密码的消息认证码的产生算法、了解它们的安全性。

（8）密钥管理

包括密钥管理的概念、传统对称密码体制的密钥管理技术、Diffie-Hellman 密钥协商协议、公钥密码的密钥管理技术和公钥基础设施 PKI 的概念、标准、安全性与应用。

（9）密码协议

包括密码协议的概念，了解密码协议的安全问题，提供密码协议安全性的途径、规范，熟悉 SSL/TLS 协议，了解其应用。

本章已经对密码学的发展脉络和知识体系进行了概要介绍，下一章开始我们将从技术角度逐一对各知识模块的原理、方法和技术进行讲解。

1.3 密码学与信息安全

由于信息安全的普及应用，人们对于“密码”这一名词已不陌生，但是对于普通大众来说，究竟什么是密码学？什么是信息安全？什么是网络空间安全？并不很清楚。密码学、网络空间安全和信息安全到底是什么关系？那就更不清楚。

提到密码，普通民众的第一反应就是计算机开机密码、手机开机密码、银行卡密码、……但这些所谓的“密码”在密码学中被称为 password，即口令字。与密码学中的密码，完全是两个概念。

而提到信息安全，人们自动就会联想到“黑客”。黑客确实与信息安全有关，但只不过是整个信息安全系统中的一个角色，远不是信息安全的全部。

首先，密码学发展和应用的历史远远长于信息安全的历史。信息安全技术是随着计算机的普及和网络通信技术的发展而产生的。大家熟悉的恺撒密码是公元前战争中使用的密码。那时，既没有计算机，也没有网络，更没有信息安全。

其次，密码学是一门科学，有信息论、计算复杂性理论和严密的数学分析方法等完备的理论基础支撑，而信息安全目前仍以技术为主。北京邮电大学杨义先教授 2018 年出版了《安全通论》，试图搭建信息安全的理论框架，是否成功，有待时间检验。

再者，密码学具备完整的量化度量体系，熵、唯一解距离、随机性、计算复杂度等，都可以计算出密码安全度的具体值，而信息安全仍旧只能以大致分级为主。

初级的信息安全并不一定需要密码学。比如最初的计算机开机口令，就是终端用户自己设置的一串随机符号原封不动地存储在一个固定的文件中，没有用任何密码技术。只要每次开机时输入的字符串与文件存储的字符串相同，就允许正常开机。这种安全性显然非常脆弱。后来为了提高安全性，用一种叫作杂凑函数的单向计算方法，将长短不一的口令字变换成固定长度的杂凑值后存入文件。这样，即使打开口令字文件，看到的也只是杂凑值而非口令。杂凑函数可以含有密码要素，也可以不含密码要素。当然含有密码要素的杂凑计算更安全一些。现在，口令字一般都要加密存储。如今，信息安全已经离不开密码技术，也可以说没有密码技术的参与，几乎就没有信息安全可言。

信息安全与密码学联系如此紧密，所以，在讲述密码学之前，需要厘清两者之间的关系。

我们先来看看信息安全的部分需求，见表 1.3-1。

表 1.3-1 信息安全的部分需求

私密性或机密性	不允许未经授权的用户获知消息的内容
数据完整性	确保原始信息未被非授权用户改动，包括插入、删除和篡改
认证	包括站点认证、报文认证。保证实体的身份和报文顺序的正确性等
消息认证	确证消息来源，亦称数据完整性认证
身份识别	人、设备终端（计算机、智能卡等）的认证
密钥分发	在公开信道上安全地发送密钥
签名	绑定实体和消息
授权	正式批准某个实体在一定范围内拥有赋予的权限
时间戳	信息产生或存储时间的记录
有效性	能够及时提供或者获得对信息资源操作的权限
存取控制	对存取资源权限的规定
证书	可信的实体颁发的认可信息
证据	对他方信息产生或存在的验证
收据	收到信息后的回执
确认	获得服务后的回执
所有权	将存取、利用资源的合法权利提供给实体的一种方式
匿名性	对参与某个过程的实体身份的隐藏
数字水印	非密码机制的计算机信息隐藏技术
不可抵赖性	阻止对以前承诺或行为的否认
撤销	收回认证或授权

在信息还是以物理载体传递时，人们就制定了严密的协议和机制以保证信息安全问题。仅靠技术和协议还不够，需要行政程序和法律共同作用才能满足信息安全的需求。例如，信件的隐私是用信封封装信件，然后通过合法的邮件服务系统发送给收件人。显然，信封的物理安全很有限，需要制定法律，规定打开他人信件是违法行为。

数百年来，信息记录、存储的方式从羊皮、竹简、纸张、磁性介质到光介质，发生了很大的变化；信息传递的方式从人力、交通工具到电磁波，也发生了很大的变化，但没有本质的不同。然而，信息的复制和更改能力产生了极大的变化。对于记录在纸上的手书信息，要复制一个完全一样的信息记录是很难的。即使有了活字印刷术，复制完全相同的信息也不是很容易的事。但是到了电子信息时代，复制成千上万份信息并以电子方式存储，实在是一件简单的事情，而且它们和原始信息完全不可区分。所以，信息社会需要不一样的手段来保证信息的安全独立于记录和传输的物理介质。换句话说，需要数字信息自身具有安全性。

能够保证数字信息自身安全的技术手段就是密码学。但是信息从源头发出，经过多次存储、转接，传递到接收端，其中的任一环节出现漏洞就会导致安全失效。所以，要保证信息系统中的信息安全，仅有密码学也还不够，需要有体系化的安全措施，才能达到保障信息安全的目标。

从表 1.3-1 中可以看出，信息安全的功能需求，有些是需要密码学要素的，有些不需要。

从应用领域和涉及面来说，信息安全比密码学宽泛得多，而从安全程度上来说，没有密码的安全，其安全性要脆弱得多。所以，密码学是信息安全的核心和关键，是从事信息安全工作必须要掌握的核心知识内容。两者的关系可用图 1.3.1 直观表示。

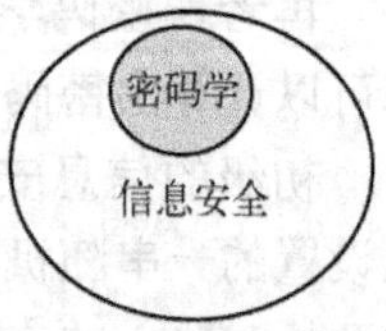

图 1.3.1　密码学与信息安全的关系

习题

1.1　为什么会出现信息安全问题？

1.2　口令字是密码吗？

1.3　简述密码学与信息安全的关系。

1.4　简述密码学的分类。

1.5　密码学包含哪些基本内容？

1.6　密码学的属性有哪些？

1.7　密码技术经历了哪几个发展阶段？

1.8　保密通信的模型有几种？各自的优缺点是什么？

1.9　密码学是信息安全的唯一保障，这句话对吗？为什么？

第2章 古典密码

什么是古典密码，并没有严格的定义，在香农发表《保密系统的通信理论》之前，密码主要以技巧和艺术的形态呈现，虽然有些密码算法也使用了数学计算，但并没有形成科学的体系。因此，从远古时代一直到 1949 年香农的论文发表为止，我们统称这一时期的密码为古典密码。现代密码由古典密码衍化而来，虽然古典密码体制已不再应用，但密码基本思想仍然是现代密码算法设计的基本出发点。因此，我们先来了解古典密码。

2.1 基本定义和概念

将图 1.2.2 描述的保密通信系统简化为图 2.1.1，以便我们专注于保密通信过程。

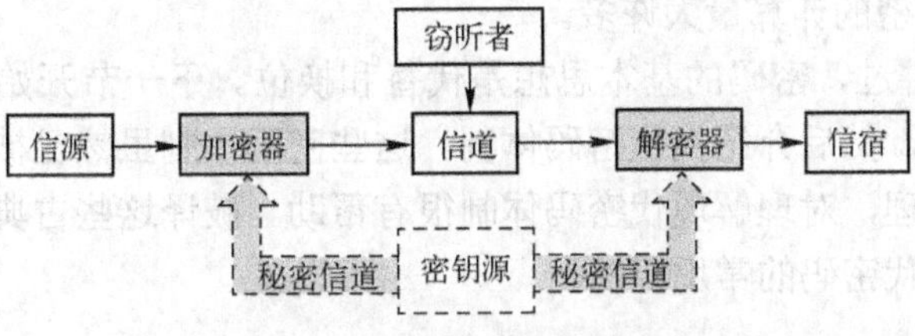

图 2.1.1 简化的保密通信系统

为了更清楚地了解保密通信过程，我们对密码学的一些基本概念定义如下：

明文（Plaintext）：也称为消息（message）。准备发送的原始信息，一般是可懂的或实体可识别的。用小写英文字母 p 表示。

明文空间（Plaintext Space）：所有明文的集合。用 S_p 表示。

密文（Ciphertext）：已经加密的信息。不可懂或实体无法解读的信息。用大写英文字母 C 表示。

密文空间（Ciphertext Space）：所有密文的集合。用 S_C 表示。

密钥（Key）：控制加、解密变换的秘密参数。用小写英文字母 k 表示。

密钥空间（Key Space）：所有密钥的集合。用 S_k 表示。

加密（Encryption）：将明文变换成密文的过程。用 E_k 表示。

解密（Decryption）：将密文还原成明文的过程，是加密的逆过程。用 D_k 表示。

加密算法（Encryption Algorithm）：加密明文的一组数学规则。

解密算法（Decryption Algorithm）：解密密文的一组数学规则。

加密者（Sender）：即发送者。发送秘密消息的人或实体。通常用 Alice 代表。

接收者（Receiver）：即解密者。接收秘密消息的人或实体。通常用 Bob 代表。

窃听者（Eavesdropper）：窃听或截获密文，以破解密钥或恢复明文为目的的人或实体。通常用 Eve 代表。

密码分析（Cryptanalysis）：在不掌握密钥的情况下试图破解密钥或恢复明文的过程，

也称为密码破解或密码破译（Code Breaking）。

密码分析者（Cryptanalyst）：也称为密码破译者（Code Breaker）。利用截获的信息片段结合各种技术手段进行密码分析的人。窃听者 Eve 往往也是密码分析者。

图 2.1.1 的传统保密通信系统用定义符号可重新表达并进一步简化为图 2.1.2。

图 2.1.2 中虚线框内部分为私密信道和部件。传统保密通信可用数学符号表达如下：

对于 $p \in S_p, C \in S_C, k \in S_k$，加密变换 $E_k : p \to C$，解密变换 $D_k : C \to p$

加密： $C = E_k(p)$ (2.1.1)

解密： $p = D_k(C)$ (2.1.2)

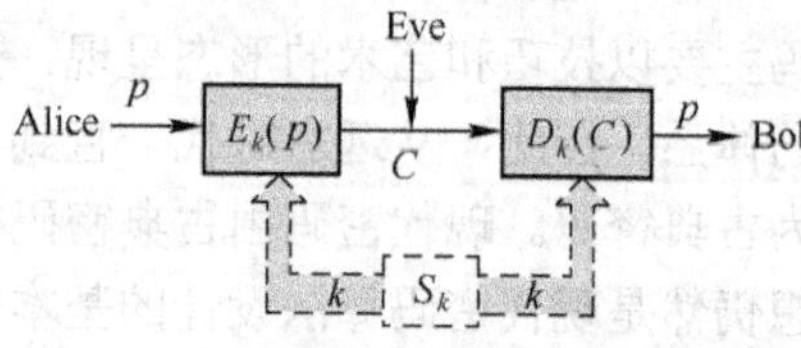

图 2.1.2　保密通信系统的符号表示

窃听者 Eve 在公开信道中截获 Alice 发送给 Bob 的密文 *C*，由于 Eve 没有合法密钥，解不开密文 *C*，他必须寻找另外的途径恢复明文或计算出密钥。假设 Eve 设计攻击函数 *A*，计算

$$p' = A(C) \tag{2.1.3}$$

如果 $p' = p$，Eve 攻击成功；如果 $p' \neq p$，Eve 攻击失败。一般情况下，Eve 进行攻击的计算量比 Bob 用密钥解密的计算量大许多。

在第 1 章我们讲过，密码的基本思想是代替和换位。下一节开始，我们先介绍古典密码中的代替密码体制，然后介绍换位密码体制。这些密码体制虽然已被淘汰，但是，了解这些古典密码体制的原理，对理解现代密码体制很有帮助。破译这些古典密码体制的许多分析技术，仍然是分析现代密码的常用方法。

2.2　代 替 密 码

所谓**代替密码**，就是将组成明文的符号或符号组序列代之以其他的符号或符号组，把可懂明文变成不可懂密文的方法。也称为**替代密码**、**代换密码**。

代替密码又分为**单表代替密码**、**多表代替密码**，见图 2.2.1。

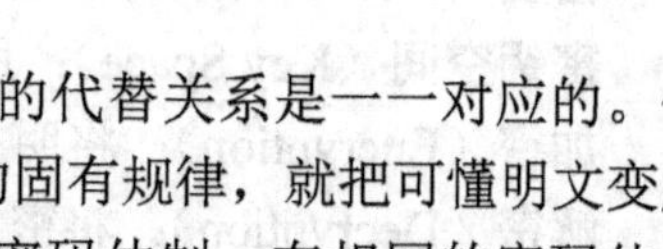

图 2.2.1　代替密码分类

2.2.1　单表代替密码

单表代替密码是代替密码中最简单的一种，即符号之间的代替关系是一一对应的。例如，拼音文字的字母用另一个字母代替，这样，打乱了文字的固有规律，就把可懂明文变成了不可懂密文，见表 2.2-1。不同的代替规则构造出不同的密码体制。在相同的密码体制下，明密文间字母代替关系（即密钥）不同，产生的密文也不同。

表 2.2-1　单表密码明、密文字母代替示例

明文字母	a	b	c	d	e	f	g	h	i	j	k	l	m	n	o	p	q	r	s	t	u	v	w	x	y	z
密文字母	Q	A	Z	W	S	X	E	D	C	R	F	V	T	G	B	Y	H	N	U	J	M	I	K	O	L	P

例如 Alice 发送消息 alphabetic table。加密时，在表 2.2-1 中的第一行先找到消息的第一

个字母，然后在第二行对应的位置查到大写字母并代替，以明文消息的字母顺序依次查找并代替完毕，得到 QVYDQASJCZJQAVS。这就是谁也看不懂的密文。解密的时候反向查表即可恢复明文。

所有的代替密码，都可以用查表的方式进行加密和解密。方便起见，我们以后都用小写字母表示明文，大写字母表示密文。

比较典型的单表密码有**加法密码**、**乘法密码**、**仿射密码**、**随机代替密码**和**密钥词组密码**，如图 2.2.2 所示。

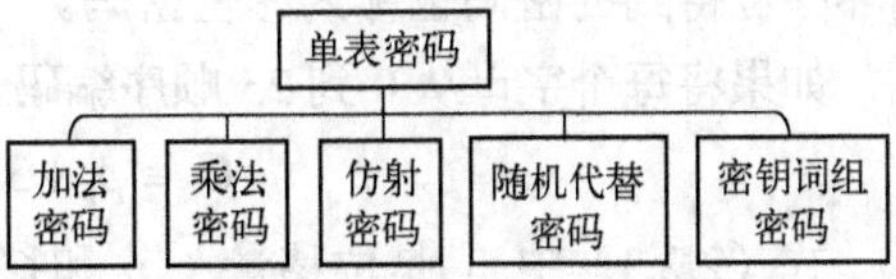

图 2.2.2 典型的单表密码分类

1. 加法密码

加法密码是一种可以用模数同余加法来描述明文符号和密文符号一对一代替关系的单表密码体制，也称为加同余密码或加法同余密码。最典型的加法同余例子是表盘式时钟计时。

一个表盘时钟有 12 个刻度，12 是所有刻度中的最大值，时针每走过 12 个整点便清零，又从 1 开始重新记录。所以，13、25、37、49、……点，都被标记为 1 点。这些数字的共同点是除以 12 的余数都是 1。那么时钟的计数方式就可以用同余运算描述。

定义 2.1 如果整数 a 和 b，用正整数 m 去除，所得余数相同，就称 a 和 b 模 m 同余，记为：

$$a \equiv b \pmod{m} \tag{2.2.1}$$

式（2.2.1）称为同余式，m 称为模数，“≡”为同余号。假设 I 表示整数集合，上述同余式也可以表示为：

$$a = l \times m + b, \quad l \in I \tag{2.2.2}$$

时钟钟点可用同余式表示为： $a \equiv b \pmod{12}$

同余运算有如下性质：

（1）$a \equiv a \pmod{m}$，称为自反律；

（2）若 $a \equiv b \pmod{m}$，则 $b \equiv a \pmod{m}$，称为对称律；

（3）若 $a \equiv b \pmod{m}$，$b \equiv c \pmod{m}$，则 $a \equiv c \pmod{m}$，称为传递律；

（4）若 $a \equiv b \pmod{m}$，则 $a - b \equiv 0 \pmod{m}$；

（5）若 $a \equiv b \pmod{m}$，且 $c \equiv d \pmod{m}$，则 $ax + cy \equiv bx + dy \pmod{m}$；

（6）若 $a \equiv b \pmod{m}$，且 $c \equiv d \pmod{m}$，则 $ac \equiv bd \pmod{m}$；

（7）若 $a \equiv b \pmod{m}$，$d > 0$，且 d 是 m 的因子，则 $a \equiv b \pmod{d}$；

（8）$(a+b) \pmod{m} \equiv [a \pmod{m} + b \pmod{m}] \pmod{m}$；

（9）$ab \pmod{m} \equiv [a \pmod{m} \times b \pmod{m}] \pmod{m}$。

恺撒密码是最早的密码体制之一。其字母代替规则见表 2.2-2。

表 2.2-2 恺撒密码表

编 码	0	1	2	3	4	5	6	7	8	9	10	11	12	13	14	15	16	17	18	19	20	21	22	23	24	25
明文字母	a	b	c	d	e	f	g	h	i	j	k	l	m	n	o	p	q	r	s	t	u	v	w	x	y	z
密文字母	D	E	F	G	H	I	J	K	L	M	N	O	P	Q	R	S	T	U	V	W	X	Y	Z	A	B	C

【例 2.1】 假设 Alice 发送的明文是 public key cryptosystems，那么 Bob 收到的密文是什么？

解：查表 2.2 得 SXEOLF NHB FUBSWRVBVWHPV。

显而易见，恺撒密码表是英文 26 个字母按照正常顺序循环左移三位得到的。这类通过循环移位得到的密码也称为移位密码。

如果将每个字母从 0 到 25 顺序编码（见表 2.2-2），则恺撒密码的加密变换可以表示为：

$$C_i \equiv p_i + 3 \pmod{26}, \quad i = 1, 2, \cdots, n \tag{2.2.3}$$

式（2.2.3）中 3 是位移量；p_i 和 C_i 分别代表第 i 个明文和密文字母编码，所有的明文字母构成消息 p，所有的密文字母构成密文 C。

式（2.2.3）的解密公式为：

$$p_i \equiv C_i - 3 \pmod{26}, \quad i = 1, 2, \cdots, n \tag{2.2.4}$$

如上述消息共 22 个字母，即 n=22。则明文

$$p = (p_1, p_2, \cdots, p_{22}) = (15,20,1,11,8,2,10,4,24,2,17,24,15,19,14,18,24,18,19,4,12,18)$$

分别代入式（2.2.3）计算

$$C_1 \equiv 15 + 3 \equiv 18 \pmod{26}$$

$$C_2 \equiv 20 + 3 \equiv 23 \pmod{26}$$

……

$$C_{22} \equiv 18 + 3 \equiv 21 \pmod{26}$$

得密文 $C = (C_1, C_2, \cdots, C_{22}) = (18,23,4,14,11,5,13,7,1,5,20,1,18,22,17,21,1,21,22,7,15,21)$

与密文序列对应的字母序列为

SXEOLF NHB FUBSWRVBVWHPV

加密结果与查表完全相同。

恺撒密码中的位移量，实际就是加法密码的密钥 k。除了 0 以外，k 可以取 1～25 的任一值。当 $k \equiv 0 \pmod{26}$ 时，明、密文编码相同，称为恒等密码，等于没有加密。当 $k \not\equiv 0 \pmod{26}$ 时，k 与 1～25 中的某一个数同余。

定义 2.2 若以正整数 m 为模数，则任何整数必和下列 m 个数之一同余：

$$0, 1, 2, \cdots, m-1$$

若把同余的数划为一类，则全体整数共可分为 m 类。从每一类中取一个数为代表，则这 m 个数就组成了一个以 m 为模数的**完全剩余系**。若每一类中都取最小的正整数为代表，则组成的完全剩余系称为**最小完全正剩余系**。

加法密码可以看作密钥 k 取值于模数 26 的最小完全正剩余系中任一非零值的单表代替密码。

加密算式：

$$C_i \equiv p_i + k \pmod{26}, \quad i = 1, 2, \cdots, n, \quad k \in \{1, 2, \cdots, 25\} \tag{2.2.5}$$

解密算式：

$$p_i \equiv C_i - k \pmod{26}, \quad i = 1, 2, \cdots, n, \quad k \in \{1, 2, \cdots, 25\} \tag{2.2.6}$$

可见恺撒密码是 k=3 的加法密码的特例。密钥 k 的取值不同，同一明文加密所得密文就不同。

【例 2.2】 明文 public key cryptosystems，如果 k=5，对应密文是什么？

解：已知 k=5，由式（2.2.5）可得

$$C_i \equiv p_i + 5 \pmod{26}, \quad i = 1, 2, \cdots, 22, \quad k \in \{1, 2, \cdots, 25\} \tag{2.2.7}$$

将明文编码　p=(15,20,1,11,8,2,10,4,24,2,17,24,15,19,14,18,24,18,19,4,12,18)

代入式（2.2.7），得　C=(20,25,6,16,13,7,15,9,3,7,22,3,20,24,19,23,3,23,24,9,17,23)

对应的密文序列为 UZGQNH PJD HWDUYTXDXYJRX。

由于有效的密钥个数只有 25 个，如果窃听者 Eve 知道密文对应的是加法密码，依次试探 25 个密钥，即可破译密码。

这种逐一试探密钥的攻击方法称为**穷举搜索法**，也称**强力破解法、强力搜索法或蛮力破解法**。

抵抗穷举搜索攻击是现代密码体制设计必须满足的起码条件。

2．乘法密码

加法密码的代替字母表是通过字母循环移位得到的，这种字母代替表也可以通过对正常顺序的字母表进行等间隔抽取产生，如表 2.2-3 所示。等间隔抽取可以用模数乘法的数学模型来描述，因此称为乘法密码。

表 2.2-3　乘法密码表（k=3）

编　码	0	1	2	3	4	5	6	7	8	9	10	11	12	13	14	15	16	17	18	19	20	21	22	23	24	25
明文字母	a	b	c	d	e	f	g	h	i	j	k	l	m	n	o	p	q	r	s	t	u	v	w	x	y	z
密文字母	A	D	G	J	M	P	S	V	Y	B	E	H	K	N	Q	T	W	Z	C	F	I	L	O	R	U	X

表 2.2-3 的加密数学变换为：

$$C_i \equiv 3p_i \pmod{26}, \qquad i = 1,2,\cdots,n \tag{2.2.8}$$

【例 2.3】明文 public key cryptosystems，用式（2.2.8）加密，请写出密文。

解：　p=(15,20,1,11,8,2,10,4,24,2,17,24,15,19,14,18,24,18,19,4,12,18)

代入式（2.2.8），得　C=(19,8,3,7,24,6,4,12,20,6,25,20,19,5,16,2,20,2,5,12,10,2)

对应的密文序列为　TIDHYGEMUGZUTFQCUCFMKC

如果 k=2，public key cryptosystems 对应的密码又是什么呢？我们先构造 k=2 的乘法密码表，见表 2.2-4。

表 2.2-4　乘法密码表（k=2）

编　码	0	1	2	3	4	5	6	7	8	9	10	11	12	13	14	15	16	17	18	19	20	21	22	23	24	25
明文字母	a	b	c	d	e	f	g	h	i	j	k	l	m	n	o	p	q	r	s	t	u	v	w	x	y	z
密文字母	A	C	E	G	I	K	M	O	Q	S	U	W	Y	A	C	E	G	I	K	M	O	Q	S	U	W	Y

将明文编码　p=(15,20,1,11,8,2,10,4,24,2,17,24,15,19,14,18,24,18,19,4,12,18)

代入　$$C_i \equiv 2p_i \pmod{26}, \qquad i = 1,2,\cdots,22$$

得　C=(4,14,2,22,16,4,20,8,22,4,8,22,4,12,2,10,22,10,12,8,24,10)

对应的密文序列为　EOCWQE UIW EIWEMCKWKMIYK

当 Bob 收到密文 EOCWQE UIW EIWEMCKWKMIYK，使用表 2.4 反查解密。第一个密文字母 E 对应 c 和 p 两个明文字母，第二个密文字母 O 对应 h 和 u 两个明文字母，查表发现，表 2.4 的每一个密文字母都对应两个明文字母。那么，密文的长度是 22，意味着有 2^{22}=4194304，也就是 400 多万种不同的解法。

为什么会出现这样的问题？

仔细观察表 2.4，编码为偶数的 13 个字母各自在密文表中出现了两次，而编码为奇数的 13 个字母在密文表中一次都没有出现。亦即明文和密文字母不是一一对应关系。将表 2.2-4 重新排列为表 2.2-5。由表 2.2-5 可见，每两个不同的明文字母对应同一个密文字母，如 b 和 o 都用 C 代替。这种对应关系在加密时没问题，解密时一个密文字母对应两个明文字母，就出现了多义性。比如收到 C，你不知道到底该解译成 b 还是 o。

表 2.2-5　乘法密码表（k=2）的变形

明文字母	a	b	c	d	e	f	g	h	i	j	k	l	m
明文字母	n	o	p	q	r	s	t	u	v	w	x	y	z
密文字母	A	C	E	G	I	K	M	O	Q	S	U	W	Y

定义 2.3　如果整数 a 和 b 没有大于 1 的公因子，则称 a 和 b 互素。记为：$(a,b)=1$。

乘法密码要满足明文和密文字母间的一一对应关系，密钥 k 和模数 26 之间必须是互素的，即

$$(k,26)=1 \tag{2.2.9}$$

例 2.3 中，密钥 k=3，(3,26)=1，构造出来的密码表（表 2.2-3）是明密文字母一一对应的代替关系。当 k=2 时，(2,26)=2，不是互素关系，明密文字母就不存在一一对应。亦即 k=2 不能作为乘法密码的密钥，因为不能正确解密。

一种算法对原始明文变换后，再对变换后的文本进行相同或相关的变换恢复出原始明文的性质，称为**对合性**。满足对合性是密码算法设计的基本要求。或者说，满足对合性的编码算法才能作为密码，否则不行。

在模数 26 的最小完全正剩余系中，所有偶数与 26 都有公因子 2，(13,26)=13，剩下的 (1,3,5,7,9,11,15,17,19,21,23,25)12 个奇数都与 26 互素，可以作为乘法密钥使用。

定义 2.4　不大于 m，并和 m 互素的正整数的个数，称为**欧拉函数**，简称**欧拉数**。记为 $\boldsymbol{\varphi(m)}$。

26 的欧拉数 $\varphi(26)$=12。对于 k=1，$C_i \equiv p_i \pmod{26}$，$i=1,2,\cdots,n$，密文与明文相同，等于没有加密，所以乘法密码的有效密钥仅有 11 个。

至此，乘法密码的通用公式可表示为：

$$C_i \equiv kp_i \pmod{26},\quad i=1,2,\cdots,n,\quad k\in\{3,5,7,9,11,15,17,19,21,23,25\} \tag{2.2.10}$$

定义 2.5　若有 $aa^{-1}\equiv 1 \pmod{m}$ 成立，则称 a^{-1} 是 a 对模数 m 的**乘法逆元**，简称**乘法逆**或**乘逆**。

如果 k^{-1} 是 k 对 26 的乘法逆，将式（2.2.10）左右两边同乘以 k^{-1}：

$$kk^{-1}p_i \equiv k^{-1}C_i \pmod{26}$$

得乘法密码的解密算式：

$$p_i \equiv k^{-1}C_i \pmod{26},\quad i=1,2,\cdots,n,\quad k\in\{3,5,7,9,11,15,17,19,21,23,25\} \tag{2.2.11}$$

例如，k=3 时，$3\times 9\equiv 1 \pmod{26}$，故 3 的乘法逆 $3^{-1}\equiv 9 \pmod{26}$。即 k=3 的乘法密码解密算式为

$$p_i \equiv 9C_i \pmod{26},\quad i=1,2,\cdots,n \tag{2.2.12}$$

如例 2.3 的第一个密文字母编码是 19，代入式（2.2.12）计算得

$$p_1 \equiv 9\times 19 \equiv 15 \pmod{26}$$

表 2.2-3 中编码 15 对应的明文字母是 p，解密正确。将密文编码依次代入式（2.2.12）计算，可恢复出完整的明文消息。

下面讲解乘法同余逆元的计算方法。

定义 2.6 设 a, b 是整数，$a \neq 0$。如果有一个整数 x 使得 $b = ax$，则 b 叫作 a 的**倍数**，a 叫作 b 的**因数**。或者说，a 能整除 b，或 b 能被 a 整除。记作 $a|b$。如果 a 不能整除 b，记作 $a \nmid b$。

如果 $a|b$，且 $0<a<b$，那么 a 称为 b 的真因数。显然在 $a|b$ 中，左边元素 a 永远不可以为 0，右边元素 b 可以为 0，而且 $a|0$ 对于任何不为 0 的 a 都成立，即可整除。

定理 2.1 整除的性质：

（1）如果 $a|b$，那么对于任何整数 c，都有 $a|bc$；

（2）如果 $a|b$，$b|c$，那么有 $a|c$；

（3）如果 $a|b$，$a|c$，那么对于任何整数 x 和 y，都有 $a|(bx+cy)$；

（4）如果 $a|b$，$b|a$，那么 $a=\pm b$；

（5）如果 $a|b$, $a>0$, $b>0$，那么 $a \leqslant b$。

定理 2.2 带余除法。给定任意整数 a 和 b，且 $a>0$，必存在唯一的整数 q 和 r，满足 $b = qa + r$，$0 \leqslant r < a$。如果 $a \nmid b$，则 r 满足 $0<r<a$。式中 q 称为商数，r 称为余数，该式称为**除法算式**，其运算过程称为**带余除法**。

定义 2.7 最大公因数。如果 a, b, c 都是整数，且 $a|b$, $a|c$，那么 a 就是 b 和 c 的公因数。由于任何非零整数值存在有限个因数，因此，如果 b 和 c 不全为 0，b 和 c 也只存在有限个公因数，其中最大的一个称为最大公因数，记为 $g=(b,c)$，$g \geqslant 1$。当 $g=1$ 时，称 b 和 c **互素**。

定理 2.3 如果 $g=(b,c)$，必存在整数 x_0 和 y_0，使得 $g = bx_0 + cy_0$。也就是 g 可以表示成 b 和 c 的线性组合。

当 $g=1$ 时，利用欧几里得算法可以计算出一个整数对模 m 的乘法逆。

定理 2.4 欧几里得算法，又称辗转相除法。给定整数 b 和 c，且设 $c>0$，根据定理 2.2 重复地使用带余除法，即用每次的余数作为新的除数，去除上一次的除数，直至余数为 0。这样可以获得下面一组方程

$$
\begin{aligned}
& b = cq_1 + r_1,\ \ 0 < r_1 < c \\
& c = r_1 q_2 + r_2,\ \ 0 < r_2 < r_1 \\
& r_1 = r_2 q_3 + r_3,\ \ 0 < r_3 < r_2 \\
& \cdots\cdots \\
& r_{j-2} = r_{j-1} q_j + r_j,\ \ 0 < r_j < r_{j-1} \\
& r_{j-1} = r_j q_{j+1}
\end{aligned}
\tag{2.2.13}
$$

式中最后一个不为 0 的余数 r_j 就是 b 和 c 的最大公因数 $g = r_j = (b,c)$。

当 $r_j = 1$ 时，将式（2.2.13）从后向前逐级倒推，可将 1 表示成 b 和 c 的线性组合。利用欧几里得算法，可以求出一个整数对模数 m 的乘法逆。

【例 2.4】 求出乘法密码 $k=3$ 的乘法逆。

解：$m=26$。将 26 作为被除数，3 作为除数，应用欧几里得算法得

$$26=3\times 8+2$$

二维码 2-1

$$3=2+1$$

$$2=1\times 2$$

最后一个不为 0 的余数是 1。从 1=3−2 倒推，将 2=26−3×8 代入并整理得

$$1=3-(26-3\times 8)=3\times 9-26 \tag{2.2.14}$$

式（2.2.14）两边对 26 求模 $3\times 9\equiv 1\ (\mathrm{mod}\,26)$

根据定义 2.5，9 即为 3 对 26 的乘法逆，即 $3^{-1}\equiv 9\ (\mathrm{mod}\,26)$。

乘法密码的密钥 k=1 时产生恒等密码，所以有效密钥个数只有 11 个。如果 Eve 截获了 Alice 发送的密文，又知道是用乘法密码加密的，那么最多试探 11 次就可破译密码。

3．仿射密码

仿射密码是加法密码和乘法密码的组合。数学模型如下：

$$C_i\equiv k_1p_i+k_2\ (\mathrm{mod}\,26),\quad i=1,2,\cdots,n,\quad k_1\in\{3,5,7,9,11,15,17,19,21,23,25\},\quad k_2=1,2,\cdots,25 \tag{2.2.15}$$

仿射密码的密钥是乘法密钥 k_1 和加法密钥 k_2 的组合。仿射密码解密的数学模型是

$$p_i\equiv(C_i-k_2)k_1^{-1}\ (\mathrm{mod}\,26),\quad i=1,2,\cdots,n,\quad k_1\in\{3,5,7,9,11,15,17,19,21,23,25\},\quad k_2=1,2,\cdots,25 \tag{2.2.16}$$

仿射密码表可以通过先进行循环移位，然后进行等间隔抽取构造。例如 $k_1=3$，$k_2=4$，可以先将正常顺序的 26 个英文字母向左循环移 4 位，然后每隔 2 个字母抽取 1 个字母重新排列，循环进行，直至所有 26 个字母抽取完毕，见表 2.2-6。

表 2.2-6　仿射密码表（$k_1=3$，$k_2=4$）

编码	0	1	2	3	4	5	6	7	8	9	10	11	12	13	14	15	16	17	18	19	20	21	22	23	24	25
明文字母	a	b	c	d	e	f	g	h	i	j	k	l	m	n	o	p	q	r	s	t	u	v	w	x	y	z
密文字母	E	H	K	N	Q	T	W	Z	C	F	I	L	O	R	U	X	A	D	G	J	M	P	S	V	Y	B

将 $k_1=3$，$k_2=4$，以及 26 个英文字母的编码 0～25 依次代入式（2.2.15）计算，同样可以得到表 2.2-6 的仿射密码表。

【例 2.5】 假设用 $k_1=3$，$k_2=4$ 的仿射密码加密，消息 public key cryptosystems 的密文是什么？

解：根据已知条件，该仿射密码的加密公式为

$$C_i\equiv 3p_i+4\ (\mathrm{mod}\,26),\quad i=1,2,\cdots,22 \tag{2.2.17}$$

明文序列编码为　p=(15,20,1,11,8,2,10,4,24,2,17,24,15,19,14,18,24,18,19,4,12,18)

代入式（2.2.17）得到密文序列编码

$$C=(23,12,7,11,2,10,8,16,24,10,3,24,10,23,9,20,6,24,6,9,16,14,6)$$

对应的密文字母序列是　XMHLCKIQYKDYKXJUGYGJQOG

与查表结果完全相同。

由加法密码和乘法密码的讨论可知，k_1 的取值共 12 个，k_2 的取值共 26 个，那么 k_1 和 k_2 的组合共 12×26=312 个。因为 $k_1=1$，$k_2=0$ 的密钥组合会产生恒等密码，必须剔除。故仿射密码的有效密钥个数是 311 个。与加法密码的 25 个和乘法密码的 11 个密钥相比，密钥

量增长了一个数量级。其中 $k_1=1$，$k_2\neq 0$ 时，仿射密码退化成加法密码；$k_1\neq 1$，$k_2=0$ 时，仿射密码退化为乘法密码。所以真正具有仿射密码强度的密码个数是 11×25=275 个。

4．随机代替密码

加法密码、乘法密码和仿射密码的代替密码表都是正常顺序字母表按某种简单规则得到。优点是便于记忆，缺点是密钥量小，保密性差。为了提高保密强度，人们又提出了随机代替密码，即把 26 个英文字母按任意顺序随机排列构成代替字母表，见表 2.2-7。这样，26 个字母总共有 26！$\approx 4\times 10^{26}$ 种不同的排列，即密钥总量约为 $2^{81.92}$ 个。

表 2.2-7　随机代替密码表

明文字母	a	b	c	d	e	f	g	h	i	j	k	l	m	n	o	p	q	r	s	t	u	v	w	x	y	z
密文字母	Q	W	E	R	T	Y	U	I	O	P	A	S	D	F	G	H	J	K	L	Z	X	C	V	B	N	M

这样大的密钥量，要用穷举搜索法进行密码分析，不要说用手工，就是用现代计算机也难以办到，从这个意义上来说保密性似乎大大提高了。

第一次和第二次世界大战期间使用的各种密码本，多属于随机代替密码。不过这些代替密码不是以单个字母为单位的随机代替，而是以更多的符号、句子或短语为单位的随机代替，显然，这种代替的密钥量更大。但是，这类密码不便记忆。因此，收发双方都必须妥善地保管好密钥，一旦出现问题，后果很严重。比如，密码本被火烧掉，由于密钥量太大，通信的任何一方都很难记住全部的代替关系，保密通信就无法继续下去。如果失窃，不但会造成泄密，而且整个体制必将报废。

5．密钥词组密码

为了保持随机代替密码密钥量大的优点，同时又克服密钥不便记忆的缺点，密钥词组密码应运而生。

任意选择一个词组，删除其中重复的字母，作为密钥词组。在正常顺序的明文字母表之下，从特定的字母开始写出密钥词组，然后将剩余的字母按照正常的字母顺序循环排列在密钥词组之后，构成密钥词组密码的代替表。例如，选择词组 electronic engineering，去掉重复字母得到 elctronig，作为密钥词组，约定明文字母 c 为特定字母，得到表 2.2-8 的对应关系。

表 2.2-8　列写密钥词组

明文字母	a	b	c	d	e	f	g	h	i	j	k	l	m	n	o	p	q	r	s	t	u	v	w	x	y	z
密文字母			E	L	C	T	R	O	N	I	G															

再把剩余的字母按照正常顺序，即 ABDFHJKMPQSUVWXYZ，依次填写在密钥词组之后，得到表 2.2-9。

表 2.2-9　密钥词组密码表

明文字母	a	b	c	d	e	f	g	h	i	j	k	l	m	n	o	p	q	r	s	t	u	v	w	x	y	z
密文字母	Y	Z	E	L	C	T	R	O	N	I	G	A	B	D	F	H	J	K	M	P	Q	S	U	V	W	X

如果明文仍然是 public key cryptosystems，则密钥词组密码对应的密文是 HQZANEGCWE

KWHPFMWMPCBM。

这种密码的加密和解密均采用查表的方法。它的密钥是密钥词组和起始书写位置。起始位置是可以任选的，构成密钥词组的字母和密钥词组的长短也是任选的，可以构成的代替字母表虽然不会超过 26!，但仍然是非常多，足以抗击密码分析者的穷举攻击。同时，密钥词组和起始位置又便于记忆。因此，这种密码既保留了密钥量大的优点，又克服了密码表不易记忆的缺点。

2.2.2 单表代替密码的统计分析

上一节介绍的五种单表代替密码，加法密码、乘法密码和仿射密码的密钥量都很小，用穷举搜索法在计算机上分析可以秒杀。随机代替密码和密钥词组密码的密钥量极大，看似牢不可破，实际并非如此。

仔细观察单表代替密码，其共同的特点就是明文和密文字母间一一对应的代替关系。这就使得明文中一些固有的特性和规律必然反映到密文中。假如明文是语言，语言的各种统计规律都会在密文中表现出来。只要截获的密文足够长，利用统计方法就可以很快破译这类密码。

比如密钥词组密码的明文共 22 个字母，对应的密文也是 22 个字母。明文中，字母 u、b、l、i、k、r、o、m 各出现 1 次，对应的 8 个密文字母 Q、Z、A、N、G、K、F、B 也各出现 1 次；p、c、e、t 各出现 2 次，对应的 4 个密文字母 H、E、C、P 也各出现 2 次；y 和 s 各出现 3 次，对应的 2 个密文字母 W、M 也各出现 3 次。虽然密文已看不懂，但统计规律与明文完全相同。

以英语为例，26 个字母各自出现的概率是大不相同的。对各类不同资料进行统计分析，测得英语字母出现的概率如表 2.2-10 所示。

表 2.2-10　英语字母出现概率

字 母	a	b	c	d	e	f	g	h	i	j	k	l	m
概 率	0.0856	0.0139	0.0279	0.0378	0.1304	0.0289	0.0199	0.0528	0.0627	0.0013	0.0042	0.0339	0.0249
字 母	n	o	p	q	r	s	t	u	v	w	x	y	z
概 率	0.0707	0.0797	0.0199	0.0012	0.0677	0.0607	0.1045	0.0249	0.0092	0.0149	0.0017	0.0199	0.0008

表 2.2-10 中，字母 e 出现概率最高，z 出现概率最低。依据各字母出现概率的大小，可以将 26 个英文字母划分成 5 组，如表 2.2-11 所示。

表 2.2-11　英文字母按出现概率大小的分组表

分　组	1	2	3	4	5
概率范围	> 0.1	0.05～0.1	0.03～0.05	0.01～0.03	< 0.01
字　母	e, t	a, o, n, r, i, s, h	d, l	f, c, m, u, g, p, y, w, b	v, k, x, j, q, z

除了字母概率大小对密码分析有帮助，双字母组合、三字母组合出现的概率，对单表密码分析也有很大帮助。如下面的 30 个双字母明显比其他双字母出现的概率高：

th,he,in,er,an,re,ed,on,es,st,en,at,to,nt,ha,nd,ou,ea,ng,as,or,ti,is,et,it,ar,te,se,hi,of

由此，可从密文双字母出现的概率来推测它们的等价明文双字母。还有，像 oo, ee 这种特殊的叠拼双字母，会直接以叠拼的形式在密文中展示出来，很容易推断对应的明文字母。

三字母组合出现概率比较高的有以下 12 个：

the,ing,and,her,ere,ent,tha,nth,was,eth,for,dth

其中尤以 the 组合最为突出，远高于其他三字母组合，这些特性对统计密码分析有重要的启示作用。其他，如单词以 t，a，s，w 开头的约占一半，以 e，s，d，t 字母结尾的超过二分之一，电报的抬头和落款、电文的格式等，都可以成为密码分析的线索。例如，第二次世界大战期间，德国人喜欢用一些具有“爱国情调”的词汇作为密码表的密钥，又喜欢用德国格言试拍新电，结果为法国密码分析者最终破译德国的 ADFGX 密码提供了很大的帮助。

下面我们来看一看在没有计算机的情况下进行密码分析的示例。

【例 2.6】 仅知下列密文是密钥词组密码，为便于理解，将词与词之间用空格分开。以统计分析方法为主，分析该段密文，并构造出明密文对照表。

YKHLBA JCZ SVIJ JZB TZVHI JCZ VHJ DR IZXKHLBA VSS RDHEI DR YVJV LBXSKYLBA YLALJVS IFZZXC CVI LEFHDNZY EVBTRDSY JCZ FHLEVHT HZVIDB RDH JCLI VCI WZZB JCZ VYNZBJ DR ELXDZSZXJHDBLXI JCZ XDEFSZQLJT DR JCZ RKBXJLDBI JCVJ XVB BDP WZ FZHRDHEZY WT JCZ EVXCLBZ CVI HLIZB YHVEVJLXVSST VI V HZIKSJ DR JCLI HZXZBJ YZNZSDFEZBJ LB JZXCBDSDAT EVBT DR JCZ XLFCZH ITIJZEI JCVJ PZHZ DBXZ XDBILYZHZY IZXKHZ VHZ BDP WHZVMVWSZ

这段密文含有 338 个字母。按出现次数由多到少的顺序排列，依次为 Z, J, V, B, H, D, I, L, C, X, S, Y, E, R, T, F, K, A, W, N, P, M, Q, U, G, O。单字母出现次数最多的是 Z，共出现 45 次，而且 JCZ 三字母组合出现 8 次，初步断定这三个字母对应明文字母 the。有一个单字母词 V，应该对应 a 或 i，注意到单词 JCVJ→th*t，推断 V→a。那么 VSS 应该对应 all，即 S→l。YVJV→*ata，猜测 Y→d。研究 JZB→te*，故 B→n。CVI→ha*，I 可能对应 d,s,t，因为 Y→d，J→t，所以 I→s。那么 VI→as，完全合理。观察密文单词 VHJ→a*t，容易判断 H→r。JCLI→th*s，迫使 L→i。将上述猜测构成明密文对照表，见表 2.2-12。

表 2.2-12

明文字母	a	b	c	d	e	f	g	h	i	j	k	l	m	n	o	p	q	r	s	t	u	v	w	x	y	z
密文字母	V			Y	Z			C	L			S		B				H	I	J						

密文中出现次数最多的前 9 个字母，只有 D 还没有合理猜测。注意双字母词 DR 出现 6 次，英文中的双字母高概率词有 he, in, an, on, at, to, as, or, is, it, of，可能与 DR 对应的有 on, to, or, of。如果 D→o，那么 DB→on，JD→to，DH→or，这三组对应均未构成单词，故只有 DR→of 最合理。

密文字母 V 和 Y 之间有两个间隔，与正常字母顺序间隔相同，根据密钥词组密码的构造特点，推测 W→b，X→c。继续观察表 2.12，发现 B 和 H 之间有三个间隔，因为已猜测 D→o，则 EFG 中必有两个与明文字母 p 和 q 相对应。再看两字母单词 WT，已猜测 W→b，故可推知 T→e 或 y，而 e 已由 Z 代替，故断定 WT→by。将这部分猜测填入表 2.2-12，立即可以断定 U →z。此时的明密文字母对应情况见表 2.2-13。

表 2.2-13

明文字母	a	b	c	d	e	f	g	h	i	j	k	l	m	n	o	p	q	r	s	t	u	v	w	x	y	z
密文字母	V	W	X	Y	Z	R		C	L			S		B	D			H	I	J					T	U

现在，密文单词 RDHEI→for*s，容易猜测 E→m，那么 EVBT→many，合理，故可断定 E→m。那么 F、G 必然代表 p 和 q。再看 YLALJVS→di*ital，应有 A→g。稍加思考，可以从 BDP→no*，推知 P→w，那么必有 Q→x。密文中第一个单词 YKHLBA→d*ring，*处必为元音，因 a, e, i, o 都有了对应的密文字母，故 K→u。填入表 2.13，得表 2.2-14。

表 2.2-14

明文字母	a	b	c	d	e	f	g	h	i	j	k	l	m	n	o	p	q	r	s	t	u	v	w	x	y	z
密文字母	V	W	X	Y	Z	R	A	C	L			S	E	B	D	F	G	H	I	J	K		P	Q	T	U

剩下的三个字母 N, M, O，分别在密文中出现了 3, 1, 0 次，按照明文字母统计概率猜测 N→v，M→k，O→j。最终构造出表 2.2-15。

表 2.2-15　统计分析破译的密钥词组密码表

明文字母	a	b	c	d	e	f	g	h	i	j	k	l	m	n	o	p	q	r	s	t	u	v	w	x	y	z
密文字母	V	W	X	Y	Z	R	A	C	L	O	M	S	E	B	D	F	G	H	I	J	K	N	P	Q	T	U

根据表 2.2-15，可以推知密钥对应的词组为 RACAL COMSEC，而特定字母为 f。由此译出的消息如下：

During last ten years the art of securing all forms of data including digital speech has improved manifold. The primary reason for this has been the advent of microelectronics. The complexity of the function that can now be performed by the machine has risen dramatically. As a result of this recent development in technology, many of the cipher systems that were once considered secure are now breakable.

在破译上述密文时，我们只用了很少的统计学知识，更多地运用了英文知识。因为我们知道明文字母的顺序没有变，知道单词的长度，还知道单词的拼写。从信息论的观点看，这些知识就是信息的冗余度。冗余度在破译上述密码时，给了我们很大的帮助，也从反面提醒密码设计者，必须对明文进行从内容到形式的全面伪装，才能提供更安全的信息保护。

另外值得注意的一点是，在选择并构造密钥词组时，应尽量避免有特殊意义的词汇，如姓名、住址等，这些信息往往会给密码分析者提供极有价值的线索。

通过例 2.6，我们初步认识到密码体制的安全性服从木桶原理。木桶的盛水量决定于最短的那块板子，密码体制也一样，它的安全性不在于密码设计者把算法设计得多么复杂、破译的计算量有多大，而在于算法有没有明显的漏洞。往往漏洞就是攻破密码算法的捷径。如密钥词组密码，看起来密钥量够大，但是用统计分析方法，即使手工破解也不难。

2.2.3　多表代替密码

单表密码的每一个密文字母唯一地代替了一个明文字母，导致明文固有的统计规律完全暴露在密文当中，给密码分析者提供了可乘之机。由此不难想象，如果在加密的过程中打乱明文的统计规律，就可以挫败密码分析者的统计分析攻击。为此，出现了多表代替密码。

1. 维吉尼亚密码

多表代替密码是多个单表代替密码构成的密码体制。加密过程中依照密钥的指示轮流使用多个单表代替密码。这样，字母在明文中的位置不同，所使用的代替密码表也不同，对应的密文字母当然也不同，这就使得一个明文字母可以对应多个密文字母，反之亦然。换句话说，一个明文字母出现的概率在多个密文字母中进行了适当的分配，显然，明文固有的统计规律被打乱，直接利用语言的统计规律破译这类密码就不能奏效了。

多表密码中最著名的是法国密码学家维吉尼亚提出的维吉尼亚（Vigenere）密码。

首先构造一个维吉尼亚密码方阵，如表 2.2-16。它的基本阵列是 26 行 26 列的方阵。方阵的第一行是从 a 到 z 按正常顺序排列的字母表，其后每一行都是前一行循环左移一位而得。

表 2.2-16 维吉尼亚多表密码方阵

	a	b	c	d	e	f	g	h	i	j	k	l	m	n	o	p	q	r	s	t	u	v	w	x	y	z
a	A	B	C	D	E	F	G	H	I	J	K	L	M	N	O	P	Q	R	S	T	U	V	W	X	Y	Z
b	B	C	D	E	F	G	H	I	J	K	L	M	N	O	P	Q	R	S	T	U	V	W	X	Y	Z	A
c	C	D	E	F	G	H	I	J	K	L	M	N	O	P	Q	R	S	T	U	V	W	X	Y	Z	A	B
d	D	E	F	G	H	I	J	K	L	M	N	O	P	Q	R	S	T	U	V	W	X	Y	Z	A	B	C
e	E	F	G	H	I	J	K	L	M	N	O	P	Q	R	S	T	U	V	W	X	Y	Z	A	B	C	D
f	F	G	H	I	J	K	L	M	N	O	P	Q	R	S	T	U	V	W	X	Y	Z	A	B	C	D	E
g	G	H	I	J	K	L	M	N	O	P	Q	R	S	T	U	V	W	X	Y	Z	A	B	C	D	E	F
h	H	I	J	K	L	M	N	O	P	Q	R	S	T	U	V	W	X	Y	Z	A	B	C	D	E	F	G
i	I	J	K	L	M	N	O	P	Q	R	S	T	U	V	W	X	Y	Z	A	B	C	D	E	F	G	H
j	J	K	L	M	N	O	P	Q	R	S	T	U	V	W	X	Y	Z	A	B	C	D	E	F	G	H	I
k	K	L	M	N	O	P	Q	R	S	T	U	V	W	X	Y	Z	A	B	C	D	E	F	G	H	I	J
l	L	M	N	O	P	Q	R	S	T	U	V	W	X	Y	Z	A	B	C	D	E	F	G	H	I	J	K
m	M	N	O	P	Q	R	S	T	U	V	W	X	Y	Z	A	B	C	D	E	F	G	H	I	J	K	L
n	N	O	P	Q	R	S	T	U	V	W	X	Y	Z	A	B	C	D	E	F	G	H	I	J	K	L	M
o	O	P	Q	R	S	T	U	V	W	X	Y	Z	A	B	C	D	E	F	G	H	I	J	K	L	M	N
p	P	Q	R	S	T	U	V	W	X	Y	Z	A	B	C	D	E	F	G	H	I	J	K	L	M	N	O
q	Q	R	S	T	U	V	W	X	Y	Z	A	B	C	D	E	F	G	H	I	J	K	L	M	N	O	P
r	R	S	T	U	V	W	X	Y	Z	A	B	C	D	E	F	G	H	I	J	K	L	M	N	O	P	Q
s	S	T	U	V	W	X	Y	Z	A	B	C	D	E	F	G	H	I	J	K	L	M	N	O	P	Q	R
t	T	U	V	W	X	Y	Z	A	B	C	D	E	F	G	H	I	J	K	L	M	N	O	P	Q	R	S
u	U	V	W	X	Y	Z	A	B	C	D	E	F	G	H	I	J	K	L	M	N	O	P	Q	R	S	T
v	V	W	X	Y	Z	A	B	C	D	E	F	G	H	I	J	K	L	M	N	O	P	Q	R	S	T	U
w	W	X	Y	Z	A	B	C	D	E	F	G	H	I	J	K	L	M	N	O	P	Q	R	S	T	U	V
x	X	Y	Z	A	B	C	D	E	F	G	H	I	J	K	L	M	N	O	P	Q	R	S	T	U	V	W
y	Y	Z	A	B	C	D	E	F	G	H	I	J	K	L	M	N	O	P	Q	R	S	T	U	V	W	X
z	Z	A	B	C	D	E	F	G	H	I	J	K	L	M	N	O	P	Q	R	S	T	U	V	W	X	Y

基本方阵构造好以后分别在方阵的最上面附加一行、最左边附加一列从 a 到 z 依序填写的 26 个字母，见表 2.16。如果把最上面附加的一行看作明文字母表，由表可见，方阵的第 1～26 行分别是明文正常顺序字母表循环左移 0～25 位的 26 个密文字母表。也就是说，维吉尼亚密码等效于 26 个单表加法密码的组合。

维吉尼亚密码的加密规则是，通信双方先约定好密钥字，加密时按照密钥字的指示选择密码表对明文字母进行替换，每加密一个字母，根据密钥字指示，换一个密码表。密钥字循环使用，直至所有明文字母加密完毕。比如，密钥字是 bdt，那么对明文加密时，第 1 个字母用附加列上 b（第 2 行）对应的密码表进行单表代替，第 2、3 个字母分别用第 d 和第 t 列对应的单表密码进行代替，循环使用 b、d、t 对应的密码表，直至所有字母代替完毕。

【例 2.7】 假设密钥字是 encryption，明文是 public key distribution，试用维吉尼亚密码加密。

解：维吉尼亚密码可以看作密钥可变的加法密码，因此可以用加法密码的方法对明文加密。用 0～25 对 a～z 的 26 个字母编码，则密钥字

$$K=(k_1,k_2,\cdots,k_l)=(k_1,k_2,\cdots,k_{10})=(4,13,2,17,24,15,19,8,14,13)$$

此例中密钥长度 l=10，明文长度 n=21。由于密钥字比明文短，需要重复书写密钥字，以得到和明文等长的密钥字，见表 2.2-17。

表 2.2-17 维吉尼亚密码加解密举例

明 文	p	u	b	l	i	C	k	e	y	d	i	s	t	r	i	b	u	t	i	o	n
明文编码	15	20	1	11	8	2	10	4	24	3	8	18	19	17	8	1	20	19	8	14	13
密 钥	e	n	c	r	y	p	t	i	o	n	e	n	c	r	y	p	t	i	o	n	e
密钥编码	4	13	2	17	24	15	19	8	14	13	4	13	2	17	24	15	19	8	14	13	4

由已知条件和表 2.2-17，本例的加解密数学模型可分别表示为：

加密：
$$C_i \equiv [p_i + k_{i(\bmod 10)}]\ (\bmod 26), \quad i=1,2,\cdots,21 \tag{2.2.18}$$

解密：
$$p_i \equiv [C_i - k_{i(\bmod 10)}]\ (\bmod 26), \quad i=1,2,\cdots,21 \tag{2.2.19}$$

将表 2.2-17 同一列明文和密钥编码逐次代入式（2.2.18），得密文编码序列

$$C=(19,7,3,2,6,17,3,12,12,16,12,5,21,8,6,16,13,1,22,1,17)$$

相应的密文字母序列为：THDCGRDMMQMFVIGQNBWBR。解密时将密文编码和密钥编码按先后顺序依次代入式（2.2.19）即可还原明文。

例 2.7 中，明文字母 i 先后出现了 4 次，分别被代替成 3 个不同的字母 G,M,W，意味着字母 i 的出现概率适当分配给了 3 个不同的字母。反过来，密文中字母 M 出现了 3 次，分别对应明文中的 3 个不同字母 e,y,i。明文与密文字母的对应关系已经变成多对多，明文统计规律被打乱。可以看出，本例中以密钥长度 10 为周期循环使用 10 个不同的单表代替密码。显然，密钥字越长，加密后的密文对明文字母统计规律就掩盖得越好，破译就越困难。

2．博福特密码

多表密码中，比较有名的还有博福特密码。二战中美军使用的 M-209 密码机，其核心代替部分使用的就是博福特密码。其加密思想与维吉尼亚密码类似，但构造方阵的方

法与维吉尼亚密码不同，博福特方阵中的行由 26 个英文字母的逆序逐行循环右移而成，见表 2.2-18。博福特密码加密变换的数学模型为：

$$C_i \equiv [k_{i(\bmod l)} - p_i] \ (\bmod 26), \quad i = 1,2,\cdots,n \tag{2.2.20}$$

解密变换的数学模型为：

$$p_i \equiv [k_{i(\bmod l)} - C_i] \ (\bmod 26), \quad i = 1,2,\cdots,n \tag{2.2.21}$$

式（2.2.20）和式（2.2.21）中的 l 为密钥长度。

容易看出，博福特密码加密和解密算式的形式完全一样，其好处是无须区分加解密设备。

表 2.2-18　博福特多表密码方阵

	a	b	c	d	e	f	g	h	i	j	k	l	m	n	o	p	q	r	s	t	u	v	w	x	y	z
a	Z	Y	X	W	V	U	T	S	R	Q	P	O	N	M	L	K	J	I	H	G	F	E	D	C	B	A
b	A	Z	Y	X	W	V	U	T	S	R	Q	P	O	N	M	L	K	J	I	H	G	F	E	D	C	B
c	B	A	Z	Y	X	W	V	U	T	S	R	Q	P	O	N	M	L	K	J	I	H	G	F	E	D	C
d	C	B	A	Z	Y	X	W	V	U	T	S	R	Q	P	O	N	M	L	K	J	I	H	G	F	E	D
e	D	C	B	A	Z	Y	X	W	V	U	T	S	R	Q	P	O	N	M	L	K	J	I	H	G	F	E
f	E	D	C	B	A	Z	Y	X	W	V	U	T	S	R	Q	P	O	N	M	L	K	J	I	H	G	F
g	F	E	D	C	B	A	Z	Y	X	W	V	U	T	S	R	Q	P	O	N	M	L	K	J	I	H	G
h	G	F	E	D	C	B	A	Z	Y	X	W	V	U	T	S	R	Q	P	O	N	M	L	K	J	I	H
i	H	G	F	E	D	C	B	A	Z	Y	X	W	V	U	T	S	R	Q	P	O	N	M	L	K	J	I
j	I	H	G	F	E	D	C	B	A	Z	Y	X	W	V	U	T	S	R	Q	P	O	N	M	L	K	J
k	J	I	H	G	F	E	D	C	B	A	Z	Y	X	W	V	U	T	S	R	Q	P	O	N	M	L	K
l	K	J	I	H	G	F	E	D	C	B	A	Z	Y	X	W	V	U	T	S	R	Q	P	O	N	M	L
m	L	K	J	I	H	G	F	E	D	C	B	A	Z	Y	X	W	V	U	T	S	R	Q	P	O	N	M
n	M	L	K	J	I	H	G	F	E	D	C	B	A	Z	Y	X	W	V	U	T	S	R	Q	P	O	N
o	N	M	L	K	J	I	H	G	F	E	D	C	B	A	Z	Y	X	W	V	U	T	S	R	Q	P	O
p	O	N	M	L	K	J	I	H	G	F	E	D	C	B	A	Z	Y	X	W	V	U	T	S	R	Q	P
q	P	O	N	M	L	K	J	I	H	G	F	E	D	C	B	A	Z	Y	X	W	V	U	T	S	R	Q
r	Q	P	O	N	M	L	K	J	I	H	G	F	E	D	C	B	A	Z	Y	X	W	V	U	T	S	R
s	R	Q	P	O	N	M	L	K	J	I	H	G	F	E	D	C	B	A	Z	Y	X	W	V	U	T	S
t	S	R	Q	P	O	N	M	L	K	J	I	H	G	F	E	D	C	B	A	Z	Y	X	W	V	U	T
u	T	S	R	Q	P	O	N	M	L	K	J	I	H	G	F	E	D	C	B	A	Z	Y	X	W	V	U
v	U	T	S	R	Q	P	O	N	M	L	K	J	I	H	G	F	E	D	C	B	A	Z	Y	X	W	V
w	V	U	T	S	R	Q	P	O	N	M	L	K	J	I	H	G	F	E	D	C	B	A	Z	Y	X	W
x	W	V	U	T	S	R	Q	P	O	N	M	L	K	J	I	H	G	F	E	D	C	B	A	Z	Y	X
y	X	W	V	U	T	S	R	Q	P	O	N	M	L	K	J	I	H	G	F	E	D	C	B	A	Z	Y
z	Y	X	W	V	U	T	S	R	Q	P	O	N	M	L	K	J	I	H	G	F	E	D	C	B	A	Z

3．Playfair 密码

Playfair 密码与前面两种多表代替密码的不同之处在于，它不是单个字母加密，而是两个字母一组，分组加密，用构造好的 5×5 方阵进行代替，如果最后一个分组仅有一个字母，则用预约的字母填充。在密钥的使用上沿用了密钥词组加密和流动密钥的思想。

5×5 方阵的构造方法是，先将选定的密钥字从左到右、从上到下依次填入，密钥字中不能有重复字母，然后将剩余字母按字母顺序依次填入方阵中，I 和 J 看作同一个字符。方阵中的行和列，均以循环方式看待，即第 1 行看作第 5 行的下一行，第 1 列作为第 5 列的右边一列。

加密时将每对明文字母 p_1 和 p_2 按照下列规则代替：

（1）若 p_1 和 p_2 在同一行，则用 p_1 和 p_2 紧邻的右端字母分别代替。

（2）若 p_1 和 p_2 在同一列，则用 p_1 和 p_2 紧邻的下端字母分别代替。

（3）若 p_1 和 p_2 不在同一行，也不在同一列，则用 p_1 行 p_2 列交叉点上的字母代替 p_1，用 p_2 行 p_1 列交叉点上的字母代替 p_2。

（4）若 p_1 和 p_2 相同，则插入一个预先约定好的字母 p_3，对 p_1 和 p_3 运用规则（1）～（3）。

解密过程与加密过程类似，只是将右端改左端，下端改上端而已。

【例 2.8】 假设密钥字为“MODEL”，构造 Playfair 密码方阵，并对“pseudorandom generators”加密。

解：构造 Playfair 密码方阵，见表 2.2-19。

将明文分成两字母一组，按照上述规则代替，得到密文分组，见表 2.2-20，将密文分组链接起来，即得密文。

代替后的分组链接起来即为密文“KULTEDQBKEDOFLTF- QBRETS”。解密过程与加密相似，对收到的密文两两分组，密文字母若在同一行，用紧邻左边的字母代替；若在同一列，则用紧邻的上边字母代替，如表 2.2-21 所示。

表 2.2-19 Playfair 密码方阵

M	O	D	E	L
A	B	C	F	G
H	I/J	K	N	P
Q	R	S	T	U
V	W	X	Y	Z

表 2.2-20 Playfair 加密

ps	eu	do	ra	nd	om	ge	ne	ra	to	rs
KU	LT	ED	QB	KE	DO	FL	TF	QB	RE	TS

表 2.2-21 Playfair 解密

KU	LT	ED	QB	KE	DO	FL	TF	QB	RE	TS
ps	eu	do	ra	nd	om	ge	ne	ra	to	rs

Playfair 密码已经有了分组密码的影子。

2.2.4 多表代替密码的统计分析

由于多表密码打乱了明文的统计规律，直接应用语言的统计规律进行密码分析的方法已不可行。那么，多表密码又如何破解呢？下面通过一个例子先来看看多表密码有什么特点。

同一个明文，用不同密码体制加密所得结果列于表 2.2-22。

表 2.2-22 单表与多表密码比较

明文	c o d e b r e a k i n g i s t h e m o s t i m p o r t a n t f o
密文 1	F R G H E U H D N L Q J L V W K H P R V W L P S R U W D Q W I R
密文 2	O O B Q B P Q A I U N E U S R T E X A S R U M N A R R M N R R O
明文	r m o f s e c r e t i n t e l l i g e n c e i n t h e w o r l d
密文 1	U P R I V H F U H W L Q W H O O L J H Q F H L Q W K H Z R U O G
密文 2	P Y O D E E A D E R U N R Q L J U G C Z C C U N R T E W A R J P
明文	t o d a y i t p r o d u c e s m u c h m o r e a n d m u c h m o
密文 1	W R G D B L W S U R G X F H V P X F K P R U H D Q G P X F K P R
密文 2	T M P A W U T N D O B G C C E M S O H K A R C M N B Y U A T M M

续表

明文	r	e	t	r	u	s	t	w	o	r	t	h	y	i	n	f	o	r	m	a	t	i	o	n	t	h	a	n	s	p	i	e
密文1	U	H	W	U	X	V	W	Z	R	U	W	K	B	L	Q	I	R	U	P	D	W	L	R	Q	W	K	D	Q	V	S	L	H
密文2	D	E	R	D	U	Q	F	W	M	D	T	F	K	I	L	R	O	P	Y	A	R	U	O	L	F	H	Y	Z	S	N	U	E
明文	s	a	n	d	t	h	i	s	i	n	t	e	l	l	i	g	e	n	c	e	e	x	e	r	t	s	g	r	e	a	t	i
密文1	V	D	Q	G	W	K	L	V	L	Q	W	H	O	O	L	J	H	Q	F	H	H	A	H	U	W	V	J	U	H	D	W	L
密文2	Q	M	N	B	F	H	G	E	I	L	F	E	J	X	I	E	Q	N	A	Q	E	V	Q	R	R	E	G	P	Q	A	R	U
明文	n	f	l	u	e	n	c	e	u	p	o	n	t	h	e	p	o	l	i	c	i	e	s	o	f	g	o	v	e	r	n	m
密文1	Q	I	O	X	H	Q	F	H	X	S	R	Q	W	K	H	S	R	O	L	F	L	H	V	R	I	J	R	Y	H	U	Q	P
密文2	N	D	X	U	C	Z	C	C	G	P	M	Z	T	F	Q	P	M	X	I	A	U	E	Q	A	F	E	A	V	C	D	N	K
明文	e	n	t	s	y	e	t	i	t	h	a	s	n	e	v	e	r	h	a	d	a	c	h	i	o	n	i	c	l	e	r	
密文1	H	Q	W	V	B	H	W	L	W	K	D	V	Q	H	Y	H	U	K	D	G	D	F	K	U	R	Q	L	F	O	H	U	
密文2	Q	N	R	E	Y	C	F	I	R	T	A	Q	Z	E	T	Q	R	F	M	D	Y	O	H	P	A	N	G	O	L	C	D	

密文 1 是单表密码，密文 2 是密钥字为 may 的维吉尼亚密码。我们把这两种密文字母出现的次数绘成直方图，见图 2.2.3 和图 2.2.4。从两个图中可以直观地看出，多表密码的直方图比单表密码的要平坦得多。这是因为每个明文字母的出现次数或多或少地在三个密文字母之间进行了分摊，所以直方图变得平坦了一些。由此不难推知，密钥字越长，直方图就越平坦。理想情况下，直方图可以变成一条水平的直线，此时密文是一个完全随机的序列。

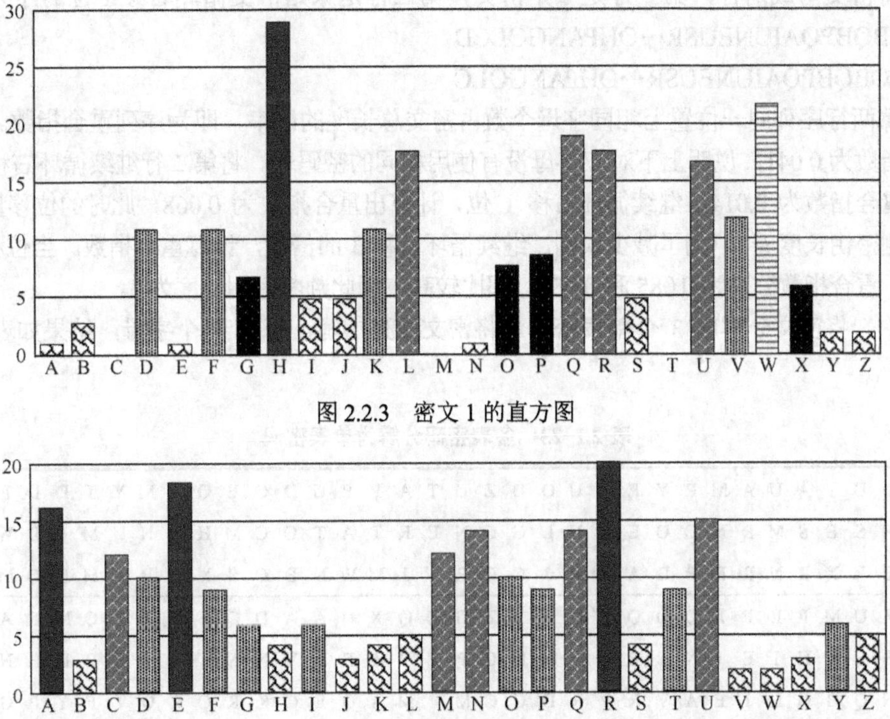

图 2.2.3　密文 1 的直方图

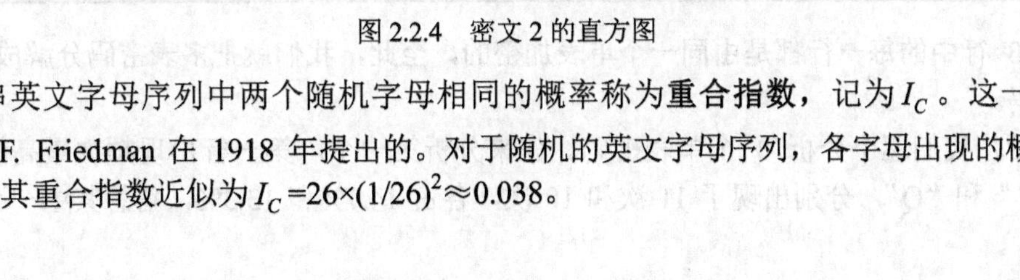

图 2.2.4　密文 2 的直方图

一串英文字母序列中两个随机字母相同的概率称为**重合指数**，记为 I_C。这一概念是 William F. Friedman 在 1918 年提出的。对于随机的英文字母序列，各字母出现的概率都是 1/26，则其重合指数近似为 $I_C=26\times(1/26)^2\approx0.038$。

对于英文明文，其重合指数的简化算式为：

$$I_C \approx p_a^2 + p_b^2 + \cdots + p_z^2 \qquad (2.2.22)$$

将表 2.2-10 的各英文字母概率代入式（2.2.22），可得 $I_C \approx 0.074$ 。这几乎是随机字母序列重合指数的 2 倍。

如果是单表代替密码，虽然单个密文字母出现的概率 $p_A, p_B, \cdots, p_Z$ 与明文不同，但由于明密文的一一对应关系，密文和明文的统计规律完全相同。所以，单表密码重合指数与明文相同，也是 0.074。利用这一特点，我们只需要简单地计算两段密文的重合指数，就可以识别两段密文是否使用了同一个密码表。在密文足够长的情况下，如果重合指数在 0.07 左右，即可断定两段密文出自同一个密码表，否则，重合指数仅在 0.04 左右。

现在，假设我们截获到密文 2，仅知道密文用维吉尼亚密码加密，恢复明文的步骤如下：

（1）判定密文加密周期，即找到密钥字长度 l。

（2）将密文分解成 l 个单表密码。

（3）用穷举搜索或统计分析法逐个破译 l 个单表加法密码。

（4）将恢复的 l 个单表字母序列拼接，恢复出完整明文。

首先寻找密钥长度。具体方法是，计算密文序列与其循环右移 1, 2, 3, …位的重合指数，当重合指数在 0.07 左右的时候，位移量即密钥字长度 l。例如计算相邻字母重合指数，等效于将密文写成两行，第一行是原始密文，第二行是原始密文循环右移 1 位的序列

OOBQBPQAIUNEUSR…OHPANGOLCD

DOOBQBPQAIUNEUSR…OHPANGOLC

计算两行序列同一位置上相同字母个数占密文总长度的比率，即为序列重合指数。上述序列重合指数为 0.041，说明上下对应字母没有使用相同的密码表。将第二行继续循环右移 1 位，计算出重合指数为 0.014。继续循环右移 1 位，计算出重合指数为 0.068，此时的位移量是 3，初步猜测密钥长度 l=3。为了减少误判，继续循环右移 3 的倍数，计算重合指数。当位移量为 6 和 9 时，重合指数分别为 0.085 和 0.054，都比较高，因此判断密钥长度为 3。

其次，将密文分解成 3 个单表密码。将密文按列书写，每列 3 个字母，结果如表 2.2-23 所示。

表 2.2-23　多表密码分解为单表密码

O Q Q U U T A U A M R Y E D U Q U Z U T A P P U D G E O A M Y T D D F D K R
O B A N S E S M R N O O E E N L G C N E R T A T O C M H R N U M E U W T I O
B P I E R X R N R R P D A R R J C C R W J M W N B C S K C B A M R Q M F L P
Y U F Z U M F E F X Q Q Q E Q U X Z G Z Q X U A A D Q E F T Z Q M O A O D
A O H S E N H I E I N E R G A N U C P T P I E F V N N Y I A E R D H N L
R L Y N Q B G L J E A V R P R D C C M F M A Q E C K R C R Q T F Y P G C

这 3 行中的每一行都是由同一个单表加密的，至此，我们就把多表密码分解成了 3 个单表密码。

然后，我们逐个分析 3 个单表密码。先来分析第一个。第一行出现频次最高的两个字母是“U”和“Q”，分别出现了 11 次和 10 次，各占 14.7%和 13.3%，猜想其中一个字母对

应明文字母“e”。如果“U”对应“e”，则“Z”、“G”和“P”分别对应明文字母“j”、“q”和“z”，出现频次分别为 6.7%、2.7%、2.7%。因为明文中 j、q、z 出现概率很低，这不太合理，故判断“Q”对应“e”，此时的密钥字母为 m。同理可推断出第二、三行单表密码的密钥字母分别为 a 和 y。因此，完整的密钥字是 may。

现在，我们按照密钥字的指示分别恢复每行密文对应的明文字母，见表 2.2-24。

表 2.2-24　恢复三行单表明文

c	e	e	i	i	h	o	i	o	a	f	m	s	r	i	e	i	n	i	h	o	d	d	i	r	u	s	c	o	a	m	h	r	r	t	r	y	f
o	b	a	n	s	e	s	m	r	n	o	o	e	e	h	l	g	c	n	e	r	t	a	t	o	c	m	h	r	n	u	m	e	u	w	t	i	o
d	r	k	g	t	m	t	p	t	t	r	f	c	t	t	l	e	e	t	w	l	o	y	p	d	e	u	m	e	d	c	o	t	s	o	h	n	r
m	i	t	n	i	a	t	s	t	l	e	e	e	s	e	i	l	n	u	n	e	l	i	o	o	r	e	s	t	h	n	e	a	c	o	c	r	
a	o	h	s	e	n	h	i	e	i	n	e	r	g	a	n	u	c	p	t	p	i	e	f	v	n	n	y	i	a	e	r	d	h	n	l		
t	n	a	p	s	d	i	n	l	g	c	x	t	r	t	f	e	e	o	h	o	c	s	g	e	m	t	e	t	s	v	h	a	r	i	e		

最后，将表 2.2-24 从左到右，按列读出，得到有意义的英文文本，说明破译成功。恢复明文如下：

Codebreaking is the most important form of secret intelligence in the world today. It produces much more and much more trustworthy information than spies and this intelligence exerts great influence upon the policies of governments yet it has never had a chronicler.

从上述例子中可以看出，破译多表密码关键的一步是确定密码周期，即确定密钥字长度。如果我们使用永不重复的密钥，就会将周期性消除。

消除周期性的方法之一是将双方事先约定好的密钥字作为初始密钥对明文加密，当初始密钥用完之后把明文链接在初始密钥之后作为新的密钥使用，从而形成永不重复的密钥字。消除周期性的方法之二是将密文链接在初始密钥之后作为新的密钥使用，构成永不重复的密钥序列。

这两种方法称为维吉尼亚**“自身密钥体制”**或**“流动密钥体制”**。这进一步增加了密码分析的难度。图 2.2.5～图 2.2.7 分别为维吉尼亚密码、明文作为自身密钥的维吉尼亚密码和密文作为自身密钥的维吉尼亚密码的工作示意图。读者从中可以看出三者的区别。

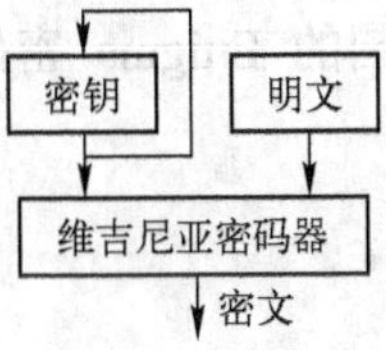

图 2.2.5　维吉尼亚密码示意图

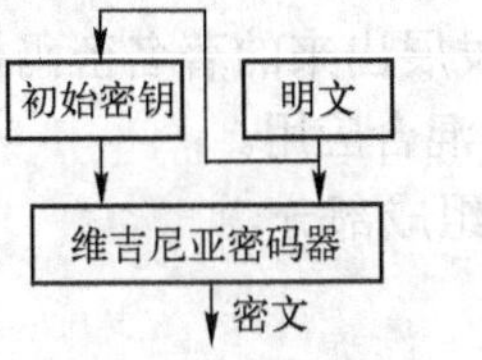

图 2.2.6　明文自身密钥的维吉尼亚密码示意图

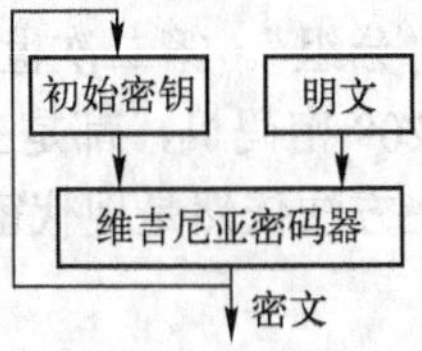

图 2.2.7　密文自身密钥的维吉尼亚密码示意图

2.3 换位密码

换位密码又称**转置密码**。换位密码的加解密思路与代替密码不同，它不改变组成明文的符号本身，只对符号的位置进行重新排列。

实现重新排列的方法有很多种。比如**倒序密码**，简单地将明文前后颠倒；**栅栏密码**，将明文按行写、按列读，或者按列写、按行读。总之就是打乱原有明文的排列顺序，使其变得不可识读。换位密码中比较有代表性的是列转置密码。

列转置密码可以理解成栅栏密码的拓展。其加密方法是，将明文逐行写入一个事先规定了列数的方框内，再按列读出，构成密文。为了提高保密性，读取时，不是从左至右顺序读取，而是按照密钥字的指示读取。

例如，我们要加密明文“This program simulates the work of the modular exponentiation cryptosystem”，假设密钥字为MODEL，共5个字母，我们就把明文写在5列宽的方框内，然后对密钥字中的字母按其在正常字母表中出现的先后顺序进行编号。如果遇到相同的字母，再按从左到右的顺序编号。像MODEL这5个字母按正常出现的先后顺序是DELMO，分别编为12345，那么，编了号的密钥字为45123。将明文逐行填入宽为5的方框内，得到表2.3-1。

表 2.3-1　列转置密码举例

M 4	O 5	D 1	E 2	L 3
t	h	i	s	p
r	o	g	r	a
m	s	i	m	u
t	a	t	e	s
t	h	e	w	o
r	k	o	f	t
h	e	m	o	d
u	l	a	r	e
x	p	o	n	e
n	t	i	a	t
i	o	n	c	r
y	p	t	o	s
y	s	t	e	m

按照编号的先后顺序依次从上到下读出各列，每5个字母写成一组，得到下述密文：

IGITE　OMAOI　NTTSR　MEWFO　RNACO　EPAUS　OTDEE
TRSMT RMTTR　HUXNI　YYHOS　AHKEL　PTOPS

解密时，要有一个同样宽的方框。为了计算方框的长度，用密文的总字母数除以宽度，所得的商就是方框的长度，如果除不尽，则长度为商加1。本例中密文的总字母数为65，除以宽度5等于13，那么方框的长度就是13行。将密文按照密钥编号的先后顺序逐列写到方框内，然后再按行读出，即恢复明文。

这种密码体制加密和解密都很方便，但是对于不知道密钥的密码分析者来说，要破译这类密码还是颇费工夫。换位密码因为完全不改变原有明文的符号，只调整符号排列顺序，所以单字符统计特性与明文完全相同，利用这一特性容易识别代替密码和换位密码。

换位密码属于非线性密码。虽然简单的换位密码经不住现代密码分析者的有力攻击，但是可以增加密码体制的非线性度，加大破解分析的难度。

至此，我们已经介绍了古典密码的主要思想和典型方法：“代替”、“换位”、“流动密钥”和“分组”。第二次世界大战中发展出来的著名密码机，如德国的Enigma密码机、美军的M-209密码机，都是上述方法的混合应用。

这些方法依然是现代密码的有机组成部分。

2.4　密码分析的唯一解距离

第1章中，我们介绍了密码分析分为数学分析和物理分析两个大类。本章中，我们介绍了密码分析的穷举搜索法和统计分析法。这两种方法都可以归为数学分析的类别。密码分析从不同的角度可以有不同的分类，攻击分析方法也很多，如线性分析、差分分析等；还有针对系统的碰撞攻击，包括生日攻击、中间人攻击等；而针对芯片的探针攻击、光学攻击和边信道攻击等则属于物理分析的范畴。实际进行密码分析的时候，数学和物理分析需要交叉应用，各种分析方法也是应有尽有。然而，不管实际攻击中使用了多少种不同的方法，我们都可以站在密码分析者的角度，根据其掌握分析材料的多少及其有利程度进行分类，如图 2.4.1 所示。

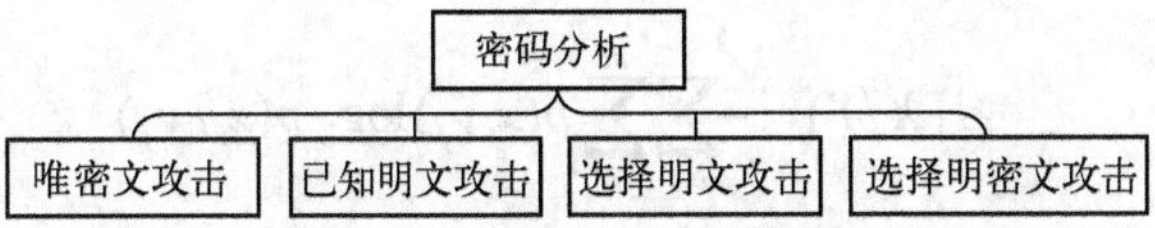

图 2.4.1　密码攻击分类（按照掌握的信息材料）

唯密文攻击对密码分析者来说处于最不利的情况，除了截获的密文，其他一无所知。已知明文攻击是在被动的情况下，得到了密文，又获知了对应的明文。例如新闻稿，在刊发之前是保密的，用密文发送，刊发之后就公开了，密码分析者就可以先后获得密文和对应的明文。选择明文攻击对密码分析者就更加有利，攻击者能够“合理地”选择部分明文，并得到相应的密文。比如 Eve 知道 Alice 和 Bob 情报完全共享，他可以发一封邮件给 Alice，当 Alice 转发给 Bob 的时候，Eve 就可以截获对应的密文。选择明密文攻击比选择明文攻击更强大，在这种情况下，攻击者不仅可以选择明文得到对应的密文，也可以选择密文得到相应的明文。

构建一个密码体制至少能抵抗前三类攻击，才能保护通信内容安全。评价一个密码算法是否安全，有很多种标准。要做全面评价，其实很难，因为安全永远是一个相对的概念。今天安全，明天可能就不安全，在一个环境下安全，在另一个环境下就不安全。所以评价密码算法至少可以分成两类：**理论安全**和**实际安全**。

理论安全是指密码攻击者无论拥有多少金钱、资源和工具都不能破译密码。如香农证明了“一次一密”的密码算法是完全保密的算法。实际安全则是指攻击者破译代价超过了信息本身的价值，或者在现有条件下破译所花费的时间超过了信息的有效期。以前曾认为分析在计算上不可行即等于实际安全，但是，Paul Kocher 等人于 1998 年发明了差分功耗分析攻击技术 DPA（Differential Power Analysis），使密码分析所需的数学推导和计算量大幅度降低，给密码算法的实际安全带来了严重的威胁。

为了评价密码算法的理论安全，香农提出了完善保密性和唯一解距离的概念。理论上，香农提出的准则可以对密码算法抵抗各种攻击的安全性进行评估，限于学时数，我们仅研究唯密文攻击下密码算法的安全性。

定义 2.8　随机变量 $X \in \{x_1, x_2, \cdots, x_i, \cdots, x_n\}$，其概率分布为 X 集合中各元素出现的概率 $P(X) \in \{p(x_1), p(x_2), \cdots, p(x_i), \cdots, p(x_n)\}$，则单符号离散无记忆信源的数学模型为：

$$\begin{pmatrix} X \\ P(X) \end{pmatrix} = \begin{Bmatrix} x_1, & x_2, & \cdots, & x_i, & \cdots, & x_n \\ p(x_1), & p(x_2), & \cdots, & p(x_i), & \cdots, & p(x_n) \end{Bmatrix},$$

$$0 \leqslant p(x_i) \leqslant 1, \quad i = 1, 2, \cdots, n, \quad \sum_{i=1}^{n} p(x_i) = 1 \tag{2.4.1}$$

定义**信源熵**为：

$$H(X) = -\sum_{i=1}^{n} p(x_i) \log_2 p(x_i) \tag{2.4.2}$$

定义 2.9　信源 X 通过信道传输到达接收端，如果信宿的数学模型为：

$$\begin{pmatrix} Y \\ P(Y) \end{pmatrix} = \begin{Bmatrix} y_1, & y_2, & \cdots, & y_i, & \cdots, & y_m \\ p(y_1), & p(y_2), & \cdots, & p(y_i), & \cdots, & p(y_m) \end{Bmatrix},$$

$$0 \leqslant p(y_j) \leqslant 1, \quad j = 1, 2, \cdots, m, \quad \sum_{j=1}^{m} p(y_j) = 1 \tag{2.4.3}$$

$p(x_i/y_j)$，$i=1,2,\cdots,n$，$j=1,2,\cdots,m$ 表示收到 y_j 后发送 x_i 的条件概率，$p(x_iy_j)$，$i=1,2,\cdots,n$，$j=1,2,\cdots,m$ 为 x_i 和 y_j 的联合概率，定义 Y 已知情况下 X 的**条件熵**为：

$$H(X/Y)=-\sum_{i=1}^{n}\sum_{j=1}^{m}p(x_iy_j)\log_2 p(x_i/y_j) \tag{2.4.4}$$

条件熵也称**疑义度**。那么，YZ 已知的情况下 X 的条件熵定义为：

$$H(X/YZ)=-\sum_{i=1}^{n}\sum_{j=1}^{m}\sum_{k=1}^{l}p(x_iy_jz_k)\log_2 p(x_i/y_jz_k) \tag{2.4.5}$$

定义 2.10 Y 对 X 的**平均互信息**定义为：

$$I(X;Y)=H(X)-H(X/Y) \tag{2.4.6}$$

对于图 2.1.2 所示的一般保密通信系统，若 S_p,S_C,S_k 分别代表明文、密文和密钥空间，$H(S_p),H(S_C),H(S_k)$ 分别代表明文、密文和密钥空间的熵，$H(S_p/S_C),H(S_k/S_C)$ 分别代表已知密文条件下明文和密钥的疑义度，从唯密文攻击角度来看，密码分析的任务是从截获的密文中提取关于明文的信息：

$$I(S_p;S_C)=H(S_p)-H(S_p/S_C) \tag{2.4.7}$$

或从密文中提取密钥信息：

$$I(S_k;S_C)=H(S_k)-H(S_k/S_C) \tag{2.4.8}$$

显然，$H(S_p/S_C)$ 和 $H(S_k/S_C)$ 越大，攻击者从密文获得的明文或密钥信息就越少。

Bob 收到密文后，用解密密钥控制解密函数，通过运算恢复出原始明文。此时必有

$$H(S_p/S_CS_k)=0 \tag{2.4.9}$$

于是

$$I(S_p;S_CS_k)=H(S_p)-H(S_p/S_CS_k)=H(S_p) \tag{2.4.10}$$

说明合法用户在掌握密钥并已知密文的情况下，可以提取全部明文信息。

可以证明，对于任意密码系统，有

$$I(S_p;S_C)\geqslant H(S_p)-H(S_k) \tag{2.4.11}$$

式（2.4.11）说明，保密算法的密钥空间越大，从密文中可以提取的关于明文的信息量就越少，即密钥空间越大，破译越困难。如果密文与明文之间的平均互信息量为零，即

$$I(S_p;S_C)=0 \tag{2.4.12}$$

则攻击者不能从密文提取到任何有关明文的信息。这种情况下，我们称密码系统是**完善保密**的或**无条件安全**的，亦即我们前面所说的**理论安全**。

若密钥空间大于明文空间，即

$$H(S_k)\geqslant H(S_p) \tag{2.4.13}$$

由式（2.4.11）和平均互信息量的非负性可知，$I(S_p;S_C)$ 必等于零，这是完善保密系统存在的必要条件。

香农证明，“一次一密”的密码算法不仅能抗击唯密文攻击，亦能抗击已知明文攻击。从理论上来说，它具有完善保密性，应该是理想的保密体制，但是后来人们发现了这种体制存在密钥管理的脆弱性。但“一次一密”的思想，在现代保密通信系统中被广泛应用。

香农从密钥疑义度出发，引入了一个非常重要的概念——唯一解距离（unicity distance）V_0。V_0是密码攻击者在进行唯密文攻击时必须处理的密文量的理论下界。当攻击者获得的密文量大于这个界限时，密码有可能会被破译；如果小于这个界限，则密码在理论上是不可破译的。

设给定N长密文序列$C = C_1, C_2, \cdots, C_N \in Y^N$，其中$Y$为密文字母表。根据条件熵的性质

$$H(S_k / C_1 C_2, \cdots, C_{N+1}) \leqslant H(S_k / C_1 C_2, \cdots, C_N) \quad (2.4.14)$$

随着N的增大，密钥疑义度减小。亦即截获的密文越多，从中提取的关于密钥的信息就越多。当疑义度减小到零，即$H(S_k / S_C) = 0$时

$$I(S_k; S_C) = H(S_k) - H(S_k / S_C) = H(S_k) \quad (2.4.15)$$

密钥被完全确定，从而实现破译。

如果

$$I_{0\infty} = H_0 - H(S_p) \quad (2.4.16)$$

则称为明文信息变差，其中$H(S_p)$和H_0分别代表明文实际熵和明文最大熵，可以证明，**唯一解距离**

$$V_0 \approx H(S_k) / I_{0\infty} \quad (2.4.17)$$

即破译密码所需的最小密文长度。

由信息论可知，$I_{0\infty}$代表明文冗余度。式（2.4.17）表明，唯一解距离与密钥熵成正比，与明文冗余度成反比。由此可知，提高密码安全性有两条途径：增大密钥熵或减小明文冗余度。增大密钥熵可通过扩展密钥空间或加大密码算法复杂度实现，减小明文冗余度可通过压缩编码实现。

应该注意的是，唯一解距离是破译密码所需的最小密文数量的理论下界。达到这个下界，不代表一定能破译密码。还需要指出的是，唯一解距离与香农编码定理一样，只给出了一个理论界限，并没有给出求解密钥的具体方法，也没有给出求解密钥所需的工作量。有许多密码算法，理论上可以破译，但需要巨量计算，在有限的时间和条件下无法完成。这种密码算法属于**实际保密**的密码算法，即所谓计算上安全的保密算法。

下面我们用唯一解距离，对加法密码、乘法密码和仿射密码进行安全评估。

1．加法密码的唯一解距离

单表代替密码明、密文字母是一一对应关系，所以密文字母统计规律与明文相同，英文26个字母出现概率见表2.2-10。根据香农最大离散熵定理，其最大熵为：

$$H_0 = \log_2 26 = 4.7 \text{（比特/符号）} \quad (2.4.18)$$

在不考虑字母间依赖关系的情况下，表2.2-10可以近似看作离散无记忆信源，根据离散熵的定义可得

$$H(S_C) = H(S_p) = -\sum_{i=1}^{26} p_i \log_2 p_i = 4.13 \text{（比特/符号）} \quad (2.4.19)$$

加法密码只进行了字母代替，因此，$H(S_p)$即为其信源熵。该信源的信息变差

$$I_{0\infty} = H_0 - H(S_p) = 4.7 - 4.13 = 0.57 \text{（比特/符号）} \quad (2.4.20)$$

加法密码的密钥k共有25种有效取值，可认为25种取值等概率分布，即

$$p(k_i) = 1/25, \quad i = 1, 2, \cdots, 25 \quad (2.4.21)$$

所以密钥熵 $$H(S_k)=\log_2 25=4.6439\text{（比特/符号）} \tag{2.4.22}$$

由式（2.4.22）和式（2.4.19）可见，密钥熵大于信源熵，由式（2.4.11）和互信息量的非负性可知

$$I(S_p;S_C)=0$$

意味着从密文得不到关于明文的任何信息。但这只是完善保密性的必要条件，非充分条件。

将式（2.4.20）、式（2.4.22）代入式（2.4.17）得加法密码唯一解距离

$$V_0\approx H(S_k)/I_{0\infty}=4.6439/0.57=8.1472 \tag{2.4.23}$$

式（2.4.23）可解读为：破译 1 比特加法密码，至少需要 9 比特（大于 8.1472 的最小整数）密文。也就是说，要破译 1 比特加法密码信息，密文少于 9 比特一定不会成功。这是破译加法密码的理论下界，并不保证大于等于 9 个比特一定能成功，实际破译所需样本量远远高于此下界。由此可以看出，加法密码的安全性很弱。

与香农编码定理类似，香农唯一解距离只给出了密码安全性评估的理论下界，并未给出具体的破译方法。

实际上，对于这种简单的加法密码，只需穷举搜索 25 次，也就是把所有可能的密钥全部试一遍，必能找到正确的密钥。

2．乘法密码的唯一解距离

由 2.2.1 节的讨论可知，乘法密码的有效密钥只有 11 个，通常密钥的取值是等概率的，故有密钥熵

$$H(S_k)=\log_2 11=3.4594\text{（比特/符号）} \tag{2.4.24}$$

根据香农的完善保密性原理

$$I(S_p;S_C)\geqslant H(S_p)-H(S_k)=4.13-3.4594=0.6706\text{（比特/符号）}$$

由于单表密码明文和密文是一一对应关系，密文熵与明文熵相等，故有

$$I(S_p;S_C)\geqslant H(S_C)-H(S_k)=0.6706\text{（比特/符号）} \tag{2.4.25}$$

式（2.4.25）说明，接收端平均每收到一个密文符号，可以获得关于明文的 0.6706 比特信息。计算唯一解距离

$$V_0\approx H(S_k)/I_{0\infty}=3.4594/0.57=6.069$$

理论上获得 7 倍密文字符长度可破译密码。当然这也只是破译该密码的理论下界。

比较加法密码和乘法密码的唯一解距离可知，乘法密码安全性比加法密码更弱。实际上，因为乘法密码密钥空间更小，只有 11 个有效密钥，最多穷举搜索 11 次，必能破译该密码。

当然，这里只考虑了信源的单字母统计规律，如果考虑更多因素，比如字母间的依赖性，对上述密码的安全性评价则会有所不同。

3．仿射密码的唯一解距离

仿射密码除了 $k_1=1$，$k_2=0$ 的恒等密码，有效密钥有 311 个，其中 $k_1=1$，$k_2\neq 0$ 时，仿射密码退化为加法密码；$k_1\neq 1$，$k_2=0$ 时，仿射密码退化为乘法密码。所以密钥对中的任意一个参数为 0 时，仿射密码的密钥为弱密钥，在实际应用中应该避免。那么剩下的有效密钥有 11×25=275 个。假设密钥的取值是等概率的，故有密钥熵

$$H(S_k)=\log_2 275=8.1034 \text{（比特/符号）} \tag{2.4.26}$$

明文熵不变，$H(S_p)=4.13$（比特/符号）。显然$H(S_k)\geqslant H(S_p)$，根据香农完善保密性原理

$$I(S_p;S_C)=0$$

满足完善保密性必要条件。计算其唯一解距离

$$V_0\approx H(S_k)/I_{0\infty}=8.1034/0.57=14.2165$$

可见仿射密码比加法密码和乘法密码的安全性都高。如果用穷举搜索法攻击该密码，最多时需要搜索 275 次。

需要注意的是，上述三个例子都只考虑了信源单字母统计特性，实际信源字母间也有很强的依赖关系，构成了信息的冗余度。比如英语信源的冗余度高达 70%。当密文序列足够长时，由于单表密码的一一对应性，明文的统计特性会完全暴露在密文中，利用这些统计特性也能迅速破译密文。统计法更适于破译多表密码。

总结加法密码、乘法密码和仿射密码的安全性，唯一解距离最短的是乘法密码，最长的是仿射密码。用穷举法破译这三种密码时，仿射密码需要搜索的次数最多，乘法密码最少。分析的难易程度与唯一解距离成正比。由此可见，唯一解距离虽然没有给出具体的分析方法，但宏观地对密码算法的安全性做出了评估。

习题

2.1　按照明文-密文的变换方式，密码可分为哪几类？

2.2　什么是代替密码？

2.3　什么是换位密码？

2.4　代替密码有哪些类别？

2.5　密码分析有哪些分类方法？每种方法又是怎样分类的？

2.6　理论安全和实际安全的区别是什么？理论安全的算法能否保证实际安全？为什么？

2.7　构造密码体制的最基本要求是什么？

2.8　计算

（1）15+19 (mod 26)　（2）6+11 (mod 26)　（3）5+(6+19) (mod 26)　（4）(5+6)+19 (mod 26)

（5）46+51 (mod 26)　（6）16+27 (mod 26)　（7）(13−20) (mod 26)　（8）(72+65)　(mod 26)

（9）72(mod 26)+65(mod 26)　（10）17+13+9 (mod 26)

2.9　已知 MHRL 是加法密码密文，求其相应的明文。

2.10　找出这样的英文单词对：其中一个单词是另一个单词的密码。

2.11　计算

（1）5×7 (mod 26)　（2）11×20 (mod 26)　（3）11×9 (mod 26)　（4）4×13 (mod 26)

（5）17+8×9 (mod 26)　（6）15×13+20 (mod 26)　（7）24×7+25 (mod 26)　（8）15÷7 (mod 26)

（9）19÷10 (mod 26)　（10）22÷12 (mod 26)

对计算中的问题进行讨论。

2.12　当乘法密码密钥 k=7 时，找出明文字母 e 对应的密文字母。

2.13　假设仿射密码的密钥 $(k_1,k_2)=(11,2)$，译解 LCMP。

二维码 2-2

2.14　已知仿射密码的密钥 $k_2=17$ 时，明文 cat 对应的密文是 VRQ，求 k_1。

2.15　计算 17 和 26 的欧拉数 $\varphi(17)$ 和 $\varphi(26)$。

2.16 计算 473 和 143 的最大公因数。

2.17 计算 15 对模数 26 的乘法逆元。

2.18 破译下列栅栏密码：

ANIST SUUAC PXYNL EBASU CERON ASOHT CRNOL IOOIA IREEE NARAL IFERT EDMET FNNRN YQNGE TS

2.19 破译下列单表密码：

UNRVI TGTSF PXPTW WTHLP IVKVT SXGJW
QVPVH IVWPN CPZTI WHTIO P

2.20 已知下列密文是维吉尼亚密码，确定其加密周期：

UYSZN URSJP SPDPV PEGPN OUONQ TYOHY
DFBOV TKCBG IVTKY MFKEA HUOPN FEQNL
QKWKA BCUKE JKVIG PSSEZ QCSIR OKSZV
OJDAP JRZLH SGCOR FCSYG SFBEP EVJEP
FJHDR TVRAI JTSOF IRZHO FUSOV HESZV
OJIYU BNOUG IRHPU FPAWL CVIOR EZBWP
PDDQG FIGUF UVAKE OVHSB SBHKC SFJEQ
FTFUC UFUNN QYWYC SFHAP UZCJG PSWJN
SPQKQ FURWG BKVAZ FKVKQ PWWIC MVAAA
URHEB ONWHY EVDAA EFBPU FRDLY JTOPV
PEOJQ FEJEE PEAAA U

第3章 分组密码

分组密码（Block Cipher）是现代密码的标志之一，产生于 20 世纪 70 年代中期，是适应通信、计算机技术的发展和民用及商用保密通信需求快速增长的产物。一方面，计算机和通信技术的发展使得破解古典密码已不再困难甚至轻而易举；另一方面，现代保密通信不仅要求安全，而且要求高效、易用、灵活，这就对密码算法提出了更高的要求。为了抵抗以计算机为主要工具的现代密码分析，分组密码的复杂度比古典密码高了很多，但是代替、换位、分组、流动密钥等基本的密码思想仍是现代密码的常用思路。如今，分组密码已成为安全通信系统不可或缺的组成部分。

3.1 分组密码的概念、设计原则和应用准则

分组密码用于加密和解密的密钥是相同的，或者是数学上易于推导的，保留了古典密码加解密密钥“对称”的性质，因此，这类密码也称为**对称密码**。与古典密码不同的是，分组密码不是对明文最小组成单位进行代替或换位处理，例如英文的字母代替，而是将明文信息分成固定长度的组，然后以分组为单位加密或解密。第 2 章介绍的 Playfair 密码，就有了“分组”的影子，只是现代密码的分组更长，密钥空间更大，根据第 2 章的讨论，唯一解距离就更长，更难破解。其实“分组”和“非分组”，例如后面章节要介绍的流密码，并没有严格的分界线。比如第 2 章介绍的多表密码，如果加密操作时不是逐个字母加密，而是按照密钥长度对多个字母同时加密，此时的密码就可以看成“分组密码”，而分组密码在使用某种工作模式的时候，也会变成“流密码”。

对于二进制数而言，如果用单个比特进行代替，可能的选择只有两个：0 和 1，如果每 8 个比特分成一组进行代替，则可能的选择是 2^8=256 种，映射空间呈幂指数增长。显而易见，分组越长，明文空间越大。通常密钥长度大于等于明文分组，因此，敌手破译密码的工作量会戏剧化增长，这就是分组的好处。

现代密码设计不仅要求安全性高，而且要求计算效率高、软硬件实现方便、存储资源消耗少、操作灵活、密钥易于更新。

与古典密码的一个显著区别是，分组密码无一例外地使用了迭代的思想。加密或解密不是用密钥一次性计算或处理完成，而是将密钥变换成多个子密钥，通过多轮的计算和处理完成加密或解密的。每一轮的运算并不足够安全，但是通过多轮重复的运算和处理使密码安全强度大幅度提高。其优点是无须设计太复杂的函数，通过简单的重复计算获得高安全强度，既满足了安全要求，又兼顾了计算效率和简便操作等功能和性能的要求。

作为密码需要满足的起码条件是明文和密文之间有一一对应的关系，能够满足这种关系的函数在数学上被称为**置换**。如果密文分组中任 1 比特的变化与明文的所有比特有关，反过来，明文分组中任 1 比特的改变能够影响到密文的所有比特，则这种置换具有随机的性

质。如果对每一个密钥，分组密码都是一个**随机置换**，而且不同密钥对应的置换是完全独立的，则称这种密码为**理想密码**。理想密码体制中密文的任何统计特性都与密钥无关，但是很难实现，为了尽可能接近理想密码，香农提出了扩散（Diffusion）和混淆（Confusion）的设计原则。

扩散是将明文的统计特性散布到密文中去，使密文的统计特性尽可能“均匀”，这样从密文中就很难获得明文的信息。

混淆是使密文和密钥之间的关系足够复杂，以至于无法从密文的统计特性中推演出与密钥的关系。

现代民用和商用密码算法在设计时除了满足实际安全的需求外，使用时总是遵循**科克霍夫（Kerckhoffs）应用准则**：密码算法完全公开，保密性仅依赖于密钥；密钥易于更改、使用；操作简便。

算法公开是现代密码和古典密码的显著区别。回顾二战时期，由于英国缴获了德国早期的 Enigma 密码机，尽管德国已经将密码机升级，英国还是破译了德国升级后的 Enigma，对不列颠之战的胜利发挥了至关重要的作用。算法一经公开，被无数人攻击后没发现致命弱点再使用，就从根本上避免了算法泄露的风险。只要密钥不泄露，机密就不泄露。而保护密钥显然比保护密码算法和密码系统简单得多，更何况密钥可以轻而易举更换。所以现代民用和商用密码未公开的算法，反而没人敢用。

3.2 分组密码的结构

为了在安全性和效率之间取得平衡，分组密码一般由称为**乘积变换**的非线性变换和多轮迭代来构造。乘积变换通常由一系列代替、换位、混淆等运算和处理构成，一轮乘积变换的安全强度并不足以抵抗现代密码分析，但是计算并不很复杂，运算效率很高；结合不同子密钥控制的多轮迭代，最终得到高安全强度的密码算法。常见的两类分组密码结构有 Feistel 网络（Feistel Net）和代替置换网络 SPN（Substitution Permutation Net）。Feistel 网络又可进一步分为 Feistel-1、Feistel-2 和 Feistel-3。Feistel-1 是平衡 Feistel 网络，Feistel-2 是非平衡 Feistel 网络，Feistel-3 则是 Feistel 网络和 SPN 的结合，又称为 Feistel-SPN，如图 3.2.1 所示。

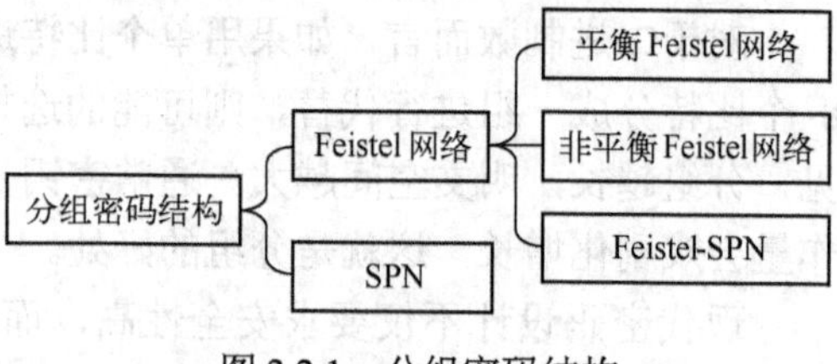

图 3.2.1 分组密码结构

3.2.1 Feistel 网络

1. 平衡 Feistel 网络

Feistel 网络总体上是把一个明文分组分成左右两个部分，每轮的乘积操作仅对其中右边的部分进行，然后与左边的部分混合，再交换左右两边顺序，完成一轮操作。

平衡的 Feistel 网络是将明文分组平分成左右两半部分。分组密码的明文分组长度一般是字节的整倍数，总比特长度为偶数。设 p 为 n 比特（bit）长的待加密明文，等分成 L_0 和 R_0 左右两半部分，各 $n/2$ 比特，每一轮的加密运算为：

$$\begin{cases} L_i = R_{i-1} \\ R_i = L_{i-1} \oplus F(R_{i-1}, k_i) \end{cases} \quad 0 \leqslant i \leqslant r \tag{3.2.1}$$

式（3.2.1）中，L_i 和 R_i 是第 i 轮输出的左半部分和右半部分，长度都是 $n/2$ 比特；k_i 是第 i 轮的子密钥，长度不小于 $n/2$ 比特；F 是一轮乘积变换，也称为**轮函数**（Round Function），通常由若干运算和处理部件组成，$\oplus$ 是逻辑异或操作，等同于按位模 2 和运算；r 为加密轮数，最后一轮左右两半部分不交换。平衡 Feistel 网络一轮结构如图 3.2.2 所示。

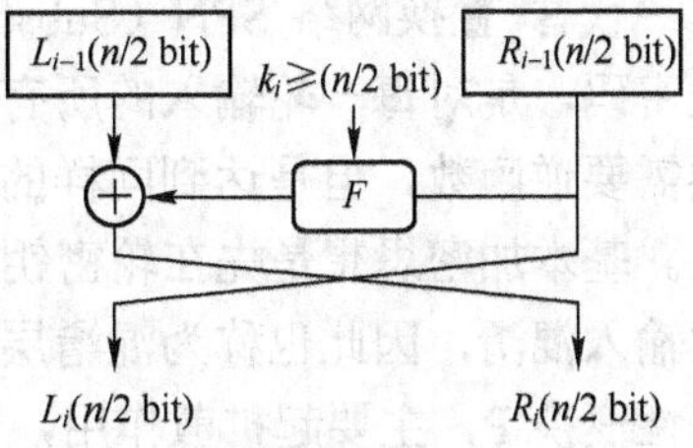

图 3.2.2　平衡 Feistel 网络一轮结构

平衡 Feistel 网络分组密码解密的轮结构与加密相同，只是控制每轮乘积函数的子密钥顺序与加密相反。后面要介绍的数据加密标准 DES（Data Encryption Standard）算法就采用了平衡 Feistel 网络结构。

2．非平衡 Feistel 网络

非平衡 Feistel 网络与平衡 Feistel 网络的区别是明文分组的左右两部分不是均等的。假设明文分组长度为 n 比特，左边部分的长度是 n_1 比特，右边部分的长度是 n_2 比特，则 $n_1+n_2=n$。如果 n 比特明文被分成 n_1 比特的左半部分 L_0 和 n_2 比特的右半部分 R_0，则非平衡 Feistel 网络的一轮加密运算为：

$$\begin{cases} \mathrm{ML}_i = R_{i-1} \\ \mathrm{MR}_i = L_{i-1} \oplus F(R_{i-1}, k_i) \\ M_i = \mathrm{ML}_i \,\|\, \mathrm{MR}_i \\ L_i = \mathrm{ML}_i \,\|\, \mathrm{MR}_i,\ \ i=1,2,\cdots,n_1 \\ R_i = \mathrm{ML}_i \,\|\, \mathrm{MR}_i,\ \ i=n_1+1,\cdots n, \end{cases} \qquad 0 \leqslant i \leqslant r \qquad (3.2.2)$$

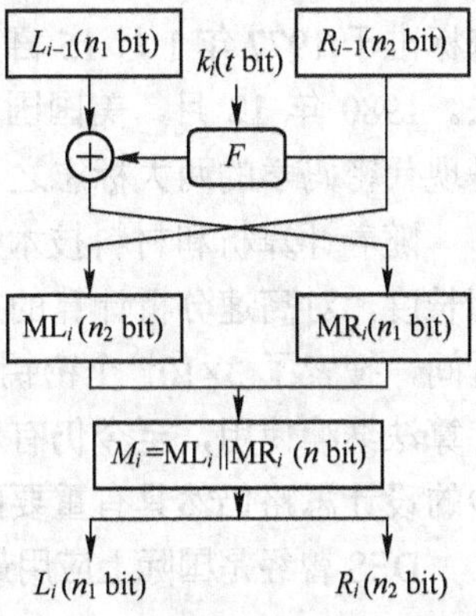

图 3.2.3　非平衡 Feistel 网络一轮结构

式（3.2.2）中，ML_i 是第 i 轮运算结果的左边部分，共 n_2 比特；MR_i 是第 i 轮运算中间层的右边部分，共 n_1 比特。k_i 是第 i 轮子密钥，长度为 t，不小于 n_2 比特。F 是非线性轮变换，是一个从 $\mathrm{GF}(2)^{n_2} \times \mathrm{GF}(2)^t \to \mathrm{GF}(2)^{n_1}$ 的函数。符号“$\|$”表示数据链接，M_i 是第 i 轮运算左右两部分的链接，共 n 比特。L_i 是第 i 轮左边输出部分，取自 M_i 的前 n_1 比特；R_i 是第 i 轮右边输出部分，取自 M_i 的后 n_2 比特。r 是加密轮数。输出 $C=\mathrm{MR}_r\|\mathrm{ML}_r$。非平衡 Feistel 网络的一轮结构如图 3.2.3 所示。

最后一轮没有进行“左右交换”，算法加密和解密的结构相同。与平衡 Feistel 网络相比，每轮输出之前增加了数据组合和重新分配的步骤。

3．Feistel-SPN 网络

Feistel-SPN 网络是 Feistel 网络和后面要讲的 SPN 网络的组合。Feistel 网络的特点是每次仅变换输入的一部分，另一部分保持不变，然后左右两部分进行交换，那么，下一轮所变换的就是上一轮没有变动的部分。这样做的好处是加密和解密变换相同，不需要设计反函数即可恢复明文。例如平衡 Feistel 网络如果只有一轮加密，则输出不再交换。那么，式（3.2.1）的解密运算就是

$$\begin{cases} L_{i-1} = L_i = R_{i-1} \\ R_{i-1} = F(L_i) \oplus R_i = F(R_{i-1}, k_i) \oplus L_{i-1} \oplus F(R_{i-1}, k_i) = L_{i-1} \end{cases} \qquad 0 \leqslant i \leqslant r \qquad (3.2.3)$$

左右两半部分交换即可恢复输入消息。图 3.2.2 和图 3.2.3 中的函数 F 未做任何规定，故可方便地更换。SPN 网络结构将在下一小节介绍。Feistel-SPN 网络结合了两种结构的优点，

以便在安全性和性能方面取得更好的平衡。

3.2.2 SPN 网络

代替-置换网络 SPN（Substitute Permutation Net）结构的分组密码，是对每一轮输入的所有比特进行变换，所以在解密的时候需要逆函数，但是达到同样的安全强度需要的变换轮数要少一些。基本加密思想是先在轮密钥控制下进行一层代替 S，目的是对输入混淆，因此也称为混淆层；然后进行换位操作或者可逆的线性变换 P，主要起扩散作用，一般称为扩散层。SPN 结构分组密码一轮结构如图 3.2.4 所示。

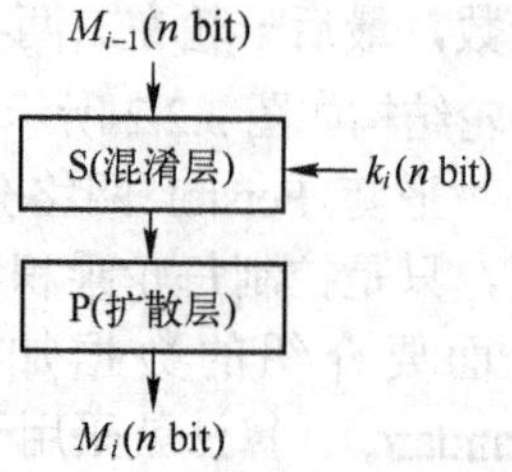

图 3.2.4　SPN 网络一轮结构

3.3　数据加密标准

数据加密标准 DES（Data Encryption Standard）是美国国家标准局 NBS 作为美国数据加密标准于 1977 年 1 月 15 日正式公布的、用于计算机数据传输和存储信息保护的分组密码算法。1980 年 12 月，美国国家标准学会 ANSI 采用这个算法作为美国的商用密码算法。DES 是现代密码学的两大标志之一。

随着计算机和材料技术及相关信息技术的发展，DES 仅有的 64 比特分组和 56 比特密钥长度，对高速分析计算的抵挡能力逐渐减弱。1997 年，DESCHALL 小组用了 3 个多月的时间，搜索了 3×10^{16} 个密钥，找到了 DES 的密钥。随后 DES 的简单变型——3DES 作为替代算法继续使用，至今仍有应用。尽管 DES 已经被高级加密标准 AES 所取代，但其精致巧妙的设计思路仍然具有重要的参考意义。

DES 曾经是国际上应用最广泛的分组密码算法，了解它，有助于对其他分组密码的理解。

3.3.1 DES 概述

DES 是分组密码，基本描述如下。

分组长度：64 比特

密钥长度：56 比特

基本结构：平衡 Feistel 结构

迭代轮数：16

DES 主要包含三个部分：子密钥产生、初始置换和末置换、乘积变换，如图 3.3.1 所示。其中乘积变换部分含有 16 轮非线性变换，每一轮由一个 48 比特子密钥控制。

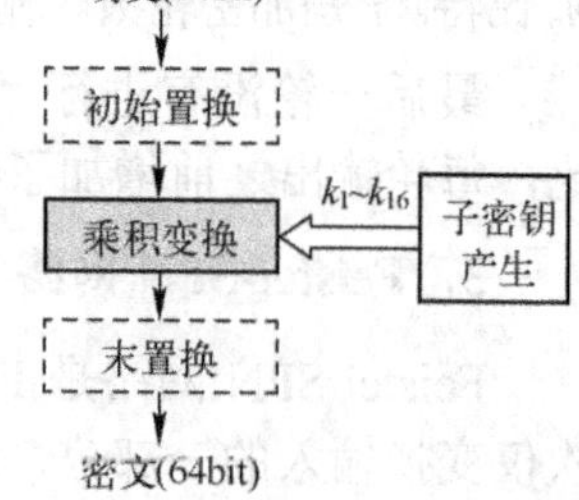

图 3.3.1　DES 算法框图

3.3.2 初始置换和末置换

假设二进制向量 P 表示 DES 输入端的一个明文分组，即

$$P=(p_1,p_2,\cdots,p_{64})$$

那么，初始置换是对 P 实施如表 3.3-1 所示的换位操作。表 3.3-1 的读法是从左到右，从上到下。明文分组的第 58 位，换到了第 1 位；第 50 位换到了第 2 位；依此类推，第 7 位换到

了最后的第 64 位。

仔细观察表 3.3-1，不难发现其规律。上面 4 行全部是偶数位，而且从上到下，从右到左，按照由小到大的顺序排列；下面 4 行全是奇数位，也是从上到下，从右到左，按照由小到大的顺序排列。

末置换表如表 3.3-2 所示，同样呈现了明显的规律性。表格中的序号每 8 个一组，按照从下到上、从左到右、先偶数列后奇数列的顺序填写。对照表 3.3-1 和 3.3-2，可以看出，DES 的初始置换和末置换是一对互逆置换。例如，表 3.3-2 末置换输入的第 40 比特放在第 1 位，我们反过来看表 3.3-1 的第 40 位，其实就是初始置换输入的第 1 比特。换句话说，末置换恢复了初始置换的输入。

表 3.3-1　DES 的初始置换表

58	50	42	34	26	18	10	2
60	52	44	36	28	20	12	4
62	54	46	38	30	22	14	6
64	56	48	40	32	24	16	8
57	49	41	33	25	17	9	1
59	51	43	35	27	19	11	3
61	53	45	37	29	21	13	5
63	55	47	39	31	23	15	7

表 3.3-2　DES 的末置换表

40	8	48	16	56	24	64	32
39	7	47	15	55	23	63	31
38	6	46	14	54	22	62	30
37	5	45	13	53	21	61	29
36	4	44	12	52	20	60	28
35	3	43	11	51	19	59	27
34	2	42	10	50	18	58	26
33	1	41	9	49	17	57	25

【例 3.1】 有一个明文分组 P，用 16 进制数表示为：16FA 845B D7A9 3E2C。对其进行初始置换，然后再进行末置换。

解： P 的二进制序列为：

0001 0110 1111 1010 1000 0100 0101 1011 1101 0111 1010 1001 0011 1110 0010 1100

经初始置换表 3.3-1 重新排列，结果如表 3.3-3 所示。

将表 3.3-3 的内容按照从左到右、从上到下的顺序读出即为初始置换后的二进制序列，记为 $P(0)$：

0001 1010 0101 1011 1101 0101 0011 1000 0011 0110 1110 0010 1110 1010 0101 1011

对应的 16 进制数为：1A5B D538 36E2 EA5B

将上述初始置换后的二进制序列 $P(0)$输入到末置换，按照表 3.3-2 的指示将各比特重新排序，结果如表 3.3-4 所示。表 3.3-4 的内容按照从左到右、从上到下的顺序读出即得：

表 3.3-3　P 的初始置换

0	0	0	1	1	0	1	0
0	1	0	1	1	0	1	1
1	1	0	1	0	1	0	1
0	0	1	1	1	0	0	0
0	0	1	1	0	1	1	0
1	1	1	0	0	0	1	0
1	1	1	0	1	0	1	0
0	1	0	1	1	0	1	1

表 3.3-4　$P(0)$的末置换表

0	0	0	1	0	1	1	0
1	1	1	1	1	0	1	0
1	0	0	0	0	1	0	0
0	1	0	1	1	0	1	1
1	1	0	1	0	1	1	1
1	0	1	0	1	0	0	1
0	0	1	1	1	1	1	0
0	0	1	0	1	1	0	0

0001 0110 1111 1010 1000 0100 0101 1011 1101 0111 1010 1001 0011 1110 0010 1100

对应的 16 进制数为：16FA 845B D7A9 3E2C

对比输入明文 P，完全相同。

初始置换和末置换对 DES 的安全性影响并不大。由于这种按比特换位的方式用软件实现不太方便，许多软件 DES 删去了初始置换和末置换。

3.3.3 子密钥产生

DES 的乘积变换部分共有 16 轮运算，每一轮都由 1 个 48 比特的子密钥控制，供需 16 个不同的子密钥。

这 16 个子密钥由 1 个称为**主密钥**的 64 比特外部密钥经过换位、循环移位和压缩置换产生，称为内部变换**子密钥**。DES 子密钥产生过程如图 3.3.2 所示。

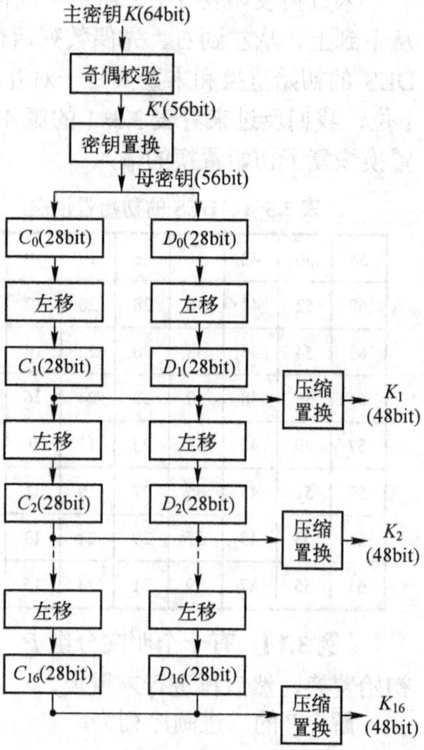

图 3.3.2 DES 子密钥产生过程

设 $K=(k_1k_2\cdots k_{64})$ 表示外部输入的主密钥。所谓外部密钥，就是把 DES 看作一个整体，比如一个软件包或者一枚芯片，这个 64 比特密钥是从外部发给 DES 的。相对于外部密钥而言，16 个子密钥则是由 DES 内部产生的。

主密钥 K 包含 8 个字节，每个字节的最后 1 比特是为了防止传输出错附加的奇偶校验位，因此不含密钥信息，所以 DES 密钥的长度只有 56 比特。

DES 标准规定为奇校验，即每个字节中取值为“1”的比特数目为奇数。如果字节的前 7 个比特中“1”的个数为奇数，则第 8 位添加“0”，否则添加“1”。例如，密钥比特为 1100101，1 的个数为偶数，则第 8 位添加“1”，构成完整字节 11001011，表示成 16 进制数则是 0xCB。如果密钥比特为 0011010，取 1 的个数为奇数，则第 8 位添加“0”，整字节为 00110100，对应的 16 进制数为 0x34。

表 3.3-5 DES 的密钥置换表

57	49	41	33	25	17	9
1	58	50	42	34	26	18
10	2	59	51	43	35	27
19	11	3	60	52	44	36
63	55	47	39	31	23	15
7	62	54	46	38	30	22
14	6	61	53	45	37	29
21	13	5	28	20	12	4

主密钥如果全部通过奇校验，则去掉每个字节的第 8 位，将 56 比特密钥位拼接在一起，用 $K'=(k_1\cdots k_7,k_9\cdots k_{15},\cdots,k_{57}\cdots k_{63})$ 表示，然后按照表 3.3-5 进行换位，从左至右、从上到下读出表 3.3-5 的各比特，即是置换后的 56 比特**母密钥**。前、后 28 比特分别存入寄存器 C_0 和 D_0。

寄存器对 (C_0,D_0) 后面还有 16 对寄存器，即 $(C_1,D_1),(C_2,D_2),\cdots,(C_{16},D_{16})$。每个寄存器都有 28 比特，加密时，寄存器对 (C_{i+1},D_{i+1}) 的内容是将 (C_i,D_i) 的内容分别循环左移 1～2 位得到。循环左移是将寄存器最左边移出的比特，又补充到最右边一位上。各寄存器移位的比特数如表 3.3-6 所示。移位后 K' 各比特在各寄存器对的位置分别示于表 3.3-7 和表 3.3-8。

表 3.3-6　DES 每轮子密钥的移位数

寄存器序号(i)	1	2	3	4	5	6	7	8	9	10	11	12	13	14	15	16
移位数	1	1	2	2	2	2	2	2	1	2	2	2	2	2	2	1

表 3.3-7　K'各比特在寄存器 C_i 中的位置

C_i	1	2	3	4	5	6	7	8	9	10	11	12	13	14	15	16	17	18	19	20	21	22	23	24	25	26	27	28
0	57	49	41	33	25	17	9	1	58	50	42	34	26	18	10	2	59	51	43	35	27	19	11	3	60	52	44	36
1	49	41	33	25	17	9	1	58	50	42	34	26	18	10	2	59	51	43	35	27	19	11	3	60	52	44	36	57
2	41	33	25	17	9	1	58	50	42	34	26	18	10	2	59	51	43	35	27	19	11	3	60	52	44	36	57	49
3	25	17	9	1	58	50	42	34	26	18	10	2	59	51	43	35	27	19	11	3	60	52	44	36	57	49	41	33
4	9	1	58	50	42	34	26	18	10	2	59	51	43	35	27	19	11	3	60	52	44	36	57	49	41	33	25	17
5	58	50	42	34	26	18	10	2	59	51	43	35	27	19	11	3	60	52	44	36	57	49	41	33	25	17	9	1
6	42	34	26	18	10	2	59	51	43	35	27	19	11	3	60	52	44	36	57	49	41	33	25	17	9	1	58	50
7	26	18	10	2	59	51	43	35	27	19	11	3	60	52	44	36	57	49	41	33	25	17	9	1	58	50	42	34
8	10	2	59	51	43	35	27	19	11	3	60	52	44	36	57	49	41	33	25	17	9	1	58	50	42	34	26	18
9	2	59	51	43	35	27	19	11	3	60	52	44	36	57	49	41	33	25	17	9	1	58	50	42	34	26	18	10
10	51	43	35	27	19	11	3	60	52	44	36	57	49	41	33	25	17	9	1	58	50	42	34	26	18	10	2	59
11	35	27	19	11	3	60	52	44	36	57	49	41	33	25	17	9	1	58	50	42	34	26	18	10	2	59	51	43
12	19	11	3	60	52	44	36	57	49	41	33	25	17	9	1	58	50	42	34	26	18	10	2	59	51	43	35	27
13	3	60	52	44	36	57	49	41	33	25	17	9	1	58	50	42	34	26	18	10	2	59	51	43	35	27	19	11
14	52	44	36	57	49	41	33	25	17	9	1	58	50	42	34	26	18	10	2	59	51	43	35	27	19	11	3	60
15	36	57	49	41	33	25	17	9	1	58	50	42	34	26	18	10	2	59	51	43	35	27	19	11	3	60	52	44
16	57	49	41	33	25	17	9	1	58	50	42	34	26	18	10	2	59	51	43	35	27	19	11	3	60	52	44	36

表 3.3-8　K'各比特在寄存器 D_i 中的位置

D_i	29	30	31	32	33	34	35	36	37	38	39	40	41	42	43	44	45	46	47	48	49	50	51	52	53	54	55	56
0	63	55	47	39	31	23	15	7	62	54	46	38	30	22	14	6	61	53	45	37	29	21	13	5	28	20	12	4
1	55	47	39	31	23	15	7	62	54	46	38	30	22	14	6	61	53	45	37	29	21	13	5	28	20	12	4	63
2	47	39	31	23	15	7	62	54	46	38	30	22	14	6	61	53	45	37	29	21	13	5	28	20	12	4	63	55
3	31	23	15	7	62	54	46	38	30	22	14	6	61	53	45	37	29	21	13	5	28	20	12	4	63	55	47	39
4	15	7	62	54	46	38	30	22	14	6	61	53	45	37	29	21	13	5	28	20	12	4	63	55	47	39	31	23
5	62	54	46	38	30	22	14	6	61	53	45	37	29	21	13	5	28	20	12	4	63	55	47	39	31	23	15	7
6	46	38	30	22	14	6	61	53	45	37	29	21	13	5	28	20	12	4	63	55	47	39	31	23	15	7	62	54
7	30	22	14	6	61	53	45	37	29	21	13	5	28	20	12	4	63	55	55	47	39	31	23	15	7	62	46	38
8	14	6	61	53	45	37	29	21	13	5	28	20	12	4	63	55	47	39	31	23	15	7	62	54	46	38	30	22
9	6	61	53	45	37	29	21	13	5	28	20	12	4	63	55	47	39	31	23	15	7	62	54	46	38	30	22	14
10	53	45	37	29	21	13	5	28	20	12	4	63	55	47	39	31	23	15	7	62	54	46	38	30	22	14	6	61
11	37	29	21	13	5	28	20	12	4	63	55	47	39	31	23	15	7	62	54	46	38	30	22	14	6	61	53	45
12	21	13	5	28	20	12	4	63	55	47	39	31	23	15	7	62	54	46	38	30	22	14	6	61	53	45	37	29
13	5	28	20	12	4	63	55	47	39	31	23	15	7	62	54	46	38	30	22	14	6	61	53	45	37	29	21	13
14	20	12	4	63	55	47	39	31	23	15	7	62	54	46	38	30	22	14	6	61	53	45	37	29	21	13	5	28
15	4	63	55	47	39	31	23	15	7	62	54	46	38	30	22	14	6	61	53	45	37	29	21	13	5	28	20	12
16	63	55	47	39	31	23	15	7	62	54	46	38	30	22	14	6	61	53	45	37	29	21	13	5	28	20	12	4

由表 3.3-7 和表 3.3-8 可见(C_0,D_0)和(C_{16},D_{16})的内容完全相同。这是因为从(C_1,D_1)到(C_{16},D_{16})共左移了 28 位（参见表 3.3-6），形成了周期循环。

经过循环移位存储到各寄存器对(C_i,D_i)的 56 比特内容又分别加到压缩置换上，按照固定格式选出 48 比特输出，产生子密钥k_i，$i=1,\cdots,16$，分别控制第 1～16 轮加密变换。压缩置换是固定的，每轮都一样，换位规则见表 3.3-9。

表 3.3-9　DES 的压缩置换表

14	17	11	24	1	5
3	28	15	6	21	10
23	19	12	4	26	8
16	7	27	20	13	2
41	52	31	37	47	55
30	40	51	45	33	48
44	49	39	56	34	53
46	42	50	36	29	32

压缩置换表中的数字表示寄存器对(C_i,D_i)的比特序号，即子密钥k_i，$i=1,\cdots,16$中的第$1,2,\cdots,47,48$比特分别是寄存器(C_i,D_i)的第$14,17,\cdots,29,32$位。

观察表 3.3-9 可以看出，前 4 行数字小于等于 28，后 4 行数字大于 28。说明k_i，$i=1,\cdots,16$的前 24 位由寄存器C_i的 28 位置换而得，其中去掉了第 9,18,22,25 位；它的后 24 位由D_i的 28 位置换所得，其中去掉了第 35,38,43,54 位。

对比表 3.3-7 和表 3.3-8 可见，寄存器对(C_1,D_1)的第 14,17,11,24, …,32 位分别是K'的第 10,51,34,60,…,31 位。为了清楚起见，我们把K'的各比特在各子密钥K_i，$i=1,\cdots,16$中的位置列于表 3.3-10。

经压缩置换产生的 16 个子密钥，在加密时分别按照$k_1,k_2,\cdots,k_{16}$的顺序控制 DES 内部的 16 轮乘积变换；在解密时，必须按照$k_{16},k_{15},\cdots,k_1$的相反顺序使用。

表 3.3-10　K'的各比特在子密钥K_i中的位置

K_i	1	2	3	4	5	6	7	8	9	10	11	12	13	14	15	16	17	18	19	20	21	22	23	24
1	10	51	34	60	49	17	33	57	2	9	19	42	3	35	26	25	44	58	59	1	36	27	18	41
2	2	43	26	52	41	9	25	49	59	1	11	34	60	27	18	17	36	50	51	58	57	19	10	33
3	51	27	10	36	25	58	9	33	43	50	60	18	44	11	2	1	49	34	35	42	41	3	59	17
4	35	11	59	49	9	42	58	17	27	34	44	2	57	60	51	50	33	18	19	26	25	52	43	1
5	19	60	43	33	58	26	42	1	11	18	57	51	41	44	35	34	17	2	3	10	9	36	27	50
6	3	44	27	17	42	10	26	50	60	2	41	35	25	57	19	18	1	51	52	59	58	49	11	34
7	52	57	11	1	26	59	10	34	44	51	25	19	9	41	3	2	50	35	36	43	42	33	60	18
8	36	41	60	50	10	43	59	18	57	35	9	3	58	25	52	51	34	19	49	27	26	17	44	2
9	57	33	52	42	2	35	51	10	49	27	1	60	50	17	49	43	26	11	41	19	18	9	36	59
10	41	17	36	26	51	19	35	59	33	11	50	44	34	1	57	27	10	60	25	3	2	58	49	43
11	25	1	49	10	35	3	19	43	17	60	34	57	18	50	41	11	59	44	9	52	51	42	33	27
12	9	50	33	59	19	52	3	27	1	44	18	41	2	34	25	60	43	57	58	36	35	26	17	11
13	58	34	17	43	3	36	52	11	50	57	2	25	51	18	9	44	27	41	42	49	19	10	1	60
14	42	18	1	27	52	49	36	60	34	41	51	9	35	2	58	57	11	25	26	33	3	59	50	44
15	26	2	50	11	36	33	49	44	18	25	35	58	19	51	42	41	60	9	10	17	52	43	34	57
16	18	59	42	3	57	25	41	36	10	17	27	50	11	43	34	33	52	1	2	9	44	35	26	49

续表

K_i	25	26	27	28	29	30	31	32	33	34	35	36	37	38	39	40	41	42	43	44	45	46	47	48
1	22	28	39	54	37	4	47	30	5	53	23	29	61	21	38	63	15	20	45	14	13	62	55	31
2	14	20	31	46	29	63	39	22	28	45	15	21	53	13	30	55	7	12	37	6	5	54	47	23
3	61	4	15	30	13	47	23	6	12	29	62	5	37	28	14	39	54	63	21	53	20	38	31	7
4	45	55	62	14	28	31	7	53	63	13	46	20	21	12	61	23	38	47	5	37	4	22	15	54
5	29	39	46	61	12	15	54	37	47	28	30	4	5	63	45	7	22	31	20	21	55	6	62	38
6	13	23	30	45	63	62	38	21	31	12	14	55	20	47	29	54	6	15	4	5	39	53	46	22
7	28	7	14	29	47	46	22	5	15	63	61	39	4	31	13	38	53	62	55	20	23	37	30	6
8	12	54	61	13	31	30	6	20	62	47	45	23	55	15	28	22	37	46	39	4	7	21	14	53
9	4	46	53	5	23	22	61	12	54	39	37	15	47	7	20	14	29	38	31	63	62	13	6	45
10	55	30	37	20	7	6	45	63	38	23	21	62	31	54	4	61	13	22	15	47	46	28	53	29
11	39	14	21	4	54	53	29	47	22	7	5	46	15	38	55	45	28	6	62	31	30	12	37	13
12	23	61	5	55	38	37	13	31	6	54	20	30	62	22	39	29	12	53	46	15	14	63	21	28
13	7	45	20	39	22	21	28	15	53	38	4	14	46	6	23	13	63	37	30	62	61	47	5	12
14	54	29	4	23	6	5	12	62	37	22	55	61	30	53	7	28	47	21	14	46	45	31	20	63
15	38	13	55	7	53	20	63	46	21	6	39	45	14	37	54	12	31	5	61	30	29	15	4	47
16	30	5	47	62	45	12	55	38	13	61	31	37	6	29	46	4	23	28	53	22	21	7	63	39

观察表 3.3-10 容易看出，经过压缩置换后，K'各比特在子密钥中的位置已没有明显的规律。

由于$C_{16}=C_0,D_{16}=D_0$，所以子密钥K_{16}可以直接从(C_0,D_0)的输出端经压缩置换得到。这样，在操作上只需将图 3.3.2 的最后一轮去掉，同时将寄存器(C_0,D_0)的输出加到压缩置换表上，再将循环左移变成循环右移，即可依序产生解密子密钥$K_{16},K_{15},\cdots,K_1$，并分别对第 1，2，…，16 轮解密变换进行控制。

【例 3.2】 假设 64 比特外部密钥K的 16 进制数表示为：16FB 945B D6AB 3E2C，求子密钥K_1。

解：K的二进制序列为：

0001 0110 1111 1011 1001 0100 0101 1011 1101 0110 1010 1011 0011 1110 0010 1100

K输入到 DES 后首先进行奇校验，校验后的二进制序列K'为：

0001011 1111101 1001010 0101101 1101011 1010101 0011111 0010110

K'送到密钥置换表 3.3-5，得到 56 比特母密钥为：

0011011000011010111000100101　0111101111010101111010101111

母密钥被分为左右两半部分，左边 28 比特存入寄存器C_0，右边 28 比特存入寄存器D_0。如果要产生子密钥K_1，须按表 3.3-6 的指示，将寄存器对(C_0,D_0)的内容分别循环左移 1 位，再分别存储到寄存器对(C_1,D_1)，然后按照压缩置换表 3.3-9，对(C_1,D_1)的内容进行压缩和换位重排。压缩置换后的二进制序列为：

1110 0110 0100 0010 0010 1001 1111 0110 0101 1010 1110 1111

这就是子密钥 K_1。

用 16 进制数表示为：E642 29F6 5AEF

产生 $K_2,\cdots,K_{16}$ 的原理与此相同。

3.3.4　乘积变换

DES 对 64 比特密文分组进行操作。通过一个初始置换，将明文分组分成左右两半部分，各 32 比特长。然后在 16 个子密钥的控制下进行 16 轮完全相同的运算，称为**乘积变换**。

一轮 DES 见图 3.3.3。

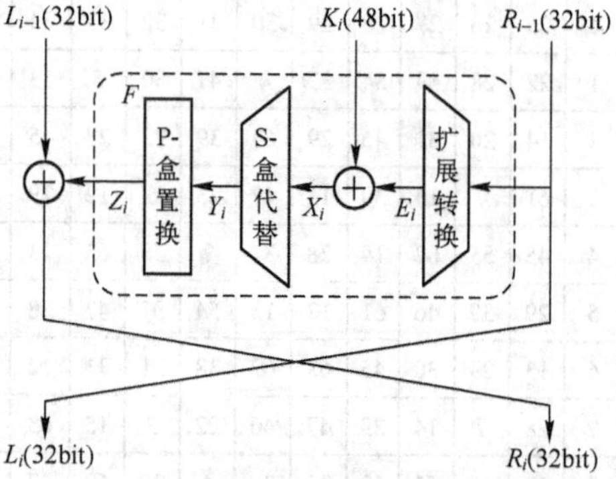

图 3.3.3　一轮 DES

图 3.3.3 清楚地显示，DES 的每一轮变换 F（图 3.3.3 中虚线框内的部分），仅对右半部分的 32 比特进行，变换完成后与左半部分的 32 比特异或，作为本轮右半部分的输出，而本轮左半部分的输出直接复制右半部分的输入。这种操作重复 16 次，就实现了 DES 的 16 轮加密。

F 变换即是 DES 乘积变换的单轮操作，总共分如下 4 个步骤。

第一步：扩展置换。目的是将本轮输入的 32 比特扩展成 48 比特。

第二步，异或。与本轮的 48 比特子密钥进行按位模二和（异或），完成明文与密钥的混合。

第三步，S-盒代替。与子密钥混合后的 48 比特数据被送入 S-盒进行非线性置换，通过代替算法将 S-盒的 48 比特输入替换成新的 32 比特数据。

第四步，P-盒置换。将 S-盒输出进行换位重排，完成 F 函数的 4 步操作。

1．扩展置换

扩展置换也称为 E-盒置换，工作原理见图 3.3.4。

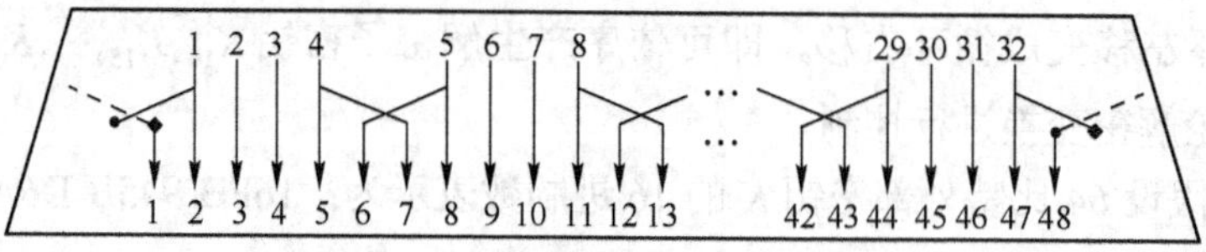

图 3.3.4　DES 扩展置换的工作原理

扩展置换把输入的 32 比特分成 8 个组，每组 4 比特。置换时把前面一组的最后一位放在本组的前面，接着是复制本组的 4 个比特，再把下一组的最前面一位加在本组的末尾。这样，每个分组从 4 位变成了 6 位，总共 8 组，一共是 48 比特。假设扩展置换输入的 32 比特分别标记为 1～32，则控制置换输出的 48 比特如表 3.3-11 所示。

表 3.3-11　扩展置换

32	1	2	3	4	5
4	5	6	7	8	9
8	9	10	11	12	13
12	13	14	15	16	17
16	17	18	19	20	21
20	21	22	23	24	25
24	25	26	27	28	29
28	29	30	31	32	1

由图 3.3.4 可见，扩展置换每个输入分组中的第 1 位和第 4 位扩展后分别影响到两个输出分组。换到输出视角，每一组输出含有输入端三个组的信息。通过多轮迭代，输出对输入的依赖性传播得更快，这叫作**雪崩原则**。密码设计者都希望做到尽可能快地使每一位

密文依赖于所有的明文比特和密钥比特。

【例 3.3】 例 3.1 的明文经初始置换后的右半部分的 16 进制数为：36E2 EA5B，求其扩展置换的输出 E_1。

解：写出对应的 32 位比特串，分成 8 组，每组 4 比特，并按表 3.11 进行扩展：

0011　　0110　　1110　　0010　　1110　　1010　　0101　　1011

100110　101101　011100　000101　011101　010100　001011　110110

48 比特扩展输出 E_1 的 16 进制数为：9AD7 0575 42F6。

2．异或

扩展置换产生了与密钥同长度的数字序列，与本轮子密钥进行异或操作，得到 48 比特运算结果 X_1。

【例 3.4】 求例 3.3 的扩展输出与子密钥 K_1 异或的结果 X_1。

解：分别将扩展输出和子密钥 k_1 的 48 位比特串写出，并进行逐位异或。

$$X_1 = E_1 \oplus K_1 \tag{3.3.1}$$

E_1：100110 101101 011100 000101 011101 010100 001011 110110

K_1：111001 100100 001000 101001 111101 100101 101011 101111

X_1：011111 001001 010100 101100 100000 110001 100000 011001

对应的 16 进制数为：7C95 2C83 1819。

3．S-盒压缩代替

S-盒是一种压缩代替操作，共有 8 个 S-盒，分别记为 $S_1, S_2, \cdots, S_8$。第 2 步异或的 48 比特结果 $X_i = (x_1 x_2 \cdots x_{48})^i$，每 6 个比特分为一组，分别记为 $A_1, A_2, \cdots, A_8$，按先后顺序输入到 $S_1, S_2, \cdots, S_8$ 的输入端，再分别进行压缩代替，每组压缩为 4 个比特，链接起来，形成 $Y_i = (y_1 y_2 \cdots y_{32})^i$ 共 32 位输出，之后进入 P-盒置换。S-盒压缩代替步骤见图 3.3.5。

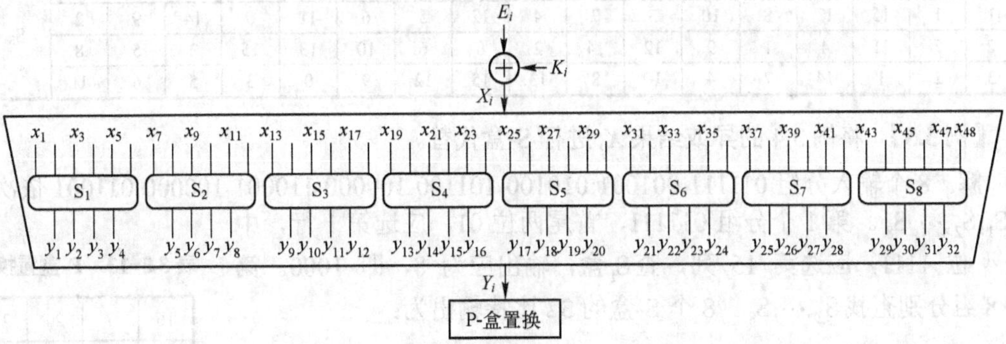

图 3.3.5　S-盒压缩代替步骤

8 个 S-盒的工作原理都一样。每个 S-盒都是一个 4 行 16 列的代替表，盒中每一项都是一个 4 比特的数。每组输入的第 1 和第 6 比特决定选取 S-盒的哪一行，中间 4 个比特决定选取哪一列，所选行、列交叉点上的项就是 S-盒的 4 比特输出。8 个 S-盒，共 32 比特输出。这样就把扩展后的 48 比特序列又压缩到 32 比特。$S_1, S_2, \cdots, S_8$ 的输入输出表见表 3.3-12。

表 3.3-12　S-盒输入输出表

	0	1	2	3	4	5	6	7	8	9	10	11	12	13	14	15	S-盒
0	14	4	13	1	2	15	11	8	3	10	6	12	5	9	0	7	S_1
1	0	15	7	4	14	2	13	1	10	6	12	11	9	5	3	8	
2	4	1	14	8	13	6	2	11	15	12	9	7	3	10	5	0	
3	15	12	8	2	4	9	1	7	5	11	3	14	10	0	6	13	
0	15	1	8	14	6	11	3	4	9	7	2	13	12	0	5	10	S_2
1	3	13	4	7	15	2	8	14	12	0	1	10	6	9	11	5	
2	0	14	7	11	10	4	13	1	5	8	12	6	9	3	2	15	
3	13	8	10	1	3	15	4	2	11	6	7	12	0	5	14	9	
0	10	0	9	14	6	3	15	5	1	13	12	7	11	4	2	8	S_3
1	13	7	0	9	3	4	6	10	2	8	5	14	12	11	15	1	
2	13	6	4	9	8	15	3	0	11	1	2	12	5	10	14	7	
3	1	10	13	0	6	9	8	7	4	15	14	3	11	5	2	12	
0	7	13	14	3	0	6	9	10	1	2	8	5	11	12	4	15	S_4
1	13	8	11	5	6	15	0	3	4	7	2	12	1	10	14	9	
2	10	6	9	0	12	11	7	13	15	1	3	14	5	2	8	4	
3	3	15	0	6	10	1	13	8	9	4	5	11	12	7	2	14	
0	2	12	4	1	7	10	11	6	8	5	3	15	13	0	14	9	S_5
1	14	11	2	12	4	7	13	1	5	0	15	10	3	9	8	6	
2	4	2	1	11	10	13	7	8	15	9	12	5	6	3	0	14	
3	11	8	12	7	1	14	2	13	6	15	0	9	10	4	5	3	
0	12	1	10	15	9	2	6	8	0	13	3	4	14	7	5	11	S_6
1	10	15	4	2	7	12	9	5	6	1	13	14	0	11	3	8	
2	9	14	15	5	2	8	12	3	7	0	4	10	1	13	11	6	
3	4	3	2	12	9	5	15	10	11	14	1	7	6	0	8	13	
0	4	11	2	14	15	0	8	13	3	12	9	7	5	10	6	1	S_7
1	13	0	11	7	4	9	1	10	14	3	5	12	2	15	8	6	
2	1	4	11	13	12	3	7	14	10	15	6	8	0	5	9	2	
3	6	11	13	8	1	4	10	7	9	5	0	15	14	2	3	12	
0	13	2	8	4	6	15	11	1	10	9	3	14	5	0	12	7	S_8
1	1	15	13	8	10	3	7	4	12	5	6	11	0	14	9	2	
2	7	11	4	1	9	12	14	2	0	6	10	13	15	3	5	8	
3	2	1	14	7	4	10	8	13	15	12	9	0	3	5	6	11	

【例 3.5】 将例 3.4 的异或结果 X_1 进行 S-盒代替。

解： 8 个输入分组 011111 001001 010100 101100 100000 110001 100000 011001 依次查找 $S_1, S_2, \cdots, S_8$。第 1 个分组 011111，首尾两位 01，应选第 1 行，中间 4 位 1111，应选第 15 列，查 S_1 盒，输出应为 8，即 1000。第 2～8 组分别查找 $S_2, \cdots, S_8$。8 个 S-盒的 32 比特输出为：

$$Y_1=(1000\ 1111\ 1100\ 0111\ 0100\ 1011\ 0001\ 0000)$$

对应的 16 进制数为：8FC7 4B10。

4．P-盒置换

P-盒置换是固定的换位操作。置换表如表 3.3-13 所示。

表 3.3-13　P-盒置换表

16	7	20	21
29	12	28	17
1	15	23	26
5	18	31	10
2	8	24	14
32	27	3	9
19	13	30	6
22	11	4	25

【例 3.6】 将第 3 步 S-盒输出结果

$$Y_1=(1000\ 1111\ 1100\ 0111\ 0100\ 1011\ 0001\ 0000)$$

进行 P-盒置换。

解：输入的第 16 比特为“1”，排在第 1 位；第 7 比特也为“1”，排在第 2 位，……按表 3.3-13 依次换位重排后的结果如下：

$$Z_1=(1101\ 0010\ 1110\ 1101\ 0111\ 0001\ 0001\ 0000)_2$$

相应的 16 进制数为：D2ED 7110。

至此，例 3.1 中对 DES 第 1 轮输入的右半部分变换全部完成。参照图 3.3.3 可见，这个结果与左半部分输入的 32 比特异或，即得第 1 轮右半部分输出 $R_1 = L_0 \oplus Z_1$，第 1 轮左半部分输出直接复制本轮右半部分的输入。初始置换后的二元序列为：

$P(0)$：0001 1010 0101 1011 1101 0101 0011 1000 0011 0110 1110 0010 1110 1010 0101 1011

L_0：0001 1010 0101 1011 1101 0101 0011 1000

Z_1：1101 0010 1110 1101 0111 0001 0001 0000

R_1：1100 1000 1011 0110 1010 0100 0010 1000

即第 1 轮右半部分输出的 16 进制数为：C8B6 A428。左边 L_1 直接复制右边的 32 比特，16 进制数表示为：36E2 EA5B。

左右两半部分链接起来就是 DES 第 1 轮的完整输出 $P(1) = L_1 \| R_1$：36E2 EA5B C8B6 A428。

第 2～16 轮的操作与第 1 轮相同，唯一区别是每轮的控制子密钥不同。

3.3.5 DES 的加密和解密原理

为了简便起见，我们以 DES 的两轮加密和解密为例，16 轮加解密原理相同，需要特别注意的是，最后一轮输出的左右两半部分不交换。两轮加密和解密变换的原理图分别如图 3.3.6 和图 3.3.7 所示。

明文分组经过初始置换后的 $P(0)$，仍为 64 比特分组，分为左右两半部分，各 32 比特。可表示为：

$$P(0) = L_0 \| R_0$$

由图 3.3.6 可见

$$P(1) = L_1 \| R_1 = R_0 \| [L_0 \oplus F_{K_1}(R_0)] \tag{3.3.2}$$

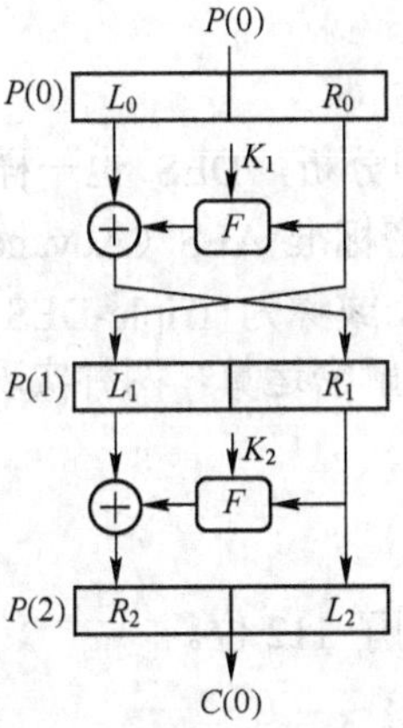

图 3.3.6 DES 的两轮加密

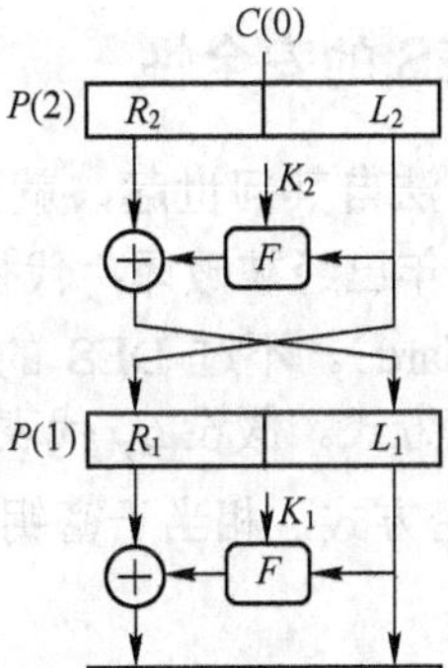

图 3.3.7 DES 的两轮解密

对 $P(1)$继续第二轮变换

$$C(0) = P(2) = R_2 \| L_2 = L_1 \oplus F_{K_2}(R_1) \| R_1 = \{R_0 \oplus F_{K_2}[L_0 \oplus F_{K_1}(R_0)]\} \| [L_0 \oplus F_{K_1}(R_0)] \tag{3.3.3}$$

如果要进行 16 轮变换，则以上述方法类推，分别在子密钥 $K_3,\cdots,K_{16}$ 的扩展下进行第 3～16 轮的乘积变换，注意最后一轮左右两半部分不交叉。$P(16)$作为预输出，加到末置换上。末置换的输出即为密文分组 C。

DES 的解密方法与加密完全相同，不同的只是子密钥的顺序。加密时，第 1～16 轮密钥的使用顺序依次为 $K_1,K_2,\cdots,K_{16}$，而解密时，子密钥的使用顺序正好相反，依次为 $K_{16},K_{15},\cdots,K_1$。

现在我们对 DES 的两轮加密结果进行解密。原本加密的最后一轮变换在输出前应进行末置换，接收端在收到密文后首先进行初始置换，然后进行轮变换。由于初始置换和末置换是一对可逆变换，简单起见，省略加密端的末置换和解密端的初始置换。由图 3.3.7 可见，第一轮解密：

$$P(1)=R_1 \| L_1 = L_2 \| [R_2 \oplus F_{K_2}(L_2)] \tag{3.3.4}$$

将式（3.3.3）中的 $L_2 = L_0 \oplus F_{K_1}(R_0)$ 代入式（3.3.4），则

$$P(1)=R_1 \| L_1 = L_2 \| [R_2 \oplus F_{K_2}(L_2)] = [L_0 \oplus F_{K_1}(R_0)] \| \{R_2 \oplus F_{K_2}[L_0 \oplus F_{K_1}(R_0)]\} \tag{3.3.5}$$

再将式（3.3.3）中的 $R_2 = R_0 \oplus F_{K_2}[L_0 \oplus F_{K_1}(R_0)]$ 代入式（3.3.5），得第一轮解密结果：

$$\begin{aligned} P(1)&=R_1 \| L_1 = L_2 \| [R_2 \oplus F_{K_2}(L_2)] = [L_0 \oplus F_{K_1}(R_0)] \| \{R_2 \oplus F_{K_2}[L_0 \oplus F_{K_1}(R_0)]\} \\ &= [L_0 \oplus F_{K_1}(R_0)] \| R_0 \oplus F_{K_2}[L_0 \oplus F_{K_1}(R_0)] \oplus F_{K_2}[L_0 \oplus F_{K_1}(R_0)] \\ &= [L_0 \oplus F_{K_1}(R_0)] \| R_0 \end{aligned} \tag{3.3.6}$$

由此推出 $R_1 = [L_0 \oplus F_{K_1}(R_0)],\ L_1 = R_0$。

第二轮解密由子密钥 K_1 控制：

$$\begin{aligned} P(0)&=R_1 \oplus F_{K_1}(L_1) \| L_1 = [L_0 \oplus F_{K_1}(R_0)] \oplus F_{K_1}(L_1) \| L_1 \\ &= [L_0 \oplus F_{K_1}(R_0)] \oplus F_{K_1}(R_0) \| R_0 = L_0 \| R_0 \end{aligned} \tag{3.3.7}$$

恢复出明文分组 $P(0)$。

3.3.6 DES 的安全性

二维码 3-1

任何公开算法自其问世起，就会受到不断的攻击和分析，DES 也一样。DES 算法 1997 年已经被破译，代替 DES 的是高级加密标准 AES（Advanced Encryption Standard）。不过 DES 的简单变型——3-DES 或称为 Triple-DES 仍然在应用。3-DES 有两种实现方式。假设 E_K 代表加密运算，D_K 代表解密运算，两种实现方式如下：

1．三次加密方式，相当于密钥长度扩展到 168 位。

$$C = E_{K_3}\{E_{K_2}[E_{K_1}(P)]\} \tag{3.3.8}$$

2．加密-解密-再加密方式；相当于密钥长度扩展到了 112 位。

$$C = E_{K_1}\{D_{K_2}[E_{K_1}(P)]\} \tag{3.3.9}$$

DES 被破译是由于科学技术的整体进步，使得计算算力大幅提升，从而导致密钥空间相对不足的结果。

DES 有 4 个弱密钥、12 个半弱密钥和 48 个可能的弱密钥，总共 64 个。所谓弱密钥是

指校验后的母密钥为全 0 或全 1，或者母密钥连续为 0 和 1 的数量各半的二元序列。这类母密钥会产生完全相同的子密钥。半弱密钥只产生两种不同的子密钥，而不是 16 种；可能的弱密钥产生 4 种不同的子密钥。这是 DES 天然的安全缺陷，但是 64 个密钥在 2^{56} 的密钥空间中所占比例很小，密钥分配时只需避开这些密钥即可。

将密钥 K 的每一位取反，也就是说，将所有的 0 用 1 代替，所有的 1 用 0 代替，那么代替后的密钥称为**补密钥**，用 $\bar{K}$ 表示。DES 有这样的特性：用补密钥加密补明文得到补密文。即

$$C = E_K(P);\ \bar{C} = E_{\bar{K}}(\bar{P}) \tag{3.3.10}$$

另外，DES 还有一类有相互关联性的密钥。这类密钥中任取一个密钥 K，一定能找到另一个密钥 K'，使得 K 的第 1～9 轮子密钥分别与 K' 的第 9～16 轮子密钥相等。这些都是 DES 的安全隐患。

1990 年，两位以色列数学家 Sli Biham 和 Adi Shamir 提出了**差分密码分析**的概念，据此找到了对 DES 进行选择明文攻击的有效方法。

如果有一对明文的差值在各自被加密后，对应密文有相同差值的概率较高，那么这一差值就称为**特征**。所谓差分密码分析就是利用这种特征来猜测各种密钥出现的可能性，并最终找到最可能的密钥。差分密码分析适合于攻击像 DES 一样有固定 S-盒的算法，故这类攻击极大地依赖于 S-盒的结构。而 DES 的精妙之处就在于它的 S-盒恰好能有力抵抗差分密码分析。实际上，DES 的设计者早在设计之初就知道差分密码分析技术，其 S-盒就是以抗差分分析为重要目标而设计的。增加加密轮数可以提高 DES 抗差分分析的能力，但是增加到 17、18 轮，差分分析所需时间与穷举搜索差不多，19 轮以后差分分析所需时间已经超过穷举搜索，所以 DES 选择 16 轮加密，不多也不少，是经过精心考虑的。

相关密钥攻击借鉴了差分攻击的思路，但考察的是一对密钥之间的差值，这种分析方法与密码算法的轮数无关，但需要“内部人士提供选择明文”，因此实用价值不如差分密码分析。

还有一个常见的已知明文攻击称为**线性分析**，由 MitsuruMatsui 提出，并用 2^{43} 个已知明文破译全部 16 轮 DES。这是 25 年前的工作，虽然实施起来有相当的困难，但 DES 的短板已经显现。1997 年 DESCHALL 小组费时 3 个月用穷举搜索法找到了 DES 的密钥。

1998 年，Paul Kocher 等人采集了 DES 芯片的 1000 条功耗曲线，用差分功耗分析的方法提取出 DES 的密钥，耗时大约 1.5 小时。后来一些改进的算法可以将提取密钥的时间缩短到 30 分钟以下。

因为 DES 已经被 AES 取代，关于其标准的问题我们不再赘述。

3.4 SM4 分组密码算法

SM4 是国产密码算法，原名 SMS4。起初是为了配合我国无线局域网鉴权和保密基础结构（Wireless LAN Authentication and Privacy Infrastructure, WAPI）的应用推广而自主设计研制的。2006 年国家商用密码管理局采用 SMS4 作为国内商用分组密码算法予以正式公布，并更名为 SM4。2012 年 3 月，SM4 正式列入国家密码行业标准（GM/T 0002-2012）；2016 年 8 月，列入国家标准（GB/T 32907-2016）。2020 年 4 月 24 日，在第 60 次国际标准化组织、国际电工委员会第一联合技术委员会信息安全分技术委员会（ISO/IEC JTC1 SC27）工作组会议上，国产分组密码算法 SM4 作为 ISO/IEC 18033-3 的补篇 2《加密算法第 3 部分：分组密码补篇 2》的内容顺利进入补篇草案（DAM）阶段。2021 年 6 月，SM4 作为

ISO/IEC 18033-3 补篇 1 正式发布。

毫无疑问，SM4 的应用会越来越广。

3.4.1　SM4 算法概述

算法分类：分组密码算法

分组长度：128 比特

密钥长度：128 比特

基本结构：非平衡 Feistel 结构

迭代轮数：32

SM4 主要包含两个部分：包含 32 轮非线性迭代和一轮反序变换的初始变量算法和密钥扩展算法。初始变量算法将 128 比特明文变换成 128 比特密文；密钥扩展算法产生 32 个子密钥，分别参与到每一轮的变换中完成轮加密。解密过程与加密过程相同，只是轮密钥的使用顺序相反。SM4 算法框架如图 3.4.1 所示。

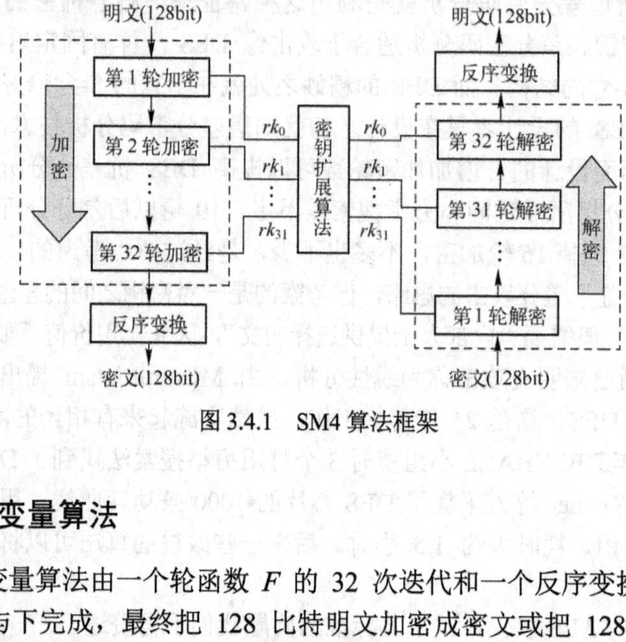

图 3.4.1　SM4 算法框架

3.4.2　初始变量算法

SM4 的初始变量算法由一个轮函数 F 的 32 次迭代和一个反序变换构成，每轮变换在 32 个子密钥的参与下完成，最终把 128 比特明文加密成密文或把 128 比特密文解密成明文。加密和解密的具体运算常以 32 比特或 8 比特为单位进行，定义 Z_2^{32} 和 Z_2^8 分别表示 32 比特和 8 比特向量集，Z_2^{32} 中的元素称为字，Z_2^8 中的元素称为字节。由 4 个字组成的向量集记为 $(Z_2^{32})^4$，4 个字节组成的向量集记为 $(Z_2^8)^4$。

假设 SM4 的明文 m 输入为 $(X_0,X_1,X_2,X_3)\in(Z_2^{32})^4$，密文输出为 $(Y_0,Y_1,Y_2,Y_3)\in(Z_2^{32})^4$，轮密钥 $rk_i\in Z_2^{32}(i=0,1,\cdots,31)$，即明、密文均为 4 个字长的 128 比特向量，轮密钥是 1 个字长的 32 比特向量，那么 SM4 的一轮非平衡 Feistel 结构如图 3.4.2 所示。

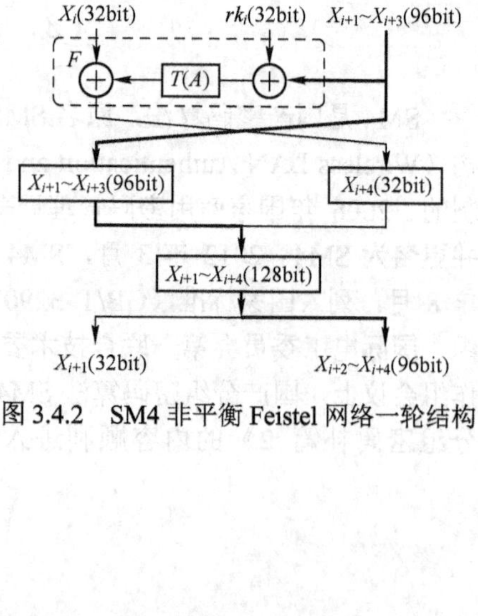

图 3.4.2　SM4 非平衡 Feistel 网络一轮结构

图中符号⊕代表异或运算或称为模 2 加。

1．轮函数 F

轮函数 F 由 32 比特异或运算以及合成置换 T 构成，见图 3.4.3。一轮变换输出的前 3 个字，直接复制本轮输入的后三个字，本轮输出的第 4 个字是轮函数 F 的变换结果。即

$$\begin{cases} X_{i+1} = X_{i+1} \\ X_{i+2} = X_{i+2} \\ X_{i+3} = X_{i+3} \\ X_{i+4} = F(X_i, X_{i+1}, X_{i+2}, X_{i+3}, rk_i) = X_i \oplus T(A) \end{cases} \tag{3.4.1}$$

式（3.4.1）中 $A = X_{i+1} \oplus X_{i+2} \oplus X_{i+3} \oplus rk_i$。当 i=0 时，轮输入 (X_0, X_1, X_2, X_3) 即为明文 m。假设明文输入的 16 进制数为 $m = (X_0, X_1, X_2, X_3) = (01234567, 89ABCDEF, FEDCBA98, 76543210)$，第一轮变换轮密钥的 16 进制数为 $rk_0 = (F1, 21, 86, F9)$，则 A 的 16 进制数为 $A = (F0, 02, C3, 9E)$。

T 是从字到字的可逆变换，记为 $T: Z_2^{32} \to Z_2^{32}$。而 T 又由非线性变换 τ 和线性变换 L 复合而成，所以，式（3.4.1）中的 $T(A)$ 可表示成

$$T(A) = L[\tau(A)] \tag{3.4.2}$$

（1）非线性变换 τ

非线性变换 τ 由 4 个并行的 S-盒构成，见图 3.4.4。S-盒为固定的 8 比特输入到 8 比特输出的置换，即 $S: Z_2^8 \to Z_2^8$，记为 Sbox(·)。

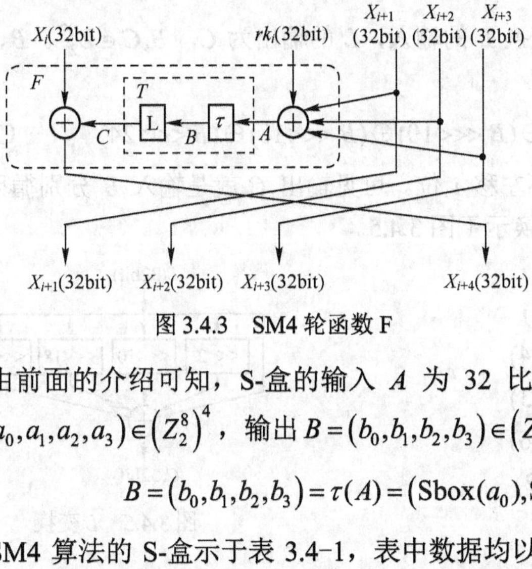

图 3.4.3　SM4 轮函数 F

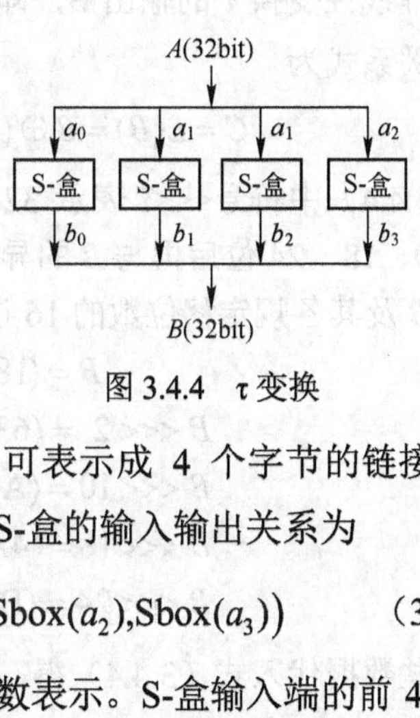

图 3.4.4　τ 变换

由前面的介绍可知，S-盒的输入 A 为 32 比特序列，可表示成 4 个字节的链接，即 $A = (a_0, a_1, a_2, a_3) \in (Z_2^8)^4$，输出 $B = (b_0, b_1, b_2, b_3) \in (Z_2^8)^4$，则 S-盒的输入输出关系为

$$B = (b_0, b_1, b_2, b_3) = \tau(A) = (\mathrm{Sbox}(a_0), \mathrm{Sbox}(a_1), \mathrm{Sbox}(a_2), \mathrm{Sbox}(a_3)) \tag{3.4.3}$$

SM4 算法的 S-盒示于表 3.4-1，表中数据均以 16 进制数表示。S-盒输入端的前 4 个比特用一个 16 进制数表示，列于表中最左 1 列；后 4 个比特也用一个 16 进制数表示，列于表中第一行。最左一列和第一行的组合构成 S-盒的 8 比特输入，最左一列和第一行交叉点上的数据即为 S-盒对应的 8 比特输出。

例如，某个 S-盒输入为 3A，则输出为第 3 行、第 A 列交叉点上的值 94，即 Sbox(3A)=94。τ 变换的 4 个 S-盒相同。如果 S-盒的完整输入为 $A = (F0, 02, C3, 9E)$，则输出 $B = (18, E9, 92, B1)$。

表 3.4-1　SM4 算法 S-盒

	0	1	2	3	4	5	6	7	8	9	A	B	C	D	E	F
0	D6	90	E9	FE	CC	E1	3D	B7	16	B6	14	C2	28	FB	2C	05
1	2B	67	9A	76	2A	BE	04	C3	AA	44	13	26	49	86	06	99
2	9C	42	50	F4	91	EF	98	7A	33	54	0B	43	ED	CF	AC	62
3	E4	B3	1C	A9	C9	08	E8	95	80	DF	94	FA	75	8F	3F	A6
4	47	07	A7	FC	F3	73	17	BA	83	59	3C	19	E6	85	4F	A8
5	68	6B	81	B2	71	64	DA	8B	F8	EB	0F	4B	70	56	9D	35
6	1E	24	0E	5E	63	58	D1	A2	25	22	7C	3B	01	21	78	87
7	D4	00	46	57	9F	D3	27	52	4C	36	02	E7	A0	C4	C8	9E
8	EA	BF	8A	D2	40	C7	38	B5	A3	F7	F2	CE	F9	61	15	A1
9	E0	AE	5D	A4	9B	34	1A	55	AD	93	32	30	F5	8C	B1	E3
A	1D	F6	E2	2E	82	66	CA	60	C0	29	23	AB	0D	53	4E	6F
B	D5	DB	37	45	DE	FD	8E	2F	03	FF	6A	72	6D	6C	5B	51
C	8D	1B	AF	92	BB	DD	BC	7F	11	D9	5C	41	1F	10	5A	D8
D	0A	C1	31	88	A5	CD	7B	BD	2D	74	D0	12	B8	E5	B4	B0
E	89	69	97	4A	0C	96	77	7E	65	B9	F1	09	C5	6E	C6	84
F	18	F0	7D	EC	3A	DC	4D	20	79	EE	5F	3E	D7	CB	39	48

（2）线性变换 L

非线性变换 τ 的输出 B，即是线性变换 L 的输入，L 的输出为 C，$B,C \in Z_2^{32}$。B、C 之间的关系式为

$$C = L(B) = B \oplus (B <<< 2) \oplus (B <<< 10) \oplus (B <<< 18) \oplus (B <<< 24) \quad (3.4.4)$$

式（3.4.4）中符号$<<<i$ 表示 32 比特循环左移 i 位。可见输出 C 就是输入 B 分别循环左移 2、10、18、24 位后再与 B 的异或。L 变换示于图 3.4.5。

B 及其各规定移位数的 16 进制数是：

$$B = (18,E9,92,Bl)$$
$$B <<< 2 = (63,A6,4A,C4)$$
$$B <<< 10 = (A6,4A,C4,63)$$
$$B <<< 18 = (4A,C4,63,A6)$$
$$B <<< 24 = (B1,18,E9,92)$$

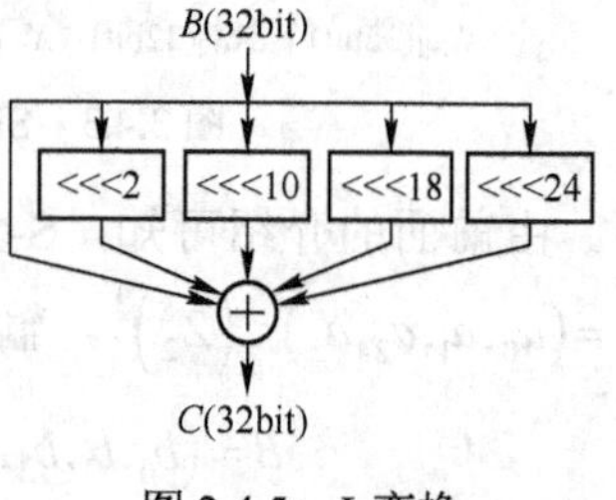

图 3.4.5　L 变换

将这些数据代入式（3.4.4）得：

$$C = (18,E9,92,Bl) \oplus (63,A6,4A,C4) \oplus (A6,4A,C4,63) \oplus (4A,C4,63,A6 \oplus (B1,18,E9,92) = (26,D9,96,22) \quad (3.4.5)$$

C 与本轮输入的第一个字 X_i 相异或，得到轮函数 F 的计算结果 X_{i+4}。当 i=0 时，$X_0 = (01234567)$，则第一轮轮函数计算结果 $X_4 = (27FAD345)$。按照算法构造规则，第一轮完整输出为

$$(X_1, X_2, X_3, X_4) = (89ABCDEF,FEDCBA98,76543210,27FAD345) \quad (3.4.6)$$

2．反序变换

反序变换比较简单，就是把字的顺序颠倒一下，记为R，其定义为：

$$R(A_0,A_1,A_2,A_3)=(A_3,A_2,A_1,A_0),\quad A_i\in Z_2^{32},\quad i=0,1,2,3 \tag{3.4.7}$$

SM4 算法，每轮处理一个字，32 轮迭代的输出为$(X_{32},X_{33},X_{34},X_{35})$，那么密文输出即为其反序变换：

$$(Y_0,Y_1,Y_2,Y_3)=R(X_{32},X_{33},X_{34},X_{35})=(X_{35},X_{34},X_{33},X_{32}) \tag{3.4.8}$$

3.4.3　密钥扩展算法

SM4 加密变换中的 32 个轮密钥rk_i由 128 比特加密密钥通过密钥扩展算法产生，见图 3.4.6。

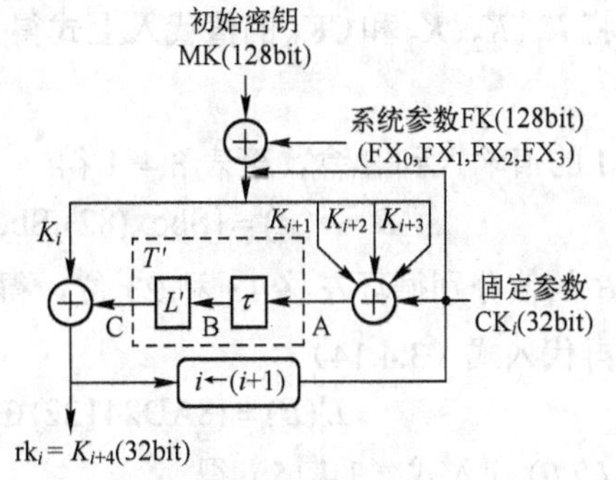

图 3.4.6　SM4 密钥扩展算法(i=0,1,⋯，31)

比较图 3.4.3 和图 3.4.6，其中有几点区别：

（1）产生轮密钥之前，初始密钥 MK 首先与固定的系统参数 FK 按字（32bit）异或。

（2）图 3.4.3 输入rk_i的地方换成了 32 个固定参数CK_i，i=0,1,⋯,31。

（3）线性变换L'将L修改为

$$L'(B)=B\oplus(B<<<13)\oplus(B<<<23) \tag{3.4.9}$$

（4）输出端每次只输出一个 32 比特轮密钥。

128 比特初始密钥分为 4 个字，即$\mathrm{MK}=(\mathrm{MK}_0,\mathrm{MK}_1,\mathrm{MK}_2,\mathrm{MK}_3)$，首先与 128 比特系统参数$\mathrm{FK}=(\mathrm{FK}_0,\mathrm{FK}_1,\mathrm{FK}_2,\mathrm{FK}_3)$按字异或，产生前 4 个密钥扩展输入$K_i$，$\mathrm{MK}_i,\mathrm{FK}_i,K_i\in Z_2^{32}$，$i=0,1,2,3$，其后的密钥扩展输入由输出端反馈，即

$$(K_0,K_1,K_2,K_3)=(\mathrm{MK}_0\oplus\mathrm{FK}_0,\mathrm{MK}_1\oplus\mathrm{FK}_1,\mathrm{MK}_2\oplus\mathrm{FK}_2,\mathrm{MK}_3\oplus\mathrm{FK}_3)$$
$$K_{i+4}=rk_i,\quad i=0,1,\cdots,31 \tag{3.4.10}$$

4 个固定系统参数的 16 进制数表示为：

FK_0=(A3B1BAC6)，FK_1=(56AA3350)，FK_2=(677D9197)，FK_3=(B27022DC)

假设 MK =(01234567, 89ABCDEF, FEDCBA98, 76543210)，则

$$(K_0,K_1,K_2,K_3)=(\mathrm{A292FFA1, DF01FEBF, 99A12B0F, C42410CC}) \tag{3.4.11}$$

密钥产生的方法是

$$rk_i=K_{i+4}=K_i\oplus T'(K_{i+1},K_{i+2},K_{i+3},\mathrm{CK}_i),\quad i=0,1,\cdots,31 \tag{3.4.12}$$

其中$\mathrm{CK}_i,i=0,1,\cdots,31$为 32 个固定参数，16 进制数表示如表 3.4-2 所示。假设$\mathrm{ck}_{ij}\in Z_2^8, j=0,1,2,3$表示$\mathrm{CK}_i,i=0,1,\cdots,31$的第$j$个字节，即$\mathrm{CK}_i=(\mathrm{ck}_{i0},\mathrm{ck}_{i1},\mathrm{ck}_{i2},\mathrm{ck}_{i3})\in(Z_2^8)^4$，各字节取值方式为

$$\mathrm{ck}_{ij}=(4i+j)\times 7(\mathrm{mod}\,256) \tag{3.4.13}$$

表 3.4-2　32 个固定参数 CK_i

i	0	1	2	3	4	5	6	7
CK_i	00070E15	1C232A31	383F464D	545B6269	70777E85	8C939AA1	A8AFB6BD	C4CBD2D9
CK_{i+8}	E0E7EEF5	FC030A11	181F262D	343B4249	50575E65	6C737A81	888F969D	A4ABB2B9
CK_{i+16}	C0C7CED5	DCE3EAF1	F8FF060D	141B2229	30373E45	4C535A61	686F767D	848B9299
CK_{i+24}	A0A7AEB5	BCC3CAD1	D8DFE6ED	F4FB0209	10171E25	2C333A41	484F565D	646B7279

例如将 i=0，j=0,1,2,3 分别代入式（3.4.13），得到 $\mathrm{ck}_{00}=0, \mathrm{ck}_{01}=7, \mathrm{ck}_{02}=14, \mathrm{ck}_{03}=21$，用 16 进制数表示则为 00070E15，这就是表 3.15 中的 CK_0。

式（3.4.12）中的 $T'(\cdot)=L'[\tau(\cdot)]$，$\tau$ 的变换规则与轮函数相同，L' 的变换规则如下：

$$L'(B)=B\oplus(B<<<13)\oplus(B<<<23) \tag{3.4.14}$$

现在计算 rk_0。将 i=0 代入式（3.4.12），并参考图 3.4.6

$$\mathrm{rk}_0=K_4=K_0\oplus T'(A)=K_0\oplus L'[\tau(A)]=K_0\oplus L'[\tau(K_1\oplus K_2\oplus K_3\oplus \mathrm{CK}_0)] \tag{3.4.15}$$

将 K_1, K_2, K_3 和 CK_0 的值代入上式得 A 的 16 进制数为

$$A=(82, 83, \mathrm{CB}, 69)$$

A 的值输入到 S-盒，查表 3.4-1 得

$$B=\tau(A)=(\mathrm{Sbox}(82),\mathrm{Sbox}(83),\mathrm{Sbox}(\mathrm{CB}),\mathrm{Sbox}(69))=(8\mathrm{A},\mathrm{D}2,41,22)$$

B 的值分别循环左移 13 和 23 位，得 $B<<<13=(4824515\mathrm{A}), B<<<23=(91456920)$，连同 B 再代入式（3.4.14）

$$L'(B)=(8\mathrm{AD}24122)\oplus(4824515\mathrm{A})\oplus(91456920)=(53B37958)$$

$L'(B)$ 代入式（3.4.15）得

$$\mathrm{rk}_0=K_4=K_0\oplus L'(B)=(\mathrm{A}292\mathrm{FFA}1)\oplus(53\mathrm{B}37958)=(\mathrm{F}12186\mathrm{F}9)$$

【例 3.7】 国家密码行业标准 GM/T 0002-2012 实例 1。对一组明文用密钥加密一次。

明文：01 23 45 67 89 AB CD EF FE DC BA 98 76 54 32 10

加密密钥：01 23 45 67 89 AB CD EF FE DC BA 98 76 54 32 10

轮密钥与每轮输出状态列于表 3.4-3。

表 3.4-3　轮密钥及每轮输出状态

i	rk_i	X_{i+4}	i	rk_i	X_{i+4}
0	F12186F9	27FAD345	16	D120B428	AF2432C4
1	41662B61	A18B4CB2	17	73B55FA3	ED1EC85E
2	5A6AB19A	11C1E22A	18	CC874966	55A3BA22
3	7BA92077	CC13E2EE	19	92244439	124B18AA
4	367360F4	F87C5BD5	20	E89E641F	6AE7725F
5	776A0C61	33220757	21	98CA015A	F4CBA1F9
6	B6BB89B3	77F4C297	22	C7159060	1DCDFA10
7	24763151	7A96F2EB	23	99E1FD2E	2FF60603
8	A520307C	27DAC07F	24	B79BD80C	EFF24FDC
9	B7584DBD	42DD0F19	25	1D2115B0	6FE46B75
10	C30753ED	B8A5DA02	26	0E228AEB	893450AD
11	7EE55B57	907127FA	27	F1780C81	7B938F4C
12	6988608C	8B952B83	28	428D3654	536E4246
13	30D895B7	D42B7C59	29	62293496	86B3E94F
14	44BA14AF	2FFC5831	30	01CF72E5	D206965E
15	104495A1	F69E6888	31	9124A012	681EDF34

密文：68 1E DF 34 D2 06 96 5E 86 B3 E9 4F 53 6E 42 46

【例 3.8】 国家密码行业标准 GM/T 0002-2012 实例 2。对一组明文用相同加密密钥反复加密 1000000 次。

明文：　　01 23 45 67 89 AB CD EF FE DC BA 98 76 54 32 10

加密密钥：01 23 45 67 89 AB CD EF FE DC BA 98 76 54 32 10

密文：　　59 52 98 C7 C6 FD 27 1F 04 02 F8 04 C3 3D 3F 66

3.4.4 SM4 算法安全性分析

SM4 密码算法的分组长度和密钥长度都是 128 比特，现有技术条件下足以抗击穷举搜索攻击。加解密算法和密钥扩展算法都采用 32 轮迭代结构，轮函数采用非线性和线性的复合变换方式。其中非线性变换 τ 是 4 个并行的 8 进 8 出的 S-盒，其作用是通过代替隐藏代数结构、产生混淆；每个 S-盒的输出只与本 S-盒的 8 比特输入有关，影响范围有限，于是通过循环移位和异或运算的线性变换，使得轮函数的每个字节之间都发生关系，从而加速扩散。复合变换同时发挥了混淆和扩散的作用。

SM4 算法 S-盒的设计具有较大的非线性度和差分均匀性，因此具有较强的抗线性攻击和差分攻击的能力。此外，自该算法 2016 年 1 月公布以来，国内外众多科研人员对 SM4 的安全性进行了评估，评估方法几乎涵盖了迄今已知的所有密码分析方法。分析结果表明 SM4 对于各种数学分析方法具有较高的安全性，对于物理攻击，在实现时需要小心防范。

3.5 高级加密标准

高级加密标准 AES（Advanced Encryption Standard）是 2001 年 11 月 26 日由 NIST 公布的分组密码算法，标准号为 FIPS PUB 197（Federal Information Processing Standard No.197，联邦信息处理标准第 197 号），并于 2002 年 5 月 26 日正式生效。

3.5.1 AES 的产生背景

科学技术的整体发展使计算机技术突飞猛进，仅有 56 比特密钥的 DES 算法，安全性不断下滑，渐渐不能适应商用密码的需求。于是，NIST 在 1997 年 4 月 15 日发起 AES 算法的征集活动，旨在代替 DES，用于保护联邦政府的敏感信息。

1997 年 9 月 12 日，征集 AES 候选算法的通告在美国联邦登记处正式公布，要求新的分组算法执行性能比三重 DES 快，至少与三重 DES 同样安全，分组长度 128 比特，密钥长度 128/192/256 比特可变。截至 1998 年 6 月 15 日，NIST 共收到 21 个算法提案，当年 8 月 10 日召开第一次 AES 候选会议，初筛出 15 个候选算法，并于 1999 年 3 月 22 日召开第二次候选会议，公布了这 15 个算法的讨论结果，且选择 Rijndael、RC6、MARS、SERPENT、Twofish 共 5 个算法进入第二轮评估。经过一年多的分析、讨论和评判，NIST 于 2000 年 10 月 2 日宣布比利时研究人员 Joan Daemen 和 Vincent Rijmen 设计的 Rijdael 算法获胜，并于 2001 年 11 月正式公布了 AES 算法标准 FIPS PUB 197。

Rijdael 算法有稳定的数学基础，算法输出的随机性强，具有最佳差分均匀性和线性偏差，因此相对于其他候选算法具有更高的抗密码分析强度。算法内存空间需求不大，在多种平台上的运算速度都很快，且算法的简单性、软硬件适应性和灵活性俱佳。此外，Rijdael 算法的使用是免费的。综合其安全性、性能和成本优势，最终获选当在情理之中。

3.5.2 AES 算法概述

表 3.5-1 AES 算法密钥长度与轮数对应关系

AES 算法	分组长度(bit)	密钥长度(bit)	加/解密轮数
AES-128	128	128	10
AES-192	128	192	12
AES-256	128	256	14

算法分类：分组密码算法

分组长度：128 比特

密钥长度：128/192/256 比特可变

基本结构：SPN 替代-置换网络结构

迭代轮数：10/12/14 轮可选，分别对应 128/192/256 比特密钥长度，如表 3.5-1 所示。

需要说明一点，Rijdael 算法的分组长度也是 128/192/256 比特可变的，作为 AES，分组长度是固定的 128 比特。

AES 算法与 DES 和 SM4 不同，它是 SPN 网络结构。每一轮加密或解密变换不是只对输入的一部分比特进行，而是对所有比特实施，每轮操作完成后没有左右部分交换的动作。Feistel 结构的密码算法加密和解密除了密钥使用顺序相反外，其他操作都一样，而 SPN 结构的密码算法，解密时需要逆操作。

AES 算法大体上分为轮变换迭代和密钥扩展两个部分。加密和解密使用的轮密钥相同，但顺序相反。AES-128 的加密和解密如图 3.5.1 所示。

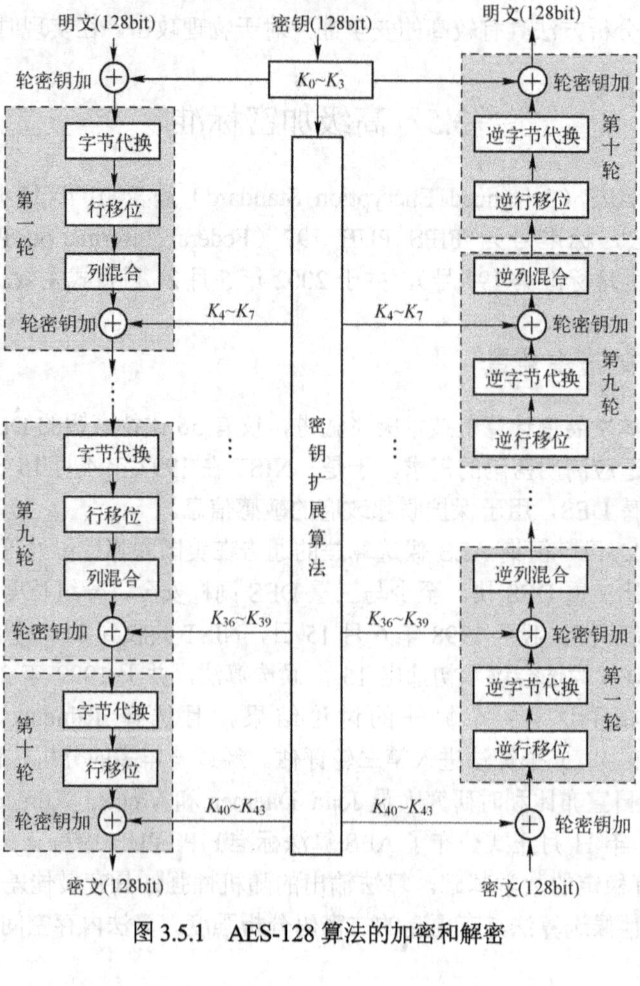

图 3.5.1 AES-128 算法的加密和解密

图 3.5.1 中，$K_{i+4j} \in Z_2^{32}$，$i=0,1,2,3$，$j=0,1\cdots,10$，称为字，每个字含有 4 个字节。原始密钥前 4 个字用于对原始明文的密钥加操作，结果就是第 0 轮的输出，同时也是第 1 轮的输入。后 40 个字由原始密钥通过密钥扩展算法迭代扩展而来，分成 10 个组，每组 4 个密钥字，分别用于 10 轮变换中的密钥加操作。

3.5.3 AES 加密和解密轮变换

AES-128 的加密过程是，128 比特明文和原始密钥首先进行按位异或，然后进行九轮相同的迭代变换，每轮变换有 4 个运算部件：字节代换、行移位、列混合、轮密钥加；第 10 轮没有列混合运算，其他操作与前 9 轮相同。每一轮的轮密钥加由密钥扩展输出的轮密钥控制。

AES-128 的解密过程相似，首先进行按位异或，然后进行 9 轮相同的迭代变换，第 10 轮少一个逆列混合的运算。与加密的区别有 3 点：

（1）轮密钥（子密钥）的使用顺序相反；

（2）每轮变换中，除了轮密钥加以外，执行的都是逆运算，即逆字节代换、逆行移位、逆列混合；

（3）每轮变换的 4 个运算部件与加密端执行顺序不同，分别是逆行移位、逆字节代换、轮密钥加和逆列混合，见表 3.5-2。

表 3.5-2　AES-128 加/解密轮变换操作顺序

轮操作顺序	1	2	3	4
加密	字节代换	行移位	列混合*	轮密钥加
解密	逆行移位	逆字节代换	轮密钥加	逆列混合*

*第 10 轮没有

AES 中用了五种数据单位：比特（位）、字节、字、分组、状态。比特指二进制数的一位（1 个 0 或者 1 个 1）；8 位二元序列组成 1 个字节，4 个字节构成 1 个字；4 个字又形成 1 个分组，共 128 比特；加密或解密开始后每次运算的 128 比特中间结果称为**状态**，可用 16 个字节以 4×4 的矩形数组表示。明、密文都可以表示成 4×4 的矩形字节数组，而密钥可以表示成 $4\times N_k$ 的字节数组，其中 N_k=(密钥长度)/32。当密钥长度为 128、192 和 256 时，对应的 N_k 值分别是 4、6、8，如图 3.5.2 所示。k_s，$s=0,1,\cdots,31$，表示密钥的第 s 个字节。

明、密文的矩形数组（状态）示意图见图 3.5.3。图中 $p_0 \sim p_{15}$ 表示明文的第 0 到第 15 个字节，$P_0 \sim P_3$ 代表明文的第 0 到第 3 个字。C_i^j，$i=0,1,2,3$，$j=0,1,\cdots,10$，表示第 j 轮的第 i 个字，$c_0 \sim c_{15}$ 分别表示第 j 轮加密的第 0 到第 15 个字节。

AES-128							
AES-192							
AES-256							
k_0	k_4	k_8	k_{12}	k_{16}	k_{20}	k_{24}	k_{28}
k_1	k_5	k_9	k_{13}	k_{17}	k_{21}	k_{25}	k_{29}
k_2	k_6	k_{10}	k_{14}	k_{18}	k_{22}	k_{26}	k_{30}
k_3	k_7	k_{11}	k_{15}	k_{19}	k_{23}	k_{27}	k_{31}

图 3.5.2　不同密钥长度的矩形数组（状态）

P_0	P_1	P_2	P_3	C_0^j	C_1^j	C_2^j	C_3^j
p_0	p_4	p_8	p_{12}	c_0	c_4	c_8	c_{12}
p_1	p_5	p_9	p_{13}	c_1	c_5	c_9	c_{13}
p_0	p_6	p_{10}	p_{14}	c_2	c_6	c_{10}	c_{14}
p_3	p_7	p_{11}	p_{15}	c_3	c_7	c_{11}	c_{15}

图 3.5.3　明文和密文的状态，$j=0,1,\cdots,10$

矩形数组的每一列 4 个字节组成 1 个 32 比特的字。例如 AES-128 算法，对一个分组进行加密时，首先将明文的 4 个字分别与原始密钥分成的 4 个子密钥 $K_0 \sim K_3$ 进行按位异或，运算结果形成最初的状态，然后输入到轮变换中。

【例 3.9】 AES-128 明文分组 $P=(P_0,P_1,P_2,P_3)$=(3243F6A8,885A308D,313198A2,E0370734)，原始密钥 $K=(K_0,K_1,K_2,K_3\}$ = (2B7E1516,28AED2A6,ABF71588,09CF4F3C)，求 P 和 K 的轮密钥加结果。

解： 原始明文和密钥的模 2 加构成 AES 加密的第 0 轮输出，同时也是第 1 轮加密的输入，用 C^0 表示

$$\begin{aligned}C^0 &= P \oplus K = (P_0 \oplus K_0, P_1 \oplus K_1, P_2 \oplus K_2, P_3 \oplus K_3)\\ &= (\text{3243F6A8} \oplus \text{2B7E1516}, \text{885A308D} \oplus \text{28AED2A6}, \text{313198A2} \oplus \text{ABF71588},\\ &\quad\ \text{E0370734} \oplus \text{09CF4F3C})\\ &= (\text{193DE3BE}, \text{A0F4E22B}, \text{9AC68D2A}, \text{E9F84808})\end{aligned}$$

AES 加密和解密的关键部分是轮变换。第 1～9 轮变换操作相同，含有 4 个步骤：字节代换、行移位、列混合以及轮密钥加；最后一轮没有列混合操作，只有 3 个步骤。下面我们对轮变换的各个部件逐一进行介绍。

1．字节代换

字节代换（SubBytes）是以字节为单位进行的非线性可逆变换，亦称为 S-盒。这种变换建立在有限域多项式运算的基础之上。一个字节可视为有限域 GF(2^8)中的一个元素。

有限域中的元素可以有多种不同的表达形式，如果用多项式表示，有限域 GF(2^8)中的一个元素可以表示成一个次数小于 8、每一项的系数都取值于 GF(2)的多项式。例如，一个字节从高位到低位的取值 $b_7b_6b_5b_4b_3b_2b_1b_0 = 11001011$，可以用多项式表示为

$$b_7x^7 + b_6x^6 + b_5x^5 + b_4x^4 + b_3x^3 + b_2x^2 + b_1x^1 + b_0x^0 = x^7 + x^6 + x^3 + x + 1,\quad b_j \in \{0,1\},\quad j = 0,1,\cdots,7$$

也可以用十六进制数表示成“0xCB”。

AES 算法中用到了有限域多项式运算的加法、乘法和乘逆。

（1）有限域 GF(2^8)上的字节加法

在讨论字节运算时，GF(2^8)上的每个元素就是一个字节。假设($b_7b_6b_5b_4b_3b_2b_1b_0$)和($a_7a_6a_5a_4a_3a_2a_1a_0$)是 GF(2^8)上的两个元素，其加法定义为

$$\begin{aligned}c_7c_6c_5c_4c_3c_2c_1c_0 &= (b_7b_6b_5b_4b_3b_2b_1b_0) \oplus (a_7a_6a_5a_4a_3a_2a_1a_0)\\ &= (b_7 \oplus a_7, b_6 \oplus a_6, b_5 \oplus a_5, b_4 \oplus a_4, b_3 \oplus a_3, b_2 \oplus a_2, b_1 \oplus a_1, b_0 \oplus a_0)\end{aligned} \tag{3.5.1}$$

可见 GF(2^8)上的字节加法就是两个字节的按位模 2 和。如果用多项式形式运算就是两个多项式的同次项系数模 2 加，或称异或。

【例 3.10】 计算 GF(2^8)上“0x27”与“0xA3”之和。

解： 对应的多项式加法规则为

$$\begin{array}{rrrrrr} & & +x^5 & +x^2 & +x & +1\\ + & x^7 & +x^5 & & +x & +1\\ \hline & x^7 & & +x^2 & & \end{array}$$

即 $(x^5 + x^2 + x + 1) + (x^7 + x^5 + x + 1) = x^7 + x^2$，或表示为 0x84。与二进制数的按位模 2 加等

效，即 00100111+10100011=10000100。

每个元素的加法逆就是元素本身，因此模 2 加的逆运算——减法运算与加法相同。利用这一特性，解密的时候用同样的密钥再实施一次模 2 加，即恢复出原始信息。

（2）有限域 $GF(2^8)$上的字节乘法

进行有限数域运算时，需要先定义一个“模数”，模数实际上是集合中元素的个数。有限域数的乘法运算规则是先将两数相乘，然后除以有限域的模数，所得余数是有限域的乘法结果。比如计算有限域 GF(7)中 3 和 5 的乘积，3 乘以 5 除以 7 的余数是 1，用公式表示就是 $3\times5\equiv1\ (\mathrm{mod}\ 7)$。

在有限域多项式乘法运算中，需要先定义一个“模多项式”，这个多项式的最高次幂不能超过限域的阶，且是即约的。如果在有限域 $GF(2^8)$中运算，则即约多项式的最高次幂不能超过 8。所谓即约多项式就是除了 1 和它本身，不含有其他因式，当然，多项式的系数取值于 GF(2)。或者把即约多项式简单地理解为不可因式分解的多项式。例如，x^2+x+1 是即约多项式，因为除了 1 和它本身，该多项式不能分解成更低幂次的多项式乘积。而 x^2+1 就不是即约多项式，因为$(x+1)^2\equiv(x^2+2x+1)(\mathrm{mod}\ 2)=x^2+1$，它可以分解为$(x+1)^2$。

AES 算法选择即约多项式 $m(x)=x^8+x^4+x^3+x+1$ 作为有限域 $GF(2^8)$上乘法的模多项式，亦可记为 0x11B，多项式的系数取值于 GF(2)。

如果 $a(x)$、$b(x)$ 和 $c(x)$ 分别代表被乘数、乘数和积多项式，则 AES 算法的字节乘法定义为：

$$c(x)\equiv a(x)\otimes b(x)\ \ (\mathrm{mod}\ m(x)) \tag{3.5.2}$$

式（3.5.2）中符号⊗表示模 2 乘。

【例 3.11】 计算“0x27”和“0xA3”在有限域 $GF(2^8)$上的乘积，$m(x)=x^8+x^4+x^3+x+1$ 为模。

解：“0x27”和“0xA3”的多项式表示分别为 x^5+x^2+x+1 和 x^7+x^5+x+1，多项式乘积运算过程如下：

$$\begin{aligned}&(x^5+x^2+x+1)\otimes(x^7+x^5+x+1)\\&=x^{12}+x^{10}+x^6+x^5+x^9+x^7+x^3+x^2+x^8+x^6+x^2+x+x^7+x^5+x+1\\&=x^{12}+x^{10}+x^9+x^8+x^3+1\end{aligned}$$

$$(x^{12}+x^{10}+x^9+x^8+x^3+1)\ (\mathrm{mod}\, m(x))=x^7+x^6+x^5+x+1$$

结果就是“0xE3”。

需要特别注意的是，不论乘法还是除法，同次项系数的加减都采用模 2 加，即异或。

上述多项式乘法也可以用 8 位二进制序列乘法进行计算，只是在相加或相减时都用模 2 加代替。

【例 3.12】 用二进制数计算 0x27 和 0xA3 在有限域 $GF(2^8)$上的乘积，$m(x)=x^8+x^4+x^3+x+1$ 为模多项式。

解：0x27 和 0xA3 以及模 $m(x)$的二进制数表示分别为 00100111、10100011 和 100011011。

先计算 0x27 和 0xA3 的乘积。

$$
\begin{array}{r}
0\ 0\ 1\ 0\ 0\ 1\ 1\ 1 \\
\times \qquad 1\ 0\ 1\ 0\ 0\ 0\ 1\ 1 \\
\hline
0\ 0\ 1\ 0\ 0\ 1\ 1\ 1 \\
0\ 0\ 1\ 0\ 0\ 1\ 1\ 1\ \ \ \\
0\ 0\ 1\ 0\ 0\ 1\ 1\ 1\ \ \ \ \ \ \ \ \ \ \ \\
0\ 0\ 1\ 0\ 0\ 1\ 1\ 1\ \ \ \ \ \ \ \ \ \ \ \ \ \ \ \\
\hline
1\ 0\ 1\ 1\ 1\ 0\ 0\ 0\ 0\ 1\ 0\ 0\ 1
\end{array}
$$

然后除以 $m(x)$，即运算结果 1011100001001 减去 100011011 的倍数，余数即为所求。因为模 2 加法和减法相同，故

$$
\begin{array}{r}
1\ 0\ 1\ 1\ 1\ 0\ 0\ 0\ 0\ 1\ 0\ 0\ 1 \\
-\ 1\ 0\ 0\ 0\ 1\ 1\ 0\ 1\ 1\ \ \ \ \ \ \ \ \\
\hline
1\ 1\ 0\ 1\ 0\ 1\ 1\ 1\ 0\ 0\ 1 \\
-\ 1\ 0\ 0\ 0\ 1\ 1\ 0\ 1\ 1\ \ \ \\
\hline
1\ 0\ 1\ 1\ 0\ 1\ 0\ 1\ 0\ 1 \\
-\ 1\ 0\ 0\ 0\ 1\ 1\ 0\ 1\ 1\ \ \\
\hline
1\ 1\ 1\ 0\ 0\ 0\ 1\ 1
\end{array}
$$

即 0xE3。与多项式方法计算结果相同。

（3）有限域 $GF(2^8)$上的乘法逆

如果有限域 $GF(2^8)$上的一个元素模乘元素 a 等于 1，则该元素称为元素 a 和乘法逆元素，简称乘法逆或乘逆，用 a^{-1} 表示，即 $a \otimes a^{-1} \equiv 1 \pmod{m(x)}$。

在 AES 算法中，规定 0 的乘法逆是 0 本身。由于 $m(x)$ 是即约多项式，故对于 $GF(2^8)$上 0 以外的任一元素，其乘法逆必存在。计算有限域上的乘法逆，有专门的方法，将在后续章节中介绍。

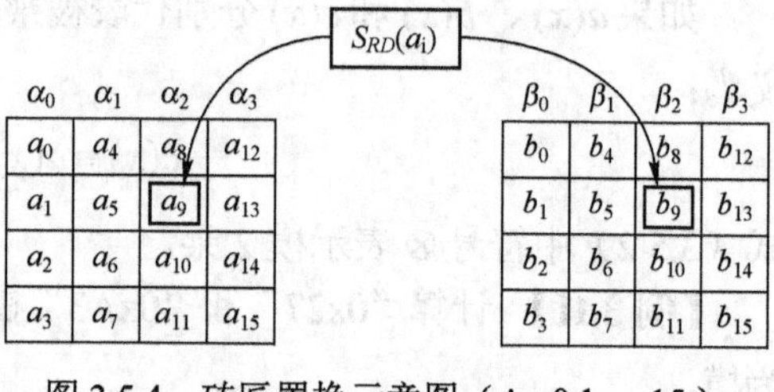

图 3.5.4　砖匠置换示意图（$i = 0,1,\cdots,15$）

字节代换 SubBites 是把一个字节变换成另一个字节的砖匠置换（见图 3.5.4），包括求逆和仿射变换两个步骤，用 S_{RD} 表示，即

$$
b_i = S_{RD}(a_i) = f[g(a_i)] = f[a_i^{-1}], \quad i = 0,1,\cdots,15 \tag{3.5.3}
$$

其中函数 g 是对输入 $a_i = (a_{i7}a_{i6}a_{i5}a_{i4}a_{i3}a_{i2}a_{i1}a_{i0})$ 求乘法逆的变换，f 是仿射变换，则字节代换的输出 $b_i = (b_{i7}b_{i6}b_{i5}b_{i4}b_{i3}b_{i2}b_{i1}b_{i0})$ 可用矩阵形式表示为

$$
\begin{bmatrix} b_{i7} \\ b_{i6} \\ b_{i5} \\ b_{i4} \\ b_{i3} \\ b_{i2} \\ b_{i1} \\ b_{i0} \end{bmatrix}
=
\begin{bmatrix}
1 & 1 & 1 & 1 & 1 & 0 & 0 & 0 \\
0 & 1 & 1 & 1 & 1 & 1 & 0 & 0 \\
0 & 0 & 1 & 1 & 1 & 1 & 1 & 0 \\
0 & 0 & 0 & 1 & 1 & 1 & 1 & 1 \\
1 & 0 & 0 & 0 & 1 & 1 & 1 & 1 \\
1 & 1 & 0 & 0 & 0 & 1 & 1 & 1 \\
1 & 1 & 1 & 0 & 0 & 0 & 1 & 1 \\
1 & 1 & 1 & 1 & 0 & 0 & 0 & 1
\end{bmatrix}
\otimes
\begin{bmatrix} a_{i7}^{-1} \\ a_{i6}^{-1} \\ a_{i5}^{-1} \\ a_{i4}^{-1} \\ a_{i3}^{-1} \\ a_{i2}^{-1} \\ a_{i1}^{-1} \\ a_{i0}^{-1} \end{bmatrix}
\oplus
\begin{bmatrix} 0 \\ 1 \\ 1 \\ 0 \\ 0 \\ 0 \\ 1 \\ 1 \end{bmatrix},
\quad i=0,1,\cdots,15 \tag{3.5.4}
$$

式（3.5.4）中(01100011)是固定常量。

假设对 $a_0 = (a_{07}a_{06}a_{05}a_{04}a_{03}a_{02}a_{01}a_{00}) = 0x19 = (00011001)$ 进行字节代换，首先需要求出 a_0 的乘逆。

因为 $$19 \otimes 3F \pmod{m(x)} \equiv 19 \otimes 3F \pmod{11B} = 1$$

所以 $$a_0^{-1} \equiv (0x19)^{-1} \equiv 0x3F \equiv (00111111) \pmod{11B}$$

将 a_0^{-1} 代入式（3.5.4），计算得字节代换输出 $b_0=(b_{07}b_{06}b_{05}b_{04}b_{03}b_{02}b_{01}b_{00})=0xD4=(11010100)$。

因为砖匠置换 $S_{RD}: a_i \to b_i$，$i=0,1,\cdots,15$，是字节到字节的一一对应变换，可以将所有输入对应的输出计算出来，列成一个表，称为 S-盒（见表 3.5-3）。这样，通过查表即可完成字节代换。

表 3.5-3 中，输入数据 a_i 的高 4 位为行值，低 4 位为列值，行列交叉点上的元素为输出值，均以 16 进制数表示。

表 3.5-3　字节代换 S-盒(i:0～15)

$a_{i7} \sim a_{i4}$ \ $a_{i3} \sim a_{i0}$	0	1	2	3	4	5	6	7	8	9	A	B	C	D	E	F
0	63	7C	77	7B	F2	6B	6F	C5	30	01	67	2B	FE	D7	AB	76
1	CA	82	C9	7D	FA	59	47	F0	AD	D4	A2	AF	9C	A4	72	C0
2	B7	FD	93	26	36	3F	F7	CC	34	A5	E5	F1	71	D8	31	15
3	04	C7	23	C3	18	96	05	9A	07	12	80	E2	EB	27	B2	75
4	09	83	2C	1A	1B	6E	5A	A0	52	3B	D6	B3	29	E3	2F	84
5	53	D1	00	ED	20	FC	B1	5B	6A	CB	BE	39	4A	4C	58	CF
6	D0	EF	AA	FB	43	4D	33	85	45	F9	02	7F	50	3C	9F	A8
7	51	A3	40	8F	92	9D	38	F5	BC	B6	DA	21	10	FF	F3	D2
8	CD	0C	13	EC	5F	97	44	17	C4	A7	7E	3D	64	5D	19	73
9	60	81	4F	DC	22	2A	90	88	46	EE	B8	14	DE	5E	0B	DB
A	E0	32	3A	0A	49	06	24	5C	C2	D3	AC	62	91	95	E4	79
B	E7	C8	37	6D	8D	D5	4E	A9	6C	56	F4	EA	65	7A	AE	08
C	BA	78	25	2E	1C	A6	B4	C6	E8	DD	74	1F	4B	BD	8B	8A
D	70	3E	B5	66	48	03	F6	0E	61	35	57	B9	86	C1	1D	9E
E	E1	F8	98	11	69	D9	8E	94	9B	1E	87	E9	CE	55	28	DF
F	8C	A1	89	0D	BF	E6	42	68	41	99	2D	0F	B0	54	BB	16

【例3.13】 字节代换输入 $C^0=(\alpha_0,\alpha_1,\alpha_2,\alpha_3)=(193DE3BE,A0F4E22B,9AC68D2A,E9F84808)$，求字节代换输出 β。

解： 将每个字分解成 4 个字节

$$\alpha_0=(a_0,a_1,a_2,a_3)=(19,3D,E3,BE)$$

$$\alpha_1=(a_4,a_5,a_6,a_7)=(A0,F4,E2,2B)$$

$$\alpha_2=(a_8,a_9,a_{10},a_{11})=(9A,C6,8D,2A)$$

$$\alpha_3=(a_{12},a_{13},a_{14},a_{15})\}=(E9,F8,48,08)$$

第 1 个字第 1 个字节 a_0 的值是 0x19，查表 3.5-3 的第 1 行第 9 列的值为 0xD4，这就是对应的字节代换输出 b_0；第 2 个字节 $a_1 = 0x3D$，第 3 行第 D 列对应 $b_1 = 0x27$；按顺序依次查表 3.5-3，得 16 个字节代换的输出（表 3.5-3 中的灰色填充数字）：

$$\begin{aligned}\beta &= (\beta_0, \beta_1, \beta_2, \beta_3) \\ &= (b_0 b_1 b_2 b_3, b_4 b_5 b_6 b_7, b_8 b_9 b_{10} b_{11}, b_{12} b_{13} b_{14} b_{15}) \\ &= (\text{D42711AE}, \text{E0BF98F1}, \text{B8B45DE5}, \text{1E415230})\end{aligned}$$

AES 算法是 SPN 结构，解密时要用逆函数方可还原信息。逆字节代换(InvSubBytes) S_{RD}^{-1} 也包括仿射变换和乘逆两个部分。与字节代换的顺序相反，它是先做加密仿射变换的逆变换，然后对结果再求逆。逆仿射变换中，用于乘法的矩阵须与式（3.5.4）定义的矩阵互逆，即两矩阵相乘结果为单位阵，原始信息才能恢复。

AES 算法逆仿射变换定义如下

$$\begin{bmatrix} a_{i7}^{-1} \\ a_{i6}^{-1} \\ a_{i5}^{-1} \\ a_{i4}^{-1} \\ a_{i3}^{-1} \\ a_{i2}^{-1} \\ a_{i1}^{-1} \\ a_{i0}^{-1} \end{bmatrix} = \begin{bmatrix} 0 & 1 & 0 & 1 & 0 & 0 & 1 & 0 \\ 0 & 0 & 1 & 0 & 1 & 0 & 0 & 1 \\ 1 & 0 & 0 & 1 & 0 & 1 & 0 & 0 \\ 0 & 1 & 0 & 0 & 1 & 0 & 1 & 0 \\ 0 & 0 & 1 & 0 & 0 & 1 & 0 & 1 \\ 1 & 0 & 0 & 1 & 0 & 0 & 1 & 0 \\ 0 & 1 & 0 & 0 & 1 & 0 & 0 & 1 \\ 1 & 0 & 1 & 0 & 0 & 1 & 0 & 0 \end{bmatrix} \otimes \begin{bmatrix} b_{i7} \\ b_{i6} \\ b_{i5} \\ b_{i4} \\ b_{i3} \\ b_{i2} \\ b_{i1} \\ b_{i0} \end{bmatrix} \oplus \begin{bmatrix} 0 \\ 0 \\ 0 \\ 0 \\ 0 \\ 1 \\ 0 \\ 1 \end{bmatrix}, \quad i=0,1,\cdots,15 \qquad (3.5.5)$$

式（3.5.4）和式（3.5.5）中的两个 8×8 矩阵相乘

$$\begin{bmatrix} 1 & 1 & 1 & 1 & 1 & 0 & 0 & 0 \\ 0 & 1 & 1 & 1 & 1 & 1 & 0 & 0 \\ 0 & 0 & 1 & 1 & 1 & 1 & 1 & 0 \\ 0 & 0 & 0 & 1 & 1 & 1 & 1 & 1 \\ 1 & 0 & 0 & 0 & 1 & 1 & 1 & 1 \\ 1 & 1 & 0 & 0 & 0 & 1 & 1 & 1 \\ 1 & 1 & 1 & 0 & 0 & 0 & 1 & 1 \\ 1 & 1 & 1 & 1 & 0 & 0 & 0 & 1 \end{bmatrix} \begin{bmatrix} 0 & 1 & 0 & 1 & 0 & 0 & 1 & 0 \\ 0 & 0 & 1 & 0 & 1 & 0 & 0 & 1 \\ 1 & 0 & 0 & 1 & 0 & 1 & 0 & 0 \\ 0 & 1 & 0 & 0 & 1 & 0 & 1 & 0 \\ 0 & 0 & 1 & 0 & 0 & 1 & 0 & 1 \\ 1 & 0 & 0 & 1 & 0 & 0 & 1 & 0 \\ 0 & 1 & 0 & 0 & 1 & 0 & 0 & 1 \\ 1 & 0 & 1 & 0 & 0 & 1 & 0 & 0 \end{bmatrix} = \begin{bmatrix} 1 & 0 & 0 & 0 & 0 & 0 & 0 & 0 \\ 0 & 1 & 0 & 0 & 0 & 0 & 0 & 0 \\ 0 & 0 & 1 & 0 & 0 & 0 & 0 & 0 \\ 0 & 0 & 0 & 1 & 0 & 0 & 0 & 0 \\ 0 & 0 & 0 & 0 & 1 & 0 & 0 & 0 \\ 0 & 0 & 0 & 0 & 0 & 1 & 0 & 0 \\ 0 & 0 & 0 & 0 & 0 & 0 & 1 & 0 \\ 0 & 0 & 0 & 0 & 0 & 0 & 0 & 1 \end{bmatrix}$$

结果确实是单位矩阵。式（3.5.5）中的(00000101)也是一个固定常量。

【例 3.14】 对 0xD4 进行字节逆代换，求其结果。

解：将 0xD4=(11010100)代入式（3.5.5），得

$$(0xD4)^{-1}=0x3F$$

再求 0x3F（简写为 3F）对模多项式 $m(x) = x^8 + x^4 + x^3 + x + 1$，即 0x11B（简写为 11B）的乘逆。

因为 $3F(3F)^{-1} \equiv 1 \pmod{11B}$，所以必存在某一整数 k，使得 3F 可以整除 $km(x)+1$，所得商即为 $(3F)^{-1}$。先用 3F 试除 $2m(x)+1=237=(1000110111)$。如果 3F=(111111)可以整除 237，那么必然有 $3F(3F)^{-1} \oplus 237 = 0$。

$$(111111)\times(10000)\oplus(1000110111)=(11100011)$$

$$(111111)\times(1000)\oplus(11100011)=(111111)$$

$$(111111)\times 1\oplus(111111)=0$$

计算结果恰巧为零，则 3F=111111 的三个倍数之和 $10000+1000+1=11001$ 就是 3F 的乘逆，即

$$(3F)^{-1}\equiv 11001\equiv 19\ (\text{mod }11B)$$

对比例 3.13 可见，0x19 被字节代换成 0xD4 后，经过逆字节代换又还原成 0x19。与加密的字节代换类似，解密的逆字节代换也可以事先计算后构造成 S-盒，见表 3.5-4。

【例 3.15】 如果逆字节代换输入为 $\beta=(\text{D42711AE},\text{E0BF98F1},\text{B8B45DE5},\text{1E415230})$，求其输出。

$$\beta_0=(b_0b_1b_2b_3)=(\text{D4},27,11,\text{AE})$$

$$\beta_1=(b_4b_5b_6b_7)=(\text{E0},\text{BF},98,\text{F1})$$

$$\beta_2=(b_8b_9b_{10}b_{11})=(\text{B8},\text{B4},\text{5D},\text{E5})$$

$$\beta_3=(b_{12}b_{13}b_{14}b_{15})=(\text{1E},41,52,30)$$

解：将输入端的每个字分解成 4 个字节

逐字节查表 3.5-4 得

$$\alpha=(\alpha_0,\alpha_1,\alpha_2,\alpha_3)=(\text{193DE3BE},\text{A0F4E22B},\text{9AC68D2A},\text{E9F84808})$$

表 3.5-4　逆字节代换表（*i*:0～15）

$b_{i7}\sim b_{i4}$ \ $b_{i3}\sim b_{i0}$	0	1	2	3	4	5	6	7	8	9	A	B	C	D	E	F
0	52	09	6A	D5	30	36	A5	38	BF	40	A3	9E	81	F3	D7	FB
1	7C	E3	39	82	9B	2F	FF	87	34	8E	43	44	C4	DE	E9	CB
2	54	7B	94	32	A6	C2	23	3D	EE	4C	95	0B	42	FA	C3	4E
3	08	2E	A1	66	28	D9	24	B2	76	5B	A2	49	6D	8B	D1	25
4	72	F8	F6	64	86	68	98	16	D4	A4	5C	CC	5D	65	B6	92
5	6C	70	48	50	FD	ED	B9	DA	5E	15	46	57	A7	8D	9D	84
6	90	D8	AB	00	8C	BC	D3	0A	F7	E4	58	05	B8	B3	45	06
7	D0	2C	1E	8F	CA	3F	0F	02	C1	AF	BD	03	01	31	8A	6B
8	3A	91	11	41	4F	67	DC	EA	97	F2	CF	CE	F0	B4	E6	73
9	96	AC	74	22	E7	AD	35	85	E2	F9	37	E8	1C	75	DF	6E
A	47	F1	1A	71	1D	29	C5	89	6F	B7	62	0E	AA	18	BE	1B
B	FC	56	3E	4B	C6	D2	79	20	9A	DB	C0	FE	78	CD	5A	F4
C	1F	DD	A8	33	88	07	C7	31	B1	12	10	59	27	80	EC	5F
D	60	51	7F	A9	19	B5	4A	0D	2D	E5	7A	9F	93	C9	9C	EF
E	A0	E0	3B	4D	AE	2A	F5	B0	C8	EB	BB	3C	83	53	99	61
F	17	2B	04	7E	BA	77	D6	26	E1	69	14	63	55	21	0C	7D

2. 行移位

行移位（ShiftRows）步骤是一个字节换位操作，将状态中的行按不同的偏移量进行循环移位，加密时循环左移，解密时循环右移。第 0 行不动，第 1 行循环左移 1 个字节，第 2 行循环左移 2 个字节，第 3 行循环左移 3 个字节。行移位前后的状态见图 3.5.5。

β_0	β_1	β_2	β_3
b_0	b_4	b_8	b_{12}
b_1	b_5	b_9	b_{13}
b_2	b_6	b_{10}	b_{14}
b_3	b_7	b_{11}	b_{15}

移位前

γ_0	γ_1	γ_2	γ_3
b_0	b_4	b_8	b_{12}
b_5	b_9	b_3	b_1
b_{10}	b_{14}	b_2	b_6
b_{15}	b_3	b_7	b_{11}

移位后

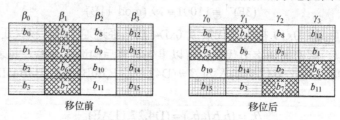

图 3.5.5 行移位前后的状态

由图 3.5.5 清晰地看出，移位前状态的每一列是一个字，用同样的底纹标示，移位后的每一列都含有 4 种不同的底纹，说明移位后的每个字由移位前 4 个字的不同字节混合而成。换句话说，行移位按照字节对每个字进行了重新编组，而且每个字的 4 个字节都被分散到了 4 个字。看起来十分简单的操作，起到了很好的置乱作用。

方便起见，将图 3.5.5 中移位后的状态字节按照由上至下、从左至右的顺序用 $d_0 \sim d_{15}$ 代替，移位后的状态可等效成图 3.5.6。

γ_0	γ_1	γ_2	γ_3
b_0	b_4	b_8	b_{12}
b_5	b_9	b_{13}	b_1
b_{10}	b_{14}	b_2	b_6
b_{15}	b_3	b_7	b_{11}

⇔

γ_0	γ_1	γ_2	γ_3
d_0	d_4	d_8	d_{12}
d_1	d_5	d_9	d_{13}
d_2	d_6	d_{10}	d_{14}
d_3	d_7	d_{11}	d_{15}

图 3.5.6 行移位后的等效状态

【例 3.16】 行移位输入 $\beta = $ (D42711AE,E0BF98F1,B8B45DE5,1E415230)，求行移位输出。

解： 将输入和输出用状态表示，行移位前后变化见图 3.5.7。

β_0	β_1	β_2	β_3
D4	E0	B8	1E
27	BF	B4	41
11	98	5D	52
AE	F1	E5	30

⇒

γ_0	γ_1	γ_2	γ_3
D4	E0	B8	1E
BF	B4	41	27
5D	52	11	98
30	AE	F1	E5

图 3.5.7 已知输入的行移位结果

故行移位的输出结果为：

$$\begin{aligned}\gamma &= (\gamma_0,\gamma_1,\gamma_2,\gamma_3) = (d_0d_1d_2d_3, d_4d_5d_6d_7, d_8d_9d_{10}d_{11}, d_{12}d_{13}d_{14}d_{15}) \\ &= (\text{D4BF5D30,E0B452AE,B84111F1,1E2798E5})\end{aligned}$$

解密时，行移位的逆变换是将状态的每行执行循环右移操作。第 0～3 行分别循环右移 0～3 位。移位的结果是右面的表格又恢复成左面的表格。

3. 列混合

字节代换和行移位是以字节为单位进行的运算或操作。列混合（MixColumns）有所不同，它是以字为单位进行的运算，因此需要先了解系数在 GF(2^8)上的多项式字运算。

AES 算法中的字定义为 4 个字节，可以用次数小于 4 次、系数在 GF(2^8)上的多项式表示。字的加法就是同次项系数相加，实际上是两个字的按位模 2 和。AES 算法中，规定字的乘法模多项式为 $I(x)=x^4+1$，这样，多项式乘积的次数就不会超过 4。如果两个字的多项式分别为

$$S(x)=s_3x^3+s_2x^2+s_1x+s_0,\ \gamma(x)=d_3x^3+d_2x^2+d_1x+d_0,\ s_i,d_i\in GF(2^8),\ i=0,1,2,3$$

则 AES 算法中的字多项式乘法规则为

$$\lambda(x)\equiv S(x)\otimes\gamma(x)\equiv[e_3x^3+e_2x^2+e_1x+e_0]\ (\mathrm{mod}\ I(x)) \tag{3.5.6}$$

式（3.5.6）中符号 $\otimes$ 为模 $I(x)$ 乘法。系数

$$e_0=s_0d_0\oplus s_3d_1\oplus s_2d_2\oplus s_1d_3$$
$$e_1=s_1d_0\oplus s_0d_1\oplus s_3d_2\oplus s_2d_3$$
$$e_2=s_2d_0\oplus s_1d_1\oplus s_0d_2\oplus s_3d_3$$
$$e_3=s_3d_0\oplus s_2d_1\oplus s_1d_2\oplus s_0d_3$$

式（3.5.6）也可以写成矩阵形式

$$\begin{bmatrix}e_0\\e_1\\e_2\\e_3\end{bmatrix}=\begin{bmatrix}s_0&s_3&s_2&s_1\\s_1&s_0&s_3&s_2\\s_2&s_1&s_0&s_3\\s_3&s_2&s_1&s_0\end{bmatrix}\otimes\begin{bmatrix}d_0\\d_1\\d_2\\d_3\end{bmatrix} \tag{3.5.7}$$

需要注意的是，$I(x)$ 不是即约多项式，可以分解成 $I(x)=(x+1)^4$。所以，加密时如果采用了字多项式 $S(x)$ 进行乘法运算，满足 $S(x)\otimes S^{-1}(x)\equiv 1\ (\mathrm{mod}\ I(x))$ 的 $S^{-1}(x)$ 必须存在，方可正确解密。

AES 算法选择了有乘逆的固定多项式 $S(x)=\{03\}x^3+\{01\}x^2+\{01\}x+\{02\}$，其中花括弧中的数值均为 16 进制数。$S(x)$ 的乘逆

$$S^{-1}(x)=\{0\mathrm{B}\}x^3+\{0\mathrm{D}\}x^2+\{09\}x+\{0\mathrm{E}\}$$

因为

$$\begin{aligned}S(x)\otimes S^{-1}(x)&\equiv\{1\mathrm{D}\}x^6+\{1\mathrm{C}\}x^5+\{1\mathrm{D}\}x^4+\{00\}x^3+\{1\mathrm{D}\}x^2+\{1\mathrm{C}\}x+\{1\mathrm{C}\}\\&\equiv\{1\mathrm{D}\}x^6+\{1\mathrm{C}\}x^5+\{1\mathrm{D}\}x^4+\{1\mathrm{D}\}x^2+\{1\mathrm{C}\}x+\{1\mathrm{C}\}+\{1\mathrm{D}\}x^2(x^4+1)\\&\equiv\{1\mathrm{C}\}x^5+\{1\mathrm{D}\}x^4+\{1\mathrm{C}\}x+\{1\mathrm{C}\}+\{1\mathrm{C}\}x(x^4+1)\\&\equiv\{1\mathrm{D}\}x^4+\{1\mathrm{C}\}+\{1\mathrm{D}\}(x^4+1)\\&\equiv 1\ (\mathrm{mod}\ x^4+1)\end{aligned}$$

AES-128 状态由 4 个字组成，列混合输入和输出端的字分别表示为 $\gamma_i(x)$ 和 $\lambda_i(x)$，那么

$$\gamma_i(x)=d_{3+4i}x^3+d_{2+4i}x^2+d_{1+4i}x+d_{0+4i},\ \lambda_i(x)=e_{3+4i}x^3+e_{2+4i}x^2+e_{+4i1}x+e_{0+4i},\ i=0,1,2,3$$

代入固定多项式系数，式（3.5.7）变为

$$\begin{bmatrix}e_{0+4i}\\e_{1+4i}\\e_{2+4i}\\e_{3+4i}\end{bmatrix}=\begin{bmatrix}02&03&01&01\\01&02&03&01\\01&01&02&03\\03&01&01&02\end{bmatrix}\otimes\begin{bmatrix}d_{0+4i}\\d_{1+4i}\\d_{2+4i}\\d_{3+4i}\end{bmatrix},\quad i=0,1,2,3 \tag{3.5.8}$$

图 3.5.8 直观描述了列混合的运算过程。

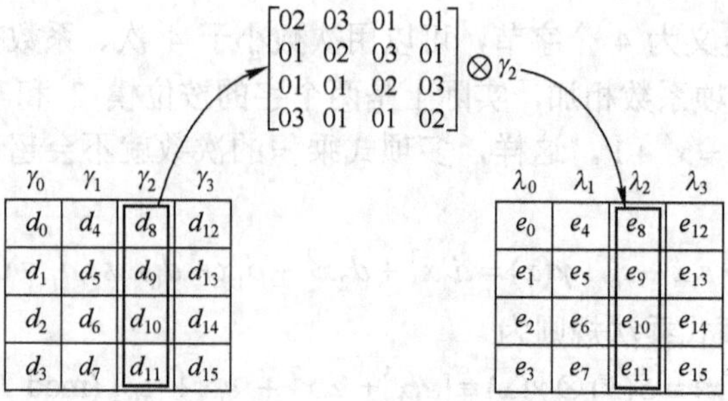

图 3.5.8　列混合作用过程示意图

AES-128 状态的列混合步骤也可以整体描述为：

$$\begin{bmatrix} e_0 & e_4 & e_8 & e_{12} \\ e_1 & e_5 & e_9 & e_{13} \\ e_2 & e_6 & e_{10} & e_{14} \\ e_3 & e_7 & e_{11} & e_{15} \end{bmatrix} = \begin{bmatrix} 02 & 03 & 01 & 01 \\ 01 & 02 & 03 & 01 \\ 01 & 01 & 02 & 03 \\ 03 & 01 & 01 & 02 \end{bmatrix} \otimes \begin{bmatrix} d_0 & d_4 & d_8 & d_{12} \\ d_1 & d_5 & d_9 & d_{13} \\ d_2 & d_6 & d_{10} & d_{14} \\ d_3 & d_7 & d_{11} & d_{15} \end{bmatrix} \tag{3.5.9}$$

【例 3.17】 列混合的输入 $\gamma = (\gamma_0, \gamma_1, \gamma_2, \gamma_3) = (\text{D4BF5D30}, \text{E0B452AE}, \text{B84111F1}, \text{1E2798E5})$，其中 $\gamma_i = (d_i, d_{i+1}, d_{i+2}, d_{i+3})$，$i = 0,1,2,3$，求列混合的输出。

$$\begin{bmatrix} e_0 & e_4 & e_8 & e_{12} \\ e_1 & e_5 & e_9 & e_{13} \\ e_2 & e_6 & e_{10} & e_{14} \\ e_3 & e_7 & e_{11} & e_{15} \end{bmatrix} = \begin{bmatrix} 02 & 03 & 01 & 01 \\ 01 & 02 & 03 & 01 \\ 01 & 01 & 02 & 03 \\ 03 & 01 & 01 & 02 \end{bmatrix} \otimes \begin{bmatrix} \text{D4} & \text{E0} & \text{B8} & \text{1E} \\ \text{BF} & \text{B4} & 41 & 27 \\ \text{5D} & 52 & 11 & 98 \\ 30 & \text{AE} & \text{F1} & \text{E5} \end{bmatrix} = \begin{bmatrix} 04 & \text{E0} & 48 & 28 \\ 66 & \text{CB} & \text{F8} & 06 \\ 81 & 19 & \text{D3} & 26 \\ \text{E5} & \text{9A} & \text{7A} & \text{4C} \end{bmatrix}$$

解：将已知数据代入式（3.5.8）即得列混合输出

$$\lambda = (\lambda_0, \lambda_1, \lambda_2, \lambda_3) = (\text{046681E5}, \text{E0CB199A}, \text{48F8D37A}, \text{2806264C})$$

解密端列混合的逆运算与加密端类似，也是一个模乘，但每列相乘的固定多项式是加密端 $S(x)$ 的乘逆 $S^{-1}(x) = \{0\text{B}\}x^3 + \{0\text{D}\}x^2 + \{09\}x + \{0\text{E}\}$，用矩阵形式可描述为

$$\begin{bmatrix} d_0 & d_4 & d_8 & d_{12} \\ d_1 & d_5 & d_9 & d_{13} \\ d_2 & d_6 & d_{10} & d_{14} \\ d_3 & d_7 & d_{11} & d_{15} \end{bmatrix} = \begin{bmatrix} \text{0E} & \text{0B} & \text{0D} & 09 \\ 09 & \text{0E} & \text{0B} & \text{0D} \\ \text{0D} & 09 & \text{0E} & \text{0B} \\ \text{0B} & \text{0D} & 09 & \text{0E} \end{bmatrix} \otimes \begin{bmatrix} e_0 & e_4 & e_8 & e_{12} \\ e_1 & e_5 & e_9 & e_{13} \\ e_2 & e_6 & e_{10} & e_{14} \\ e_3 & e_7 & e_{11} & e_{15} \end{bmatrix} \tag{3.5.10}$$

若将 $\lambda_0 = (e_0 e_1 e_2 e_3) = (\text{046681E5})$ 代入式（3.5.10），则有

$$\begin{aligned} d_0 &\equiv (\text{0E} \times 04 \oplus \text{0B} \times 66 \oplus \text{0D} \times 81 \oplus 09 \times \text{E5}) \pmod{\text{11B}} \\ &\equiv (38 \oplus \text{39A} \oplus \text{68D} \oplus \text{7CD}) \pmod{\text{11B}} \\ &= \text{D4} \end{aligned}$$

这就是例 3.17 列混合输入的第 1 个字的第 1 字节。容易验证，将例 3.17 中的输出 λ 代入式（3.5.10）进行计算，可恢复相应的输入 γ。

4．轮密钥加

轮密钥加（AddRoundKey）是 128 比特状态与 128 比特轮密钥的逐位异或运算，结果就是本轮的输出，用 $C^j = (C_0^j, C_1^j, C_2^j, C_3^j)$，$j = 0,1,\cdots,10$，$j$ 代表轮数。轮密钥加的示意图见图 3.5.9。

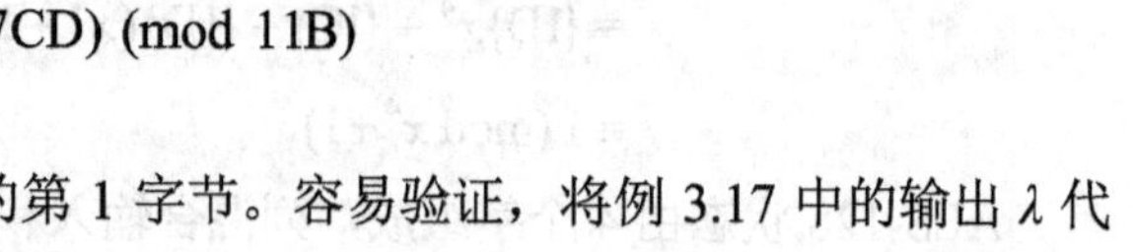

图 3.5.9　轮密钥加（$j = 0,1,\cdots,10; i = 4j$）

【例 3.18】 轮密钥加输入状态 $\lambda=(046681E5,E0CB199A,48F8D37A,2806264C)$，第 1 轮轮密钥 $K^1=(K_4,K_5,K_6,K_7)=(A0FAFE17,88542CB1,23A33939,2A6C7605)$，求第 1 轮输出。

解：计算 λ 和 K^1 的按位模 2 和，得

$$C^1=(C_0^1,C_1^1,C_2^1,C_3^1)=(\lambda_0\oplus K_4,\lambda_1\oplus K_5,\lambda_2\oplus K_6,\lambda_3\oplus K_7)$$

$$=\begin{bmatrix}04 & E0 & 48 & 28\\ 66 & CB & F8 & 06\\ 81 & 19 & D3 & 26\\ E5 & 9A & 7A & 4C\end{bmatrix}\oplus\begin{bmatrix}A0 & 88 & 23 & 2A\\ FA & 54 & A3 & 6C\\ FE & 2C & 39 & 76\\ 17 & B1 & 39 & 05\end{bmatrix}=\begin{bmatrix}A4 & 68 & 6B & 02\\ 9C & 9F & 5B & 6A\\ 7F & 35 & EA & 50\\ F2 & 2B & 43 & 49\end{bmatrix}$$

解密的时候对密钥加的结果用相同的密钥再实施一次密钥加即可还原信息。例如 A0 与 A4 模 2 加，结果是 04，88 与 68 模 2 加，得到 E0，……，05 和 49 模 2 加，结果是 4C。

3.5.4 密钥扩展

AES 算法的密码密钥或称主密钥长度是 128、192、256 比特可变的，对应的加解密轮数亦随密钥长度的变化分别为 10、12、14 轮。每轮变换都需要 128 比特轮密钥参与，每个轮密钥又包含 4 个 32 比特的字。如果用 N_r 表示轮数，加上输入端对原始明文或密文要求的密钥加操作，所需轮密钥的个数是(N_r+1)，那么密钥字的个数就是 $4(N_r+1)$。各参数的关系见表 3.5−5。

表 3.5−5 密钥长度与轮密钥及轮密钥字个数的关系

AES 算法	密钥长度（bit）	主密钥字数 N_k	加/解密轮数 N_r	轮密钥个数	轮密钥字个数 N_w	轮密钥总比特数
AES-128	128	4	10	11	44	1408
AES-192	192	6	12	13	52	1664
AES-256	256	8	14	15	60	1920

主密钥字数为 4～8 个，而算法所需轮密钥总字数是 44～60 个。重复使用主密钥，则相同的轮密钥和轮输入将产生相同的轮输出，这显然对算法的安全性是不利的。如果主密钥采用 44～60 个字，则需要 1408～1920 比特工作内存。AES 采用了轻量级的面向字节的密钥扩展方案，用 4-8 个字的主密钥产生 44～60 个字的轮密钥，减少工作内存的同时，又提高了算法的安全性。

密钥扩展方案包含扩展和选取两个部分。密钥扩展又有两个不同的版本，版本 1 适用于密钥长度为 128 和 192 比特的情况，版本 2 适应于密钥长度为 256 比特的情况。

密钥长度为 128 和 192 比特时，相应的主密钥字数 N_k 是 4 和 6。轮密钥生成步骤如下：

（1）列出以字节为单位的 $4\times N_w$ 的矩形数组，或者以字为单位的 $1\times N_w$ 的矩形数组，每列是一个 4 字节的字，用 K_i，$i=0,1,\cdots,N_w-1$ 表示，$N_w=4\times(N_r+1)$。

（2）密钥字的迭代生成。密钥字的生成和扩展取决于迭代函数和 N_k。

$$K_i=\begin{cases}K_i, & 0\leqslant i\leqslant N_k-1\\ K_{i-N_k}\oplus K_{i-1}, & N_k\leqslant i\leqslant N_w-1,\quad i\neq lN_k,\quad l=1,2,\cdots,\lfloor N_w/N_k\rfloor\\ K_{i-N_k}\oplus f(K_{i-1}), & i=lN_k\end{cases}\tag{3.5.11}$$

式（3.5.11）中 $\lfloor\cdot\rfloor$ 表示符号内的数字向下取最大的整数。密钥长度为 128、192、256 时，l 的取值分别等于 11、8、7。

$$f(K_{i-1})=S_{RD}[K_{i-1}<<<1]\oplus RW(j),\qquad j=1,2,\cdots,N_r\tag{3.5.12}$$

式中，“ $K_{i-1}<<<1$ ”表示密钥字 K_{i-1} 循环左移一个字节，移位后用 K'_{i-1} 表示。循环左移示意图见图 3.5.10。

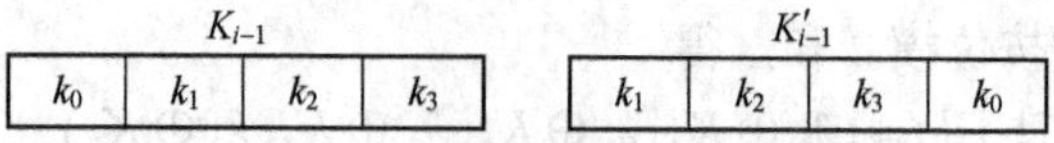

图 3.5.10　密钥字循环移位示意图

$$\begin{cases} \mathrm{Rc}(1)=x^0(0\mathrm{x}01) \\ \mathrm{Rc}(2)=x^1(0\mathrm{x}02) \\ \mathrm{Rc}(j)=x\otimes \mathrm{Rc}(j-1)=x^{j-1}, \quad j>2 \\ \mathrm{RW}(j)=\{0\mathrm{xRc}(j)000000\} \end{cases} \tag{3.5.13}$$

RW(*j*) 是轮常量，由 $\mathrm{GF}(2^8)$ 上的递归规则定义，目的是消除对称。⊗ 是模 $m(x)=x^8+x^4+x^3+x+1$ 乘。按照式（3.5.13）计算的各轮轮常数见表 3.5-6。

表 3.5-6　密钥扩展轮常数

j	1	2	3	4	5	6	7	8	9	10	11	12	13	14	15
Rc(*j*)	01	02	04	08	10	20	40	80	1B	36	6C	D8	AB	4D	9A
j	16	17	18	19	20	21	22	23	24	25	26	27	28	29	30
Rc(*j*)	2F	5E	BC	63	C6	97	35	6A	D4	B3	7D	FA	EF	C5	91

AES-128/192 分别取用 10/12 个轮常数，AES-256 需要 28 个轮常数。

【例 3.19】 求第 10 轮轮常数。

解： $\mathrm{Rc}(10)\equiv x^9(\mathrm{mod}\, m(x))=1000000000\oplus 100011011 0=110110=0\mathrm{x}36$

$\mathrm{RW}(10)=0\mathrm{x}36000000$

（3）轮密钥选取。用 K^j 表示第 j 轮的轮密钥，则有

$$K^j=K_{i+4j}, \quad i=0,1,2,3, \quad j=0,1,\cdots,N_r \tag{3.5.14}$$

【例 3.20】 密码主密钥 $K=(K_0,K_1,K_2,K_3)=(\text{2B7E1516,28AED2A6,ABF71588,09CF4F3C})$，求 AES-128 的密钥扩展输出。

解： AES-128 算法主密钥字数 $N_k=4$，轮数为 10，所需密钥字个数为 4×(10+1)=44。

① 列出以字为单位的 1×44 矩形数组。

② 密钥字生成。将式（3.5.12）和式（3.5.13），以及 N_k 和 N_w 的值代入式（3.5.11）有

$$K_i=\begin{cases} K_i, \quad 0\leqslant i\leqslant 3 \\ K_{i-4}\oplus K_{i-1}, \quad 4\leqslant i\leqslant 43, \quad i\neq 4l, \quad l=1,2,\cdots,11 \\ K_{i-4}\oplus S_{RD}[K_{i-1}<<<1]\oplus \mathrm{RW}(j), \quad j=1,2,\cdots,10, \quad i=4l \end{cases} \tag{3.5.15}$$

根据式（3.5.15），$K^0=(K_0,K_1,K_2,K_3)=(\text{2B7E1516,28AED2A6,ABF71588,09CF4F3C})$。

$$\begin{aligned} K_4&=K_0\oplus S_{RD}[K_3<<<1]\oplus \mathrm{RW}(1) \\ &=\text{2B7E1516}\oplus S_{RD}(\text{CF4F3C09})\oplus 01000000 \\ &=\text{2A7E1516}\oplus \text{8A84EB01} \\ &=\text{A0FAFE17} \end{aligned}$$

$K_5=K_1\oplus K_4=\text{28AED2A6}\oplus\text{A0FAFE17}=\text{88542CB1}$

$K_6=K_2\oplus K_5=\text{ABF71588}\oplus\text{88542CB1}=\text{23A33939}$

$K_7=K_3\oplus K_6=\text{09CF4F3C}\oplus\text{23A33939}=\text{2A6C7605}$

依次类推，迭代出所有 44 个密钥字，结果见表 3.5–7。

表 3.5–7　密钥字计算结果

i	0	1	2	3	4	5	6	7	8	9	10
R_i	2B7E1516	28AED2A6	ABF71588	09CF4F3C	A0FAFE17	88542CB1	23A33939	2A6C7605	F2C295F2	7A96B943	5935807A
i	11	12	13	14	15	16	17	18	19	20	21
R_i	7359F67F	3D80477D	4716FE3E	1E237E44	6D7A883B	E0927FE8	C86363C0	D9B13550	85B8BE01	D4D1C6F8	7C839D87
i	22	23	24	25	26	27	28	29	30	31	32
R_i	CAF2B8BC	11F915BC	6D88A37A	110B3EFD	DBF98641	CA0093FD	4E54F70E	5F5FC9F3	84A64FB2	4EA6DC4F	EAD27321
i	33	34	35	36	37	38	39	40	41	42	43
R_i	B58DBAD2	312BF560	7F8D292F	AC7766F3	19FADC21	28D12941	575C006E	D014F9A8	C9EE2589	E13F0CC8	B6630CA6

③ 选取轮密钥。从 0 开始，每 4 个密钥字一组作为轮密钥，轮密钥选取结果如表 3.5–8 所示。

表 3.5–8　例 3.19 的轮密钥

K^0				K^1				K^2				K^3				K^4				K^5			
K_0	K_1	K_2	K_3	K_4	K_5	K_6	K_7	K_8	K_9	K_{10}	K_{11}	K_{12}	K_{13}	K_{14}	K_{15}	K_{16}	K_{17}	K_{18}	K_{19}	K_{20}	K_{21}	K_{22}	K_{23}
2B 7E 15 16	28 AE D2 A6	AB F7 15 88	09 CF 4F 3C	A0 FA FE 17	88 54 2C B1	23 A3 39 39	2A 6C 76 05	F2 C2 95 F2	7A 96 B9 43	59 35 80 7A	73 59 F6 7F	3D 80 47 7D	47 16 FE 3E	1E 23 7E 44	6D 7A 88 3B	EF 44 A5 41	A8 52 5B 7F	B6 71 25 3B	DB 0B AD 00	D4 D1 C6 F8	7C 83 9D 87	CA F2 B8 BC	11 F9 15 BC
K^6				K^7				K^8				K^9				K^{10}							
K_{24}	K_{25}	K_{26}	K_{27}	K_{28}	K_{29}	K_{30}	K_{31}	K_{32}	K_{33}	K_{34}	K_{35}	K_{36}	K_{37}	K_{38}	K_{39}	K_{40}	K_{41}	K_{42}	K_{43}				
6D 88 A3 7A	11 0B 3E FD	DB F9 86 41	CA 00 93 FD	4E 54 F7 0E	5F 5F C9 F3	84 A6 4F B2	4E A6 DC 4F	EA D2 73 21	B5 8D BA D2	31 2B F5 60	7F 8D 29 2F	AC 77 66 F3	19 FA DC 21	28 D1 29 41	57 5C 00 6E	D0 14 F9 A8	C9 EE 25 89	E1 3F 0C C8	B6 63 0C A6				

密钥长度为 192 比特时，N_k=6，式（3.5.11）变为

$$K_i=\begin{cases}K_i, \quad 0\leqslant i\leqslant 5\\ K_{i-6}\oplus K_{i-1}, \quad 6\leqslant i\leqslant 51, \quad i\neq 6l, \quad l=1,2,\cdots,8\\ K_{i-6}\oplus S_{RD}[K_{i-1}<<<1]\oplus \mathrm{RW}(j), \quad j=1,2,\cdots,12, \quad i=6l\end{cases} \tag{3.5.16}$$

密钥扩展方法与 128 位密钥相同，唯一不同的是在 6 的整倍数处（灰色底纹单元格）进行非线性计算。每轮密钥仍为 4 个密钥字，如图 3.5.11 所示。

K_0	K_1	K_2	K_3	K_4	K_5	K_6	K_7	K_8	K_9	K_{10}	K_{11}	K_{12}	K_{13}	K_{14}	K_{15}	…
轮密钥0(K^0)				轮密钥1(K^1)				轮密钥2(K^2)				轮密钥3(K^3)				…

图 3.5.11　轮密钥选取（N_k=6）

版本 2 与版本 1 稍有不同，适用于密钥长度为 256 比特的情况。具体密钥扩展函数为

$$K_i=\begin{cases}K_i, \quad 0\leqslant i\leqslant 7\\ K_{i-8}\oplus K_{i-1}, \quad 8\leqslant i\leqslant 59, \quad i\neq 8l, \quad i(\mathrm{mod}8)\neq 4, \quad l=1,2,\cdots,7\\ K_{i-8}\oplus S_{RD}[K_{i-1}<<<1]\oplus \mathrm{RW}(j), \quad j=1,2,\cdots,14, \quad i=8l, \quad i(\mathrm{mod}8)=4\end{cases} \tag{3.5.17}$$

比较式（3.5.16）和式（3.5.17）可见，版本 2 在每 $N_k(8)$个字一组的密钥扩展中使用了两次非线性计算，而版本 1 只使用了一次。

3.5.5　AES-128 加解密范例

本节将 3.5.4 节轮变换和密钥扩展示例加以细化和扩充，给出 AES-128 加密和解密每一

步的中间结果。例子中数据均以 16 进制数表示。

二维码 3-2

1．加密

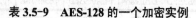

明文：$P=\{P_0,P_1,P_2,P_3\}=\{3243F6A8,885A308D,313198A2,E0370734\}$

密钥：$K=\{K_0,K_1,K_2,K_3\}=\{2B7E1516,28AED2A6,ABF71588,09CF4F3C\}$

密文：$C=\{C_0,C_1,C_2,C_3\}=\{3925841D,02DC09FB,DC118597,196A0B32\}$

由主密钥生成的各轮轮密钥见表 3.5-8，各步中间结果见表 3.5-9。

表 3.5-9　AES-128 的一个加密实例

轮	轮输入				字节代换				行移位				列混合					轮密钥				轮输出			
明文 P	32	88	31	E0													⊕	2B	28	AB	09	19	A0	9A	E9
	43	5A	31	37														7E	AE	F7	CF	3D	F4	C6	F8
	F6	30	98	07														15	D2	15	4F	E3	E2	8D	48
	A8	8D	A2	34														16	A6	88	3C	BE	2B	2A	08
1	19	A0	9A	E9	D4	E0	B8	1E	D4	E0	B8	1E	04	E0	48	28	⊕	A0	88	23	2A	A4	68	6B	02
	3D	F4	C6	F8	27	BF	B4	41	BF	B4	41	27	66	CB	F8	06		FA	54	A3	6C	9C	9F	5B	6A
	E3	E2	8D	48	11	98	5D	52	5D	52	11	98	81	19	D3	26		FE	2C	39	76	7F	35	EA	50
	BE	2B	2A	08	AE	F1	E5	30	30	AE	F1	E5	E5	9A	7A	4C		17	B1	39	05	F2	2B	43	49
2	A4	68	6B	02	49	45	7F	77	49	45	7F	77	58	1B	DB	1B	⊕	F2	7A	59	73	AA	61	82	68
	9C	9F	5B	6A	DE	DB	39	02	DB	39	02	DE	4D	4B	E7	6B		C2	96	35	59	8F	DD	D2	32
	7F	35	EA	50	D2	96	87	53	87	53	D2	96	CA	5A	CA	B0		95	B9	80	F6	5F	E3	4A	46
	F2	2B	43	49	89	F1	1A	3B	3B	89	F1	1A	F1	AC	A8	E5		F2	43	7A	7F	03	EF	D2	9A
3	AA	61	82	68	AC	EF	13	45	AC	EF	13	45	75	20	53	BB	⊕	3D	47	1E	6D	48	67	4D	D6
	8F	DD	D2	32	73	C1	B5	23	C1	B5	23	73	EC	0B	C0	25		80	16	23	7A	6C	1D	E3	5F
	5F	E3	4A	46	CF	11	D6	5A	D6	5A	CF	11	09	63	CF	D0		47	FE	7E	88	4E	9D	BE	58
	03	EF	D2	9A	7B	DF	B5	B8	B8	7B	DF	B5	93	33	7C	DC		7D	3E	44	3B	EE	0D	38	E7
4	48	67	4D	D6	52	85	E3	F6	52	85	E3	F6	0F	60	6F	5E	⊕	EF	A8	B6	DB	E0	C8	D9	85
	6C	1D	E3	5F	50	A4	11	CF	A4	11	CF	50	D6	31	C0	B3		44	52	71	0B	92	63	B1	B8
	4E	9D	BE	58	2F	5E	C8	6A	C8	6A	2F	5E	DA	38	10	13		A5	5B	25	AD	7F	63	35	BE
	EE	0D	38	E7	28	D7	07	94	94	28	D7	07	A9	BF	6B	01		41	7F	3B	00	E8	C0	50	01
5	E0	C8	D9	85	E1	E8	35	97	E1	E8	35	97	25	BD	B6	4C	⊕	D4	7C	CA	11	F1	C1	7C	5D
	92	63	B1	B8	4F	FB	C8	6C	FB	C8	6C	4F	D1	11	3A	4C		D1	83	F2	F9	00	92	C8	B5
	7F	63	35	BE	D2	FB	96	AE	96	AE	D2	FB	A9	D1	33	C0		C6	9D	B8	15	6F	4C	8B	D5
	E8	C0	50	01	9B	BA	53	7C	7C	9B	BA	53	AD	68	8E	B0		F8	87	BC	BC	55	EF	32	0C
6	F1	C1	7C	5D	A1	78	10	4C	A1	78	10	4C	4B	2C	33	37	⊕	6D	11	DB	CA	26	3D	E8	FD
	00	92	C8	B5	63	4F	E8	D5	4F	E8	D5	63	86	4A	9D	D2		88	0B	F9	00	0E	41	64	D2
	6F	4C	8B	D5	A8	29	3D	03	3D	03	A8	29	8D	89	F4	18		A3	3E	86	93	2E	B7	72	8B
	55	EF	32	0C	FC	DF	23	FE	FE	FC	DF	23	6D	80	E8	D8		7A	FD	41	FD	17	7D	A9	25
7	26	3D	E8	FD	F7	27	9B	54	F7	27	9B	54	14	46	27	34	⊕	4E	5F	84	4E	5A	19	A3	7A
	0E	41	64	D2	AB	83	43	B5	83	43	B5	AB	15	16	46	2A		54	5F	A6	A6	41	49	E0	8C
	2E	B7	72	8B	31	A9	40	3D	40	3D	31	A9	B5	15	56	D8		F7	C9	4F	DC	42	DC	19	04
	17	7D	A9	25	F0	FF	D3	3F	3F	F0	FF	D3	BF	EC	D7	43		0E	F3	B2	4F	B1	1F	65	0C
8	5A	19	A3	7A	BE	D4	0A	DA	BE	D4	0A	DA	00	B1	54	FA	⊕	EA	B5	31	7F	EA	04	65	85
	41	49	E0	8C	83	3B	E1	64	3B	E1	64	83	51	C8	76	1B		D2	8D	2B	8D	83	45	5D	96
	42	DC	19	04	2C	86	D4	F2	D4	F2	2C	86	2F	89	6D	99		73	BA	F5	29	5C	33	98	B0
	B1	1F	65	0C	C8	C0	4D	FE	FE	C8	C0	4D	D1	FF	CD	EA		21	D2	60	2F	F0	2D	AD	C5
9	EA	04	65	85	87	F2	4D	97	87	F2	4D	97	47	40	A3	4C	⊕	AC	19	28	57	EB	59	8B	1B
	83	45	5D	96	EC	6E	4C	90	6E	4C	90	EC	37	D4	70	9F		77	FA	D1	5C	40	2E	A1	C3
	5C	33	98	B0	4A	C3	46	E7	46	E7	4A	C3	94	E4	3A	42		66	DC	29	00	F2	38	13	42
	F0	2D	AD	C5	8C	D8	95	A6	A6	8C	D8	95	ED	A5	A6	BC		F3	21	41	6E	1E	84	E7	D2
10	EB	59	8B	1B	E9	CB	3D	AF	E9	CB	3D	AF					⊕	D0	C9	E1	B6	39	02	DC	19
	40	2E	A1	C3	09	31	32	2E	31	32	2E	09						14	EE	3F	63	25	DC	11	6A
	F2	38	13	42	89	07	7D	2C	7D	2C	89	07						F9	25	0C	0C	84	09	85	0B
	1E	84	E7	D2	72	5F	94	B5	B5	72	5F	94						A8	89	C8	A6	1D	FB	97	32
密文 C	39	02	DC	19																					
	25	DC	11	6A																					
	84	09	85	0B																					
	1D	FB	97	32																					

从表 3.5-9 可以直观地看出每一轮都含有哪些操作。如第 10 轮没有列混合，每一轮输出就是下一轮输入。

2．解密

密文：$C=\{C_0,C_1,C_2,C_3\}=\{3925841D,02DC09FB,DC118597,196A0B32\}$

密钥：$K=\{K_0,K_1,K_2,K_3\}=\{2B7E1516,28AED2A6,ABF71588,09CF4F3C\}$

明文：$P=\{P_0,P_1,P_2,P_3\}=\{3243F6A8,885A308D,313198A2,E0370734\}$

详细解密步骤见表 3.5-10。

表 3.5-10　AES-128 的一个解密实例

轮	轮输入				逆行移位				逆字节代换					轮密钥				轮密钥加				逆列混合（轮输出）			
密文 C	39	02	DC	19										D0	C9	E1	B6	E9	CB	3D	AF				
	25	DC	11	6A									⊕	14	EE	3F	63	31	32	2E	09				
	84	09	85	0B										F9	25	0C	0C	7D	2C	89	07				
	1D	FB	97	32										A8	89	C8	A6	B5	72	5F	94				
1	E9	CB	3D	AF	E9	CB	3D	AF	EB	59	8B	1B		AC	19	28	57	47	40	A3	4C	87	F2	4D	97
	31	32	2E	09	09	31	32	2E	40	2E	A1	C3	⊕	77	FA	D1	5C	37	D4	70	9F	6E	4C	90	EC
	7D	2C	89	07	89	07	7D	2C	F2	38	13	42		66	DC	29	00	94	E4	3A	42	46	E7	4A	C3
	B5	72	5F	94	72	5F	94	B5	1E	84	E7	D2		F3	21	41	6E	ED	A5	A6	BC	A6	8C	D8	95
2	87	F2	4D	97	87	F2	4D	97	EA	04	65	85		EA	B5	31	7F	00	B1	54	FA	BE	D4	0A	DA
	6E	4C	90	EC	EC	6E	4C	90	83	45	5D	96	⊕	D2	8D	2B	8D	51	C8	76	1B	3B	E1	64	83
	46	E7	4A	C3	4A	C3	46	E7	5C	33	98	B0		73	BA	F5	29	2F	89	6D	99	D4	F2	2C	86
	A6	8C	D8	95	8C	D8	95	A6	F0	2D	AD	C5		21	D2	60	2F	D1	FF	CD	EA	FE	C8	C0	4D
3	BE	D4	0A	DA	BE	D4	0A	DA	5A	19	A3	7A		4E	5F	84	4E	14	46	27	34	F7	27	9B	54
	3B	E1	64	83	83	3B	E1	64	41	49	E0	8C	⊕	54	5F	A6	A6	15	16	46	2A	83	43	B5	AB
	D4	F2	2C	86	2C	86	D4	F2	42	DC	19	04		F7	C9	4F	DC	B5	15	56	D8	40	3D	31	A9
	FE	C8	C0	4D	C8	C0	4D	FE	B1	1F	65	0C		0E	F3	B2	4F	BF	EC	D7	43	3F	F0	FF	D3
4	F7	27	9B	54	F7	27	9B	54	26	3D	E8	FD		6D	11	DB	CA	4B	2C	33	37	A1	78	10	4C
	83	43	B5	AB	AB	83	43	B5	0E	41	64	D2	⊕	88	0B	F9	00	86	4A	9D	D2	4F	E8	D5	63
	40	3D	31	A9	31	A9	40	3D	2E	B7	72	8B		A3	3E	86	93	8D	89	F4	18	3D	03	A8	29
	3F	F0	FF	D3	F0	FF	D3	3F	17	7D	A9	25		7A	FD	41	FD	6D	80	E8	D8	FE	FC	DF	23
5	A1	78	10	4C	A1	78	10	4C	F1	C1	7C	5D		D4	7C	CA	11	25	BD	B6	4C	E1	E8	35	97
	4F	E8	D5	63	63	4F	E8	D5	00	92	C8	B5	⊕	D1	83	F2	F9	D1	11	3A	4C	FB	C8	6C	4F
	3D	03	A8	29	A8	29	3D	03	6F	4C	8B	D5		C6	9D	B8	15	A9	D1	33	C0	96	AE	D2	FB
	FE	FC	DF	23	FC	DF	23	FE	55	EF	32	0C		F8	87	BC	BC	AD	68	8E	B0	7C	9B	BA	53
6	E1	E8	35	97	E1	E8	35	97	E0	C8	D9	85		EF	A8	B6	DB	0F	60	6F	5E	52	85	E3	F6
	FB	C8	6C	4F	4F	FB	C8	6C	92	63	B1	B8	⊕	44	52	71	0B	D6	31	C0	B3	A4	11	CF	50
	96	AE	D2	FB	D2	FB	96	AE	7F	63	35	BE		A5	5B	25	AD	DA	38	10	13	C8	6A	2F	5E
	7C	9B	BA	53	9B	BA	53	7C	E8	C0	50	01		41	7F	3B	00	A9	BF	6B	01	94	28	D7	07
7	52	85	E3	F6	52	85	E3	F6	48	67	4D	D6		3D	47	1E	6D	75	20	53	BB	AC	EF	13	45
	A4	11	CF	50	50	A4	11	CF	6C	1D	E3	5F	⊕	80	16	23	7A	EC	0B	C0	25	C1	B5	23	73
	C8	6A	2F	5E	2F	5E	C8	6A	4E	9D	BE	58		47	FE	7E	88	09	63	CF	D0	D6	5A	CF	11
	94	28	D7	07	28	D7	07	94	EE	0D	38	E7		7D	3E	44	3B	93	33	7C	DC	B8	7B	DF	B5
8	AC	EF	13	45	AC	EF	13	45	AA	61	82	68		F2	7A	59	73	58	1B	DB	1B	49	45	7F	77
	C1	B5	23	73	73	C1	B5	23	8F	DD	D2	32	⊕	C2	96	35	59	4D	4B	E7	6B	DB	39	02	DE
	D6	5A	CF	11	CF	11	D6	5A	5F	E3	4A	46		95	B9	80	F6	CA	5A	CA	B0	87	53	D2	96
	B8	7B	DF	B5	7B	DF	B5	B8	03	EF	D2	9A		F2	43	7A	7F	F1	AC	A8	E5	3B	89	F1	1A
9	49	45	7F	77	49	45	7F	77	A4	68	6B	02		A0	88	23	2A	04	E0	48	28	D4	E0	B8	1E
	DB	39	02	DE	DE	DB	39	02	9C	9F	5B	6A	⊕	FA	54	A3	6C	66	CB	F8	06	BF	B4	41	27
	87	53	D2	96	D2	96	87	53	7F	35	EA	50		FE	2C	39	76	81	19	D3	26	5D	52	11	98
	3B	89	F1	1A	89	F1	1A	3B	F2	2B	43	49		17	B1	39	05	E5	9A	7A	4C	30	AE	F1	E5
10	D4	E0	B8	1E	D4	E0	B8	1E	19	A0	9A	E9		D0	C9	E1	B6	32	88	31	E0				
	BF	B4	41	27	27	BF	B4	41	3D	F4	C6	F8	⊕	14	EE	3F	63	43	5A	31	37	←明文			
	5D	52	11	98	11	98	5D	52	E3	E2	8D	48		F9	25	0C	0C	F6	30	98	07				
	30	AE	F1	E5	AE	F1	E5	30	BE	2B	2A	08		A8	89	C8	A6	A8	8D	A2	34				

加了密的密文用同样的密钥解密，还原了原始明文信息。比较表 3.5-9 和表 3.5-10 可见，加密和解密使用的轮密钥顺序是相反的，解密的轮变换顺序与加密不完全对称。

3.6 分组密码的工作模式

实际应用中，待加密明文的长度是随机的，一般比密码算法分组长度长很多。加密时最直接的方式就是把明文的数据格式统统变换成二进制，再按照算法的分组长度进行切分，最后一组如果长度不够就填充 0 或 1，或者固定码式（根据具体算法的标准执行），然后用相同的密钥对明文按分组顺序一组一组地加密，得到对应的密文。这是分组密码最基本的工作模式，称为电子密码本（Electronic Code Book, ECB）模式。除此之外还有其他工作模式。如 NIST 在 1980 年公布了 DES 的 4 种工作模式：ECB 模式、密文分组链接（Cipher Block Chaining, CBC）模式、输出反馈（Output Feedback, OFB）模式、密文反馈（Cipher Feedback, CFB）模式。2001 年 NIST 公布的 AES 工作模式，除了上述 4 种工作模式外，还有计数器（Counter Mode, CTR）模式。我国国家密码管理局公布的 SM4 分组密码也含有上述 5 种工作模式。2008 年 6 月 26 日，国家标准《信息安全技术——分组密码算法的工作模式》发布（标准号：GB/T 17964-2008），其中包括了上述 5 种工作模式。该标准于 2008 年 11 月 1 日起正式实施。

按照不同模式构成的密码体制，加密出来的密文不同，密文的性能也不同，适用的工作场合也不同，提供的安全性也不同。

假设算法的分组长度为 n，共 m 组，明文 $P = P_1P_2\cdots P_m$，密文 $C = C_1C_2\cdots C_m$，E_K, D_K 分别表示加密变换和解密变换，密钥 $K = K_1K_2\cdots K_m$。下面逐一介绍分组密码的 5 种工作模式。

3.6.1 ECB 模式

ECB 即电子密码本模式。在这种工作模式下 $K = K_1 = K_2 = \cdots = K_m$。也就是说，加密端，对每一个明文分组使用的加密密钥是相同的，解密端，对收到的每一个密文分组使用的解密密钥也是相同的。ECB 加密和解密可表示为

$$C_i = E_K(P_i),\quad i = 1,2,\cdots m \tag{3.6.1}$$

$$P_i = D_K(C_i),\quad i = 1,2,\cdots m \tag{3.6.2}$$

ECB 工作模式如图 3.6.1 所示。

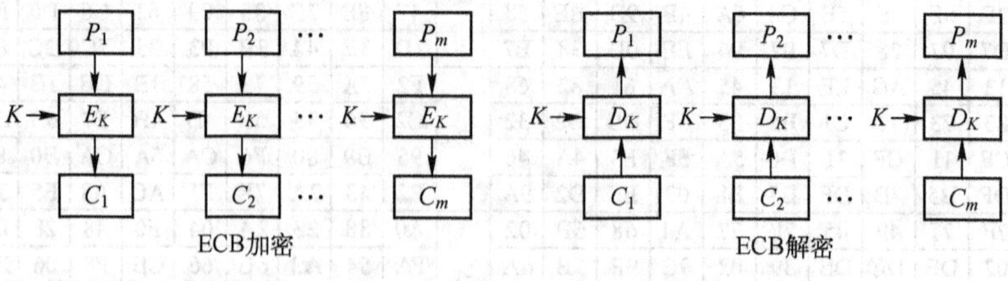

图 3.6.1 分组密码的 ECB 工作模式

由图 3.6.1 可见，ECB 模式具有下列特点：

（1）如果明文 $P_i = P_j$，必有 $C_i = C_j$，亦即相同的明文分组加密后得到的密文分组也相同。这种特点带来一个缺陷：如果在一个密钥的使用期限内，一旦某个密文对应的明文分组

被泄露，就会给密码分析者以可乘之机。

（2）如果把明文分组看作明文空间的元素、密文分组看作密文空间的元素，则 ECB 模式构造的分组密码系统犹如一部巨大的电子密码本，明、密文之间有一一对应的关系。如果密码分析者掌握了对方一定数量的明密文对，那么只要监听到熟悉的密文就能找到对应的明文。另外，即使没有明密文对，只要截获的密文分组相同，那么对应的明文分组一定相同。这为密码分析者的分析和攻击提供了便利。

（3）同样由于一一对应的特点，当某个密文分组在传输或存储过程中发生了错误，则只影响对应的明文分组，不会扩散到其他分组。

（4）如果密文分组的边界发生了错误，就会引起收发双方失步，造成分组紊乱，这时解密出来的分组结果都是错误的。这种由失步引起的错误扩散，只有等到分组边界重新同步时才能结束。

由于 ECB 模式的这些安全缺陷，它不适于对长消息进行加密，适用于短消息加密，比如加密一个口令字。尽管 ECB 模式易于受到攻击，但是最简单、直接、方便，所以在流行的商业产品，尤其是软件中，仍然是常用的工作模式之一。

3.6.2 CBC 模式

CBC 模式即密文分组链接模式。这种模式对每一组明文加密时使用的仍然是相同的密钥，即 $K = K_1 = K_2 = \cdots = K_m$，但是增加了一个初始向量 I 和一个简单的异或器，在对明文分组加密之前先进行一次异或，第 1 个明文分组与初始向量 I 异或，后续的明文分组与前一个密文分组异或。CBC 模式加密过程可描述为：

$$C_i = E_K(P_i \oplus C_{i-1}), \quad i = 1,2,\cdots m, \quad C_0 = I \tag{3.6.3}$$

CBC 模式解密的过程与加密相反，先对密文分组解密，然后与上一个密文分组异或：

$$P_i = D_K(C_i) \oplus C_{i-1}, \quad i = 1,2,\cdots m, \quad C_0 = I \tag{3.6.4}$$

CBC 模式的工作原理如图 3.6.2 所示。

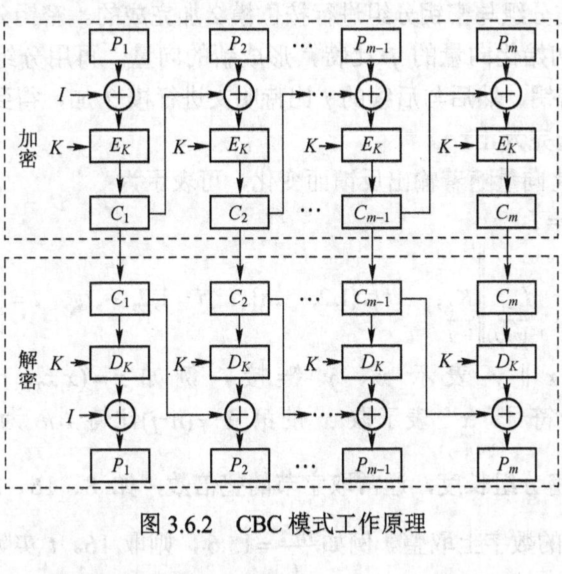

图 3.6.2 CBC 模式工作原理

由图 3.6.2 可以看出 CBC 模式有下述特点：

（1）第 1 个密文分组 C_1 不但是密钥 K 和明文分组 P_1 的函数，还是初始化向量 I 的函数。后续密文分组 C_i (i=2,3,⋯，m)不仅是 K 和 P_i 的函数，还是 C_{i-1} 的函数，而 C_{i-1} 又是 K，P_{i-1}，C_{i-2} 的函数，依次类推，可知任一密文 C_i 都是 K，I 和 $P_1, P_2, \cdots, P_i$ 的函数。这样，即使明文分组相同，即 $P_i = P_j$，$i \neq j$，一般情况下 $C_i \neq C_j$。这就克服了 ECB 模式明密文分组一一对应的弱点。

（2）除了密钥外，收发双方的初始化向量 I 也必须一致。由图 3.6.2 的下半部分可见，如果接收方的 I 与发送方不一致，解密后的第 1 个分组将出错。

（3）具有有限的错误扩散特性。如果密文在传输或存储过程中出错，比如 C_i 发生错误，将引起第 i 和第 i+1 两个分组的明文恢复错误。因为不仅本组解密与 C_i 有关，下一组密文解密后也要与 C_i 进行模二加才能恢复出原始明文。第 i+2 及以后的各密文分组解密不再与 C_i 相关。

（4）如果密文分组边界发生失步，则其后的解密都不正确。只有在收发双方重新同步后，才能正确解密。

CBC 模式特别适合于对具有重复特征的数据信息进行加密，如报表之类的文件，相同的数据可以加密成不同的密文。然而，必须注意到，如果同一信息发送两次，且密钥 K 和初始化向量都相同，那么加密之后的密文也是完全一样的。克服这一缺点的办法是每次加密时，初始化向量都按事先约定的规律改变一次。

CBC 模式的错误扩散特性也可以用来鉴别信息的完整性。CBC 模式只比 ECB 模式多了一个简单的模 2 加和一个初始化向量，但是提供的安全性显然要高得多。

3.6.3 OFB 模式

OFB 模式即输出反馈模式。这种模式与前两小节所述的 ECB 和 CBC 模式的思路不同。OFB 模式不是用分组密码算法直接进行加密，而是把分组密码算法当成密钥发生器，对约定的初始化向量 I 进行加密操作，取加密后的部分结果，比如取 j 比特，作为当前密钥分组，加密是通过明文分组与密钥分组进行按位模 2 加完成的。密钥分组同时反馈到分组算法的输入端，替换掉初始化向量的 j 比特，形成新的向量，再用分组算法对新向量进行加密，产生新的 j 比特密钥，然后与后续的 j 比特明文进行模 2 加，得到下一组密文，如此下去，直到所有明文加密完为止。

OFB 模式的初始化向量随着输出反馈而变化，可表示为：

$$\begin{cases} I_0 = I \\ I_i = \underbrace{I_{i-1}}_{1\sim(n-j)} \Big\| \underbrace{K_i}_{1\sim j}, \quad j \in \{1,2,\cdots,n\}, \quad i = 1,2,\cdots,t, \quad t = \left\lceil \dfrac{nm}{j} \right\rceil \end{cases} \tag{3.6.5}$$

式（3.6.5）中 $x \| y$ 表示 x、y 链接，例如 $x=(x_1x_2x_3)$，$y=(y_1y_2y_3)$，则 $x\|y=(x_1x_2x_3y_1y_2y_3)$。符号 $\underbrace{x}_{1\sim(n-j)}$ 表示取 x 的第 1～(n–j)比特，n 为密码算法分组长度；$j=1,2,\cdots,n-1$，为加密分组长度，通常取字节的整倍数，如 8、16、32 等，方便软硬件计算。$\left\lceil \dfrac{nm}{j} \right\rceil$ 表示符号中的数字上取整。例如 $\dfrac{nm}{j}=15.6$，则取 16。t 实际上是明文按照 j 的长度重新分组后的组数。

OFB 模式的密钥随输入向量的变化而变化。可用公式表示为：

$$K_i = \underbrace{E_K(I_{i-1})}_{1\sim j}, \quad I_0 = I, \quad i = 1,2,\cdots,t \tag{3.6.6}$$

设 $P_i = (p_{i1}p_{i2}\cdots p_{ij})$，$K_i = (k_{i1}k_{i2}\cdots k_{ij}), C_i = (c_{i1}c_{i2}\cdots c_{ij}), i = 1,2,\cdots,t,\ j = 1,2,\cdots n-1$，则 OFB 模式加密运算可表示为：

$$\begin{aligned} C_i &= (c_{i1}c_{i2}\cdots c_{ij}) \\ &= P_i \oplus K_i = (p_{i1} \oplus k_{i1}, p_{i2} \oplus k_{i2}, \cdots, p_{ij} \oplus k_{ij}), \quad i = 1,2,\cdots,t, \quad j = 1,2,\cdots,n-1 \end{aligned} \tag{3.6.7}$$

相应的 OFB 模式解密运算可表示为：

$$\begin{aligned} P_i &= (p_{i1}p_{i2}\cdots p_{ij}) \\ &= C_i \oplus K_i = (c_{i1} \oplus k_{i1}, c_{i2} \oplus k_{i2}, \cdots, c_{ij} \oplus k_{ij}), \quad i = 1,2,\cdots,t, \quad j = 1,2,\cdots,n-1 \end{aligned} \tag{3.6.8}$$

式（3.6.5）～式（3.6.8）构成了 OFB 模式的加解密迭代运算组。OFB 模式加解密过程见图 3.6.3。

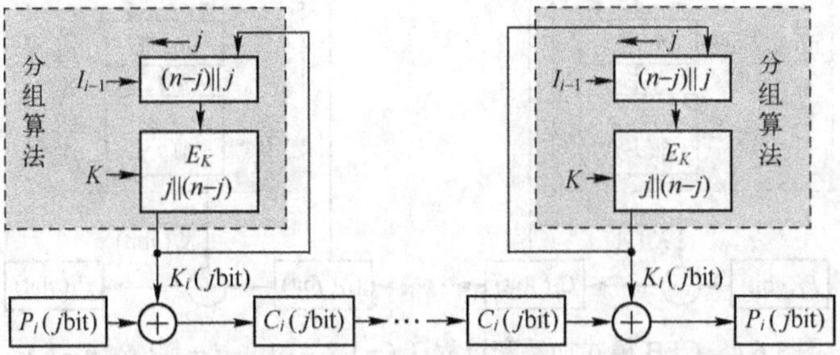

图 3.6.3　OFB 模式加解密过程($i=1,2,\cdots,t,\quad j=1,2,\cdots,n-1$)

图 3.6.3 中“$\leftarrow j$”表示移出 j 比特。OFB 模式的加密过程是：首先用分组算法对初始化向量 $I = I_0$ 进行加密，得到 $E_K(I_0)$。取 $E_K(I_0)$ 前面的 j 比特作为第 1 个密钥序列 K_1，与输入的 j 比特明文 P_1 异或，得到第一组 j 比特密文 C_1。K_1 同时反馈到分组算法的输入端，初始化向量 I 的最前面 j 比特被移出，然后将反馈回来的 j 比特 K_1 接到后面，形成新的向量 I_1，分组算法再对 I_1 加密，取 $E_K(I_1)$ 前面的 j 比特作为第 2 个密钥序列 K_2，与输入的第二组明文 P_2 异或，得到第 2 组密文 C_2，……直至所有明文分组加密完毕。接收端在解密的时候，用同样的密钥分组序列对相应的密文分组异或，恢复出明文。

OFB 模式有如下特点：

（1）分组长度被重新定义，不是算法的长度 n，而是小于等于 n 的 j。当 j=1 时，分组密码变成流密码，当 j=n 时，分组算法加密的结果全部用作密钥。

（2）分组算法只用来产生密钥分组序列，不论在加密端还是解密端，分组算法的工作流程都相同，所以加密和解密所用的密钥序列 $(K_1K_2\cdots,K_t)$ 顺序相同，而不是相反。

（3）密文传输和存储过程中发生的任何错误，在解密后都只影响本分组加密后的明文，不影响其他分组，而且错误的位置不变，因此不存在错误扩散。这是一种典型的序列密码体制，只不过它是每 j 个比特一组一组地产生序列，而不是逐比特产生。

（4）如果产生密钥序列的分组算法输出出错，或者收发双方失步，则解密后信息将面目全非。只有重新初始化后，才能建立同步，恢复正常工作。

（5）分组算法产生的密钥序列只与初始化向量 I 和密钥 K 有关。在 I 和 K 的使用期限内，每次产生的密钥序列都是相同的，这是它的弱点。

由于 OFB 模式没有错误扩散，比较适合于信道误码率较高的场合。

3.6.4 CFB 模式

CFB 模式即密文反馈模式。这种模式与 OFB 模式的工作思路相同，但反馈端取自密文分组而非密钥分组。

CFB 模式的输入向量变化可用公式描述为：

$$\begin{cases} I_0 = I \\ I_i = \underbrace{I_{i-1}}_{1\sim(n-j)} \Big\| \underbrace{C_i}_{1\sim j}, \quad j \in \{1,2,\cdots,n-1\}, \quad i=1,2,\cdots,t, \quad t=\left\lceil \dfrac{nm}{j} \right\rceil \end{cases} \tag{3.6.9}$$

CFB 密钥序列、加密和解密公式与 OFB 相同。CFB 模式加解密过程如图 3.6.4 所示。

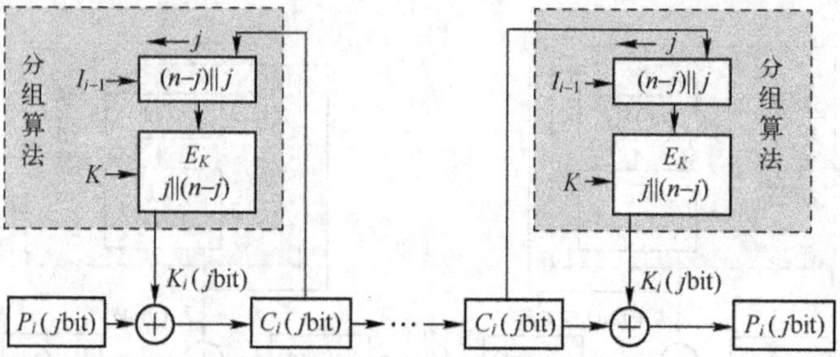

图 3.6.4 CFB 模式加解密过程（$i=1,2,\cdots,t$, $j=1,2,\cdots,n-1$）

CFB 模式特点如下：

（1）由于反馈取自于密文分组，而密文分组与密钥和明文分组都有关系。当密文分组反馈到输入端后，再次产生的密钥分组不仅与初始化向量 I 和 K 有关，还与 P 有关。因此，即使 K 和 I 不变，只要每次加密的明文分组不完全相同，所产生的 K_i 就不同，密文也就不同，从而克服了 OFB 模式的弱点。

（2）CFB 模式有显著的错误扩散特性。密文分组在传输或存储过程中的任何一个错误都会反馈到解密端分组算法的输入部分，这样，分组算法的输出就会出错，即意味着密钥分组出错，那么它与 j 比特密文模 2 和后恢复出的明文就不对。这种错误不仅会影响到本组的解密，而且会影响到其后一串分组的解密，这种影响一直要等到出错的比特移出分组算法的输入端为止。这种错误扩散特性，可以用来检测数据的完整性。

（3）CFB 模式一般没有自同步功能，一旦收发双方失步，必须重新同步后方能恢复正常。

CFB 模式中，分组大小 j 可以根据需要加以选择，j=1 时就是逐比特加密，这是一种典型的流密码体制，不存在同步的问题。由此，CFB 模式适合于异步通信。

3.6.5 CTR 模式

CTR 模式即计数器模式。这种模式要求计数器长度与密码算法分组长度相同，但加密不同的分组所用的计数器值，必须不同。比如分组密码的长度为 n，那么计数器长度也是 n，除了全 0 以外，计数器可产生的有效值是（2^n-1）个。此时的计数器输出值作为分组算法的输入，经分组算法加密后产生密钥分组，加密和解密与 OFB 和 CFB 模式相同，也是与明文分组按位异或。最简单而典型的方式是计数器从某一初始值开始，每次加 1。

CTR 模式的密钥分组由分组算法产生：

$$K_i = E_K(\mathrm{CTR} + i - 1), \quad i = 1,2,\cdots,m \tag{3.6.10}$$

加密：
$$C_i = P_i \oplus K_i = P_i \oplus E_K(\mathrm{CTR} + i - 1), \quad i = 1,2,\cdots,m \tag{3.6.11}$$

解密：
$$P_i = C_i \oplus K_i = C_i \oplus E_K(\mathrm{CTR} + i - 1), \quad i = 1,2,\cdots,m \tag{3.6.12}$$

式（3.6.10）～式（3.6.12）中的 CTR 表示计数器的初始值，m 是明文分组数。CTR 模式的加解密过程见图 3.6.5，其中左半部分为加密，右半部分为解密。

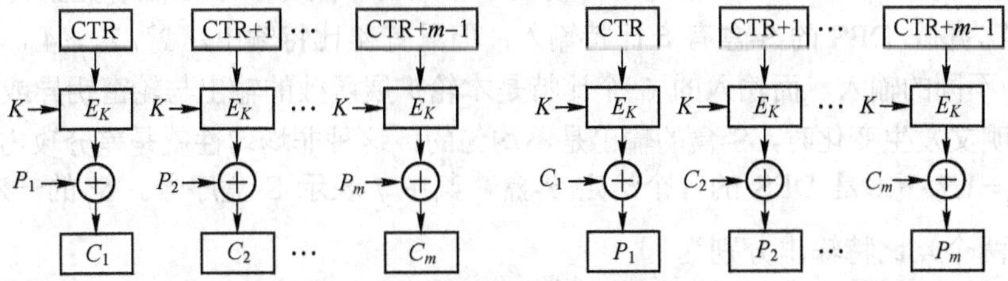

图 3.6.5　CTR 模式加解密过程

CTR 模式本质上是流密码，只不过它以分组为单位，而不是比特。这种模式的特点如下：

（1）密文在传输或存储过程中发生错误，只影响明文的对应位，没有错误传播。

（2）由于密钥分组的产生与明文和密文均无关系，且产生密钥的算法输入呈规律性变化，因此可以提前进行预处理，将预处理结果存储待用。

（3）由于 CTR 模式各分组之间的相对独立性，分组的加密和解密可以并行进行。再与预处理技术结合起来，CTR 模式的加密和解密实际上就变成了并行模 2 加，这种特点使 CTR 模式的吞吐量大大提高。

（4）由于分组之间的相互独立性，解密无须按顺序进行，可以随机对任一密文分组进行解密处理。

（5）极简性。由图 3.6.5 可见，加密和解密结构完全相同，只需将明文和密文分组交换位置，即可实现加解密的转换。

由于 CTR 模式的上述特点，它特别适合于高速通信和网络通信环境。

二维码 3-3

3.7　分组密码的常用分析方法

分组密码的种类很多，因而其分析攻击方法也很多。鉴于现代分组密码几乎都是迭代密码，本节重点介绍针对迭代式分组密码的常见并具有一定通用性的攻击分析方法。这些分析攻击方法大体可分为三类：基于数学方法的分析，如差分分析、线性分析及其各种变体；基于物理特性结合数学方法的分析，如边信道攻击；与具体算法无关的模式分析。下面介绍针对分组密码有效性较高的差分分析、线性分析和边信道攻击。

3.7.1　差分分析

差分密码分析的概念是两位以色列密码学家 Eli Biham 和 Adi Shamir 于 1990 年公布

的。他们在研究密码算法安全性的时候，发现分组密码算法中有部分加密呈现这样的规律：两个明文分组的差值经过几轮加密后，其对应的密文分组具有同样差值的概率明显较高，这些特殊的差值被称为**特征**。例如，DES 密码两明文差值的十六进制数表示如果是 0080 8200 6000 0000，那么，忽略 DES 的初始置换，用相同的密钥经三轮加密后，所对应的两密文的差值仍然是 0080 8200 6000 0000 的概率大约为 5%，明显高于其他情况。利用这些特征来猜测密钥的取值，是攻击分组密码的有效分析方法。由于差分分析方法对于含有 S-盒的分组算法普遍适用，导致许多密码算法不得不修改或重新设计。

差分密码分析属于选择明文分析，其基本思想是考察明文对差分和密文对差分之间的关系，利用差分变化的非均匀性猜测部分密钥，再结合常规分析手段破解完整密钥。

以 DES 为例，DES 的 S-盒有 6 比特输入，但只有 4 比特输出。$2^6/2^4=4$，所以每种输出对应 4 种不同的输入。而输入的 6 个比特是本轮扩展函数的输出与轮密钥异或的结果。当密钥不变，明文发生变化时，S-盒的输出是不均匀的，这种非均匀性就是差分攻击的基础。

设 $S_j, j=1,2,\cdots,8$ 是 DES 的一个给定 S-盒，其中 j 表示 S-盒序号。S_j 的一对 6 比特输入和对应的两个 4 比特输出分别为

$$(X_{ij},X_{ij}^*),\quad Y_{ij}=S_j(X_{ij}),\quad Y_{ij}^*=S_j(X_{ij}^*),\quad i=1,2,\cdots,16,\quad j=1,2,\cdots,8$$

其中 i 代表轮数。记 $\Delta X_{ij}=X_{ij}\oplus X_{ij}^*$，$\Delta Y_{ij}=Y_{ij}\oplus Y_{ij}^*=S_j(X_{ij})\oplus S_j(X_{ij}^*)$，分别代表 S_j 的输入差分和输出差分。容易知道，ΔX_{ij} 共有 64 个。针对每个 ΔX_{ij}，都能计算出对应的 ΔY_{ij}，共 64 个，它们分布在 $2^4=16$ 个可能的值上。比如 DES 的第一个 S-盒 S_1，其输入的差分 $\Delta X_{i1}=111010$ 时，相应的输出差分 ΔY_{i1} 可通过查表 S_1 一一计算出来。例如输入对 $X_{i1}=000000$，$X_{i1}^*=111010$，对应的 $Y_{i1}=S_1(000000)=1110$，$Y_{i1}^*=S_1(111010)=1010$，则输出差分 $\Delta Y_{i1}=1110\oplus 1010=0100$。所有符合规定差分条件的输入对，都有对应的输出差分，其分布见表 3.7-1。

表 3.7-1　ΔX_j=111010 对应的 ΔS_j 的分布

0000	0001	0010	0011	0100	0101	0110	0111	1000	1001	1010	1011	1100	1101	1110	1111
6	4	6	2	6	8	0	6	4	2	4	4	2	6	4	0

由表 3.7-1 可见，对于固定差分的两组输入，其输出的差分是非均匀的。比如我们知道了输出差分 ΔY_{i1}=1101，那么可能的密钥就包含在其对应的 3 对输入串中。这三对输入串分别是 (000100,111110), (010100,101110), (011010,100000)，容易验证这三对输入串的异或值都是 111010。

下面我们通过对三轮 DES 的攻击来了解差分分析的原理。方便起见，省略掉 DES 的初始置换和末置换，输出端的左右两半部分也不进行交换，这并不影响分析。

设 $P=L_0\,\|\,R_0$ 是一个明文分组，L_0、R_0 是长度相等的左右两半部分，第三轮的输出记为 $C=L_3\,\|\,R_3$。$P^*=L_0^*\,\|\,R_0^*$ 是另一个明文分组，输出 $C^*=L_3^*\,\|\,R_3^*$。由 DES 加密原理可知，$L_3=R_2$，$L_3^*=R_2^*$，而两组输出的右半部分分别为：

$$R_3=L_2\oplus F_{k_3}(R_2)=R_1\oplus F_{k_3}(R_2)=L_0\oplus F_{k_1}(R_0)\oplus F_{k_3}(R_2)$$

$$R_3^*=L_2^*\oplus F_{k_3}(R_2^*)=R_1^*\oplus F_{k_3}(R_2^*)=L_0^*\oplus F_{k_1}(R_0^*)\oplus F_{k_3}(R_2^*)$$

因为差分分析属于选择明文攻击，我们选择 $R_0=R_0^*$，这是合理的。输出右半部分差分记为 ΔR_3，则

$$\begin{aligned}\Delta R_3 = R_3 \oplus R_3^* &= L_0 \oplus F_{k_1}(R_0) \oplus F_{k_3}(R_2) \oplus L_0^* \oplus F_{k_1}(R_0^*) \oplus F_{k_3}(R_2^*) \\ &= L_0 \oplus L_0^* \oplus F_{k_3}(R_2) \oplus F_{k_3}(R_2^*) = \Delta L_0 \oplus F_{k_3}(R_2) \oplus F_{k_3}(R_2^*)\end{aligned} \tag{3.7.1}$$

于是
$$\Delta R_3 \oplus \Delta L_0 = F_{k_3}(R_2) \oplus F_{k_3}(R_2^*) \tag{3.7.2}$$

其中 $\Delta L_0 = L_0 \oplus L_0^*$，是这对明文左半部分的差分。因为输入和输出均已知，所以 $\Delta R_3 \oplus \Delta L_0$ 可以计算出来。第 3 轮加密示于图 3.7.1，简便起见，省略了代表轮数的下标 i。

由图 3.7.1 可见
$$Z = F_{k_3}(R_2) = F_{k_3}(L_3) = P_r(Y) = P_r[S(X)] \tag{3.7.3}$$

$$X = k_3 \oplus E = k_3 \oplus E_r(R_2) = k_3 \oplus E_r(L_3) \tag{3.7.4}$$

同理有
$$Z^* = F_{k_3}(R_2^*) = F_{k_3}(L_3^*) = P_r(Y^*) = P_r[S(X^*)] \tag{3.7.5}$$

$$X^* = k_3 \oplus E^* = k_3 \oplus E_r(R_2^*) = k_3 \oplus E_r(L_3^*) \tag{3.7.6}$$

其中 E_r, S, P_r 分别为扩展置换、S-盒代替和 P-盒置换。E, k_3, X, Y, Z 分别为轮扩展输出、第 3 轮子密钥、S-盒输入和输出、P-盒置换输出。

式（3.7.3）与式（3.7.5）异或，并考虑式（3.7.2）的关系，则

$$Z \oplus Z^* = F_{k_3}(R_2) \oplus F_{k_3}(R_2^*) = \Delta R_3 \oplus \Delta L_0 = P_r(Y) \oplus P_r(Y^*) \tag{3.7.7}$$

由于 P_r 是固定的比特移位，先移位再异或，与先异或再移位的结果是相同的，即

$$P_r(Y) \oplus P_r(Y^*) = P_r(Y \oplus Y^*) \tag{3.7.8}$$

综合式（3.7.7）和式（3.7.8），并考虑式（3.7.3）和式（3.7.5）的关系，有

$$Y \oplus Y^* = P_r^{-1}(Z \oplus Z^*) = P_r^{-1}[F_{k_3}(R_2) \oplus F_{k_3}(R_2^*)] \tag{3.7.9}$$

P_r^{-1} 是 P-盒置换 P_r 的逆置换，见表 3.7-2。将式（3.7.2）代入式（3.7.9），则

$$Y \oplus Y^* = P_r^{-1}(Z \oplus Z^*) = P_r^{-1}[\Delta R_3 \oplus \Delta L_0] \tag{3.7.10}$$

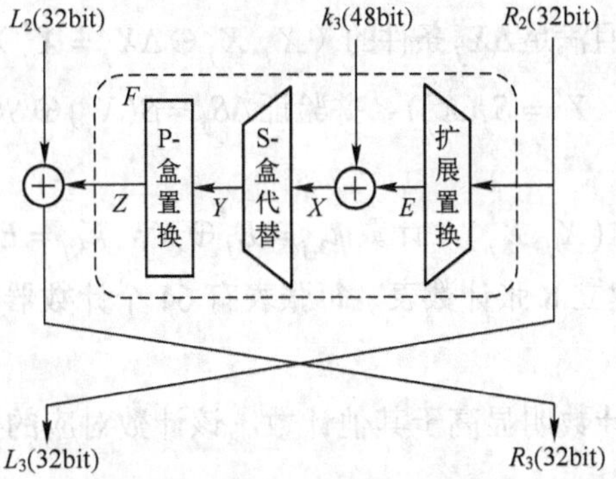

图 3.7.1　DES 的第 3 轮加密图

表 3.7-2　P-盒逆置换

9	17	23	31
13	28	2	18
24	16	30	6
26	20	10	1
8	14	25	3
4	29	11	19
32	12	22	7
5	27	15	21

计算出 $\Delta R_3 \oplus \Delta L_0$，然后查表 3.7-2，可得 $Y \oplus Y^*$ 计算结果，观察图 3.7.1 可见，这个结果就是 S-盒的输出异或，即

$$Y \oplus Y^* = S(X) \oplus S(X^*) = \Delta S \tag{3.7.11}$$

再看 S-盒的输入端，由式（3.7.4）和式（3.7.6）有

$$\Delta X = X \oplus X^* = E \oplus k_3 \oplus E^* \oplus k_3 = E \oplus E^* = E_r(L_3) \oplus E_r(L_3^*) \tag{3.7.12}$$

L_3, L_3^* 已知，通过扩展函数 E_r 可计算出 S-盒的输入差分 ΔX。对所有满足式（3.7.12）条件的输入对 $(X, X^*) = (X, X \oplus \Delta X)$，计算 ΔS，将满足

$$\Delta S = S(X) \oplus S(X^*) = S(X) \oplus S(X \oplus \Delta X) \tag{3.7.13}$$

的所有输入对 (X, X^*) 挑选出来，含密钥信息的输入序列必在其中。由式（3.7.4）和式（3.7.6）得

$$k_3 = X \oplus E = X^* \oplus E^* \tag{3.7.14}$$

对所有可能的 k_3 取值进行计数，当测试文本数量足够多时，出现频次明显高于其他计数的取值，就是真实密钥。

在实际操作中，差分分析是依照 8 个 S-盒逐一进行的。方便起见，将 E、k_3、X、Y 表示成等长的 8 组比特串级联：

$$E = \{E_1E_2E_3E_4E_5E_6E_7E_8\}$$
$$k_3 = \{k_{3,1}k_{3,2}k_{3,3}k_{3,4}k_{3,5}k_{3,6}k_{3,7}k_{3,8}\}$$
$$X = \{X_1X_2X_3X_4X_5X_6X_7X_8\}$$
$$Y = \{Y_1Y_2Y_3Y_4Y_5Y_6Y_7Y_8\}$$

其中 E、k_3、X 中的分块长度为 6 比特，Y 中的分块长度为 4 比特。

3 轮 DES 差分分析的步骤如下：

（1）选择 n 组具有固定异或值的明文对，输入到 DES 算法部件，得到对应的输出密文对；

（2）分别对输出密文对的左半部分 L_3, L_3^* 进行扩展运算，得到 $E = E_r(L_3), E^* = E_r(L_3^*)$；

（3）计算每个 S-盒的输入差分 $\Delta X_j = X_j \oplus X_j^* = E_j \oplus E_j^*, j = 1,2,\cdots,8$；

（4）计算 $\Delta R_3 \oplus \Delta L_0 = R_3 \oplus R_3^* \oplus L_0 \oplus L_0^*$；

（5）对第 4 步结果查 P-盒逆置换表 3.7-2，得 S-盒输出差分 $\Delta S = Y \oplus Y^* = P_r^{-1}[\Delta R_3 \oplus \Delta L_0]$，将 ΔS 表示成 $\Delta S = \{\Delta S_1 \Delta S_2 \Delta S_3 \Delta S_4 \Delta S_5 \Delta S_6 \Delta S_7 \Delta S_8\}$，则 $\Delta S_j = Y_j \oplus Y_j^*, j = 1,2,\cdots,8$；

（6）对每个 S-盒，选 32 对取值不重复、且满足 ΔX_j 条件的（$X_j, X_j \oplus \Delta X_j = X_j^*$）作为第 j 个 S-盒的输入，查找对应的输出 $Y_j = S_j(X_j)$，$Y_j^* = S_j(X_j^*)$，并验证 $\Delta S_j = S(X_j) \oplus S(X_j^*)$ 是否成立；

（7）选出同时满足 ΔX_j 和 ΔS_j 的输入对(X_j, X_j^*)，计算 $k'_{3,j} = E_j \oplus X_j$，$k'_{3,j} = E_j \oplus X_j^*$，各 $k'_{3,j}$ 即候选密钥值，取值范围为 0～63。建立 8 张计数表，每张表有 64 个计数器。将各候选密钥值计数；

（8）重复步骤（1）～（7），直至某一计数明显高于其他计数，该计数对应的数值即密钥 $k_{3,j}$；

（9）查表 3.3-10，恢复子密钥各比特在主密钥的位置；

（10）穷举搜索其余 8 比特，并添加校验位，恢复完整密钥。

在第（6）步中，32 对取值不重复的(X_j, X_j^*)，必覆盖 0～63 的所有输入。在第（7）步中，当(X_j, X_j^*)同时满足 ΔX_j 和 ΔS_j 条件时，(X_j^*, X_j)也必同时满足 ΔX_j 和 ΔS_j 条件，因此，只需用 E_j 或 E_j^* 对所有(X_j, X_j^*)进行异或运算，即可筛出候选密钥。

下面通过一个实例了解 3 轮 DES 的攻击过程。

【例 3.21】 设有三对明文使用同一密钥经 3 轮 DES 加密，十六进制数表示的明密文对应关系见表 3.7-3。试破解密钥 K。

表 3.7-3　3 轮 DES 密码明密文对

序号	1	2	3
明文	748502CD38451097 3874756438451097	486911026ACDFF31 375BD31F6ACDFF31	357418DA013FEC86 12549847013FEC86
密文	03C70306D8A09F10 78560A0960E6D4CB	45FA285BE5ADC730 134F7915AC253457	D8A31B2F28BBC5CF 0F317AC2B23CB944

解：先从第一组明密文对开始分析。

① L_3=03C70306，L_3^*=78560A09，用二进制数表示，并进行扩展，然后分为 8 组，扩展结果见表 3.7-4。

表 3.7-4　第 1 对明密文第 3 轮输入扩展

j	1						2						3						4					
L_3		0	0	0	0			0	0	1	1			1	1	0	0			0	1	1	1	
E_j	0	0	0	0	0	0	0	0	0	1	1	1	1	1	1	0	0	0	0	0	1	1	1	0
L_3^*		0	1	1	1			1	0	0	0			0	1	0	1			0	1	1	0	
E_j^*	1	0	1	1	1	1	1	1	0	0	0	0	0	0	1	0	1	0	1	0	1	1	0	0
j	5						6						7						8					
L_3		0	0	0	0			0	0	1	1			0	0	0	0			0	1	1	0	
E_j	1	0	0	0	0	0	0	0	0	1	1	0	1	0	0	0	0	0	0	0	1	1	0	0
L_3^*		0	0	0	0			1	0	1	0			0	0	0	0			1	0	0	1	
E_j^*	0	0	0	0	0	1	0	1	0	1	0	0	0	0	0	0	0	1	0	1	0	0	1	0

② 计算 $\Delta X_j = E_j \oplus E_j^*$，$j = 1,2,\cdots,8$，结果见表 3.7-5。

表 3.7-5　第 1 对明密文第 3 轮 S-盒输入异或值

j	1	2	3	4	5	6	7	8
E_j	000000	000111	111000	001110	100000	000110	100000	001100
E_j^*	101111	110000	001010	101100	000001	010100	000001	010010
ΔX_j	101111	110111	110010	100010	100001	010010	100001	011110

③ 计算 $\Delta R_3 \oplus \Delta L_0 = R_3 \oplus R_3^* \oplus L_0 \oplus L_0^*$。

$$R_3 = \text{D8A09F10},\quad R_3^* = \text{60E6D4CB},\quad L_0 = \text{748502CD},\quad L_0^* = \text{38747564}$$

$$\Delta R_3 \oplus \Delta L_0 = \text{D8A09F10} \oplus \text{60E6D4CB} \oplus \text{748502CD} \oplus \text{38747564} = \text{F4B73C72}$$

④ 查表 3.7-2，计算 $\Delta S = Y \oplus Y^* = P_r^{-1}[\Delta R_3 \oplus \Delta L_0]$。

将上一步结果写成二进制形式，按照表 3.7-2 将各比特位置重排，如输入的第 9,17,23,31 位置上的 4 个比特值是 1,0,0,1，重排在 1～4 的位置上，全部重排结果列于表 3.7-6。

表 3.7-6　第 1 对明密文第 3 轮 P-盒逆置换

比特序号	1	2	3	4	5	6	7	8	9	10	11	12	13	14	15	16
异或值	1	1	1	1	0	1	0	0	1	0	1	1	0	1	1	1
P_r^{-1} 位置	9	17	23	31	13	28	2	18	24	16	30	6	26	20	10	1
ΔS	1	0	0	1	0	1	1	0	0	1	0	1	1	1	0	1
比特序号	17	18	19	20	21	22	23	24	25	26	27	28	29	30	31	32
异或值	0	0	1	1	1	1	0	0	0	1	1	1	0	0	1	0
P_r^{-1} 位置	8	14	25	3	4	29	11	19	32	12	22	7	5	27	15	21
ΔS	0	1	0	1	1	0	1	1	0	1	1	0	0	1	1	1

表 3.7-6 的逆置换就是按置换表将 ΔS =0x965D5B67 分为 8 组，得 $\Delta S_j = Y_j \oplus Y_j^*$，$j=1,2,\cdots,8$，分组结果列于表 3.7-7。

表 3.7-7　第 1 对明密文第 3 轮 S-盒输出异或值 ΔS_j

j	1	2	3	4	5	6	7	8
ΔS_j	1001	0110	0101	1101	0101	1011	0110	0111

⑤ 对满足 ΔX_j 的输入对(X_j, X_j^*)，验证其输出异或是否与 ΔS_j 相等。

先对 S_1 盒进行验证。

由表 3.7-5 可知，ΔX_1 =101111，对应的 ΔS_1 =1001（表 3.7-7）。选择输入对(000000,101111)，查 S-盒代替表 3.3-12 的 S_1，$S_1(000000)$ =1110，$S_1(101111)$ =0111，$1110 \oplus 0111$ =1001 = ΔS_1，记录(000000,101111)。取 X_1=0～31，$X_1^* = X_1 \oplus \Delta X_1$，计算 32 对输入值(X_1, X_1^*)，查表 3.3-12 的 S_1，记录所有输出异或值等于 ΔS_1 =1001 的输入对，否则丢弃。

满足 ΔX_1 =101111，ΔS_1 =1001 的输入值共两对{(000000,101111),(000111,101000)}。

⑥ 计算候选密钥值 $k'_{3,j} = E_j \oplus X_j, k'_{3,j} = E_j \oplus X_j^*$，在 64×8 计数表的相应位置计数。

因为 E_1 =000000，所以第一个 S-盒 S_1 的候选密钥

$$k'_{3,1} = \{E_1 \oplus 000000, E_1 \oplus 000111, E_1 \oplus 101000, E_1 \oplus 101111\} = \{000000, 000111, 101000, 101111\}$$

分别是十进制数的 0、7、40 和 47，我们在表 3.7-8 第 1 个计数表 $k'_{3,1}$ 的这 4 个位置上各增加 1，用灰色底纹标示。其中表中第一行每个单元格内斜线前、后的数字分别表示每个分计数表上面一行、下面一行的位置。

表 3.7-8　候选密钥计数表

	0/32	1/33	2/34	3/35	4/36	5/37	6/38	7/39	8/40	9/41	10/42	11/43	12/44	13/45	14/46	15/47	16/48	17/49	18/50	19/51	20/52	21/53	22/54	23/55	24/56	25/57	26/58	27/59	28/60	29/61	30/62	31/63
$k'_{3,1}$	1	0	0	0	0	1	0	1	0	0	0	0	0	0	0	0	0	0	0	0	0	1	1	0	0	0	0	1	1	0	0	0
	0	1	0	0	0	1	0	0	1	0	0	0	0	0	0	3	0	0	0	0	0	0	0	0	0	0	0	0	0	0	0	1
$k'_{3,2}$	0	0	0	1	0	③	0	0	1	0	0	1	0	0	0	0	0	1	0	0	0	2	0	0	0	0	0	0	1	0	0	0
	0	0	0	0	0	1	0	0	1	0	1	0	0	0	1	0	0	0	1	1	0	0	0	0	1	0	1	0	2	0	0	0
$k'_{3,3}$	0	0	0	0	1	1	0	0	0	0	0	0	0	0	1	0	0	0	0	③	0	0	0	0	0	0	0	0	0	0	1	1
	0	2	0	0	0	0	0	0	0	0	0	0	1	1	0	0	0	0	0	0	0	0	1	0	0	0	0	0	1	0	0	0
$k'_{3,4}$	③	1	0	0	0	0	0	0	0	0	2	2	0	0	0	0	0	0	0	0	1	1	0	0	0	0	0	0	1	0	1	1
	1	1	1	0	1	0	0	0	0	1	1	1	0	0	1	0	0	0	0	0	1	1	0	0	0	0	0	0	0	0	2	1
$k'_{3,5}$	0	0	0	0	0	0	1	0	0	0	1	0	0	0	0	0	0	0	0	0	2	0	0	0	③	0	0	0	0	0	0	0
	0	0	0	0	0	0	0	0	0	0	0	0	0	0	0	0	0	0	2	0	0	0	0	0	0	1	0	0	0	0	2	0
$k'_{3,6}$	1	0	0	1	1	0	0	③	0	0	0	0	1	0	0	1	0	0	0	0	1	1	0	0	0	0	0	0	0	0	0	0
	0	0	0	0	1	1	0	1	0	0	0	0	0	0	0	0	1	0	0	1	1	0	1	1	0	0	0	0	0	0	0	0
$k'_{3,7}$	0	0	2	1	0	1	0	③	0	0	0	1	1	0	0	0	0	1	0	0	0	0	0	0	0	0	0	1	0	0	0	1
	0	0	2	0	0	0	2	0	0	0	0	1	2	1	1	0	0	0	0	0	0	0	0	0	0	0	1	0	0	0	1	1
$k'_{3,8}$	0	0	0	0	0	0	0	0	0	0	0	0	0	0	0	0	0	0	0	0	0	0	0	0	0	0	0	0	0	0	0	0
	0	0	0	0	0	0	0	0	1	0	1	0	0	1	0	1	0	③	0	0	0	0	1	0	0	0	0	0	0	0	0	0

对第 2～8 个 S-盒重复步骤⑤～⑥。

⑦ 对第 2～3 对明密文重复步骤①～⑥，恢复第 3 轮密钥值 k_3。

第 2～3 对明密文的 $E_j, E_j^*, \Delta X_j, \Delta S_j, j=1,2,\cdots,8$ 见表 3.7-9。

表 3.7-9　第 2～3 对明密文第 3 轮分析参数

j		1	2	3	4	5	6	7	8
第 2 对明密文	E_j	101000	001011	111111	110100	000101	010000	001011	110110
	E_j^*	100010	100110	101001	011110	101111	110010	100010	101010
	ΔX_j	001010	101101	010110	101010	101010	100010	101001	011100
	ΔS_j	1001	1100	1001	1100	0001	1111	0101	0110
第 3 对明密文	E_j	111011	110001	010100	000110	100011	110110	100101	011111
	E_j^*	000001	011110	100110	100010	101111	110101	011000	000100
	ΔX_j	111010	101111	110010	100100	001100	000011	111101	011011
	ΔS_j	1101	0101	0111	0101	1101	1011	0010	1011

表 3.7-9 显示第 2 对明文第 3 轮第 1 个 S-盒的输入和输出异或分别是 $\Delta X_1 = 001010$，ΔS_1=1001。筛选出符合条件的输入共 2 对{(000111,001101), (110100, 111110)}。此时 E_1=101000，用 E_1 异或筛选值，得第 2 个明密文对第 3 轮的候选密钥 $k'_{3,1}$ = {010110,011100,100101,101111}，分别是 22,28,37,47，我们在表 3.7-8 中计数表 $k'_{3,1}$ 的相应位置将计数增加 1，用浅阴影方格底纹标示。

同理，第 3 对明密文第 3 轮 S_1 的输入和输出异或分别是 ΔX_1 = 111010，ΔS_1=1101，筛选出的输入对{(000100,111110),(010100,101110),(011010,100000)}，用 E_1^*=000001 对筛选值进行异或运算，得候选密钥 $k'_{3,1}$ = {000101,010101,011011,100001,101111,111111}，分别是 5,21,27,33,47,63，在表 3.7-8 中 $k'_{3,1}$ 栏的相应位置将计数增加 1，用方框表示。观察表 3.7-8 的第一个分表可见，只有候选密钥 47 出现了 3 次，意味着它参与了每个明文对的加密，所以它就是第 1 个 S-盒的密钥，用二进制数表示就是 $k_{3,1}$ = 101111。

表 3.7-8 列出了所有 8 个 S-盒的候选密钥计数。每个分表中计数为 3 的位置值，即各分 S-盒的密钥。这些位置分别是 47,5,19,0,24,7,7,49。相应的二进制数表示见表 3.7-10。

表 3.7-10　k_3 及 S-盒 1～8 分块值

$k_{3,1}$	$k_{3,2}$	$k_{3,3}$	$k_{3,4}$	$k_{3,5}$	$k_{3,6}$	$k_{3,7}$	$k_{3,8}$
101111	000101	010011	000000	011000	000111	000111	110001

⑧ 查表 3.3-10，将 k_3 各比特还原到主密钥位置。

见表 3.7-11。k_3 第 1 位是母密钥的第 51 比特，把这个位置的“1”搬到母密钥第 51 比特的位置上，把第 2 位的“0”搬到母密钥的第 27 比特位置上，依次进行下去，直至 48 个比特全部搬完。$k_{3,1}$ 的 6 比特用灰色底纹标示。因为子密钥只有 48 位，而母密钥共有 56 位，所以还有 8 比特未知密钥，用“？”表示。

⑨ 穷举搜索其余 8 比特。

8 比特共有 256 种取值，逐一试验这 256 种可能，确定母密钥如下：

0001101 0110001 0100110 1000100 0101001 0000110 1110110 0100011

表 3.7-11　还原母密钥

j	$k_{3,1}$	$k_{3,2}$	$k_{3,3}$	$k_{3,4}$
母密钥在 k_3 位置	51 27 10 36 25 58	9 33 43 50 60 18	44 11 2 1 49 34	35 42 41 3 59 17
k_3	1 0 1 1 1 1	0 0 0 1 0 1	0 1 0 0 1 1	0 0 0 0 0 0
母密钥比特序号	1 2 3 4 5 6 7	9 10 11 12 13 14 15	17 18 19 20 21 22 23	25 26 27 28 29 30 31
母密钥值	0 0 0 1 1 0 1	0 1 1 0 0 0 1	0 1 ? 0 1 ? 0	1 ? 0 0 1 0 0
j	$k_{3,5}$	$k_{3,6}$	$k_{3,7}$	$k_{3,8}$
母密钥在 k_3 位置	61 4 15 30 13 47	23 6 12 29 62 5	37 28 14 39 54 63	21 53 20 38 31 7
k_3	0 1 1 0 0 0	0 0 0 1 1 1	0 0 0 1 1 1	1 1 0 0 0 1
母密钥比特序号	33 34 35 36 37 38 39	41 42 43 44 45 46 47	49 50 51 52 53 54 55	57 58 59 60 61 62 63
母密钥值	0 1 0 1 0 0 1	0 0 0 0 ? ? 0	1 1 1 ? 1 1 ?	? 1 0 0 0 1 1

⑩ 恢复主密钥。

按照 DES 算法奇校验规则，每个字节中“1”的个数为奇数，在母密钥每 7 个比特之后增加 1 个校验位，即得完整主密钥。用十六进制数表示即为 K=1A624C89520DEC46。

3.7.2　线性分析

线性分析最早由 Matsui 于 1993 年提出，也是攻击迭代密码算法的常用方法，属于已知明文攻击。线性分析的主要思路是寻找一组参数使明文、密文和密钥之间尽量逼近线性关系。

假设 P、C、K 分别代表明文、密文和密钥，α、β、γ 为 GF(2)上常向量，长度均为 n 比特。线性分析就是希望找到一个等式

$$(P\cdot\alpha)\oplus(C\cdot\beta)=K\cdot\gamma \tag{3.7.15}$$

使其成立的概率 $p\neq 1/2$，且 $|p-1/2|$ 最大。此时式（3.7.15）称为有效线性逼近。式中符号“·”表示点积。若 α、β、γ 的非零位分别是 $(i_1,\cdots i_\alpha)$，$(j_1,\cdots j_\beta)$ 和 $(k_1,\cdots k_\gamma)$，则式（3.7.15）变为

$$P[i_1,\cdots,i_\alpha]\oplus C[j_1,\cdots,j_\beta]=K[k_1,\cdots,k_\gamma] \tag{3.7.16}$$

如果式（3.7.16）存在，在掌握 N 个明密文对的情况下，线性分析过程如下：

（1）计算 N 个明密文对的 $P[i_1,\cdots,i_\alpha]\oplus C[j_1,\cdots,j_\beta]$，对结果 0 进行计数，记为 T。

（2）K 的取值如下

$$K[k_1,\cdots,k_\gamma]=\begin{cases}0,\ p>1/2,T>N/2\\1,\ p<1/2,T>N/2\\0,\ p<1/2,T<N/2\\1,\ p>1/2,T<N/2\end{cases} \tag{3.7.17}$$

当 $|p-1/2|$ 充分小时，攻击成功的概率为

$$\frac{1}{\sqrt{2\pi}}\int_{-2\sqrt{N}\left|p-\frac{1}{2}\right|}^{\infty}\mathrm{e}^{-\frac{x^2}{2}}\mathrm{d}x \tag{3.7.18}$$

由式（3.7.18）可以看出，攻击成功的概率依赖于已知明密文对个数线性偏差 $|p-1/2|$，N 和 $|p-1/2|$ 越大，攻击成功的概率就越大。当 N 固定时，把 $|p-1/2|$ 达到最大时的表达式（3.7.16）称为最佳线性逼近，相应的 p 称为最佳概率。

3.7.3 边信道攻击

边信道攻击/分析（Side Channel Analysis,or Side Channel Attack, SCA），亦称侧信道攻击/分析或旁路攻击/分析。早在 20 世纪 80 年代就有人提出了计时攻击的概念，然而单纯的计时攻击太容易防范，并未引起人们的重视。直至 1998 年，P.Kocher, J.Jaffe 和 B.Juns 三人在国际密码年会上报告了他们的论文"Differential Power Analysis"，他们用差分功耗分析（Differential Power Analysis,DPA）的方法，采集 1000 条功耗曲线，仅用 1 个多小时就破译了 DES 算法，这是密码分析的数学方法难以企及的效率。这一突破性成果震撼了国际密码学界，边信道分析才引起人们的高度关注。该论文于 1999 年正式发表。

与经典密码分析思路不同，边信道攻击观察、测量密码算法在运行过程中引起的各种物理量的变化，找到与密钥的关联关系，再结合传统分析方法破解密码。边信道攻击不再仅仅囿于对密码的符号体系、结构的逻辑分析和数学分析，而是引入了更多的考量因素并使用了更多学科的理论和技术。按照香农多符号、多用户信息理论，测量值越多，所获得的交互信息就越多。所以，边信道攻击效率往往远高于传统密码分析方法也就不足为奇了。如果说经典的密码分析是静态的，那么边信道攻击则是动态的——密码运行过程中实施攻击最为有效。如果密码不运行，也就失去了安全保护的作用。

短短 20 多年，这种新型的密码分析技术得到了飞速发展。从最初的计时攻击、功耗攻击，发展出电磁攻击、故障攻击、模板攻击、温度攻击、基于缓存的攻击、声侧信道攻击、光侧信道攻击、红外侧信道攻击、木马边信道攻击、代数边信道攻击、差分聚类攻击、功耗碰撞攻击、边信道神经网络攻击、频域边信道攻击、边信道时频攻击、边信道互信息攻击、量子边信道、大数据边信道等众多的分析方法。攻击对象几乎囊括了所有公开密码算法。分组密码算法被逐个完整破译，公钥算法的许多理论攻击和实际攻击方法被披露，此后又有研究者分析了流密码和应征杂凑函数 SHA-3 的 6 个候选算法，证明这些算法都有边信道漏洞。

边信道攻击的基本原理是，密码算法一旦运行，总要消耗时间、功率，总有光电辐射、温度、声音、数据存取等一系列所谓"边信息"泄露，这些边信息与密钥多多少少总有关联，有时候表现出紧密的关联性，利用这些相关性，即可获得一部分甚至全部密钥信息。

为了说明 DPA 工作原理，我们先打个比方。假设有等量的红色和白色乒乓球，将红球标记为 1，白球标记为-1。如果把所有的球放入一只黑箱内，每次盲摸一只球，按先左、后右顺序分别放入其中一堆。如果摸得准，每次放入左边一堆的都是红球，右边的都是白球，先计算每一堆中球的数值和，再将两个和值相减，差必然最大，这时我们认为分类正确。如果摸得不准，每堆乒乓球的红色和白色数量差不多，则 1 和-1 大多抵消，每堆乒乓球的数值和很小，二者相减，差也很小，此时我们认为分类不正确。例如 10 只红球和 10 只白球，如果盲分结果是左边全是红球，右边全是白球，那么左边球堆的数值和是 10，右边球堆的数值和是-10，两者相减，差为 20 或-20。如果盲分的结果是左边 6 只红球 4 只白球，右边 6 只白球 4 只红球，则左边球堆的数值和是 2，右边是-2，两者之差是 4 或-4，比 20 小很多。极端情况，两堆的红白球相等，则相减为 0。

类似地，密码算法在不同的密钥控制下运行，所消耗的功率是不一样的。Kocher 等人运用此原理，选择 8 个 S-盒之一的一个输出管脚（比如管脚 1），固定密钥、变换明文，采集密码功耗曲线并记录。然后把功耗曲线分成"1"和"0"两个集合。分类的具体方法是，猜测 S-盒的一个输入，计算其输出，如果输出对应的测试位（采集曲线的管脚）等于 1，则将对应的曲线分到集合 1，否则分到集合 0。然后分别计算各自集合的功耗曲线之和，再计算两个和值的差。如果密钥猜测不正确，那么集合 1 和集合 0 的分配是随机的，两个集合总值的差就比较小；如果计算结果有尖峰，说明差值很大，此时密钥猜测正确。如图 3.7.2 所示，第 1、3、4 条曲线的幅度比较小，类似于随机噪声曲线，说明猜测错误。第 2 条曲线有尖峰，说明分类正确，猜测的输入无误，据此可计算出 6 比特密钥。Kocher 等人用 1000 条曲线，可以破译 DES 算法的 1 个 S-盒，该算法共有 8 个 S-盒，破译完毕可以计算出全部密钥。

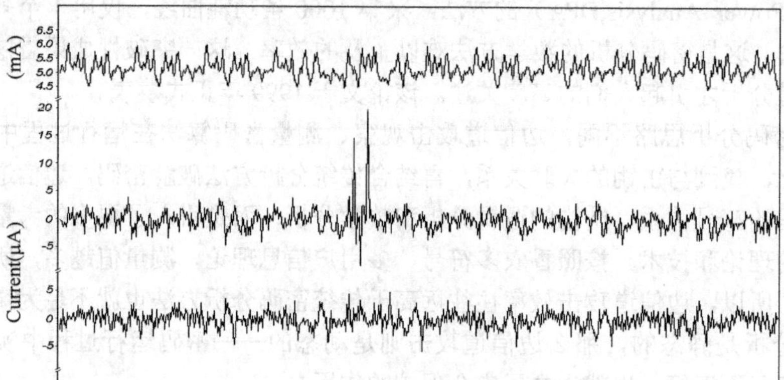

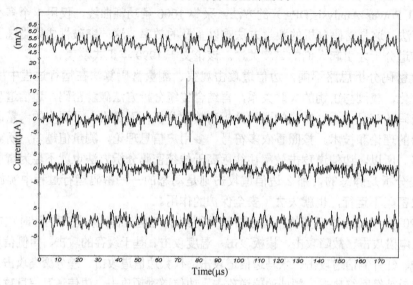

图 3.7.2　Kocher 论文中 DES 算法 S-盒的差分功耗曲线

习题

3.1　现代密码与古典密码的区别是什么？

3.2　密码体制分哪几类？

3.3　什么是分组密码？

3.4　分组密码的常见结构有哪几种？各自的优缺点是什么？

3.5　分组密码的常见工作方式有哪几种？各自的特点是什么？

3.6　DES 属于哪种分组密码结构？DES 算法由哪几部分组成？其分组长度和密钥长度各是多少？总共加密多少轮？每一轮变换包含哪几个步骤？

3.7　设 $C=\mathrm{DES}_K(P)$，是密钥 K 对明文 P 用 DES 算法加密的结果，如果 $\overline{P}$、$\overline{K}$、$\overline{C}$ 分别表示对 P、K、C 的各比特取反，证明对 DES 算法有 $\overline{C}=\mathrm{DES}_{\overline{K}}(\overline{P})$。

3.8　SM4 算法与 DES 算法有何异同？

3.9　SM4 明文 $m=(X_0,X_1,X_2,X_3)=(\mathrm{FEDCBA98,76543210,01234567,89ABCDEF})$，第一轮变换轮密钥的 16 进制数为 $rk_0=(\mathrm{F1,21,86,F9})$，计算 SM4 算法的一轮输出。

3.10　编程实现 SM4 算法，并验证例 3.8。

3.11　AES 算法与 DES 和 SM4 有何异同？

3.12　假设 AES 算法的原始密钥 K 和明文 P 分别如下，计算 AES 的第一轮输出。

$$K=\{K_0K_1K_2K_3\}=\{\mathrm{2B7E1516,28AED2A6,ABF71588,09CF4F3C}\}$$

$$P=\{P_0P_1P_2P_3\}=\{\mathrm{01234567,89ABCDEF,FEDCBA98,76543210}\}$$

第 4 章　流　密　码

流密码（Stream Cipher），亦称序列密码，可以是对称密钥密码，也可以是非对称密钥密码，如 Blum-Goldwasser 概率公钥加密方案就是公开密钥流密码的一个例子。实际应用以对称密钥流密码为主，本章仅讨论对称流密码。在介绍密钥流产生基本原理和方法之后，重点介绍国产祖冲之（ZUC）流密码，简要介绍 RC4 和 eSTREAM 流密码。

4.1　流密码的概念

流密码是密码体制的一个分支，与分组密码加密方式不同，它的加密或解密仅对单个符号进行，通常是逐比特加密或解密的。这种加解密方式处理效率很高，具有速度快、实时性好、无错误传播、实现简单、便于硬件实现等优点，特别适合于外交和军事领域应用。

最简单的流密码加密和解密就是异或运算。将明文和密钥都变换成二进制数字流，然后逐比特异或，形成二进制密文流，解密时再用相同的密钥流对密文流进行异或，即恢复出原始明文。流密码加解密原理见图 4.1.1。

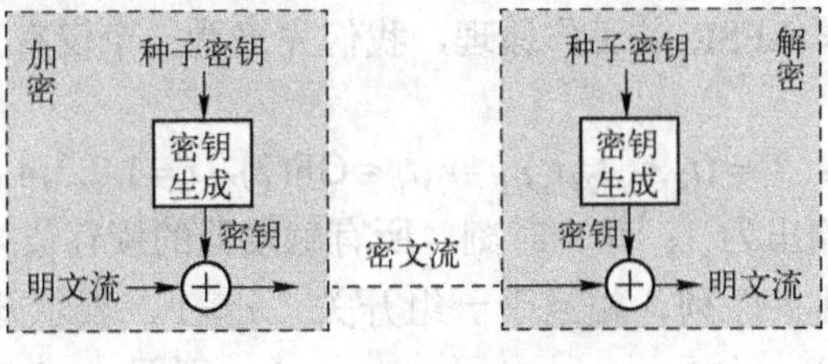

图 4.1.1　流密码加解密原理

如果 $P=(p_1,p_2,\cdots,p_n)$，$K=(k_1,k_2,\cdots,k_n)$，$C=(c_1,c_2,\cdots,c_n)$ 分别表示明文、密钥和密文序列，n 为序列长度，则流密码加密和解密可表示为：

$$\left.\begin{aligned} c_i &= p_i \oplus k_i \\ p_i &= c_i \oplus k_i \end{aligned}\right\},\quad i=1,2,\cdots,n \tag{4.1.1}$$

由式（4.1.1）可看出流密码与分组密码的不同：分组密码是一组一组地加密，流密码是一个比特一个比特地加密；分组密码在一次加密中对所有分组使用同一密钥，流密码密钥长度可以随明文长度变化，理想情况下永不重复。如果加密所用的密钥流是完全随机的，则此时的流密码就是“一次一密”密码体制。1949 年，美国科学家香农（C.E.Shannon）在他的划时代论文《密码体制的通信理论》（Communication Theory of Secrecy System）中证明了“一次一密”密码是绝对安全的密码，是不可破译的。当然，这是完全理想的情况，实际很难做到。于是，尽量模仿“一次一密”成为密码研究者追求的目标。

由图 4.1.1 可以看出，流密码的核心问题是密钥生成器设计。显然，随机性越好、密钥长度越长，流密码的安全性就越高，但是密钥太长会引起存储和分配的困难。于是，用短的、便于存储和分配的种子密钥产生周期很长的“伪随机”序列，成为密钥生成器的主要设计思路。

所谓伪随机序列，是指有重复周期，但周期很长的比特流，通过有效算法用计算机也无法分辨它与真随机序列的区别。

最适合产生伪随机序列的基本构件是线性反馈移位寄存器（Linear Feedback Shift Register, LFSR）。LFSR 有几个明显的优点：可以用代数表示，因此有系统的构造和分析方法；适合硬件实现；可以产生很长的周期；如果构造得好，可以产生很好的随机性。

4.2 线性反馈移位寄存器

LFSR 能够在一个较短的“种子密钥”或称“主密钥”的控制下，产生周期很长的伪随机序列流，便于软件和硬件实现，但以硬件实现的效果更佳。

LFSR 通常由两部分构成：一部分是由一连串触发器连接而成的线性移位寄存器，另一部分是反馈逻辑部件。触发器如图 4.2.1 所示，是个电路单元，受时钟 CP 控制。I 为输入端，输出有正逻辑 O 和反逻辑 $\overline{O}$ 两个端口，输入端和输出端可以呈高电平或低电平两种状态，分别对应二进制的“1”和“0”。当时钟脉冲作用，即 CP=1 时，触发器将输入状态传至输出端口，否则保持状态不变，起寄存器作用。比如 I=1，当 CP=1 时，O=1，$\overline{O}=0$。

触发器连接成移位寄存器时，只取正逻辑输出，简便起见，也略去时钟端口。移位寄存器的作用是锁存状态、移动并接收反馈逻辑部件传入的新状态比特、生成密钥比特流。反馈逻辑部件由触发器输出端引出的连接线（称为反馈抽头），和若干逻辑运算单元构成，运算结果决定最末一个触发器的下一个输入状态。最简单的反馈逻辑部件由模 2 和（异或）及反馈抽头组成。为了了解 LFSR 的工作原理，我们先来看一个仅有 4 个触发器的 LFSR，如图 4.2.2 所示。

假设 $R=(r_4,r_3,r_2,r_1)$，$T=(t_4,t_3,t_2,t_1)$，$r_i,t_i\in \mathrm{GF}(2)$，$i=1,2,3,4$，$r_i=0$，代表第 i 个触发器输出为 0，$r_i=1$，输出为 1；某一时刻，所有触发器的锁存值排成的序列称为 LFSR 的“状态”。集合 T 称为抽头序列，相当于一组开关，$t_i=1$，表示开关关闭，连接线接通，$t_i=0$，等同于连接线断开。如果 $t_1=t_4=1$，$t_2=t_3=0$，则图 4.2.2 变为图 4.2.3。

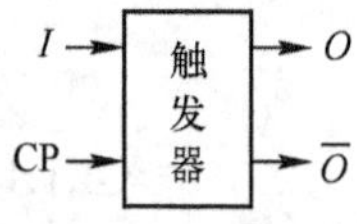

图 4.2.1 触发器

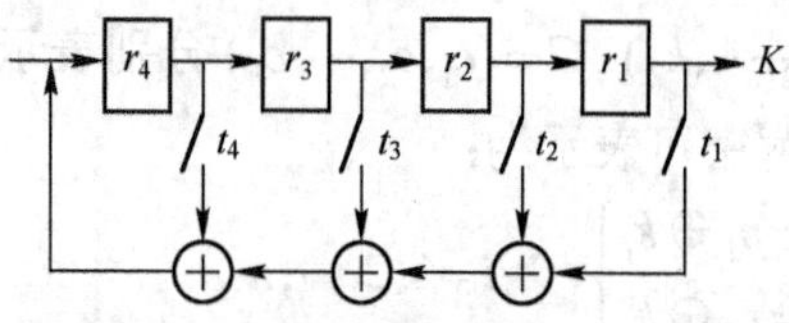

图 4.2.2 四级线性反馈移位寄存器

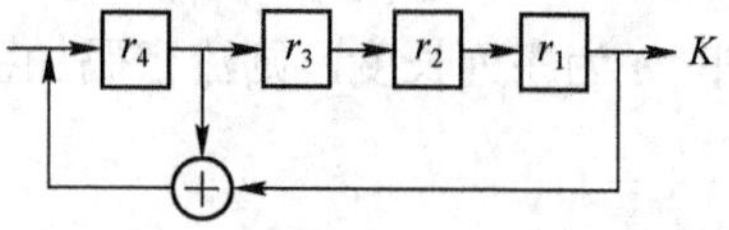

图 4.2.3 T=1001 的 LFSR

图 4.2.3 的工作过程是：寄存器设置成初始状态，每来一个脉冲，所有触发器的输出右移一位，r_1 的输出被附加到密钥流中，成为密钥的一个比特，同时，r_1 和 r_4 的异或结果送入 r_4 的输入端。假设移位寄存器的初始状态是 I=0001，其后的状态变化如表 4.2-1 所示。

初始状态 0001，列于表 4.2-1 中第 2 列，读取顺序由下向上。第 1 个脉冲作用时，触发器 $r_4 \sim r_1$ 的值同步右移一位，r_1 的值“1”被送出，作为密钥流的第 1 个比特，前三个触发器 $r_4 \sim r_2$ 的输出 000 赋值给 $r_3 \sim r_1$（灰格线标示部分），而 r_4 的下一个取值由 r_4 和 r_1 的异或决定，$1\oplus 0$=1，结果赋值给 r_4，所以第二步状态 $r_4 \sim r_1$ 为 1000。依次类推，计算出其余各步状态。由表 4.2-1 可见，第 1 步和第 16 步的状态相同（用字符框标示），也就是说，LFSR 经过 15 步运行又回到原始状态，开始重复。表中第 2 行就是密钥序列流（用灰色底纹标示），与 r_1 的输出相同，在 15 步后开始重复，因此密钥的周期为 15。

$$K=100011110101100$$

如果 T=0101，初始状态仍然为 I=0001，则后续状态变化如表 4.2-2 所示。

表 4.2-1　T=1001，I=0001 的 LFSR 各步状态

步数	0	1	2	3	4	5	6	7	8	9	10	11	12	13	14	15
k_i		1	0	0	0	1	1	1	1	0	1	0	1	1	0	0
r_1	1	0	0	0	1	1	1	1	0	1	0	1	1	0	0	1
r_2	0	0	0	1	1	1	1	0	1	0	1	1	0	0	1	0
r_3	0	0	1	1	1	1	0	1	0	1	1	0	0	1	0	0
r_4	0	1	1	1	1	0	1	0	1	1	0	0	1	0	0	0

表 4.2-2　T=0101，I=0001 的 LFSR 各步状态

步数	0	1	2	3	4	5	6
k_i		1	0	0	0	1	0
r_1	1	0	0	0	1	0	1
r_2	0	0	0	1	0	1	0
r_3	0	0	1	0	1	0	0
r_4	0	1	0	1	0	0	0

显然，T=0101 时，K=100010，此时周期为 6。可见反馈逻辑的构建影响密钥的周期。四个触发器的 LFSR 总共有 2^4=16 种不同的状态，考虑到全 0 状态会引起 LFSR 的死循环，使状态恒为全 0，因此，它能够产生的最长周期为 2^4-1=15。如上述两例中，T=1001 时，获得了最长周期，而 T=0101 时就没有。如果我们把抽头看作主密钥或种子密钥，最长可以生成将近 4 倍的序列流，如果 5 个寄存器级联，则可生成的最长周期为 2^5-1=31，也就是 6 倍多的序列流。随着触发器串联级数的增加，可以生成的最长序列流周期呈幂指数增长。当级数足够多时，一次加密的密钥流周期用不完，实际上就达到了"一次一密"的效果。此时的序列流等效于伪随机序列。只要适当设计 LFSR 的反馈逻辑，就能解决密钥存储、分配与长周期的矛盾。

初步了解了简单 LFSR 的工作原理后，我们来看看一般情况。

构成 LFSR 的触发器个数称为级数，每个触发器称为移位寄存器的一级。GF(2)上的 n 级 LFSR 由 n 个触发器和一个反馈函数 $f(r_1,r_2,\cdots r_i,\cdots,r_n), r_i\in\{0,1\}, i=1,2,\cdots,n$ 构成,反馈函数为 n 元布尔函数。理论上，布尔函数有逻辑与、或、非，及其组合等逻辑运算，通常 LFSR 仅使用了一种组合逻辑运算——异或。异或电路由两个逻辑非、两个逻辑与和一个逻辑或组成，数学上，可以用 GF(2)上的加法——模 2 和来描述。n 级 LFSR 组成见图 4.2.4。

一个 n 级 LFSR 共有 2^n 种状态，为了避免死循环，全 0 状态必须禁止，所以，需要表达的 2^n-1 种状态的每一种都可用一个 n 维向量表示，为了与图和序列流顺序对应，我们写成反序形式 $R_j=(r_{j+n},r_{j+n-1},\cdots,r_{j+2},r_{j+1})$，$j=0,1,2,\cdots,2^n-2$。当 j=0 时，$R_0=(r_n,r_{n-1},\cdots,r_1)$ 等于初始状态 I。各时刻点状态如下：

$$\begin{aligned}
&j=0,\ R_0=(r_n,r_{n-1},\cdots,r_2,r_1)\\
&j=1,\ R_1=(r_{n+1},r_n,\cdots,r_3,r_2)\\
&j=2,\ R_2=(r_{n+2},r_{n+1},\cdots,r_4,r_3)\\
&\cdots\cdots\\
&j=2^n-2,\ R_{2^n-2}=(r_{2^n+n-2},r_{2^n+n-3},\cdots,r_{2^n},r_{2^n-1})
\end{aligned} \quad (4.2.1)$$

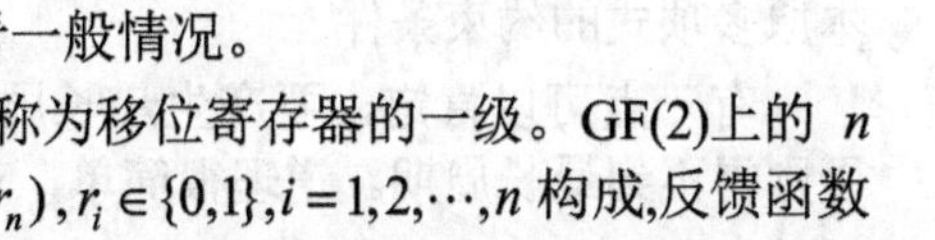

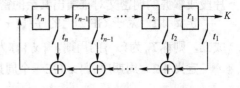

图 4.2.4　n 级 LFSR 组成

j 代表 LFSR 的时钟脉冲作用时刻。当 $j>2^n-2$ 时，状态将重复。

令 $r_i(j)=r_{j+i}$ 为 j 时刻第 i 个触发器内容，则第 i 个触发器下一时刻的内容

$$r_i(j+1)=r_{(j+1)+i}=r_{j+(i+1)}=r_{i+1}(j),\quad i=1,2,\cdots,n-1 \quad (4.2.2)$$

即第 i 级触发器下一时刻的内容由本时刻第$(i+1)$级触发器移位得到。第 n 触发器的内容则由反馈函数决定。如果反馈抽头序列也写成反序形式向量 $T=(t_n,t_{n-1},\cdots,t_2,t_1)$，则反馈函数可以表示为:

$$f(r_{j+n},r_{j+n-1},\cdots,r_{j+1})=R_jT^{\mathrm{T}}=r_{j+n}t_n\oplus r_{j+n-1}t_{n-1}\oplus\cdots\oplus r_{j+1}t_1,\quad j=0,1,2,\cdots,2^n-2 \tag{4.2.3}$$

式（4.2.3）中 T^{T} 表示向量 T 的转置。反馈函数显然是个时间迭代函数，结果也只有 0 和 1 两种可能。

4.3 伪随机序列及密钥生成

4.3.1 伪随机序列

现在要解决的关键问题是如何使 n 足够大的 LFSR 产生周期为（2^n-1)的最长伪随机序列。理论分析表明，如果抽头序列 T 的各比特再加 1 构成的生成多项式

$$T(x)=t_nx^n+t_{n-1}x^{n-1}+\cdots+t_1x+1 \tag{4.3.1}$$

是本原多项式，则可保证获得最长周期为 2^n-1。

一个 n 次本原多项式是一个不可约多项式，它能整除 $x^{2^n-1}+1$，但不能整除 x^d+1，d 是（2^n-1）的因子。如何寻找本原多项式不是本书要讨论的内容，不过形式为 $T(x)=x^n+x^a+1$ 的本原三项式很有吸引力，因为只要对 LFSR 中的两级触发器进行抽头反馈，即可使得周期为（2^n-1），达到最长，而电路又最简单。需要特别注意的是，a 的取值并非任意，须满足本原多项式的约束条件。

有一点可以肯定，要产生最长周期的伪随机序列，第一级触发器的反馈抽头必须引出，否则得不到最长周期。道理很简单，观察图 4.2.4 的 n 级 LFSR，如果 r_1 的输出端没有引出反馈抽头，则 r_1 不在反馈环中，对反馈函数完全没有影响，仅起移位的作用，此时可以把 r_1 去掉，并不影响输出，电路还得以简化，但 LFSR 已经退化为（$n-1$）级，当然就不可能产生 2^n-1 的周期。

一个 n 级 LFSR，如果能够产生最长周期，除了全 0 状态以外，其余 2^n-1 个状态都在一个大环中单路径循环，无论从哪个状态开始，经过一个周期的状态转移，最终总会回到起始状态。

LFSR 仅仅是周期长还不够，还需要有很好的随机性，以防范密码分析者从截获的密钥片段或掌握的明密文对推演出其余的密钥比特，甚至破译整个密钥。

定义 4.1 对于 GF(2)上的序列$\{x_i\}$，若存在最小正整数 T_P，使得 $x_{i+T_P}=x_i$，$i=0,1,2,\cdots$ 成立，则称 T_P 为$\{x_i\}$的周期，$\{x_i\}$称为周期序列。

定义 4.2 周期序列$\{x_i\}$在一个周期内的片段$(x_{i-1},x_i,x_{i+1},\cdots x_{i+l-1},x_{i+l})$，如果

$$x_{i-1}\neq x_i=x_{i+1}=\cdots=x_{i+l-1}\neq x_{i+l}$$

则称$(x_i,x_{i+1},\cdots x_{i+l-1})$是序列的、长度为1的**游程**。

换句话说，游程就是数字序列中连续出现的相同数字串，l 是串中数字的个数。如 00，就是游程长度为 2 的 0 游程，称为 0 的 2 游程；111，是游程长度为 3 的 1 游程，称为 1 的 3 游程。如果一个数字序列为 1001110000，则从前向后分别出现了 1 的 1 游程、0 的 2 游

程、1 的 3 游程和 0 的 4 游程。

定义 4.3 GF(2)上的序列$\{x_i\}$，如果周期为T_P，则其自相关函数定义为

$$R_x(\tau)=\frac{1}{T_P}\sum_{i=0}^{T_P-1}(-1)^{x_i}(-1)^{x_{i+\tau}},0\leqslant\tau\leqslant T_P-1 \tag{4.3.2}$$

式（4.3.2）中，当x_i=0 时，$(-1)^{x_i}=1$，x_i=1 时，$(-1)^{x_i}=-1$，故有

$$\begin{cases} x_i=x_{i+\tau}，(-1)^{x_i}(-1)^{x_{i+\tau}}=1 \\ x_i\neq x_{i+\tau}，(-1)^{x_i}(-1)^{x_{i+\tau}}=-1 \end{cases} \tag{4.3.3}$$

可以看出，自相关函数实际上是序列$\{x_i\}$和$\{x_{i+\tau}\}$在同一位置上取值相同与取值相异之差的平均值。

例如，图 4.2.3 所示 LFSR，初始状态为 0001 时，输出序列为 100011110101100，周期为 15。当$\tau=0$时，式（4.3.3）变为

$$R_r(0)=\frac{1}{T_P}\sum_{i=0}^{T_P-1}(-1)^{r_i}(-1)^{r_i}=\frac{1}{T_P}\sum_{i=0}^{T_P-1}1=\frac{15}{15}=1$$

当$\tau=4$时，$\{r_i\}$ 和$\{r_{i+4}\}$分别为100011110101100，111101011001000，代入式（4.3.3），有

$$R_r(4)=\frac{1}{T_P}\sum_{i=0}^{T_P-1}(-1)^{r_i}(-1)^{r_{i+4}}=\frac{1}{15}(1+(-1)\times4+1+(-1)+1+(-1)\times2+1\times2+(-1)+1\times2)=-\frac{1}{15}$$

为了衡量 GF(2)上周期序列的随机性强弱，戈隆（Golomb）提出了 3 条随机性假设，称为 **Golomb 随机性公设**：

（1）在序列的一个周期内，0 和 1 的个数相差至多为 1。

（2）在序列的一个周期内，长为 i 的游程数占总游程数的$1/2^i$，$i=1,2,\cdots,l_M$，l_M为序列中最大游程长度。即长为 1 的游程数占总游程数的 1/2，长为 2 的游程数占总游程数的 1/4，……而且，等长的游程数中，0、1 游程数各占一半。

（3）自相关函数是二值的。

满足上述三个条件的序列称为 Golomb 伪随机序列，简称**伪随机序列**。更严格的伪随机序列定义为与真随机序列计算上不可分辨。

条件（1）说明二值序列中，0、1 个数基本相等；条件（2）说明 0 与 1 出现的概率与它在序列中的位置无关；条件（3）说明$\{r_i\}$ 和$\{r_{i+\tau}\}$比较得不到有效信息，比如 LFSR 结构、周期等信息。

需要特别注意的是，仅仅满足 Golomb 伪随机性假设是不够的，作为密钥流，还需满足如下条件：

（1）序列周期极大。因为真随机序列是非周期的，任何用算法产生的序列都有周期，要做到计算上无法分辨真、伪随机序列，伪随机序列的周期必须非常大。

（2）具有很高的线性复杂度。即用级数较小的 LFSR 不能近似替代。

（3）掌握部分明、密文对，也无法推导出全部密钥序列或密钥生成器结构。

所谓线性复杂度，对于二元序列来说，就是生成该序列的最短 LFSR 的级数。这些要求对保证密钥流的安全是必需的。如果密码分析者掌握了部分明、密文对，即可通过计算$p_i\oplus c_i=p_i\oplus p_i\oplus k_i=k_i$，直接得到部分密钥比特；如果序列周期还不够大，密码分析者即可利用得到的部分密钥比特恢复 LFSR 结构；如果伪随机序列线性复杂度还不高，通过线性

逼近破译密码的危险就大大提高。

定义 4.4 如果一个 n 级 LFSR 能够产生周期为最大值 2^n-1 的输出序列，则称该序列为 ***m*（读作小 *m*）序列**，相应的 LFSR 称为 ***m* 序列发生器**。

对于 4 级 LFSR，抽头序列 $T=1001$ 时，其输出为 m 序列（见表 4.2–1）；但当 $T=0101$ 时，其输出就不是 m 序列（见表 4.2–2）。

定理 4.1 GF(2)上的 n 级 m 序列性质如下：

（1）一个序列周期内，0 和 1 出现的次数分别为 $2^{n-1}-1$ 和 2^{n-1}。

（2）一个周期内的总游程数为 2^{n-1}；$1\leqslant i\leqslant n-2$ 时，长为 i 的游程数占游程总数的 $1/2^i$，即 $2^{n-1}\times(1/2^i)=2^{n-i-1}$，且 0、1 游程各半；长为 $n-1$ 的 0 游程 1 个，长为 n 的 1 游程 1 个。

（3）m 序列的自相关函数为

$$R_r(\tau)=\begin{cases}1, & \tau=0\\ -\dfrac{1}{2^n-1}, & 0<\tau\leqslant 2^n-2\end{cases} \tag{4.3.4}$$

显然，m 序列满足 Golomb 随机性公设条件。LFSR 的许多优点都得益于它的线性，但也正是线性特性，使其构成密码器时成了一个致命弱点。如果已知 LFSR 的级数，只要能够获取 $2n$ 比特的明、密文对，就能决定 LFSR 的抽头序列，从而恢复 LFSR 的完整结构。

令明文 $P=(p_1p_2\cdots p_{2n})$，其对应的密文是 $C=(c_1c_2\cdots c_{2n})$，则相应的密钥序列为

$$K=(k_1k_2\cdots k_{2n}),\quad k_i=p_i\oplus c_i=p_i\oplus p_i\oplus k_i=k_i,\quad i=1,2,\cdots,2n \tag{4.3.5}$$

K 是由 LFSR 状态的各比特移位输出形成的，即 $k_1=r_1,k_2=r_2,\cdots,k_{2n}=r_{2n}$，我们把 n 个寄存器在不同时刻的状态写成向量形式

$$\begin{aligned}&j=0,\quad \boldsymbol{R}_0=(k_n,k_{n-1},\cdots,k_2,k_1)\\&j=1,\quad \boldsymbol{R}_1=(k_{n+1},k_n,\cdots,k_3,k_2)\\&\cdots\cdots\\&j=n,\quad \boldsymbol{R}_n=(k_{2n},k_{2n-1},\cdots,k_{n+2},k_{n+1})\end{aligned} \tag{4.3.6}$$

构造 $n\times n$ 矩阵 $\boldsymbol{H}$

$$\boldsymbol{H}=\begin{bmatrix}t_n & 1 & 0 & 0\\ t_{n-1} & 0 & 1 & 0\\ \vdots & \vdots & \vdots & \vdots\\ t_2 & 0 & 0 & 1\\ t_1 & 0 & 0 & 0\end{bmatrix} \tag{4.3.7}$$

则有

$$\boldsymbol{R}_{j+1}=\boldsymbol{R}_j\boldsymbol{H},\quad j=0,1,\cdots,n \tag{4.3.8}$$

令

$$\boldsymbol{X}=[\boldsymbol{R}_{n-1}\quad \boldsymbol{R}_{n-2}\quad \cdots\quad \boldsymbol{R}_1\quad \boldsymbol{R}_0]^{\mathrm{T}},\quad \boldsymbol{Y}=[\boldsymbol{R}_n\quad \boldsymbol{R}_{n-1}\quad \cdots\quad \boldsymbol{R}_2\quad \boldsymbol{R}_1]^{\mathrm{T}}$$

$[\cdot]^{\mathrm{T}}$ 表示矩阵的转置。根据式（4.3.8），可以推导出如下关系：

$$\boldsymbol{Y}\equiv\boldsymbol{XH}\ (\bmod 2) \tag{4.3.9}$$

LFSR 的抽头序列多项式 $T(x)$ 是本原多项式，这保证了矩阵 $\boldsymbol{X}$ 是非奇异矩阵，即 $\boldsymbol{X}$ 的逆矩阵一定存在。所以

$$\boldsymbol{H}\equiv\boldsymbol{YX}^{-1}\ (\bmod 2) \tag{4.3.10}$$

一旦获得了矩阵 $\boldsymbol{H}$，它的第一列就是抽头序列。上式中计算量最大的是逆矩阵，计算逆矩阵所需的运算次数约为 n^3 量级。如果用 LFSR 产生的密钥流直接加密，即使 n>1000，破译这样的密码也不是难事。

4.3.2 基于 LFSR 的密钥生成器

LFSR 的上述弱点由其线性特性所致。为了克服这一弱点，需要引入非线性因素，对 LFSR 进行改进。比较自然的想法是在 LFSR 之外引入非线性逻辑。下面介绍几种比较实用的基于 LFSR 的密钥生成器。

1. 非线性前馈序列

一种非线性前馈序列是先用 LFSR 产生 m 序列，再经非线性滤波函数 f 来产生密钥流，如图 4.3.1 所示。

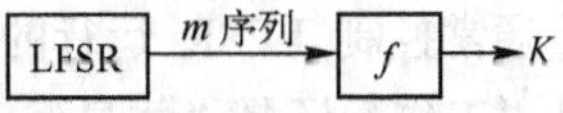

图 4.3.1 m 序列非线性滤波密钥生成器

这种方法要求仔细选择滤波函数的级数 n，以便密钥流周期仍然保持为 2^n–1。有研究表明，如果 n 为梅森素数，则能满足要求。所谓梅森素数，就是可以写成（2^n–1）形式的素数，且指数 n 也为素数。截至 2019 年 1 月，已发现的梅森素数仅有 51 个。由于它的稀有性，实际应用受到了一定限制。

另一种思路是将非线性前馈部件加在 LFSR 的状态端而非输出端，如图 4.3.2 所示。

图 4.3.2 中，n 级 LFSR 产生 2^n–1 个状态 $\boldsymbol{R}_j$，$j=0,1,\cdots,2^n-2$，每个状态作为非线性前馈函数 $F(\boldsymbol{R}_j)$ 的输入，产生 1 比特输出。$\boldsymbol{R}_j=r_{j+n},\cdots,r_{j+2},r_{j+1}$ 表示 j 时刻 n 个寄存器的状态；r_{j+i}，$i=1,2,\cdots,n$ 表示 j 时刻第 i 个寄存器的状态；$F(\boldsymbol{R}_j)$ 是一个 n 元布尔函数，随着 n 个移位寄存器状态的变化而变化，每一步输出一个比特，最终形成前馈序列——密钥流 $\{k_j\}$。

在这个方案中，LFSR 起驱动和提供最多输入状态的作用；非线性逻辑部分只要适当设计，可使前馈序列周期尽可能接近甚至达到最大周期 2^n–1，其作用是克服 m 序列的线性特性，提高密钥生成器的线性复杂度，使流密码更安全。

2. LFSR 非线性组合序列

上述的非线性前馈序列作为密钥流，可以防止已知明文攻击，提高了密钥流的安全性。但是其周期有可能会被缩短，最多也就是 2^n–1。为了进一步加大周期长度，出现了多个 LFSR 非线性组合的方案，一个典型的 LFSR 非线性组合序列就是 Geffe 生成器，如图 4.3.3 所示。

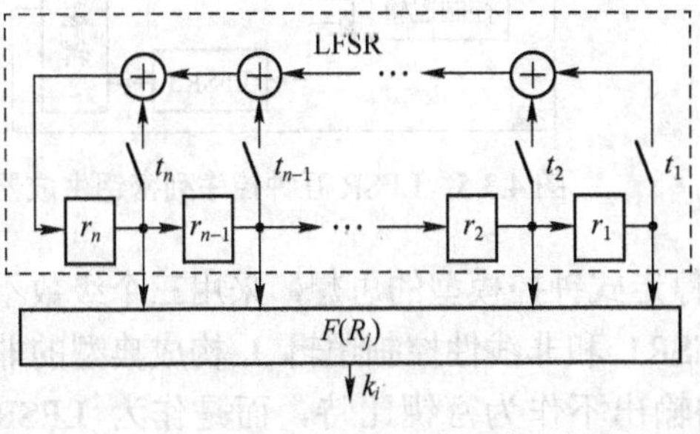

图 4.3.2 基于 LFSR 的非线性前馈序列密钥生成器

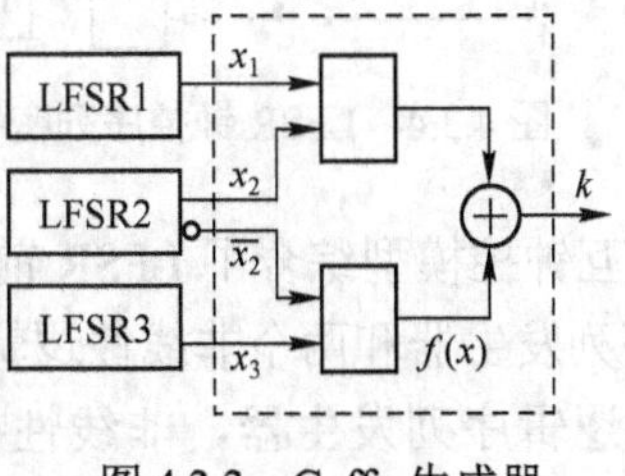

图 4.3.3 Geffe 生成器

Geffe 生成器由三个 m 序列发生器 LFSR1～LFSR3 和一个非线性函数 $f(x)$组成，图中 LFSR2 输出端的小圆圈代表非逻辑，即若 $x_2=1$，则 $\overline{x}_2=0$；反之，若 $x_2=0$，则 $\overline{x}_2=1$。

$$f(x)=x_1x_2\oplus\overline{x}_2x_3=x_1x_2\oplus(1\oplus x_2)x_3=x_1x_2\oplus x_2x_3\oplus x_3 \tag{4.3.11}$$

由式（4.3.11）可见，当 $x_2=1$ 时，$f(x)=x_1$；当 $x_2=0$ 时，$f(x)=x_3$。实际上等同于用 LFSR2 选择每一步输出 LFSR1 的值，还是 LFSR3 的值。不断输出的 $f(x)$的值，就是生成的密钥流。这种密钥生成器的输出序列与 LFSR2 的输出 x_2 的相关系数较高，是其安全性的短板。

3．LFSR 钟控序列

通常控制 LFSR 运行的时钟是固定频率的方波，钟控序列的思想是用一个 LFSR 决定时钟是“工作”还是“休息”，由于 LFSR 的伪随机性，固定频率的时钟变成了频率一会儿高一会儿低的变频时钟，这个变频时钟又控制其他 LFSR“工作”或者“休息”，这样的组合使得密钥生成器的线性复杂度大幅提高。图 4.3.4 所示为典型的 LFSR 钟控序列密钥生成器。

这种钟控序列采用了三个级数不同的 LFSR。图 4.3.4 中，LFSR2 和 LFSR3 受 LFSR1 控制，属于他控型钟控序列发生器。还可以构造自控型和互控型钟控序列发生器。

图中 LFSR1 决定时钟是否有效。若 LFSR1 的输出 x_1=1，当时钟开启时，与门 1 的输出为 1，LFSR2 的时钟生效，LFSR2 的各寄存器状态右移一位，送出一个新的比特。而此时的 $\overline{x}_1$=0，与门 2 的输出为 0，LFSR3 的时钟处于关闭状态，LFSR3 休息，输出端复制上一步的输出值，然后与 LFSR2 的输出比特相异或，得到一个密钥比特。反之，如果 x_1=0，则 LFSR3 进入工作模式，LFSR2 休息，LFSR3 的当前输出异或 LFSR2 上一步的输出得到一个密钥比特。如此循环，最终形成密钥流。

显然，LFSR2 和 LFSR3 总是一个工作，另一个休息。这种交错停走的工作模式打乱了原移位寄存器的线性特性，提高了密钥生成器的线性复杂度。另一方面，假设三个 LFSR 都是 m 序列生成器，n_1,n_2,n_3 分别表示 LFSR1～LFSR3 的级数，如果选择 n_2,n_3 互素，即 (n_2,n_3)=1，即使 LFSR2 和 LFSR3 同时工作，密钥生成器的周期亦可达 $(2^{n_2}-1)(2^{n_3}-1)$，时钟采用停走的模式后可能使周期更长。所以这种密钥生成器，既有较长的周期又有较高的线性复杂度。

后来又出现了互钟控序列模型。图 4.3.5 所示是一种通用的 LFSR 互钟控序列密钥生成器，简称互钟控模型。

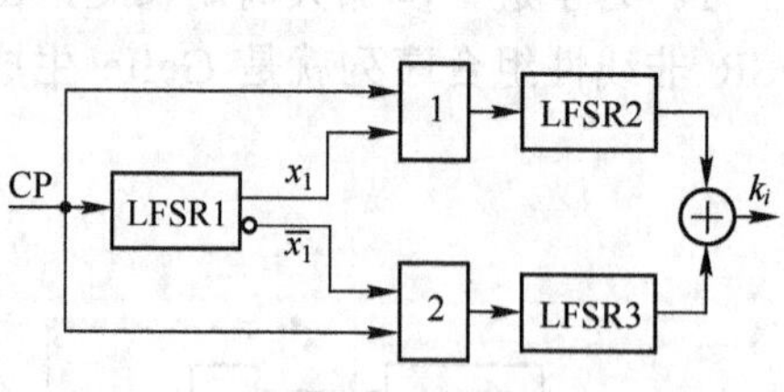

图 4.3.4　LFSR 钟控序列密钥生成器

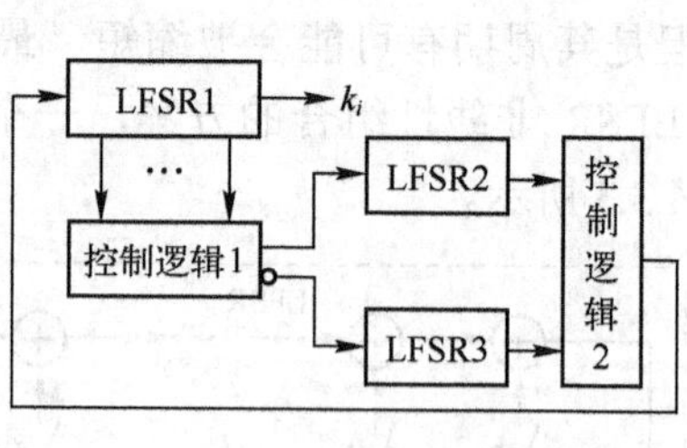

图 4.3.5　LFSR 互钟控序列密钥生成器

互钟控模型综合了 LFSR 前馈逻辑和交错停走式钟控模型的思想，采用三个级数不同的 m 序列发生器和两个非线性逻辑控制单元，LFSR1 和非线性控制逻辑 1 构成典型的非线性前馈逻辑序列发生器，非线性控制逻辑 1 的输出不作为密钥比特，而是作为 LFSR2 和 LFSR3 的控制时钟。非线性控制逻辑 1、LFSR2、LFSR3 和非线性控制逻辑 2 构成了交错停走式钟控模型。两路非线性输出再经非线性控制逻辑 2 的运算，得到线性复杂度很高的序列，然后反过来又控制 LFSR1，这也是互钟控名称的由来。LFSR1 中寄存器 r_1 的输出作为最终的密钥流。

需要特别注意的是，上面所讲的几种基于 LFSR 的密钥生成器，不论是非线性前馈逻辑密钥生成器、Geffe 生成器、交错停走式钟控序列生成器，还是互钟控发生器，其中的任一 LFSR 的状态不能为全 0，否则密钥生成器要么进入死循环，要么部分功能失效，将导致密钥生成器的线性复杂度大幅下降。

还有一种伪随机序列生成器的改进模式是，直接在线性移位寄存器的反馈逻辑中引入非线性部件，使全 0 状态下的移位寄存器强行置 1，通过仔细设计，可使 n 级反馈移位寄存器的周期达到最大的 2^n。

定义 4.5 如果 n 级反馈移位寄存器的反馈函数为非线性函数，则输出为非线性序列，其周期可达的最大值为 2^n。称周期达到最大值的非线性移位寄存器序列为 **M 序列**（读作：大 M 序列）。

定理 4.2 GF(2)上 n 级 M 序列反馈函数的个数为 $2^{2^{n-1}-n}$。

n 级 M 序列一个周期内的特性如下：

（1）0 与 1 的个数为 2^n-1。

（2）长为 l 的 0 游程和 1 游程的数目均为

$$\begin{cases} 2^{n-k-2}, & 1\leqslant l\leqslant n-2 \\ 1, & l=n \\ 0, & \text{其他} \end{cases} \tag{4.3.12}$$

基于 LFSR 的密钥生成器是流密码的主要和关键部件，一旦构造成功，流密码的加解密就是非常简单的事，一种加解密方式如前面的图 4.1.1，直接用密钥生成器产生的密钥流异或明文流，即得密文流。另一种方式是将密文流反馈到密钥生成器的输入端，这样构造的流密码器具有自同步功能，如图 4.3.6 所示。

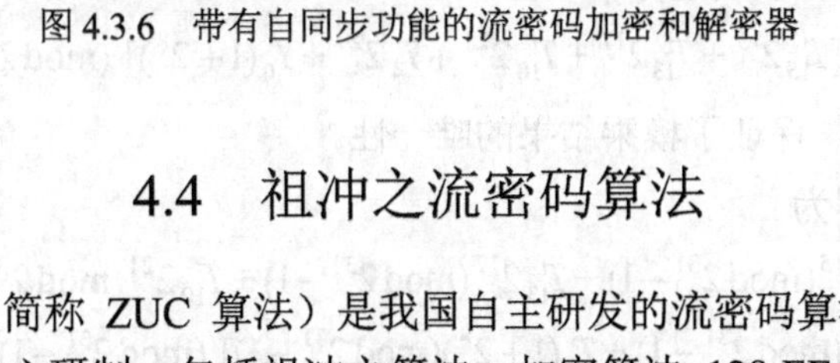

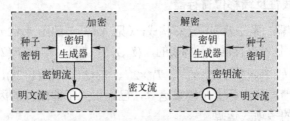

图 4.3.6 带有自同步功能的流密码加密和解密器

4.4 祖冲之流密码算法

祖冲之密码算法（简称 ZUC 算法）是我国自主研发的流密码算法，由中国科学院数据保护和通信安全研究中心研制，包括祖冲之算法、加密算法 128-EEA3 和完整性算法 128-EIA3。2012 年，ZUC 算法作为密码行业标准由国家商用密码管理局正式发布，2016 年，ZUC 算法正式公布为国家标准。2018 年，ZUC 算法提交国际标准化组织，2020 年 4 月 24 日在第 60 次国际标准化组织、国际电工委员会第一联合技术委员会信息安全分技术委员会

（ISO/IECJTC1SC27）工作组会议上获得一致通过，成为 ISO/IEC 国际标准《信息技术-安全技术-加密算法-第 4 部分：流密码 补篇 1：ZUC》（ISO/IEC 18033-4/AMD 1），并于 2020 年 8 月正式发布。

4.3 节介绍的流密码均以比特为操作单位，即加密时明文和密钥逐比特异或，解密时密文和密钥逐比特异或，此时的明、密文和密钥都是比特流。稍加推广，操作单位也可以是多个比特、字节或字。ZUC 就是以多个比特为操作单位的流密码，它的密钥生成器不是每次产生 1 个比特，而是每次产生一个 32 比特的字，最终形成一个接一个的字组成的密钥流，然后加密由一个个的字组成的明文流。

4.4.1 祖冲之算法结构

祖冲之算法 ZUC 整体结构非常清晰，共三个层次：线性反馈移位寄存器（LFSR）、比特重组（BR）和非线性函数 F，如图 4.4.1 所示。

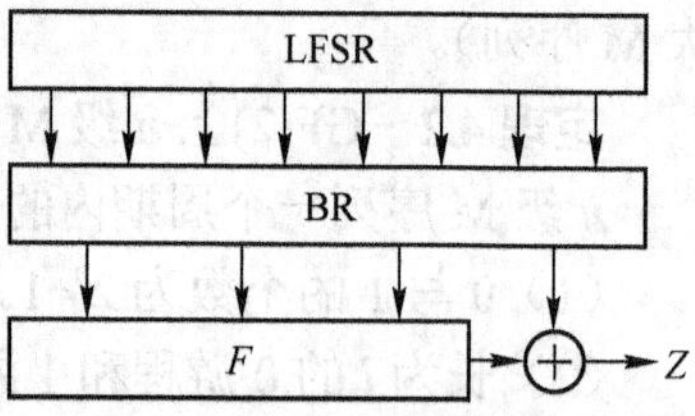

图 4.4.1 ZUC 算法层次框架

LFSR 负责产生最长周期，它有两种状态：初始化态和工作态。处于初始化态的时候，ZUC 的输出端不输出密钥，初始化完成后，进入工作态再输出密钥。比特重组部分的作用是将 LFSR 的部分寄存器内容进行换位重排，抽取出 128 比特，组成 4 个 32 比特的字。其中 3 个字作为非线性函数的输入，经过非线性函数 F 的作用输出一个 32 比特的字，再与 BR 的另一个字异或，得到一个 32 比特的输出，即密钥字 Z。每步产生一个密钥字，最终形成密钥流。

4.4.2 祖冲之算法各层次功能

容易看出，ZUC 算法是一个密钥生成算法。下面对算法各层次工作原理进行描述。

1．ZUC 算法的线性反馈移位寄存器

LFSR 部分由寄存器、乘法器和模运算构成，（见 4.4.3 节的图 4.4.2）。寄存器不是单比特触发器，而是由 16 个 31 比特寄存器单元构成的，$(T_0,T_1,\cdots,T_{15})$，$T_i\in GF(2^{31}-1)$，$i=0,1,\cdots,15$。乘法器有 5 个，分别是 $T_{15}\times2^{15}$、$T_{13}\times2^{17}$、$T_{10}\times2^{21}$、$T_4\times2^{20}$、$T_0\times(1+2^8)$，模运算则是对$(2^{31}-1)$求余数。很明显，反馈部分实际上是模乘运算，已经引入了非线性的因素。整个 LFSR 部分可以表示成有限域上的多项式运算

$$v\equiv[T_{15}2^{15}+T_{13}2^{17}+T_{10}2^{21}+T_4 2^{20}+T_0(1+2^8)]\ (\mathrm{mod}\,2^{31}-1) \tag{4.4.1}$$

模数 $2^{31}-1$ 是梅森素数，保证了模乘结果的唯一性。

式（4.4.1）可分解为

$$\begin{aligned}v\equiv[&T_{15}2^{15}(\mathrm{mod}\,2^{31}-1)+T_{13}2^{17}(\mathrm{mod}\,2^{31}-1)+T_{10}2^{21}(\mathrm{mod}\,2^{31}-1)+\\&T_4 2^{20}(\mathrm{mod}\,2^{31}-1)+T_0(1+2^8)(\mathrm{mod}\,2^{31}-1)]\ (\mathrm{mod}\,2^{31}-1)\end{aligned} \tag{4.4.2}$$

如果 $x\equiv r\ (\mathrm{mod}\ 2^{31}-1)$，则有

$$x=q(2^{31}-1)+r=q2^{31}-q+r\ \Rightarrow\ x\equiv(-q+r)\ (\mathrm{mod}\,2^{31})\ \Rightarrow\ r\equiv x\ (\mathrm{mod}\,2^{31})+q$$

对于 $x(\mathrm{mod}\ 2^{31})$运算，x 的低 31 位就是所求的余数，x 高于 31 位以上部分就是模数 2^{31}

的倍数 q，因此 r 就是 x 的低 31 位与高于 31 位以上的数字和。

假设 $T_i=(t_{30}t_{29}\cdots t_j\cdots t_0)_i$ 是第 i 个寄存器的 31 个比特，其中 t_0 是最低位。写成多项式形式

$$T_i=(t_{30}2^{30}+t_{29}2^{29}+\cdots+t_j2^j+\cdots+t_0)_i,\quad t_j\in GF(2),\quad j=0,1,\cdots,30,\quad i=0,1,\cdots,15 \tag{4.4.3}$$

以式（4.4.2）的第一项为例

$$T_{15}2^{15}(\bmod 2^{31}-1)=T_{15}2^{15}(\bmod 2^{31})+q$$

$$\begin{aligned}T_{15}2^{15}(\bmod 2^{31})&\equiv(t_{30}2^{45}+t_{29}2^{44}+\cdots+t_{16}2^{31}+t_{15}2^{30}\cdots+t_02^{15})_{15}\\&\equiv(t_{30}2^{14}+t_{29}2^{13}+\cdots+t_{16})2^{31}+(t_{15}2^{30}\cdots+t_02^{15})\\&\equiv q2^{31}+(t_{15}2^{30}\cdots+t_02^{15})\\&\equiv t_{15}2^{30}\cdots+t_02^{15}\quad(\bmod 2^{31})\end{aligned}$$

显然

$$q=t_{30}2^{14}+t_{29}2^{13}+\cdots+t_{16}$$

所以

$$T_{15}2^{15}(\bmod 2^{31}-1)=T_{15}2^{15}(\bmod 2^{31})+q=t_{15}2^{30}\cdots+t_02^{15}+t_{30}2^{14}+t_{29}2^{13}+\cdots+t_{16} \tag{4.4.4}$$

比较式（4.4.3）和式（4.4.4）可见，$T_{15}2^{15}(\bmod 2^{31}-1)$ 等效于 $T_{15}<<<_{31}15$，表示 T_{15} 以长度 31 为界循环左移了 15 位。

同理，式（4.4.2）的第 2～4 项计算可分别用 $T_{13}<<<_{31}17$、$T_{10}<<<_{31}21$、$T_4<<<_{31}20$ 代替。第 5 项可以分解成

$$(T_0+T_02^8)(\bmod 2^{31}-1)\equiv(T_0+T_0<<<_{31}8)(\bmod 2^{31}-1)$$

于是，式（4.4.2）变为：

$$v\equiv[T_{15}<<<_{31}15+T_{13}<<<_{31}17+T_{10}<<<_{31}21+T_4<<<_{31}20+T_0<<<_{31}8+T_0]\,(\bmod 2^{31}-1) \tag{4.4.5}$$

方括号内各项之和如果超过了模数 $2^{31}-1$，则溢出的部分与低 31 位相加即可。

看起来费时又耗资源的模乘运算，用循环移位和加法就轻松完成了，这就是 ZUC 设计的巧妙之处。

【例 4.1】 设 $T_{15},T_{13},T_{10},T_4,T_0$ 的值如表 4.4-1 所示。计算 v。

表 4.4-1 ZUC 算法 LFSR 部分寄存器内容

寄存器	数 值
T_{15}	00010000010001111010110011101111
T_{13}	0101010001111000100110110101011
T_{10}	1011101011010111100010001000101
T_4	0110011110101111000100110011000
T_0	0000000110001001101011111111110

解：按照式（4.4.5）将各寄存器循环移位，结果列于表 4.4-2。

将表 4.4-2 移位后内容相加得

$$v'=1\ 1011\ 0011\ 0101\ 0001\ 1011\ 1010\ 0011\ 001$$

低 31 位的内容与溢出的第 32 位上的“1”相加，即所求为：

$$\begin{aligned}v\equiv v'(\bmod 2^{31}-1)&=1011\ 0011\ 0101\ 0001\ 1011\ 1010\ 0011\ 001+1\\&=1011\ 0011\ 0101\ 0001\ 1011\ 1010\ 0011\ 010\end{aligned}$$

v 的主要作用是赋予新的计算值，给寄存器 T_{15}。它在初始化阶段和工作阶段赋值方式有所不同，留待后面详细介绍。其余寄存器的刷新内容由上一级寄存器移位得到，即 $T_{15}\Rightarrow T_{14},T_{14}\Rightarrow T_{13},\cdots,T_1\Rightarrow T_0$。此时的移位，不是单比特移位，而是整个寄存器的 31 比特内容一起移位到下一级寄存器。

表 4.4-2　部分寄存器循环移位结果

寄存器	移位前内容	移位后内容	位移量
T_{15}	00010000100011110101100111 01111	10101100111011110001000010001111	$T_{15}<<<_{31}15$
T_{13}	01010100011110001001101101010111	00110110101011010101000111100011	$T_{13}<<<_{31}17$
T_{10}	10111010110101111000100010001011	00010001011011101011010111100011	$T_{10}<<<_{31}21$
T_4	01100111101011110001001100110000	00110011000011001111010111100011	$T_4<<<_{31}20$
T_0	0000000110001001101011111111110	1000100110101111111111000000001	$T_0<<<_{31}8$
T_0	0000000110001001101011111111110	0000000110001001101011111111110	T_0

2．比特重组

比特重组的主要任务是从 LFSR 的部分寄存器中抽取 128 比特，通过对寄存器内容的换位重排，组成 4 个 32 比特的字 X_0,X_1,X_2,X_3（见 4.4.3 节图 4.4.2）。换位重排起置乱的作用。

用 T_{iH} 和 T_{iL} 分别表示第 i 个寄存器的高 16 位和低 16 位，$x \| y$ 表示 x 和 y 的链接，则重组步骤为

$$X_0 = T_{15H} \| T_{14L},\ X_1 = T_{11L} \| T_{9H},\ X_2 = T_{7L} \| T_{5H},\ X_3 = T_{2L} \| T_{0H} \tag{4.4.6}$$

【例 4.2】 LFSR 中寄存器 0、2、5、7、9、11、14 和 15 的取值见表 4.4-3，计算比特重组后的 X_0,X_1,X_2,X_3 的值。

表 4.4-3　比特重组相关寄存器内容

寄存器	内容	内容	寄存器
T_{15}	0001000010001111010110011101111	0011001011110001001101011001101	T_{14}
T_{11}	1001100000011010111100010110011 1	1101110001011110001001100100011	T_9
T_7	1110111100010011010111100010000	1010101101101011110001001010100	T_5
T_2	0100010111000100110101110111010	0000000110001001101011111111110	T_0

解：按式（4.4.6）的规则进行比特重组的结果见表 4.4-4。

表 4.4-4　比特重组结果

寄存器	内容	内容	寄存器
T_{15}	**0001000010001111**010110011101111	001100101111000**1001101011001101**	T_{14}
X_{0H}	**0001000010001111**	**1001101011001101**	X_{0L}
T_{11}	1001100000011010**1111000101100111**	**1101110001011110**001001100100011	T_9
X_{1H}	**1111000101100111**	**1101110001011110**	X_{1L}
T_7	111011110001001**1010111100010000**	**1010101101101011**110001001010100	T_5
X_{2H}	**1010111100010000**	**1010101101101011**	X_{2L}
T_2	010001011100010**0110101110111010**	**0000000110001001**101011111111110	T_0
X_{3H}	**0110101110111010**	**0000000110001001**	X_{3L}

X_0 的高 16 位取自 T_{15} 的高 16 位，低 16 位取自 T_{14} 的低 16 位，表 4.4-4 中均以方框圈出。完整结果为：

$$X_0 = 00010000010001111100110101100110 1$$

$$X_1 = 11110001011001111101110001011110$$

$$X_2 = 10101111000100001010101101101011$$

$$X_3 = 01101011101110100000000110001001$$

3．非线性函数 F

非线性函数 F 有三个输入 X_0, X_1, X_2，一个输出 W（或 Z）。在图 4.4.2 的初始化阶段（见 4.4.3 节），输出是 Z；在图 4.4.3 的密钥产生阶段，输出是 W。图 4.4.2 和图 4.4.3 中，$\oplus$表示异或，$\boxplus$表示模 2^{32} 加法，由两组异或单元、两个模 2^{32} 加法器、两个 32 位存储单元 R_1 和 R_2、一个 64 位寄存器、两个线性变换单元及 S-盒组成。运算步骤如下：

$W = X_0 \oplus R_1 \boxplus R_2$； X_0 异或 R_1，再加 R_2，将溢出 32 位的数字丢弃。

$W_1 = R_1 \boxplus X_1$； R_1 加 X_1，溢出位丢弃。

$W_2 = R_2 \oplus X_2$； R_2 异或 X_2。

$(W_1 \| W_2) <<<_{64} 16$； W_1 链接 W_2，整体循环左移 16 位。

$R_1 = S[L_1(W_{1L} \| W_{2H})]$；循环移位后的高 32 位，先进行 L_1 线性变换，再进行 S-盒代替。

$R_2 = S[L_2(W_{2L} \| W_{1H})]$；循环移位后的低 32 位，先进行 L_2 线性变换，再进行 S-盒代替。

32→32 的线性变换 L_1 和 L_2 的定义分别是

$$\begin{aligned} L_1(X) &= X \oplus (X <<<_{32} 2) \oplus (X <<<_{32} 10) \oplus (X <<<_{32} 18) \oplus (X <<<_{32} 24) \\ L_2(X) &= X \oplus (X <<<_{32} 8) \oplus (X <<<_{32} 14) \oplus (X <<<_{32} 22) \oplus (X <<<_{32} 30) \end{aligned} \quad (4.4.7)$$

线性变换完成以后，进行 S 操作。S 由 4 个并行的 8 入 8 出 S-盒组成，总计 32 入 32 出。$S = (S_0, S_1, S_2, S_3)$，其中 $S_0 = S_2, S_1 = S_3$。S_0 和 S_1 的代替规则如表 4.4-5 和表 4.4-6 所示。

表 4.4-5　S-盒 S_0

	0	1	2	3	4	5	6	7	8	9	A	B	C	D	E	F
0	3E	72	5B	47	CA	E0	00	33	04	D1	54	98	09	B9	6D	CB
1	7B	1B	F9	32	AF	9D	6A	A5	B8	2D	FC	1D	08	53	03	90
2	4D	4E	84	99	E4	CE	D9	91	DD	B6	85	48	8B	29	6E	AC
3	CD	C1	F8	1E	73	43	69	C6	B5	BD	FD	39	63	20	D4	38
4	76	7D	B2	A7	CF	ED	57	C5	F3	2C	BB	14	21	06	55	9B
5	E3	EF	5E	31	4F	7F	5A	A4	0D	82	51	49	5F	BA	58	1C
6	4A	16	D5	17	A8	92	24	1F	8C	FF	D8	AE	2E	01	D3	AD
7	3B	4B	DA	46	EB	C9	DE	9A	8F	87	D7	3A	80	6F	2F	C8
8	B1	B4	37	F7	0A	22	13	28	7C	CC	3C	89	C7	C3	96	56
9	07	BF	7E	F0	0B	2B	97	52	35	41	79	61	A6	4C	10	FE
A	BC	26	95	88	8A	B0	A3	FB	C0	18	94	F2	E1	E5	E9	5D
B	D0	DC	11	66	64	5C	EC	59	42	75	12	F5	74	9C	AA	23
C	0E	86	AB	BE	2A	02	E7	67	E6	44	A2	6C	C2	93	9F	F1
D	F6	FA	36	D2	50	68	9E	62	71	15	3D	D6	40	C4	E2	0F
E	8E	83	77	6B	25	05	3F	0C	30	EA	70	B7	A1	E8	A9	65
F	8D	27	1A	DB	81	B3	A0	F4	45	7A	19	DF	EE	78	34	60

表 4.4-6　S-盒 S_1

	0	1	2	3	4	5	6	7	8	9	A	B	C	D	E	F
0	55	C2	63	71	3B	C8	47	86	9F	3C	DA	5B	29	AA	FD	77
1	8C	C5	94	0C	A6	1A	13	00	E3	A8	16	72	40	F9	F8	42
2	44	26	68	96	81	D9	45	3E	10	76	C6	A7	8B	39	43	E1
3	3A	B5	56	2A	C0	6D	B3	05	22	66	BF	DC	0B	FA	62	48
4	DD	20	11	06	36	C9	C1	CF	F6	27	52	BB	69	F5	D4	87
5	7F	84	4C	D2	9C	57	A4	BC	4F	9A	DF	FE	D6	8D	7A	EB
6	2B	53	D8	5C	A1	14	17	FB	23	D5	7D	30	67	73	08	09
7	EE	B7	70	3F	61	B2	19	8E	4E	E5	4B	93	8F	5D	DB	A9
8	AD	F1	AE	2E	CB	0D	FC	F4	2D	46	6E	1D	97	E8	D1	E9
9	4D	37	A5	75	5E	83	9E	AB	82	9D	B9	1C	E0	CD	49	89
A	01	B6	BD	58	24	A2	5F	38	78	99	15	90	50	B8	95	E4
B	D0	91	C7	CE	ED	0F	B4	6F	A0	CC	F0	02	4A	79	C3	DE
C	A3	EF	EA	51	E6	6B	18	EC	1B	2C	80	F7	74	E7	FF	21
D	5A	6A	54	1E	41	31	92	35	C4	33	07	0A	BA	7E	0E	34
E	88	B1	98	7C	F3	3D	60	6C	7B	CA	D3	1F	32	65	04	28
F	64	BE	85	9B	2F	59	8A	D7	B0	25	AC	AF	12	03	E2	F2

每个 S-盒有 8 位输入，用两个 16 进制数表示。表中最左边一列代表输入的高 4 位，最上面一行代表输入的低 4 位，高、低位数字交叉单元格内的 16 进制数即为对应的输出。

例如 S_0(B5)=5C。进行 S-盒代替时，将输入的 32 比特分为 4 个字节，分别查找 $(S_0,S_1,S_2,S_3)=(S_0,S_1,S_0,S_1)$。

【例 4.3】 令存储器初值 $R_1=R_2=0$，X_1=11110001011001111101110001011110，X_2=10101111000100001010101101101011，求 $S[L_1(W_{1L}\|W_{2H})]$ 和 $S[L_2(W_{2L}\|W_{1H})]$。

解： 由于 $R_1=R_2=0$，则 $W_1=X_1$，$W_2=X_2$，故有

$$W_{1L}\|W_{2H}=X_{1L}\|X_{2H}=11011100010111101010111100010000=W_1'$$

$$W_{2L}\|W_{1H}=X_{2L}\|X_{1H}=10101011011010111111000101100111=W_2'$$

$L_1(W_{1L}\|W_{2H})$，$L_2(W_{2L}\|W_{1H})$ 部分结果见表 4.4-7。

表 4.4-7　L_1 和 L_2 线性变换结果

	内容		内容
W_1'	11011100010111101010111100010000	W_2'	10101011011010111111000101100111
$W_1'<<<_{32}2$	01110001011110101011110001000011	$W_2'<<<_{32}8$	01101011111100010110011110101011
$W_1'<<<_{32}10$	01111010101111000100001101110001	$W_2'<<<_{32}14$	11111100010110011110101011011010
$W_1'<<<_{32}18$	10111100010000110111000101111010	$W_2'<<<_{32}22$	01011001111010101101101011111100
$W_1'<<<_{32}24$	00010000110111000101111010101111	$W_2'<<<_{32}30$	11101010110110101111110001011001
$L_1(W_1')$	01111011000001110111111111110111	$L_2(W_2')$	10001111111100110101101010110011

将两个线性变换序列各分为 4 组，用 16 进制数表示：

$$L_1(W_1') = (7B,07,7F,F7), \quad L_2(W_2') = (8F,F3,5A,B3)$$

查找 S-盒，得 $S[L_1(W_1')] = R_1 = [S_0(7B), S_1(07), S_0(7F), S_1(F7)] = (3A\ 86\ C8\ D7)$

$$= (00111010100001101100100011010111)$$

$$S[L_2(W_2')] = R_2 = [S_0(8F), S_1(F3), S_0(5A), S_1(B3)] = (56\ 9B\ 51\ CE)$$

$$= (01010110100110110101000111001110)_2$$

两个 S-盒的输出分别刷新了存储器 R_1 和 R_2。

4.4.3 祖冲之算法运行过程

ZUC 算法分初始化阶段和工作阶段，两个阶段的运行模式不同。按照时间顺序是先进入初始化阶段，初始化结束后再进入工作阶段。两个阶段不重叠。也就是一旦算法开始运行，在初始化模式下工作模式关闭，在工作模式下初始化模式停止。算法的前 32 步仅用于初始化，并丢弃第 33 步的输出，从第 34 步开始，进入工作模式，每步输出一个密钥字，持续输出，形成密钥流。

二维码 4-1

1．初始化模式

（1）*初始化参数封装*

算法运行之前，首先要将密钥 K、初始化向量 iv 和常量 d 封装到 LFSR。ZUC 算法的初始密钥为 128 比特，由 16 个字节链接而成，即 $K = k_0 \| k_1 \| \cdots \| k_{15}$。初始化向量也是 16 个字节链接的 128 比特序列，$\mathrm{iv} = \mathrm{iv}_0 \| \mathrm{iv}_1 \| \cdots \| \mathrm{iv}_{15}$。常量 $d = d_0 \| d_1 \| \cdots \| d_{15}$ 是固定的 240 比特整型常量字符串，每个 $d_i, i = 0,1,\cdots,15$ 是长为 15 比特的子串。封装规则为每个寄存器内容由密钥字、常量子串和初始变量字链接而成，即 $T_i = k_i \| d_i \| \mathrm{iv}_i$，$i = 0,1,\cdots,15$。常量 d 取值如下：

$$\begin{array}{lll}
d_0 = 100010011010111 & d_1 = 010011010111100 & d_2 = 110001001101011 \\
d_3 = 001001101011110 & d_4 = 101011110001001 & d_5 = 011010111100010 \\
d_6 = 111000100110101 & d_7 = 000100110101111 & d_8 = 100110101111000 \\
d_9 = 010111100010011 & d_{10} = 110101111000100 & d_{11} = 001101011110001 \\
d_{12} = 101111000100110 & d_{13} = 011110001001101 & d_{14} = 111100010011010 \\
d_{15} = 100011110101100 & &
\end{array} \tag{4.4.8}$$

（2）*初始化*

ZUC-128 的初始化模式共 32+1=33 轮，描述如下：

➢ Load the key, iv and constants into the LFSR as specified above.

➢ Let $R_1 = R_2 = 0$.

➢ for $i = 0$ to 31 do

– Bitreorganization()

– $Z = F(X_0, X_1, X_2)$

– LFSRWithInitializationMode(Z>>1)

➢ – Bitreorganization()

– $Z = F(X_0, X_1, X_2)$ and discard Z

– LFSRWithworkMode().

$Z = z_{31}z_{30}\cdots z_0$，其中 z_0 是最低位。设

$$u = Z >> 1 = z_{31}\cdots z_1 \tag{4.4.9}$$

$Z>>1$，表示 Z 右移一位，移出的比特丢弃。将 ZUC 流密码初始化阶段示于图 4.4.2。

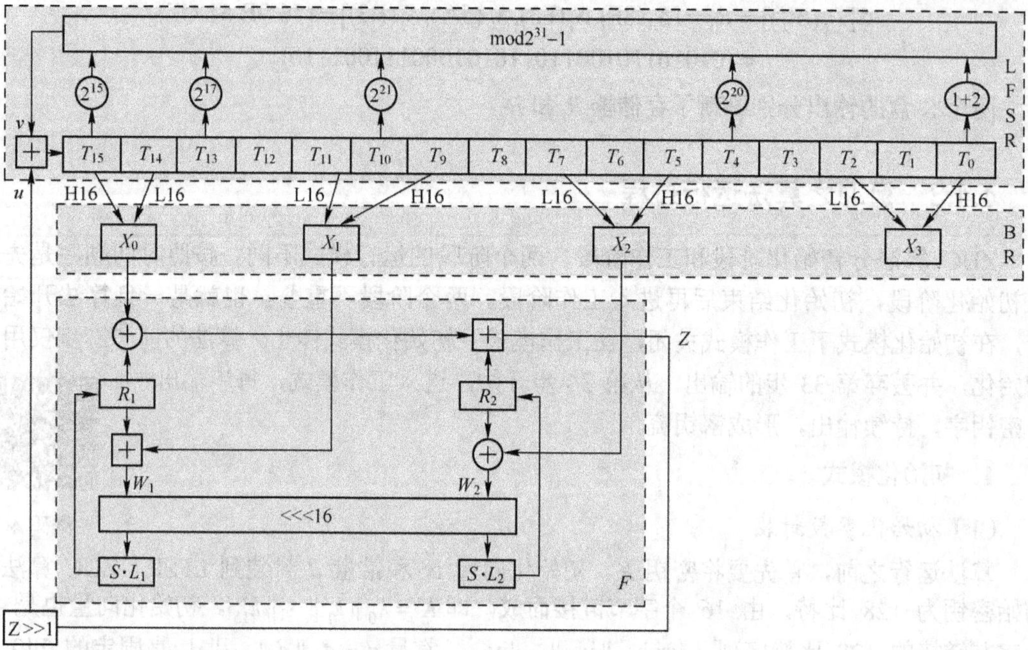

图 4.4.2　ZUC 流密码初始化阶段

（3）*LFSR 层初始化*

LFSR 先接收一个 31 比特输入 u，并设置虚拟寄存器 T_{16}，初始化模式共 32 步，详细步骤如下：

LFSRWithInitialisationMode(u)

➢ $v \equiv [T_{15}2^{15} + T_{13}2^{17} + T_{10}2^{21} + T_4 2^{20} + T_0(1+2^8)] \pmod{2^{31}-1}$

➢ If $v = 0$ then set $v = 2^{31}-1$

➢ $T_{16} \equiv (v+u) \bmod (2^{31}-1)$

➢ If $T_{16} = 0$, then set $T_{16} = 2^{31}-1$

$(T_{16}, T_{15}, \cdots T_2, T_1) \rightarrow (T_{15}, T_{14}, \cdots T_1, T_0)$

（4）*比特重组层初始化*

BR 层的初始化和工作模式相同。8 个输入 $T_{15}, T_{14}, T_{11}, T_9, T_7, T_5, T_2, T_0$，共 248 比特，从中抽取 128 比特，组成 4 个 32 比特字，X_0, X_1, X_2, X_3 输出到下一层。详细步骤如下：

BitReconstruction()

➢ $X_0 = T_{15H} \| T_{14L}$

➢ $X_1 = T_{11L} \| T_{9H}$

➢ $X_2 = T_{7L} \| T_{5H}$

➢ $X_3 = T_{2L} \| T_{0H}$

其中 T_{iH} 表示第 i 个寄存器的高 16 比特，T_{iL} 表示第 i 个寄存器的低 16 比特。

（5）F 函数初始化

F 函数的计算在两种模式下都一样，不一样的是存储单元的内容和输出的处理。初始化模式下，存储单元 R_1 和 R_2 设置为全 0，函数值 Z 右移一位，移出的比特丢弃，剩下的 31 比特作为 LFSR 的输入，不输出密钥。F 的计算步骤如下：

$F(X_0,X_1,X_2)$

➢ $Z = X_0 \oplus R_1 \boxplus R_2$

➢ $W_1 = R_1 \boxplus X_1$

➢ $W_2 = R_2 \oplus X_2$

➢ $R_1 = S[L_1(W_{1L} \| W_{2H})]$

➢ $R_2 = S[L_2(W_{2L} \| W_{1H})]$，

此处 $S = (S_0, S_1, S_0, S_1)$ 是 4 个并行的 S-盒，S_0, S_1 表见表 4.4-5 和表 4.4-6。L_1, L_2 是线性变换，变换规则见式（4.4.7）。

2．工作模式

初始化阶段完成后即可进入工作阶段以产生流密钥。流密钥产生图见图 4.4.3。

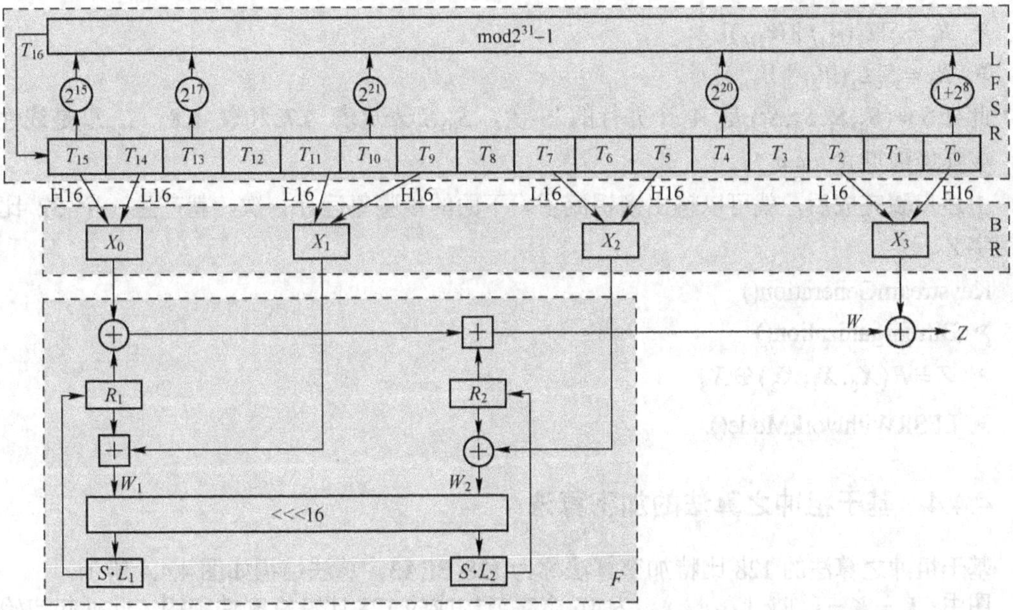

图 4.4.3　ZUC 流密码密钥产生阶段

下面分别介绍每一层的相关步骤。

（1）LFSR 层

LFSRWithWorkMode()

➢ $T_{16} \equiv [T_{15}2^{15} + T_{13}2^{17} + T_{10}2^{21} + T_4 2^{20} + T_0(1+2^8)] \pmod{2^{31}-1}$

➢ If $T_{16} = 0$, then set $T_{16} = 2^{31}-1$

➢ $(T_{16}, T_{15}, \cdots T_2, T_1) \to (T_{15}, T_{14}, \cdots T_1, T_0)$

（2）比特重组 BR

BR 层的初始化和工作模式相同。详细步骤如下：

BitReconstruction()

- ➢ $X_0 = T_{15H} \| T_{14L}$
- ➢ $X_1 = T_{11L} \| T_{9H}$
- ➢ $X_2 = T_{7L} \| T_{5H}$
- ➢ $X_3 = T_{2L} \| T_{0H}$，

其中T_{iH}表示第 i 个寄存器的高 16 比特，T_{iL} 表示第 i 个寄存器的低 16 比特。

（3）非线性函数 F

F 函数在工作模式下，存储单元的内容和输出的处理与初始化模式不同。存储单元 R_1 和 R_2 的当前值保持不变，函数值 $W = F(X_0, X_1, X_2)$ 不再反馈到 LFSR 的输入端，而是与 X_3 异或，作为输出的密钥流。F 的计算步骤如下：

$F(X_0, X_1, X_2)$

- ➢ $W = X_0 \oplus R_1 \boxplus R_2$
- ➢ $W_1 = R_1 \boxplus X_1$
- ➢ $W_2 = R_2 \oplus X_2$
- ➢ $R_1 = S[L_1(W_{1L} \| W_{2H})]$
- ➢ $R_2 = S[L_2(W_{2L} \| W_{1H})]$

此处 $S = (S_0, S_1, S_0, S_1)$ 是 4 个并行的 S-盒，S_0, S_1 表见表 4.7 和表 4.8。L_1, L_2 是线性变换，变换规则见式（4.4.7）。

上述步骤完成后，就可以输出密钥流了。下面的步骤每运行一次，就产生一个 32 比特密钥字 Z。

KeystreamGeneration()

- ➢ Bitreorganization()
- ➢ $Z = F(X_0, X_1, X_2) \oplus X_3$
- ➢ LFSRWithworkMode().

4.4.4 基于祖冲之算法的加密算法

基于祖冲之算法的 128 比特加密算法称为 128-EEA3。算法结构如图 4.4.4 所示。

图中 $CK = K = k_0 \| k_1 \| \cdots \| k_{15}$，为 16 个字节构成的 128 比特机密性密钥，此处起初始密钥 K 的作用。$\mathrm{iv} = \mathrm{iv}_0 \| \mathrm{iv}_1 \| \cdots \| \mathrm{iv}_{15}$ 是 16 个字节的 128 比特初始变量，由计数器、承载层标识、传输方向标识等参数组成，初始变量及输入输出参数列于表 4.4-8。

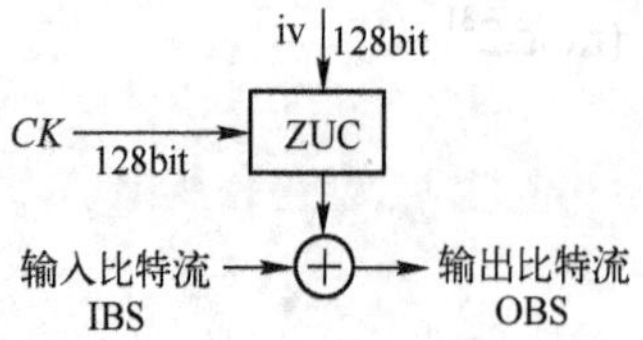

图 4.4.4　128-EEA3 加密结构图

表 4.4-8　128-EEA3 算法参数表

参数	比特长度	备注
COUNT	32	计数器
BEARER	5	承载层标识
DIRECTION	1	传输方向标识
K	128	机密性密钥
LENGTH	32	明文消息流比特数
IBS	LENGTH	输入比特流
OBS	LENGTH	输出比特流

表 4.4-8 中计数器由 4 个字节组成，$COUNT=CT_0 \| CT_1 \| CT_2 \| CT_3$。128-EEA3 的初始向量 iv 的各字节取值规定如下：

$iv_0 = CT_0$，$iv_1 = CT_1$，$iv_2 = CT_2$，$iv_3 = CT_3$

$iv_4 = BERAER\|DIRECTION\|00$，$iv_5 = iv_6 = iv_7 = 00000000$，$iv_8 = iv_0$，$iv_9 = iv_1$，$iv_{10} = iv_2$，$iv_{11} = iv_3$，$iv_{12} = iv_4$，$iv_{13} = iv_5$，$iv_{14} = iv_6$，$iv_{15} = iv_7$

ZUC 在 K 和 iv 的控制下完成初始化，然后开始输出密钥字流。如果消息流比特数为 LENGTH，那么 ZUC 算法需要产生的密钥字个数为 $L = \lceil \text{LENGTH}/32 \rceil$，$\lceil \cdot \rceil$ 代表符号中的数值上取整，也就是取大于符号中的数字的最小整数值。例如 $\lceil 56.8 \rceil = 57$。

ZUC 生成 L 个 32 比特的密钥字，$Z_l = z_{32l+0} z_{32l+1} \cdots z_{32l+j} \cdots z_{32l+31}$，$l = 0,1,\cdots,L-1$，变换成长度为 $32L \geqslant$ LENGTH 的比特流，即令 $i = 32l + j$，$l = 0,1,\cdots,L-1$，$j = 0,1,\cdots,31$，则

$$Z = Z_0 \| Z_1 \| \cdots \| Z_l \| \cdots \| Z_{L-1} = z_0 z_1 \cdots z_i \cdots z_{32L-1} \tag{4.4.10}$$

现在就可以加密或解密了。加密和解密的操作相同，都是

$$\text{OBS}(i) = \text{IBS}(i) + z_i, \quad i = 0,1,\cdots,\text{LENGTH}-1 \tag{4.4.11}$$

如果输入 IBS 是明文，则输出 OBS 是密文；反之，IBS 为密文的时候，OBS 是明文。

基于祖冲之算法还可以构造完整性算法，这部分内容将在第 5 章介绍。

4.5 RC4 算法及其他

RC4 算法是美国著名密码学家 Ron Rivest 在 1987 年为 RSA 数据安全公司开发的密钥长度可变的流密码。RC4 算法拥有专利，起初是保密的，但是 1994 年 9 月，有人匿名将它的源代码粘贴到了 Cypherpunks 邮件列表中，通过互联网迅速传遍了全世界。

RC4 是流密码算法簇，密钥长度为 1～256 字节。因其简单、高效和软硬件实现容易而得到广泛应用，例如在使用安全套接字层 SSL 协议的 Internet 通信中，以及作为无线局域网标准 IEEE 802.11 中 WEP 协议的一部分保护无线通信的信息安全。

RC4 是一个面向字节的流密码，加密和解密都是以字节为单位的按位模 2 加。即加密时一个明文字节与一个密钥字节逐比特异或，得到一个密文字节。解密时一个密文字节异或一个密钥字节恢复出明文字节。

RC4 算法本身很简单。由于是面向字节的算法，一个字节长 8 比特，总共有 $N=2^8=256$ 种可能的取值，我们把每一种取值称为一种状态，分别存放在 $S(0),S(1),\cdots S(255)$，共 256 个盒子中，构成 8×8 的 S-盒（8 比特输入、8 比特输出）。用一个 1～256 字节的可变长度密钥对 S-盒进行置换，置换后的 S-盒包含 0～255 的所有 8 比特数。密钥流中的密钥 K 从 S-盒的 256 个元素中按一定规则选一个来充当，每生成一个 K 值，S-盒的所有元素就重新置换一遍。

RC4 有两种主要算法：密钥调度算法 KSA（Key Scheduling Algorithm）和伪随机数生成算法 PRGA（Pseudo Random Generating Algorithm）。

1．密钥调度算法 KSA

密钥调度算法是用一个随机密钥对 S-盒的 256 个元素进行初始置换，供伪随机数生成算法产生伪随机序列输出——密钥。典型的随机密钥是 40～256 比特，安全起见，一般选

择 128 比特以上。

初始化时，首先用 0～255 填充 S-盒，即 $S(i)=i$，$i=0,1,\cdots 255$，然后用随机密钥填充一个 256 字节的数组 $K(0),K(1),\cdots,K(255)$。如果 128 比特的随机密钥 $K=K_0\|K_1\|\cdots\|K_{15}$ 由 16 个字节链接而成，那么 $K(0)=K_0,K(1)=K_1,\cdots,K(15)=K_{15},K(16)=K_0,\cdots,K(31)=K_{15},\cdots$ 直至整个数组填充完毕。随机密钥被重复使用了 16 次。如果密钥只有 40 比特，则需要重复 51.2 次；如果密钥长 256 比特，则会重复使用 8 次。

128 比特密钥调度算法 KSA 具体步骤如下：

对于 i=0 到 255

$S(i)=i$

$K(i)=K_{(i \bmod 16)}$

置 j=0，对于 i=0 到 255

$j=[j+S(i)+K(i)](\bmod 256)$

交换 $S(i)$、$S(j)$。

2．伪随机数生成算法 PRGA

伪随机数生成算法输出的是密钥流，每次一个字节。当需要产生密钥字节的时候，按照下列步骤进行：

设置 $i=0, j=0$

$i=(i+1)(\bmod 256)$

$j=[j+S(i)](\bmod 256)$

交换 $S(i)$、$S(j)$

$t=[S(i)+S(j)](\bmod 256)$

$K_{out}=S(t)$

加密： $C=P\oplus K_{out}$

解密： $P=C\oplus K_{out}$

加密和解密都是两个字节的逐比特异或。一次加密一个字节，直至所有的明文都被加密。

因为 RC4 操作非常简单，消耗资源很少，所以在轻量级加密场景中得到了广泛应用。不过，也因为它的简单，容易被攻击。

流密码算法很多，值得一提的还有欧洲 eSTREAM 工程。

2003 年，NESSIE（New European Schemes for Signatures, Integrity and Encryption）工程 6 个参赛的流密码算法全部落选。为了改变这种状况，欧洲在规模更大的 ECRYPT 研究计划（European Network of Excellence for Cryptology）中列入了 eSTREAM 工程项目，旨在征集新的、广泛适用的流密码算法。该工程于 2004 年 11 月开始算法征集，至 2005 年 4 月共收到 34 个应选算法。2005 年 5 月至 2006 年 2 月，34 个候选算法经过第一轮评估，有 7 个算法被淘汰。2006 年 7 月至 2007 年 2 月，包括第一轮被淘汰后又进行了修改的算法在内，进行了第二轮评估，又淘汰了 11 个候选算法。剩下 16 个候选算法进入第三轮评估，从 2007 年 4 月至 2008 年 4 月，历时 1 年。经过 3 轮为期 4 年的评估，2008 年 4 月 eSTREAM 工程结束，最终有 8 个参赛算法获选。面向软件的获选算法有 4 个，分别是：Rabbit, Salsa20, Sosemanuk 和 HC-128。面向硬件的获选算法也有 4 个，分别是：Trivium，Grain v1，F-FCSR-H v2 和 MICKEY v2。不幸的是，F-FCSR-H v2 在获选后被破解。

习题

4.1 什么是流密码？流密码的特点是什么？核心又是什么？

4.2 什么是伪随机序列？

4.3 简述线性反馈移位寄存器的优缺点。

4.4 基于 LFSR 的常见密钥生成器有哪几种？各自特点是什么？

4.5 设 ZUC 算法的密钥 K={18,2,56,250,8,19,66,119,148,136,141,222,111,12,34,15}，初始向量 iv={47,84,186,145,26,185,97,69,83,236,242,81,132,137,59,223}，计算图 4.4.2 中 ZUC 算法的 T_0～T_{15}。

4.6 应用题 4.5 的结果，计算 ZUC 的线性反馈移位寄存器层的抽头序列 v。

4.7 应用题 4.5 的结果，计算 X_0～X_3。

4.8 计算 ZUC 算法的 S-盒输出。

（1）$S_0(3A)$；（2）$S_1(86)$；（3）$S_0(C8)$；（4）$S_1(D7)$

4.9 假设图 4.4.2 中寄存器 R_1 和 R_2 的初值为 0，计算 W，W_1，W_2，SL_1，SL_2，R_1，R_2，u 和 T_{16}。

4.10 假设 RC4 的随机密钥是 K={01,23,45,67,89,AB,CD,EF,F0,E1,D2,C3,B4,A5,96,87}，计算 RC4 输出。

第5章 杂凑函数

数字通信技术的发展给人们带来了数不清的便利，但是数字信号在传输的过程中很容易被截获。有可能存在这样一种场景：Alice 发给 Bob 一条消息，传输过程中被 Eve 截获，Eve 把截获的消息进行了篡改——可以是添加、部分删除或修改，然后又发给 Bob。Bob 无法判断消息是否被破坏。于是，就有一种需求，希望保护数据的完整性——判断消息在传输的过程中是否被动了手脚。杂凑函数就是为了解决数据完整性问题而产生的技术。

5.1 杂凑函数的概念

5.1.1 杂凑函数的基本概念

杂凑函数又称为单向散列函数、哈希函数（Hash Function），是杂凑算法的基础。杂凑函数的函数值称为杂凑值、哈希值或散列值。杂凑函数基本思想是将任意长度的数字序列（通常是二进制序列）压缩成固定长度的比特串。杂凑函数具有明显的单向特征，即由输入消息计算杂凑值容易，但已知杂凑值反推输入消息几乎不可能。而且，消息中任何一个比特或几个比特的微小改变，都会引起杂凑值变化。因此，杂凑值可以作为消息的“数字指纹”用以检验消息在传输的过程中是否被无意或有意地改变。杂凑值有时也被称为数字摘要、报文摘要或消息摘要。杂凑函数在数据完整性认证和数字签名领域有广泛的应用。

杂凑函数需要满足以下基本要求和安全性要求，方可作为商业应用的杂凑函数。

1. 基本要求

假设 m、H、h 分别代表输入消息分组、杂凑函数和杂凑值，则有

$$h = H(m)$$

（1）H 公开。

（2）有数据压缩功能。不管输入数据有多长，总能压缩成固定长度的比特串。

（3）容易计算。给出任意输入 m，计算 $H(m)$容易。

2. 安全性要求

杂凑函数要保持单向的性质，必须满足以下要求：

（1）给定消息的杂凑值 h，要反推出输入消息 m，在计算上是不可行的。这样才能保证函数的单向性。

（2）弱无碰撞性。给定消息 m 和相应的杂凑值 $H(m)$，要找到另一个不同的消息 m'，使得 $H(m) = H(m')$ 是不可能的。

（3）强无碰撞性。要找到一对不同的消息 m 和 m'，使它们的杂凑值相等，即 $h = h'$，在计算上是不可行的。实际上要求杂凑函数能产生雪崩效应，即修改输入的一个比特，将引

起输出大约一半的比特发生变化。这样的话，杂凑值将与输入的每一个比特相关，那么任意两消息哪怕仅有微小不同，它们的杂凑值也相差甚远。

如果不相同的两消息 m 和 m' 的杂凑值相同 $H(m)=H(m')$，即发生了碰撞，称杂凑函数 H 具有**碰撞性**。由于单向函数是多对一的映射，所以碰撞是不可避免的，但是按要求找到一个碰撞必须是计算上不可行的。

5.1.2 杂凑函数的工作方式

常用的杂凑函数结构是迭代结构，如图 5.1.1 所示。

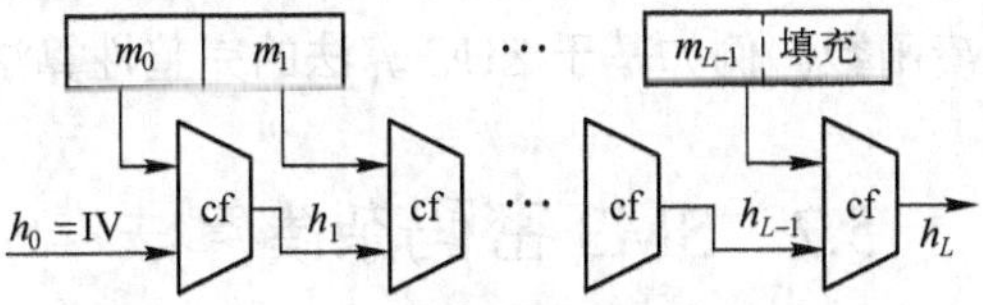

图 5.1.1 杂凑函数的基本工作方式

图 5.1.1 是不带密钥的杂凑函数。其中 cf 是压缩函数，每轮都相同。IV 是初始化向量，m_i 是输入的 n 比特消息分组，共 L 组，最后一个分组若不满足分组长度要求，则需填充。压缩函数 cf 有两个输入，n 比特消息分组 m_{i-1} 和上一轮的 t 比特压缩函数输出 h_{i-1}，h_i 是压缩函数的 t 比特输出，$n>t$。默认 h_0 是 IV，最后一轮压缩函数的输出 h_L 即消息的最终杂凑值 $H(m)$。

杂凑函数可用公式表示为：

$$\begin{aligned} &h_0 = \mathrm{IV} \\ &h_i = cf(h_{i-1}, m_{i-1}),\ i=1,2,\cdots,L \\ &H(m) = h_L \end{aligned} \tag{5.1.1}$$

5.1.3 杂凑函数的分类

杂凑函数有多种分类方法。

按照有无密钥，杂凑函数可分为：

（1）不带密钥的杂凑函数。整个算法只有一个输入：消息。

（2）带密钥的杂凑函数。算法有两个输入：消息和密钥。

按照设计结构，杂凑函数可分为：

（1）标准杂凑函数。这类杂凑函数又分为两个大类：一类是 MD 系列的 MD4、MD5、HAVAL、RIPEMD、RIPEMD-160 等；另一类是 SHA 系列的 SHA-1、SHA-2、SHA-3，其中还有更细的分类。有些杂凑函数已被证明有碰撞性，但不论怎样，这两类杂凑函数代表了杂凑函数设计的主要技术。MD4 和 MD5 都是美国麻省理工学院教授 Ronald L Rivest 提出的算法，MD5 是 MD4 的改进版。HAVAL 是 MD5 的改进版，RIPEMD 是为欧共体 RIPE（RACE Integrity Primitives Evaluation）项目研制的，是 MD4 的变型。SHA 是安全杂凑算法（Security Hash Algorithm）的缩写，由美国国家标准技术研究所 NIST 和美国国家标准局 NSA 联合开发，于 1993 年作为联邦信息处理标准发布（美国标准号：FIPS PUB 180），1995 年修订后定名为 SHA-1（美国标准号：FIPS PUB 180-1）。SHA-1 基于 MD4 算法，其设计在很大程度上也模仿了 MD4 算法。属于 SHA-3 系列的有 12 个杂凑算法。

迄今为止，我国密码学家王小云教授团队针对 MD4、MD5、HAVAL、RIPEMD-128 和 SHA-1 的攻击均告成功。

（2）基于分组密码的杂凑函数。比如 DES 的 CBC 和 OBC 模式，如果将消息作为算法的输入，将最后一组输出作为杂凑值，则可构造出基于 DES 的两种杂凑函数。基于其他分组算法也可构造出杂凑函数。比如基于国际数据加密标准 IDEA（International Data Encryption Algorithm）构造的杂凑函数。IDEA 是瑞士籍华裔密码学家来学嘉教授和瑞士密码学家 James Massey 提出的分组密码算法。

（3）基于模数运算的杂凑函数。例如基于 RSA 算法的杂凑算法。

（4）基于流密码的杂凑函数。例如基于 ZUC 算法的完整性算法 128-EIA3。

5.2　SM3 密码杂凑算法

《SM3 密码杂凑算法》是国家密码管理局于 2010 年 12 月公布的我国自主研制的杂凑算法，2012 年公布为密码行业标准（标准号：GM/T 0004-2012），2016 年正式发布为国家标准（标准号：GB/T 32905-2016）。2014 年，我国向国际标准化组织 ISO/IEC 提交了 SM3 密码杂凑算法建议文本。经过几轮评估之后 SM3 密码杂凑算法进入国际标准最终草案阶段，2017 年 4 月，SC27 工作组投票通过了 SM3 作为专用杂凑算法之一的 ISO/IEC 国际标准的决议。2018 年 10 月，含有我国 SM3 算法的 2018：《信息安全技术杂凑函数第 3 部分：专用杂凑函数》第 4 版由 ISO 正式发布（标准号：ISO/IEC 10118-3）。至此，我国研制的 SM3 密码杂凑算法（以下简称 SM3 算法）正式成为国际标准。

5.2.1　SM3 算法常数与函数的定义

SM3 算法是将长度 $l<2^{64}$ 的消息 m，经过填充并迭代压缩至 256 比特杂凑值的杂凑算法。

1. 常数的定义

SM3 初始值的长度为 256 比特。具体为

IV =7380166F 4914B2B9 172442D7 DA8A0600 A96F30BC 163138AA E38DEE4ED B0FB0E4E

SM3 算法常量的长度为一个字，即 32 比特。定义为

$$T_j=\begin{cases}79CC4519 & 0\leqslant j\leqslant 15\\ 7A879D8A & 16\leqslant j\leqslant 63\end{cases}\tag{5.2.1}$$

2. 函数的定义

把长度为 n 的二元序列 $(x_1\cdots x_i\cdots x_n), x_i\in\{0,1\}$ 映射到二值集合{0, 1}的函数 $f(x)$称为 n 元布尔函数。SM3 算法的布尔函数定义为

$$\mathrm{FF}_j(X,Y,Z)=\begin{cases}X\oplus Y\oplus Z & 0\leqslant j\leqslant 15\\ XY+XZ+YZ & 16\leqslant j\leqslant 63\end{cases}\tag{5.2.2}$$

$$\mathrm{GG}_j(X,Y,Z)=\begin{cases}X\oplus Y\oplus Z & 0\leqslant j\leqslant 15\\ XY+\bar{X}Z & 16\leqslant j\leqslant 63\end{cases}\tag{5.2.3}$$

式（5.2.2）和式（5.2.3）中的变量 X、Y、Z 均为 32 比特字。符号+和⊕分别表示逻辑

或和异或操作，XY表示 X和 Y的逻辑与，$\bar{X}$ 表示 X 的逻辑非。

SM3 的置换函数定义为

$$\begin{aligned}P_0(X) &= X \oplus (X <<<_{32} 9) \oplus (X <<<_{32} 17) \\ P_1(X) &= X \oplus (X <<<_{32} 15) \oplus (X <<<_{32} 23)\end{aligned} \tag{5.2.4}$$

式中变量 X 为字，$<<<_{32} k$ 表示循环左移 k 比特，下标 32 指字长。

5.2.2 SM3 算法描述

对长度为 $l(l<2^{64})$比特的消息 m，SM3 杂凑算法经过填充和迭代压缩，生成杂凑值，杂凑值长度为 256 比特。

1．填充

假设消息 m 的长度为 l 比特。首先将比特“1”添加到消息的末尾，再添加 k 个“0”，k 是满足 $l+1+k \equiv 448$（mod 512）的最小的非负整数。然后再添加一个 64 位比特串，该比特串是长度 l 的二进制码表示。填充后的消息 m'的比特长度为 512 的倍数。

【例 5.1】 输入消息为“abc”，其 ASCⅡ码表示为 616263，将其填充为 512 比特消息。

解：abc 的二进制码表示为 01100001 01100010 01100011，其长度 l=24，经填充得到比特串：

$$01100001\ 01100010\ 01100011\overbrace{100\cdots00}^{423\text{bit}}\underbrace{\overbrace{00\cdots011000}^{64\text{bit}}}_{\text{binary form of } l}$$

将 512 比特串用 16 进制码表示为

61626380 00000000 00000000 00000000 00000000 00000000 00000000 00000000
00000000 00000000 00000000 00000000 00000000 00000000 00000000 00000018

2．迭代压缩

迭代压缩的总体思路是先将消息分成 512 比特的分组，如果最后一组不满 512 比特，则需填充到 512 比特。然后将第一个分组和初始值输入到压缩函数进行压缩，压缩的中间结果赋值给数组 $V^{(i)}$，再将下一个消息分组和 $V^{(i)}$ 输入到压缩函数继续压缩，如此循环，直至最后一个分组压缩完毕，最后一组压缩结果就是消息的杂凑值。

（1）迭代过程

将填充后的消息 m'按 512 比特进行分组：$m'=(m_0, m_1, \cdots, m_{L-1})$ 其中 $L=(l+k+65)/512$。

对 m'按下列方式迭代：

FOR $i=0$ TO $L-1$

$h_{i+1} = \mathrm{cf}(h_i, m_i)$

ENDFOR

其中 cf 是压缩函数，h_0 为 256 比特初始值 IV，m_i 为填充后的消息分组，迭代压缩的最终结果为 h_L。

（2）消息扩展

将消息分组 m_i 按以下方法扩展生成 132 个字 $W_0, W_1, \cdots, W_{67}, W'_0, W'_1, \cdots, W'_{63}$，用于压缩函数 cf：

a）将消息分组 m_i 划分为 16 个字 $W_0, W_1, \cdots, W_{15}$。

b） FOR $j=16$ TO 67

$$W_j \leftarrow P_1(W_{j-16} \oplus W_{j-9} \oplus (W_{j-3} <<<_{32} 15)) \oplus (W_{j-13} <<<_{32} 7) \oplus W_{j-6}$$

ENDFOR

c） FOR $j=0$ TO 63

$$W'_j = W_j \oplus W_{j+4}$$

ENDFOR

消息扩展过程如图 5.2.1 所示。

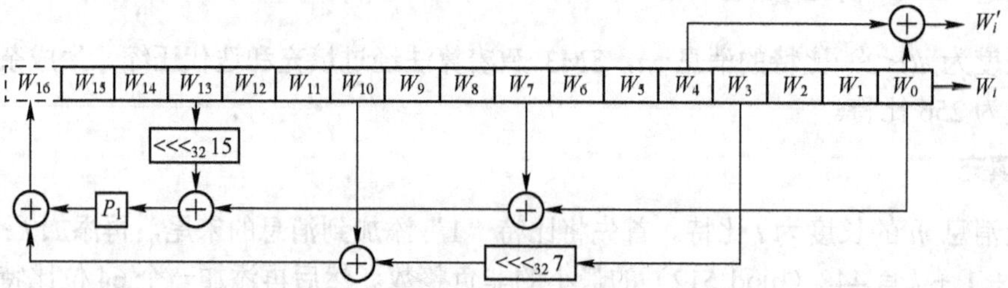

图 5.2.1 SM3 消息扩展

【例 5.2】 将例 5.1 中填充后的消息分组按照 SM3 规范扩展。

解：按照信息扩展规则，将消息分组划分为 16 个字。即 $W_0 \sim W_{15}$ 的 16 进制数分别为

61626380 00000000 00000000 00000000 00000000 00000000 00000000 00000000

00000000 00000000 00000000 00000000 00000000 00000000 00000000 00000018

按照信息扩展 b）的步骤，并考虑式（5.2.4）的关系，计算 W_{16}

$$\begin{aligned} W_{16} &= P_1(W_0 \oplus W_7 \oplus (W_{13} <<<_{32} 15)) \oplus (W_3 <<<_{32} 7) \oplus W_{10} \\ &= P_1(61626380 \oplus 00000000 \oplus 00000000) \oplus 00000000 \oplus 00000000 \\ &= P_1(61626380) \\ &= 61626380 \oplus (61626380 <<<_{32} 15) \oplus (61626380 <<<_{32} 23) \\ &= 61626380 \oplus 31C030B1 \oplus C030B131 \\ &= 9092E200 \end{aligned}$$

因为计算 W_{17} 的各项均为 0，故 $W_{17} \leftarrow 00000000$。

$$\begin{aligned} W_{18} &= P_1(W_2 \oplus W_9 \oplus (W_{15} <<<_{32} 15)) \oplus (W_5 <<<_{32} 7) \oplus W_{12} \\ &= P_1(00000000 \oplus 00000000 \oplus 000C0000) \oplus 00000000 \oplus 00000000 \\ &= P_1(000C0000) \\ &= 000C0000 \oplus (000C0000 <<<_{32} 15) \oplus (000C0000 <<<_{32} 23) \\ &= 000C0000 \oplus 00000006 \oplus 00000600 \\ &= 000C0606 \end{aligned}$$

依次类推，计算出 $W_{19} \sim W_{67}$ 。$W_0 \sim W_{67}$ 扩展字见表 5.2-1。

表 5.2-1 $W_0 \sim W_{67}$

j	W_j	j	W_j	j	W_j	j	W_j	j	W_j	j	W_j	j	W_j	j	W_j
0	61626380	1	00000000	2	00000000	3	00000000	4	00000000	5	00000000	6	00000000	7	00000000
8	00000000	9	00000000	10	00000000	11	00000000	12	00000000	13	00000000	14	00000000	15	00000018
16	9092E200	17	00000000	18	000C0606	19	719C70ED	20	00000000	21	8001801F	22	939F7DA9	23	00000000
24	2C6FA1F9	25	ADAAEF14	26	00000000	27	0001801E	28	9A965F89	29	49710048	30	23CE86A1	31	B2D12F1B

续表

j	W_j	j	W_j	j	W_j	j	W_j	j	W_j	j	W_j	j	W_j	j	W_j
32	E1DAE338	33	F8061807	34	055d68BE	35	86CFD481	36	1F447D83	37	D9023DBF	38	185898E0	39	E0061807
40	050DF55C	41	CDE0104C	42	A5B9C955	43	A7DF0184	44	6E46CD08	45	E3BABDF8	46	70CAA422	47	0353AF50
48	A92DBCA1	49	5F33CFD2	50	E16F6E89	51	F70FE941	52	CA5462DC	53	85A90152	54	76AF6296	55	C922BDB2
56	68378CF5	57	97585344	58	09008723	59	86FAEE74	60	2AB908B0	61	4A64BC50	62	864E6E08	63	F07E6590
64	325C8F78	65	ACCB8011	66	E11DB9DD	67	B99C0545								

计算$W'_0 \sim W'_{63}$。$W'_j = W_j \oplus W_{j+4}$，计算结果见表 5.2-2。

表 5.2-2 $W'_0 \sim W'_{63}$

j	W'_j	j	W'_j	j	W'_j	j	W'_j	j	W'_j	j	W'_j	j	W'_j	j	W'_j
0	61626380	1	00000000	2	00000000	3	00000000	4	00000000	5	00000000	6	00000000	7	00000000
8	00000000	9	00000000	10	00000000	11	00000018	12	9092E200	13	00000000	14	000c0606	15	719C70F5
16	9092E200	17	8001801F	18	93937BAF	19	719C70ED	20	2c6FA1F9	21	2DAB6F0B	22	939F7DA9	23	0001801E
24	B6F9FE70	25	E4DBEF5C	26	23CE86A1	27	B2D0AF05	28	7B4CBCB1	29	B177184F	30	2693EE1F	31	341EFB9A
32	FE9E9EBB	33	210425B8	34	1D05F05E	35	66C9CC86	36	1A4988DF	37	14E22DF3	38	BDE151B5	39	47D91983
40	6B4B3854	41	2E5AADB4	42	D5736D77	43	A48CAED4	44	C76B71A9	45	BC89722A	46	91A5CAAB	47	F45C4611
48	6379DE7D	49	DA9ACE80	50	97C00C1F	51	3E2D54F3	52	A263EE29	53	12F15216	54	7FAFE5B5	55	4FD853C6
56	428E8445	57	DD3CEF14	58	8F4EE92B	59	76848BE4	60	18E587C8	61	E6AF3C41	62	6753D7D5	63	49E260D5

（3）压缩函数

令 A, B, C, D, E, F, G, H 为字寄存器，SS1, SS2, TT1, TT2 为中间变量，压缩函数 $h_{i+1} = \mathrm{cf}(h_i, m_i)$，$0 \leqslant i \leqslant L-1$。计算过程描述如下：

$ABCDEFGH \leftarrow h_i$

FOR $j = 0$ TO 63

$\mathrm{SS1} \leftarrow ((A <<<_{32} 12) \boxplus E \boxplus (T_j <<<_{32} j)) <<<_{32} 7$

$\mathrm{SS2} \leftarrow \mathrm{SS1} \oplus (A <<<_{32} 12)$

$\mathrm{TT1} \leftarrow \mathrm{FF}_j(A, B, C) \boxplus D \boxplus \mathrm{SS2} \boxplus W'_j$

$\mathrm{TT2} \leftarrow \mathrm{GG}_j(E, F, G) \boxplus H \boxplus \mathrm{SS1} \boxplus W_j$

$D \leftarrow C$

$C \leftarrow B <<<_{32} 9$

$B \leftarrow A$

$A \leftarrow \mathrm{TT1}$

$H \leftarrow G$

$G \leftarrow F <<<_{32} 19$

$F \leftarrow E$

$E \leftarrow P_0(\mathrm{TT2})$

ENDFOR

$h_{i+1} = ABCDEFGH \oplus h_i$

其中，“⊞”为（mod 2^{32}）加法。字的存储为大端（big-endian）格式。大端格式规定左边为高有效位，右边为低有效位。数的高阶字节放在存储器的低地址，数的低阶字节放在存储器的高地址。

SM3 算法一轮压缩过程见图 5.2.2。

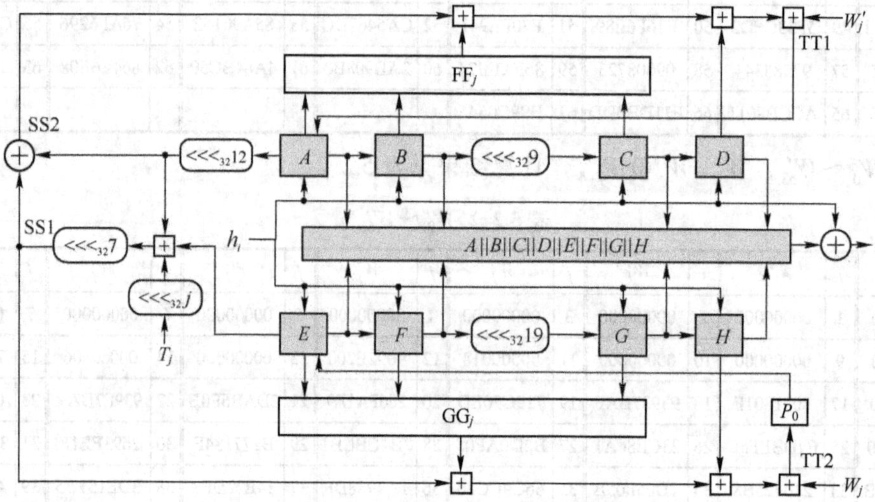

图 5.2.2　SM3 算法一轮压缩过程

每一轮压缩从 h_i 装载到 8 个寄存器 A, B, C, D, E, F, G, H 开始，输入消息扩展过程中产生的 W_j 和 W_j'，在常数 T_j 的参与下经过 64 步循环迭代得到本轮压缩结果，存放于 A, B, C, D, E, F, G, H 8 个寄存器中，整个结果再与本轮输入的 h_i 异或，即为本消息分组的杂凑输出 h_{i+1}，它同时也是下一个消息分组的输入。最后一组消息的杂凑输出就是整条消息的杂凑值。

【例 5.3】 对例 5.2 的扩展消息按照 SM3 的规范进行压缩。

解：因消息只有一个分组，故 L=1。$h_0 = \text{IV}$，代入初始变量值

$h_0 =$ 7380166F 4914B2B9 172442D7 DA8A0600 A96F30BC 163138AA E38DEE4D B0FB0E4E

初始变量的 8 个字分别赋值给寄存器 $ABCDEFGH$，即 $A = \text{7380166F}, \cdots, H = \text{B0FB0E4E}$。执行计算步骤（3）：

对于 j=0，由式（5.2.1）可知，$T_0 = \text{79CC4519}$，故有

$$\begin{aligned}\text{SS1} &\leftarrow ((A <<<_{32} 12) \boxplus E \boxplus (T_j <<<_{32} j)) <<<_{32} 7\\&= ((\text{7380166F} <<<_{32} 12) \boxplus \text{A96F30BC} \boxplus (T_0 <<<_{32} 0)) <<<_{32} 7\\&= (\text{0166F738} \boxplus \text{A96F30BC} \boxplus \text{79CC4519}) <<<_{32} 7\\&= \text{24A26D0D} <<<_{32} 7\\&= \text{51368692}\end{aligned}$$

$$\text{SS2} \leftarrow \text{SS1} \oplus (A <<<_{32} 12) = \text{51368692} \oplus \text{0166F738} = \text{505071AA}$$

由式（5.2.2）可知，j=0 时，$\text{FF}_0(A,B,C) = A \oplus B \oplus C$，查表 5.2-2，将 W_0' 代入式（5.2.5），得

$$\begin{aligned}\text{TT1} &\leftarrow \text{FF}_0(A,B,C) \boxplus D \boxplus \text{SS2} \boxplus W_0'\\&= (A \oplus B \oplus C) \boxplus D \boxplus \text{SS2} \boxplus W_0'\\&= \text{2DB0E601} \boxplus \text{DA8A0600} \boxplus \text{505071AA} \boxplus \text{61626380}\\&= \text{B9EDC12B}\end{aligned} \tag{5.2.5}$$

根据式（5.2.2），j=0 时，$GG_0(E,F,G,)=E\oplus F\oplus G$，查表5.2-1，将$W_0$代入式（5.2.6），有

$$\begin{aligned}
TT2 &\leftarrow GG_0(E,F,G)\boxplus H\boxplus SS1\boxplus W_0\\
&=(E\oplus F\oplus G)\boxplus H\boxplus SS1\boxplus W_0\\
&=(\mathrm{A96F30BC}\oplus \mathrm{163138AA}\oplus \mathrm{E38DEE4D})\boxplus \mathrm{B0FB0E4E}\boxplus 51368692\boxplus 61626380 \quad (5.2.6)\\
&=\mathrm{5CD3E65B}\boxplus \mathrm{B0FB0E4E}\boxplus 51368692\boxplus 61626380\\
&=\mathrm{C067DEBB}
\end{aligned}$$

$$B\lll_{32}9=\mathrm{4914B2B9}\lll_{32}9=29657292$$

$$F\lll_{32}19=\mathrm{163138AA}\lll_{32}19=\mathrm{C550B189}$$

$$\begin{aligned}
P_0(TT2)&=TT2\oplus(TT2\lll_{32}9)\oplus(TT2\lll_{32}17)\\
&=\mathrm{C067DEBB}\oplus \mathrm{CFBD7780}\oplus \mathrm{BD7780CF}\\
&=\mathrm{B2AD29F4}
\end{aligned}$$

给寄存器 A, B, C, D, E, F, G 重新赋值：

$D\leftarrow C$,　　　$D=\mathrm{172442D7}$

$C\leftarrow B\lll_{32}9$,　$C=29657292$

$B\leftarrow A$,　　　$B=\mathrm{7380166F}$

$A\leftarrow TT1$,　　$A=\mathrm{B9EDC12B}$

$H\leftarrow G$,　　　$H=\mathrm{E38DEE4D}$

$G\leftarrow F\lll_{32}19$, $G=\mathrm{C550B189}$

$F\leftarrow E$,　　　$F=\mathrm{A96F30BC}$

$E\leftarrow P_0(TT2)$,　$E=\mathrm{B2AD29F4}$

对 j 增量，进行下一轮计算，如此循环，直至 j=63 计算完毕。压缩函数在各轮的中间结果见表 5.2-3。

表 5.2-3　压缩函数在各轮的中间结果

j	*A*	*B*	*C*	*D*	*E*	*F*	*G*	*H*
	7380166F	4914B2B9	172442D7	DA8A0600	A96F30BC	163138AA	E38DEE4D	B0FB0E4E
0	B9EDC12B	7380166F	29657292	172442D7	B2AD29F4	A96F30BC	C550B189	E38DEE4D
1	EA52428C	B9EDC12B	002CDEE7	29657292	AC353A23	B2AD29F4	85E54B79	C550B189
2	609F2850	EA52428C	DB825773	002CDEE7	D33AD5FB	AC353A23	4FA59569	85E54B79
3	35037E59	609F2850	A48519D4	DB825773	B8204B5F	D33AD5FB	D11D61A9	4FA59569
4	1F995766	35037E59	3E50A0C1	A4851D4	8AD212EA	B8204B5F	AFDE99D6	D11D61A9
5	374A0CA7	1F995766	06FCB26A	3E50A0C1	ACF0F639	8AD212EA	5AFDC102	AFDE99D6
6	33130100	374A0CA7	32AECC3F	06FCB26A	3391EC8A	ACF0F639	97545690	5AFDC102
7	1022AC97	33130100	94194E6E	32AECC3F	367250A1	3391EC8A	B1CD6787	97545690
8	D47CAF4C	1022AC97	26020066	94194E6E	6AD473A4	367250A1	64519C8F	B1CD6787
9	59C2744B	D47CAF4C	45592E20	26020066	C6A3CEAE	6AD473A4	8509B392	64519C8F
10	481BA2A0	59C2744B	F95E99A8	45592E20	02AFB727	C6A3CEAE	9D2356A3	8509B392
11	694A3D09	481BA2A0	84E896B3	F95E99A8	9DD1B58C	02AFB727	7576351E	9D2356A3
12	89CBCD58	694A3D09	37454090	84E896B3	6370DB62	9DD1B58C	B938157D	7576351E

续表

j	A	B	C	D	E	F	G	H
13	24C95ABC	89CBCD58	947A12D2	37454090	1A4A2554	6370DB62	AC64EE8D	B938157D
14	7C529778	24C95ABC	979AB113	947A12D2	3EE95933	1A4A2554	DB131B86	AC64EE8D
15	34D1691E	7C529778	92B57849	979AB113	61F99646	3EE95933	2AA0D251	DB131B86
16	796AFAB1	34D1691E	A52EF0F8	92B57849	067550F5	61F99646	C999F74A	2AA0D251
17	7D27CC0E	796AFAB1	A2D23C69	A52EF0F8	B3C8669B	067550F5	B2330FCC	C999F74A
18	D7820AD1	7D27CC0E	D5F562F2	A2D23C69	575C37D8	B3C8669B	87A833AA	B2330FCC
19	F84FD372	D7820AD1	4F981CFA	D5F562F2	A5DCEAF1	575C37D8	34DD9E43	87A833AA
20	02C57896	F84FD372	0415A3AF	4F981CFA	74576681	A5DCEAF1	BEC2BAE1	34DD9E43
21	4D0C2FCD	02C57896	9FA6E5F0	0415A3AF	576F1D09	74576681	578D2EE7	BEC2BAE1
22	EEEEC41A	4D0C2FCD	8AF12C05	9FA6E5F0	B5523911	576F1D09	340BA2BB	578D2EE7
23	F368DA78	EEEEC41A	185F9A9A	8AF12C05	6A879032	B5523911	E84ABB78	340BA2BB
24	15CE1286	F368DA78	DD8835DD	185F9A9A	62063354	6A879032	C88DAA91	E84ABB78
25	C3FD31C2	15CE1286	D1B4F1E6	DD8835DD	4DB58F43	62063354	8193543C	C88DAA91
26	6243BE5E	C3FD31C2	9C250C2B	D1B4F1E6	131152FE	4DB58F43	9AA31031	8193543C
27	A549BEAA	6243BE5E	FA638587	9C250C2B	CF65E309	131152FE	7A1A6DAC	9AA31031
28	E11EB847	A549BEAA	877CBCC4	FA638587	E5B64E96	CF65E309	97F0988A	7A1A6DAC
29	FF9BAC9D	E11EB847	937D554A	877CBCC4	9811B46D	E5B64E96	184E7B2F	97F0988A
30	A5A4A2B3	FF9BAC9D	3D708FC2	937D554A	E92DF4EA	9811B46D	74B72DB2	184E7B2F
31	89A13E59	A5A4A2B3	37593BFF	3D708FC2	0A1FF572	E92DF4EA	A36CC08D	74B72DB2
32	3720BD4E	89A13E59	4945674B	37593BFF	CF7D1683	0A1FF572	A757496F	A36CC08D
33	9CCD089C	3720BD4E	427CB313	4945674B	DA8C835F	CF7D1683	AB9050FF	A757496F
34	C7A0744D	9CCD089C	417A9C6E	427CB313	0958FF1B	DA8C835F	B41E7BE8	AB9050FF
35	D955C3ED	C7A0744D	9A113939	417A9C6E	C533F0FF	0958FF1B	1AFED464	B41E7BE8
36	E142D72B	D955C3ED	40E89B8F	9A113939	D4509586	C533F0FF	F8D84AC7	1AFED464
37	E7250598	E142D72B	AB87DBB2	40E89B8F	C7F93FD3	D4509586	87FE299F	F8D84AC7
38	2F13C4AD	E7250598	85AE57C2	AB87DBB2	1A6CABC9	C7F93FD3	AC36A284	87FE299F
39	19F363F9	2F13C4AD	4A0B31CE	85AE57C2	C302BADB	1A6CABC9	FE9E3FC9	AC36A284
40	55E1DDE2	19F363F9	27895A5E	4A0B31CE	459DACCF	C302BADB	5E48D365	FE9E3FC9
41	D4F4EFE3	55E1DDE2	E6C7F233	27895A5E	5CFBA85A	459DACCF	D6DE1815	5E48D365
42	48DCBC62	D4F4EFE3	C3BBC4AB	E6C7F233	6F49C7BB	5CFBA85A	667A2CED	D6DE1815
43	8237B8A0	48DCBC62	E9DFC7A9	C3BBC4AB	D89D2711	6F49C7BB	42D2E7DD	667A2CED
44	D8685939	8237B8A0	B978C491	E9DFC7A9	8EE87DF5	D89D2711	3DDB7A4E	42D2E7DD
45	D2090A86	D8685939	6F714104	B978C491	2E533625	8EE87DF5	388EC4E9	3DDB7A4E
46	E51076B3	D2090A86	D0B273B0	6F714104	D9F89E61	2E533625	EFAC7743	388EC4E9
47	47C5BE50	E51076B3	12150DA4	D0B273B0	3567734E	D9F89E61	B1297299	EFAC7743
48	ABDDBDC8	47C5BE50	20ED67CA	12150DA4	3DFCDD11	3567734E	F30ECFC4	B1297299

续表

j	*A*	*B*	*C*	*D*	*E*	*F*	*G*	*H*
49	BD708003	ABDDBDC8	8B7CA08F	20ED67CA	93494BC0	3DFCDD11	9A71AB3B	F30ECFC4
50	15E2F5D3	BD708003	BB7B9157	8B7CA08F	C3956C3F	93494BC0	E889EFE6	9A71AB3B
51	13826486	15E2F5D3	E100077A	BB7B9157	CD09A51C	C3956C3F	5E049A4A	E889EFE6
52	4A00ED2F	13826486	C5EBA62B	E100077A	0741F675	CD09A51C	61FE1CAB	5E049A4A
53	F4412E82	4A00ED2F	04C90C27	C5EBA62B	7429807C	0741F675	28E6684D	61FE1CAB
54	549DB4B7	F4412E82	01DA5E94	04C90C27	F6BC15ED	7429807C	B3A83A0F	28E6684D
55	22A79585	549DB4B7	825D05E8	01DA5E94	9D4DB19A	F6BC15ED	03E3A14C	B3A83A0F
56	30245B78	22A79585	3B696EA9	825D05E8	F6804C82	9D4DD19A	AF6FB5E0	03E3A14C
57	6598314F	30245B78	4F2B0A45	3B696EA9	F522ADB2	F6804C82	8CD4EA6D	AF6FB5E0
58	C3D629A9	6598314F	48B6F060	4F2B0A45	14FB0764	F522ADB2	6417B402	8CD4EA6D
59	DDB0A26A	C3D629A9	30629ECB	48B6F060	589F7D5C	14FB0764	6D97A915	6417B402
60	71034D71	DDB0A26A	AC535387	30629ECB	14D5C7F6	589F7D5C	3B20A7D8	6D97A915
61	5E636B4B	71034D71	6144D5BB	AC535387	09CCD95E	14D5C7F6	EAE2C4FB	3B20A7D8
62	2BFA5F60	5E636B4B	069AE2E2	6144D5BB	4AC3CF08	09CCD95E	3FB0A6AE	EAE2C4FB
63	1547E69B	2BFA5F60	C6D696BC	069AE2E2	E808F43B	4AC3CF08	CAF04E66	3FB0A6AE

表 5.2-3 的最后一行即为压缩函数的计算结果。

（4）杂凑值

$$ABCDEFGH \leftarrow \mathrm{cf}(h_0, m_0)$$

输出 256 比特的杂凑值 $h_1 = ABCDEFGH \oplus h_0$。

【例 5.4】 计算例 5.3 的杂凑值。

解： 因为只有一个信息分组，故 SM3 的输出

$h_1 = ABCDEFGH \oplus h_0$

= 1547E69B 2BFA5F60 C6D696BC 069AE2E2 E808F43B 4AC3CF08 CAF04E66 3FB0A6AE

⊕7380166F 4914B2B9 172442D7 DA8A0600 A96F30BC 163138AA E38DEE4D B0FB0E4E

= 66C7F0F4 62EEEDD9 D1F2D46B DC10E4E2 4167C487 5CF2F7A2 297DA02B 8F4BA8E0

$$ABCDEFGH \leftarrow h_1$$

杂凑值：

66C7F0F4 62EEEDD9 D1F2D46B DC10E4E2 4167C487 5CF2F7A2 297DA02B 8F4BA8E0

例 5.1～例 5.4 构成了 SM3 密码杂凑算法的一个完整范例。

二维码 5-1

5.3 安全散列算法 SHA

在我国密码杂凑算法标准出台之前，MD5 和 SHA-1 曾是国内广泛应用的杂凑算法。在王小云教授于 2004 年和 2005 年分别公布了她对 MD5 算法的碰撞攻击结果和碰撞攻击算法之后，MD5 逐渐退出历史舞台，目前仅在安全要求很低的场合下应用。

前面已经介绍过，SHA 是安全散列算法（Security Hash Algorithm）的缩写，由美国国

家标准技术研究所 NIST 和美国国家标准局 NSA 联合开发，1995 年修订后定名为 SHA-1（美国标准号：FIPS 180-1）。NIST 后来在 FIPS 180-1 的基础上又做了修改，发布了推荐的修订版本 FIPS 180-2。FIPS 180-2 标准中，除了 SHA-1，新增了 SHA-256、SHA-384 和 SHA-512。这四种杂凑算法构成了 SHA 系列，结构相同，分组大小、字长、消息摘要大小、迭代轮数不尽相同。SHA-1 是与数字签名标准 DSS 配套使用的杂凑函数标准，但它于 2005 年被我国王小云教授领导的团队破解，因此国家商用密码管理办公室要求使用 SHA-256 以上的杂凑算法。尽管如此，SHA-1 仍在一定范围内应用，而且，了解了 SHA-1，其他 SHA 算法很容易理解。

5.3.1　SHA-1 算法

SHA-1 算法允许输入的最大消息长度是 $2^{64}-1$，输出消息摘要的长度是 160 比特，消息分组长度是 512 比特。算法大体分为 4 个步骤：消息填充、扩展、杂凑压缩、输出。

1．消息填充

首先将消息按照 512 比特分组，如果最后一个分组长度不够则需要填充。填充规则是消息末尾先添加 1，然后连续填充 0，直到第 448 位，最后 64 位用来表示消息的二进制码长度，448+64=512。消息填充方法如图 5.3.1 所示，其中 L 是填充后的消息组数。

消息填充为 512 的整倍数后，即可开始杂凑计算，方法与图 5.1.1 类似。

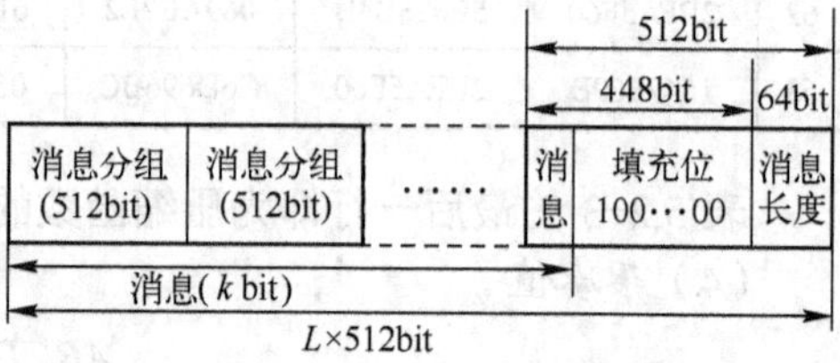

图 5.3.1　SHA-1 算法消息填充方法

2．消息扩展

与多数杂凑函数类似，SHA-1 也是对每个消息分组先扩展后再压缩。每个 512 比特分组先划分成 16 个 32 比特的字，第 i 个分组记为 $m(i)=(m_0,m_1,\cdots,m_{15})_i$，$i=0,1,\cdots,L-1$，然后按照下列扩展算法将 16 个字扩展成 80 个字，记为 $(W_0,W_1,\cdots,W_{79})$。

$$W_i=\begin{cases}m_i, & 0\leqslant i\leqslant 15\\(W_{i-3}\oplus W_{i-8}\oplus W_{i-14}\oplus W_{i-16})<<<_{32}1, & 16\leqslant i\leqslant 79\end{cases}\tag{5.3.1}$$

每个字由 32 比特组成，$W_i=(w_{31}w_{30}\cdots w_0)^{(i)}$，其中 w_0 是最低位。如果将消息分组的 16 个字看作 16 个寄存器的初值，则消息扩展过程可用图 5.3.2 描述。

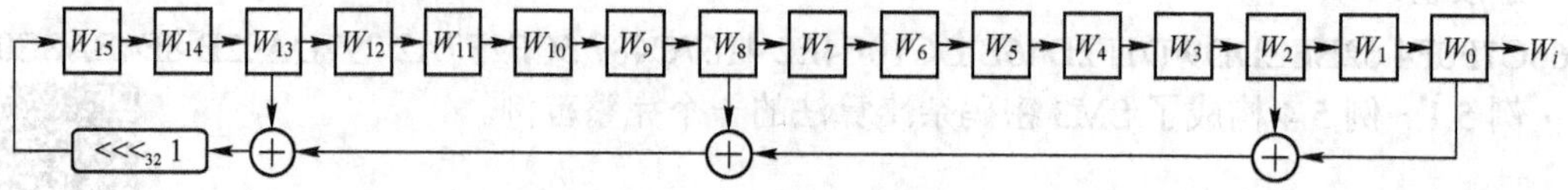

图 5.3.2　SHA-1 消息扩展

3．迭代压缩

消息扩展完成后进入主循环。主循环共 80 步，分 4 轮完成，每轮迭代 20 步。循环中涉及 5 个 32 比特变量，初始值的十六进制数分别为：

$$A_0=67452301, B_0=\text{EFCDAB89}, C_0=\text{98BADCFE}, D_0=10325476, E_0=\text{C3D2E1F0}\tag{5.3.2}$$

4 轮压缩轮常数的十六进制值为：

$$\begin{aligned}K_1 &= 5A827999, \quad 0 \leqslant i \leqslant 19 \\ K_2 &= 6ED9EBA1, \quad 20 \leqslant i \leqslant 39 \\ K_3 &= 8F1BBCDC, \quad 40 \leqslant i \leqslant 59 \\ K_4 &= CA62C1D6, \quad 60 \leqslant i \leqslant 79\end{aligned} \tag{5.3.3}$$

第 j 轮第 i 步运算函数如下：

$$\begin{cases} A_{i+1} \equiv (A_i <<<_{32} 5 + f_j(B_i, C_i, D_i) + E_i + W_i + K_j) (\bmod 2^{32}) \\ B_{i+1} = A_i \\ C_{i+1} = B_i <<<_{32} 30 \\ D_{i+1} = C_i \\ E_{i+1} = D_i \end{cases} \quad i = 0,1,\cdots,79, \quad j = 1,2,3,4 \tag{5.3.4}$$

其中

$$f_j(X,Y,Z) = \begin{cases} f_1(X,Y,Z) = XY + \bar{X}Z, & i = 0,\cdots,19 \\ f_2(X,Y,Z) = X \oplus Y \oplus Z, & i = 20,\cdots,39 \\ f_3(X,Y,Z) = XY + XZ + YZ, & i = 40,\cdots,59 \\ f_4(X,Y,Z) = X \oplus Y \oplus Z, & i = 60,\cdots,79 \end{cases} \tag{5.3.5}$$

一步压缩的操作过程可用图 5.3.3 描述。经过 80 步循环，将扩展后的 2560 比特重新压缩成 160 比特，完成一个消息分组的杂凑，得到一个中间结果。一个消息分组的杂凑过程示于图 5.3.4。图中加法为模 2^{32} 加法，未标注长度的变量均为 32 比特。

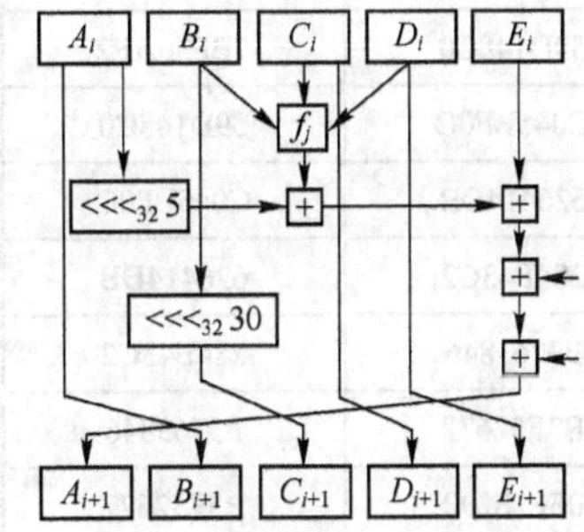

图 5.3.3 SHA-1 的一步压缩操作过程

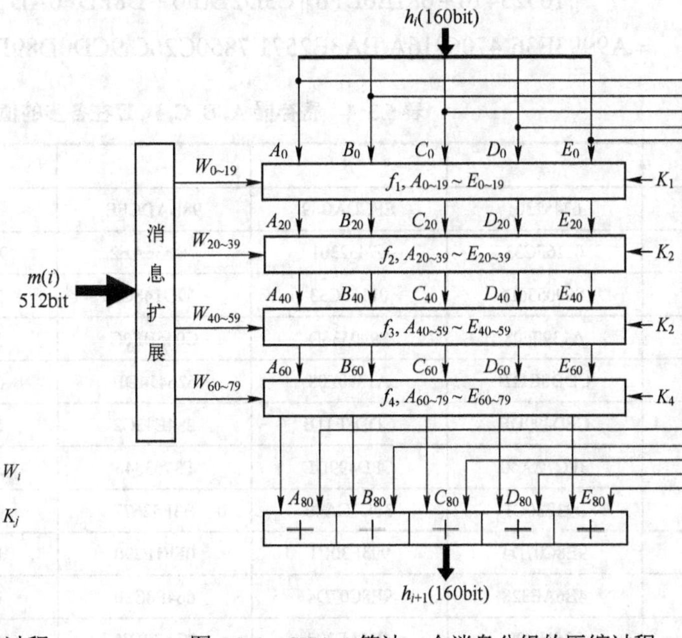

图 5.3.4 SHA-1 算法一个消息分组的压缩过程

4．输出

把所有消息分组杂凑完，最后一组的杂凑输出就是消息摘要值（杂凑值）。整条消息的杂凑过程如图 5.3.5 所示。每个压缩模块有两个输入，消息分组和上一个消息分组的杂凑结果，h_0 用初始化变量 IV 赋值，输出就是本组的杂凑结果 h_i，$i=1,2,\cdots,L-1$。最后一个消息分组的杂凑结果 h_L 就是输出的消息摘要 MD。

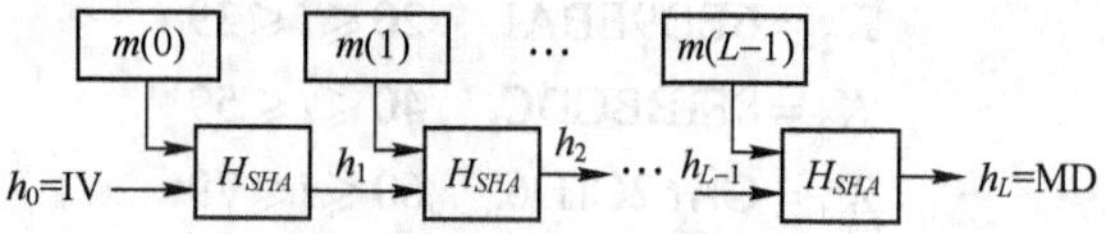

图 5.3.5　SHA-1 算法杂凑过程

5.3.2　SHA-1 杂凑实例

将字符串"abc"的 ASCⅡ码作为消息输入到 SHA-1，因其编码只有 24 比特，填充后仅有一个消息分组，填充结果与 SM3 相同，即 512 比特消息分组的 16 进制表示为：

61626380 00000000 00000000 00000000 00000000 00000000 00000000 00000000
00000000 00000000 00000000 00000000 00000000 00000000 00000000 00000018

这 16 个字即为 $W_0 \sim W_{15}$ 的取值。将 SHA-1 算法的初始值赋值给 A, B, C, D, E 五个寄存器（公式（5.3.2）），4 轮迭代的各轮常量由式（5.3.3）定义，按式（5.3.4）和式（5.3.5）进行 80 步循环，寄存器在各步的值如表 5.3-1 所示。

表中最后一行寄存器内容与第 0 行寄存器内容模 2^{32} 加，即为杂凑函数输出 MD。

$$\begin{aligned}\text{MD} = H_1 &\equiv [(A_0 + A_{80}) \| (B_0 + B_{80}) \| (C_0 + C_{80}) \| (D_0 + D_{80}) \| (E_0 + E_{80})] (\text{mod}\, 2^{32}) \\ &\equiv [67452301 + 42541\text{B}35 \| \text{EFCDAB}89 + 5738\text{D}5\text{E}1 \| 98\text{BADCFE} + 21834873 \\ &\quad \| 10325476 + 681\text{E}6\text{DF}6 \| \text{C}3\text{D}2\text{E}1\text{F}0 + \text{D}8\text{FDF}6\text{AD}] (\text{mod}\, 2^{32}) \\ &= \text{A}9993\text{E}36\ 4706816\text{A}\ \text{BA}3\text{E}2571\ 7850\text{C}26\text{C}\ 9\text{CD}0\text{D}89\text{D}\end{aligned}$$

表 5.3-1　寄存器 A, B, C, D, E 在各步的值

i	A	B	C	D	E
0	67452301	EFCDAB89	98BADCFE	10325476	C3D2E1F0
1	0116FC33	67452301	7BF36AE2	98BADCFE	10325476
2	8990536D	0116FC33	59D148C0	7BF36AE2	98BADCFE
3	A1390F08	8990536D	C045BF0C	59D148C0	7BF36AE2
4	CDD8E11B	A1390F08	626414DB	C045BF0C	59D148C0
5	CFD499DE	CDD8E11B	284E43C2	626414DB	C045BF0C
6	3FC7CA40	CFD499DE	F3763846	284E43C2	626414DB
7	993E30C1	3FC7CA40	B3F52677	F3763846	284E43C2
8	9E8C07D4	993E30C1	0FF1F290	B3F52677	F3763846
9	4B6AE328	9E8C07D4	664F8C30	0FF1F290	B3F52677
10	8351F929	4B6AE328	27A301F5	664F8C30	0FF1F290
11	FBDA9E89	8351F929	12DAB8CA	27A301F5	664F8C30
12	63188FE4	FBDA9E89	60D47E4A	12DAB8CA	27A301F5
13	4607B664	63188FE4	7EF6A7A2	60D47E4A	12DAB8CA
14	9128F695	4607B664	18C623F9	7EF6A7A2	60D47E4A

续表

i	A	B	C	D	E
15	196BEE77	9128F695	1181ED99	18C623F9	7EF6A7A2
16	20BDD62F	196BEE77	644A3DA5	1181ED99	18C623F9
17	4E925823	20BDD62F	C65AFB9D	644A3DA5	1181ED99
18	82AA6728	4E925823	C82F759B	C65AFB9D	644A3DA5
19	DC64901D	82AA6728	D3A49608	C82F759B	C65AFB9D
20	FD9E1D7D	DC64901D	20AA99CA	D3A49608	C82F759B
21	1A37B0CA	FD9E1D7D	77192407	20AA99CA	D3A49608
22	33A23BFC	1A37B0CA	7F67875F	77192407	20AA99CA
23	21283486	33A23BFC	868DEC32	7F67875F	77192407
24	D541F12D	21283486	0CE88EFF	868DEC32	7F67875F
25	C7567DC6	D541F12D	884A0D21	0CE88EFF	868DEC32
26	48413BA4	C7567DC6	75507C4B	884A0D21	0CE88EFF
27	BE35FBD5	48413BA4	B1D59F71	75507C4B	884A0D21
28	4AA84D97	BE35FBD5	12104EE9	B1D59F71	75507C4B
29	8370B52E	4AA84D97	6F8D7EF5	12104EE9	B1D59F71
30	C5FBAF5D	8370B52E	D2AA1365	6F8D7EF5	12104EE9
31	1267B407	C5FBAF5D	A0DC2D4B	D2AA1365	6F8D7EF5
32	3B845D33	1267B407	717EEBD7	A0DC2D4B	D2AA1365
33	046FAA0A	3B845D33	C499ED01	717EEBD7	A0DC2D4B
34	2C0EBC11	046FAA0A	CEE1174C	C499ED01	717EEBD7
35	21796AD4	2C0EBC11	811BEA82	CEE1174C	C499ED01
36	DCBBB0CB	21796AD4	4B03AF04	811BEA82	CEE1174C
37	0F511FD8	DCBBB0CB	085E5AB5	4B03AF04	811BEA82
38	DC63973F	0F511FD8	F72EEC32	085E5AB5	4B03AF04
39	4C986405	DC63973F	03D447F6	F72EEC32	085E5AB5
40	32DE1CBA	4C986405	F718E5CF	03D447F6	F72EEC32
41	FC87DEDF	32DE1CBA	53261901	F718E5CF	03D447F6
42	970A0D5C	FC87DEDF	8CB7872E	53261901	F718E5CF
43	7F193DC5	970A0D5C	FF21F7B7	8CB7872E	53261901
44	EE1B1AAF	7F193DC5	25C28357	FF21F7B7	8CB7872E
45	40F28E09	EE1B1AAF	5FC64F71	25C28357	FF21F7B7
46	1C51E1F2	40F28E09	FB86C6AB	5FC64F71	25C28357
47	A01B846C	1C51E1F2	503CA382	FB86C6AB	5FC64F71
48	BEAD02CA	A01B846C	8714787C	503CA382	FB86C6AB
49	BAF39337	BEAD02CA	2806E11B	8714787C	503CA382
50	120731C5	BAF39337	AFAB40B2	2806E11B	8714787C

续表

i	*A*	*B*	*C*	*D*	*E*
51	641DB2CE	120731C5	EEBCE4CD	AFAB40B2	2806E11B
52	3847AD66	641DB2CE	4481CC71	EEBCE4CD	AFAB40B2
53	E490436D	3847AD66	99076CB3	4481CC71	EEBCE4CD
54	27E9F1D8	E490436D	8E11EB59	99076CB3	4481CC71
55	7B71F76D	27E9F1D8	792410DB	8E11EB59	99076CB3
56	5E6456AF	7B71F76D	09FA7C76	792410DB	8E11EB59
57	C846093F	5E6456AF	5EDC7DDB	09FA7C76	792410DB
58	D262FF50	C846093F	D79915AB	5EDC7DDB	09FA7C76
59	09D785FD	D262FF50	F211824F	D79915AB	5EDC7DDB
60	3F52DE5A	09D785FD	3498BFD4	F211824F	D79915AB
61	D756C147	3F52DE5A	4275E17F	3498BFD4	F211824F
62	548C9CB2	D756C147	8FD4B796	4275E17F	3498BFD4
63	B66C020B	548C9CB2	F5D5B051	8FD4B796	4275E17F
64	6D61C9E1	B66C020B	9523272C	F5D5B051	8FD4B796
65	19DFA7AC	6D61C9E1	ED9B0082	9523272C	F5D5B051
66	101655F9	19DFA7AC	5AD87278	ED9B0082	9523272C
67	0C3DF2B4	101655F9	0677E9EB	5AD87278	ED9B0082
68	78DD4D2B	0C3DF2B4	4405957C	0677E9EB	5AD87278
69	497093C0	78DD4D2B	030F7CAD	4405957C	0677E9EB
70	3F2588C2	497093C0	DE37534A	030F7CAD	4405957C
71	C199F8C7	3F2588C2	125C24F0	DE37534A	030F7CAD
72	39859DE7	C199F8C7	8FC96230	125C24F0	DE37534A
73	EDB42DE4	39859DE7	F0667E31	8FC96230	125C24F0
74	11793F6F	EDB42DE4	CE616779	F0667E31	8FC96230
75	5EE76897	11793F6F	3B6D0B79	CE616779	F0667E31
76	63F7DAB7	5EE76897	C45E4FDB	3B6D0B79	CE616779
77	A079B7D9	63F7DAB7	D7B9DA25	C45E4FDB	3B6D0B79
78	860D21CC	A079B7D9	D8FDF6AD	D7B9DA25	C45E4FDB
79	5738D5E1	860D21CC	681E6DF6	D8FDF6AD	D7B9DA25
80(*i*+1)	42541B35	5738D5E1	21834873	681E6DF6	D8FDF6AD

5.4 利用密码算法构造杂凑函数

本节主要介绍另一种构造杂凑函数的思路——基于密码算法。其基本思想是，如果密码算法是安全的，那么杂凑函数也是安全的。这类杂凑函数可以基于分组密码算法，也可以基于流密码算法，还可以基于公钥密码算法进行构造。

5.4.1　基于分组密码的杂凑函数

比如分组密码算法的 CBC 和 CFB 工作模式，用一个固定的密钥和初始变量 IV 加密消息，最后一组密文即可作为杂凑值使用。利用分组密码构造安全的杂凑函数的方法有 12 种，对这些基本方法的串联、并联、交叉互控等，又可衍化出更多杂凑函数。

假设 m_i, h_i, h_{i-1} 和 E_k 分别表示第 i 个消息分组、本组和上一组杂凑输出，以及加密函数，下标 k 代表密钥。12 种基本方法分别由式（5.4.1）～（5.4.3）表达如下：

$$\begin{aligned}h_i &= E_{h_{i-1}}(m_i)\oplus m_i\\ h_i &= E_{h_{i-1}}(m_i)\oplus m_i\oplus h_{i-1}\\ h_i &= E_{h_{i-1}}(m_i\oplus h_{i-1})\oplus m_i\\ h_i &= E_{h_{i-1}}(m_i\oplus h_{i-1})\oplus m_i\oplus h_{i-1}\end{aligned}\tag{5.4.1}$$

上述 4 种方法用杂凑中间值作为动态密钥。

$$\begin{aligned}h_i &= E_{m_i}(h_{i-1})\oplus h_{i-1}\\ h_i &= E_{m_i}(h_{i-1})\oplus h_{i-1}\oplus m_i\\ h_i &= E_{m_i}(h_{i-1}\oplus m_i)\oplus h_{i-1}\\ h_i &= E_{m_i}(h_{i-1}\oplus m_i)\oplus h_{i-1}\oplus m_{i-1}\end{aligned}\tag{5.4.2}$$

式（5.4.2）的 4 种方法将消息作为动态密钥。

$$\begin{aligned}h_i &= E_{h_{i-1}\oplus m_i}(m_i)\oplus m_i\\ h_i &= E_{h_{i-1}\oplus m_i}(m_i)\oplus h_{i-1}\\ h_i &= E_{h_{i-1}\oplus m_i}(h_{i-1})\oplus h_{i-1}\\ h_i &= E_{h_{i-1}\oplus m_i}(h_{i-1})\oplus m_i\end{aligned}\tag{5.4.3}$$

这 4 种方法是将杂凑中间值和消息共同作为动态密钥。式（5.4.1）的 4 种方法工作原理见图 5.4.1。式（5.4.2）的 4 种方法的结构与图 5.4.1 相同，m_i 和 h_{i-1} 交换位置。式（5.4.3）的前两种方法工作原理见图 5.4.2，后两种方法结构与前两种方法相同，m_i 和 h_{i-1} 交换位置。

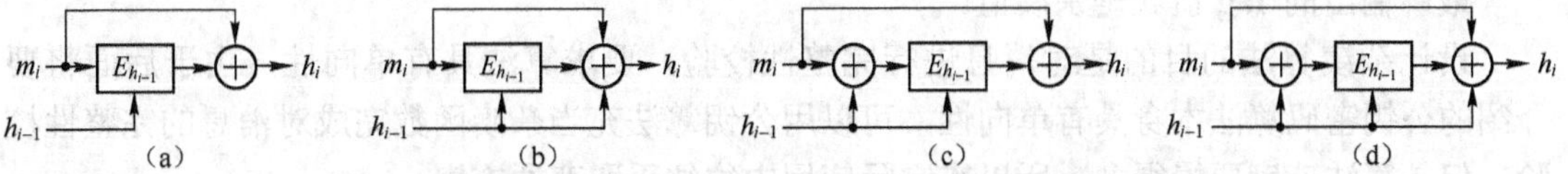

图 5.4.1　基于分组密码的杂凑函数（杂凑中间值作为密钥）

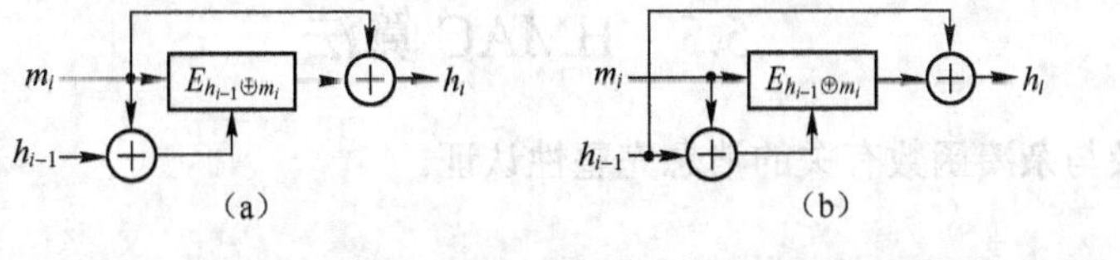

图 5.4.2　基于分组密码的杂凑函数（杂凑中间值和消息异或作为密钥）

5.4.2　基于 ZUC 算法的杂凑函数

基于流密码亦可构造杂凑函数，一个最简单的方法是用消息作为选择权，当输入的消息比特为 0 时，对应的密钥字被放弃，为 1 时，异或本步产生的密钥字，不断累加，直至所有消息输入完毕。对简单方案的各种改进可构造出多种基于流密码的杂凑函数。

基于 ZUC 的 128 比特完整性算法称为 128-EIA3，由两部分组成：一部分是 ZUC 算法，用于产生密钥流；另一部分是产生消息认证码 MAC 的运算部分。

ZUC 算法的输入是 128 比特的完整性密钥 IK 和 128 比特的初始化变量 IV，每次输出一个 32 比特密钥字 $Z_w=(z_0,z_1,\cdots,z_{31})$，规定 z_0 代表字的最高位，z_{31} 代表字的最低位。初始化变量由 16 个字节组成，$\text{IV}=\text{iv}_0\|\text{iv}_1\|\cdots\|\text{iv}_{15}$，各字节内容规定如下：

$\text{iv}_0=\text{CT}_0$, $\text{iv}_1=\text{CT}_1$, $\text{iv}_2=\text{CT}_2$, $\text{iv}_3=\text{CT}_3$

$\text{iv}_4=\text{BERAER}\|000$, $\text{iv}_5=\text{iv}_6=\text{iv}_7=00000000$, $\text{iv}_8=\text{iv}_0\oplus(\text{DIRECTION}<<<7)$,

$\text{iv}_9=\text{iv}_1$, $\text{iv}_{10}=\text{iv}_2$, $\text{iv}_{11}=\text{iv}_3$, $\text{iv}_{12}=\text{iv}_4$, $\text{iv}_{13}=\text{iv}_5$, $\text{iv}_{14}=\text{iv}_6\oplus(\text{DIRECTION}<<<7)$, $\text{iv}_{15}=\text{iv}_7$

128-EIA3 算法中各参数的定义见表 5.4-1。表 5.4-1 中 $\text{COUNT}=\text{CT}_0\|\text{CT}_1\|\text{CT}_2\|\text{CT}_3$。

表 5.4-1　128-EAI3 算法参数定义

参数	比特长度	备 注
COUNT	32	计数器
BEARER	5	承载层标识
DIRECTION	1	传输方向标识
IK	128	完整性密钥
M	l	输入消息流
l	32	明文消息流的比特数
MAC	32	消息认证码

令 $m=(m_0,m_1,\cdots,m_{l-1})$ 是长度为 l 比特的消息，字变量 Tag 的长度为 32 比特，则 ZUC 算法需要产生的 32 比特密钥字的数量为

$$L=\left\lceil\frac{l}{32}\right\rceil+2 \tag{5.4.4}$$

密钥流比特串为 $Z=Z_{w0}\|Z_{w1}\|\cdots\|Z_{w(L-1)}=(z_0,z_1,\cdots,z_{32L-1})$。密钥流产生步骤见第 4 章 4.4.3 节。

产生杂凑值的步骤为：

（1）初始化 $\text{Tag}=(z_0,z_1,\cdots,z_{31})$

（2）对于 0～l-1，令 $W_i=(z_{32+i},\cdots,z_{64+i-1})$，如果 $m_i=1$，计算 $\text{Tag}=\text{Tag}+W_i$

（3）$W_l=(z_{32+l},\cdots,z_{64+l-1})$

（4）$\text{Tag}=\text{Tag}+W_l$

（5）返回 Tag

最终输出的 Tag 值就是杂凑值。

设计杂凑算法的目的是对消息进行完整性校验，要求算法具有单向性，由于后面将要介绍的公钥密码算法本身具有单向性，可以用公钥算法充当杂凑函数完成对消息的完整性校验，但是算法速度要慢得多，所以在实际应用中往往采取变通方案。

5.5　HMAC 算法

本节仅涉及与杂凑函数有关的消息完整性认证。

5.5.1　消息认证码

与密钥相关的杂凑函数或称单向散列函数被称为消息认证码 MAC（Message Authentication Code），也称为消息鉴别码或密码校验和。MAC 可理解为带密钥的杂凑函数，只有拥有相同密钥的人才能鉴别这个杂凑，以期实现对消息真实性和完整性的认证。MAC 与杂凑函

数有类似的性质：产生短的、固定长度的数字序列。而产生 MAC 的方法类似于加密，但与加密不同的是 MAC 函数可以是单向的，因为它只需要验证，并不需要解密。

消息认证有几种基本类型：（1）只进行消息完整性认证。认证过程示于图 5.5.1。（2）提供消息完整性认证的同时保证消息的机密性，这种类型又可细分为产生 MAC 之前的加密和产生 MAC 之后的加密，分别见图 5.5.2 和图 5.5.3。类型（1）方法的实现很简单，Alice 要发送消息给 Bob，只需将消息 m 和 MAC=$I_K(m)$级联发送，Bob 收到后使用相同密钥再次对消息产生 MAC，如果这个 MAC=$I_K(m)$，即与 Alice 发过来的 MAC 一致，则通过认证，否则拒绝认证。如果消息传送过程中 Eve 企图篡改消息，因为不掌握 Alice 和 Bob 的共享密钥，无法产生与消息匹配的 MAC，所以 Eve 无法篡改消息。这样就保证了消息的完整性。

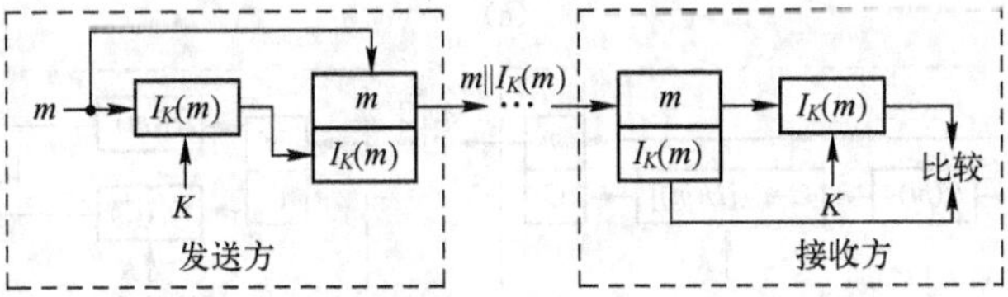

图 5.5.1　消息认证

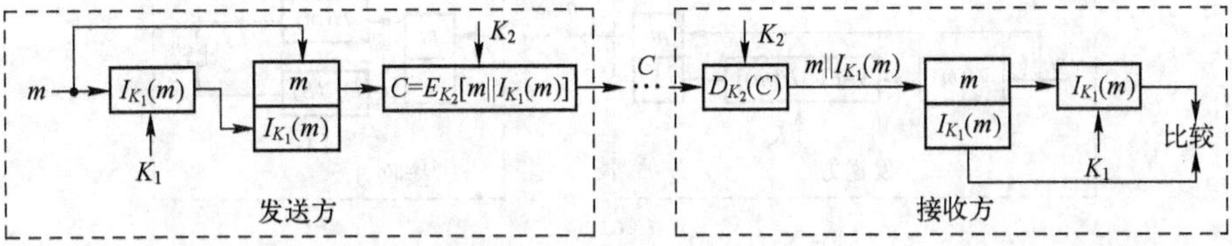

图 5.5.2　明文 MAC 加密

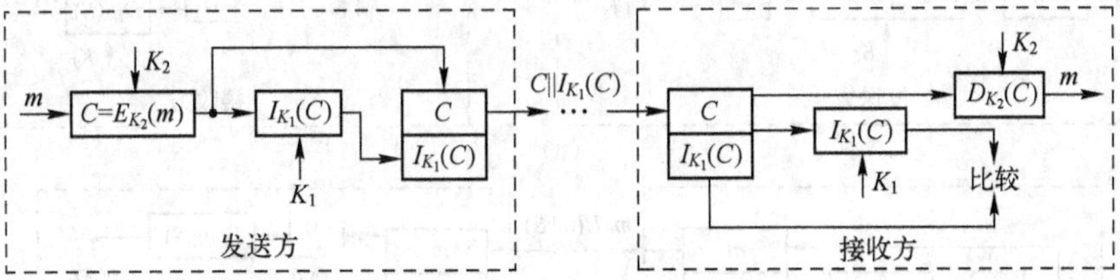

图 5.5.3　密文 MAC

图 5.5.1 的通信系统仅提供了消息完整性认证，消息本身是公开的，收发双方共享一个用于完整性鉴别的密钥。图 5.5.2 和图 5.5.3 的通信系统，提供消息完整性校验的同时对消息进行保护。图 5.5.2 的系统先产生消息认证码，然后对消息及其认证码加密，以密文形式传送至接收端，接收端收到信息后需要先解密，然后计算消息的认证码，并比较与传送过来的消息认证码是否一致，一致则通过认证，否则拒绝认证。图 5.5.3 的系统则是先对消息加密，然后产生密文的消息认证码，与密文级联后发送出去，接收端收到信息后一方面对密文进行完整性校验，一方面对密文解密，如果本地产生的 MAC 与发送过来的 MAC 相同，则通过解密消息的认证，否则拒绝。两种方法都需要双方事先共享两个不同的密钥，一个用于加密和解密，另一个用来产生 MAC。

相比较而言，先产生明文 MAC，然后对明文和 MAC 都加密的图 5.5.2 所示方案更好一些。图 5.5.3 所示方案提供了部分文本与其 MAC 的对照，多少泄露了一点点信息。

5.5.2 基于杂凑函数的消息认证码

构造杂凑函数的各种方法都可以产生消息认证码。由于杂凑函数是输入消息的函数，消息的任何变化都将改变杂凑结果，因此可用于消息认证。因为杂凑函数本身无须密钥，因此基于杂凑函数的 MAC，处理代价相对要小。几种基本方法示于图 5.5.4。

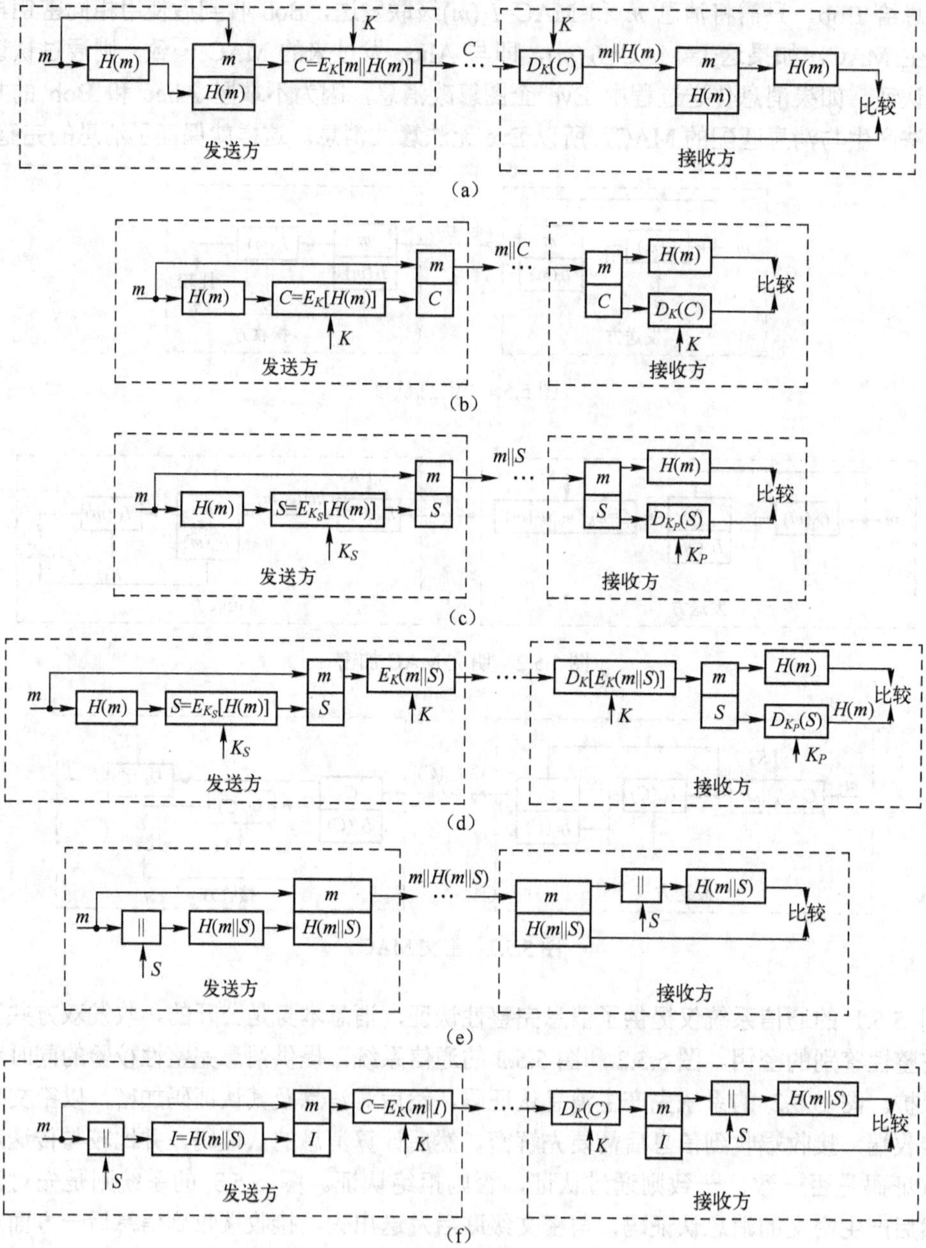

图 5.5.4　基于杂凑函数产生 MAC 的基本方法

将图 5.5.2 的 MAC 输出模块替换成杂凑模块 $H(m)$ 就是图 5.5.4（a）中的方法，这种方法即保证了消息的完整性，也保护了消息的机密性。图 5.5.4（b）和（c）的方案适合于非密的场合，两种方法的结构相同，不同的是加密 MAC 值的时候图（b）方案用的是对称密码，图（c）方案用的是非对称密码或称为公钥密码（将在第 6 章节介绍）。公钥密码系统中，每个用户有一对密钥（K_P, K_S），图（b）方案需要收发双方共享一个相同的密钥，对杂凑值进行保护，并提供消息认证。图（c）方案中，发送者用自己的私钥对杂凑值进行签名，接收端收到消息和签了名的文本对后，用发送者的公钥对签名文本进行验签，得到发送端发来的杂凑值，然后与本地产生的杂凑值比较，两者一致，则通过认证，否则拒绝认证。这种方法即提供了消息认证，还提供了数字签名 （将在第 7 章介绍），数字签名可确认发送者身份。图（d）方案是在图（c）方案的基础上又增加了加密的功能，同时提供了消息完整性、机密性和身份认证功能。图（e）方案最为简单，将双方共享的秘密值 S 附加在消息 M 之后，然后进行杂凑，将消息和杂凑值链接起来发送，其中的秘密值 S 只有收发双方掌握，且不经信道传输，防止攻击者从截获的杂凑值伪造出相同的消息。

5.5.3 HMAC 算法

HMAC 算法是基于杂凑函数设计的 MAC 算法，是网络工作组为了 Internet 社区应用于 1997 年 2 月公布的信息类标准征求意见稿（RFC 2104,Request for Comments: 2104），已经作为 IP 安全中强制实行的 MAC，也是 Internet 网络安全套接层 SSL（Secure Socket Layer）协议使用的完整性校验算法。

RFC 2104 描述了设计 HMAC 的主要目标：

（1）不用修改而使用现有的杂凑函数。特别是那些软件性能佳，代码免费且广泛适用的杂凑函数。

（2）保持杂凑函数的原有性能，不因使用 HMAC 算法而导致其性能严重退化。

（3）以简单的方式使用和处理密钥。

（4）在对底层杂凑函数合理假设的前提下，对认证机制强度要有很好理解的密码分析。

（5）在有更快、更安全的杂凑函数出现或被要求时，允许简便替换底层杂凑函数。

目标（1）和（3）对 HMAC 的广泛应用起到了重要的推动作用。目标（5） 将杂凑函数当作 HMAC 的一个独立模块，必要时立即更换新的杂凑模块，即可满足一些特殊场景的需求，也可在使用的杂凑函数的安全强度变弱时，及时升级换代而不必付出高昂代价。比如 RFC 2104 推荐的三个杂凑函数分别是 MD5、SHA1 和 RIPEMD-128/160，分别记为 HMAC-MD5、HMAC-SHA1 和 HMAC-RIPEMD，如今 MD5、SHA1 和 RIPEMD-128 均已被攻破，有了目标（5），即可快速完成杂凑模块的更新，比如替换成 HMAC-SHA3 或 HMAC-SM3 等。目标（2）和（4）保证了 HMAC 的安全性。

HMAC 的算法结构如图 5.5.5。

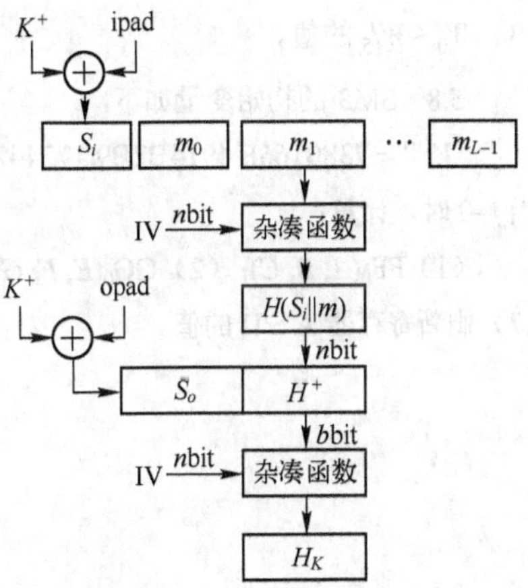

图 5.5.5 HMAC 算法结构

- K 是认证码要求的密钥长度，可以是 128 比特、160 比特、256 比特等。K^+是在 K 的末尾加零以创建一个 B 字节字符串（例如，如果 K 的长度为 20 字节，B=64，则 K 将附加 44 个零字节 0x00），b=8B 是杂凑函数的分组长度。

➢ ipad 是固定字节 00110110 重复 B 次得到的 b 比特字符串；opad 是固定字节 01011100 重复 B 次得到的 b 比特字符串。字母 i 代表输入，o 代表输出。

➢ S_i 是 B 字节 K^+ 和 ipad 按位异或得到的 b 比特字符串；S_o 是 B 字节 K^+ 和 opad 按位异或得到的 b 比特字符串。

➢ $m_i, i=0,1,\cdots,L-1$ 是 L 个 b 比特（B 字节）消息分组。

➢ IV 是杂凑函数的 n 比特初始值。

➢ H^+ 是 n 比特输出 $H(S_i \| m)$ 填充得到的 b 比特（B 字节）字符串。

那么，HMAC 算法的流程描述如下：

（1）K^+ 与 ipad 按位异或得 B 字节 S_i，作为杂凑函数的第一个分组。

（2）消息 m 分为 B 字节一组追加到 S_i 之后，形成总长 L 字节的数据流。

（3）对步骤（2）生成的数据流应用杂凑函数，得到 n 比特输出 $H(S_i \| m)$。

（4）将步骤（3）中的结果填充，得到 b 比特杂凑值 H^+。

（5）K^+ 与 opad 按位异或得 B 字节 S_o，H^+ 附于其后，链接成 $S_o\|H^+$。

需要说明的是，K^+ 与 ipad 和 opad 的按位异或，均使 K 中的一半比特取补，但取补的位置不同，因此杂凑变换的结果也不同。

（6）对 $S_o\|H^+$ 在初始值 IV 的参与下进行杂凑，杂凑结果 H_K 即为 HMAC 算法产生的消息认证码。

习题

5.1 什么是杂凑函数？设计杂凑函数的安全性要求是什么？

5.2 杂凑函数是否属于密码？其作用是什么？

5.3 杂凑函数有哪几种分类？

5.4 HMAC 与杂凑函数有何不同？

5.5 编程实现 SHA-1，计算字母“def”的 ASCⅡ码“646566”的杂凑值。

5.6 SM3 密码杂凑函数的分组长度是多少？杂凑值的长度是多少？分组长度不足如何处理？

5.7 消息“abcd”的 ASCⅡ码“61626364”输入到 SM3，求：（1）填充消息；（2）$W_0 \sim W_{19}$ 的值；（3）$W'_0 \sim W'_{15}$ 的值。

5.8 SM3 的初始变量如下

$V^{(0)}$ = 7380166F 4914B2B9 172442D7 DA8A0600 A96F30BC 163138AA E38DEE4D B0FB0E4E

当 j=0 时，计算：

（1）$FF_0(A, B, C)$；（2）$GG_0(E, F, G)$；（3）SS1 的值；（4）SS2 的值；（5）TT1 的值；（6）TT2 的值；（7）刷新寄存器 A～H 的值。

第6章 公钥密码

密码学在相当长的时间内仅在军事外交等与国家机密有关的机要部门有所应用。信息加密技术也仅为这些机要部门所掌握。然而，随着社会经济的发展和科学技术的进步，这种情况发生了变化。

微电子技术、计算机技术和通信技术的飞速发展，使信息业迅速膨胀。信息交流的规模、内容、形式、手段和频繁程度都呈激增的态势。四通八达的信息网络更是给人们的工作和生活带来了巨大的变化。人们在享受高科技成果的同时，也日益感受到其背后潜伏着的脆弱性、非安全性和危险性。个人通信中的私人秘密不希望他人知道，生意往来中的商业秘密不愿意暴露给他人，计算机网络中的共享数据不想让非法用户随意享用，各部门和系统中的重要资料和档案更不能让无关的人随意插手……总之，随着信息交换量的激增，人们对通信保密和安全的需求也日益增长和迫切。于是，密码学就从机要部门走向了非机要部门，密码技术也迅速为民间人士所掌握和运用。

随之而来的是通信保密所遭受到的威胁也越来越大。

首先，微波通信、卫星通信、无线移动通信、网络通信的发展和电磁辐射技术，使窃听者能方便地利用公开的线路、固定或移动天线等，截获空中的通信电波或捕捉到微弱的电磁辐射信号，而无须再冒搭线窃听的危险。

其次，20 世纪 70 年代国外计算机技术和网络技术的惊人发展，使计算速度越来越快，存储容量越来越大，功能越来越强。因而密码分析者可利用的计算资源也越来越丰富。加上数字技术的发展，使得密码分析者能方便地利用各种计算资源对所截获的电子情报进行高强度的分析。

再者，高速信息网络以及高科技的发展也给密码分析者提供了越来越多的获取信息的途径、越来越先进的获取信息的手段和越来越好的获取信息的方法。

还有，随着民用和商用保密通信需求的增长，人们对保密通信的要求已不再局限于"不泄露"，而是更进一步要求保密通信不被"破坏"，或者遭到破坏后能很快地识别出来。这就要求通信系统不仅有保密的功能，还要有认证和鉴别的功能。换句话说，通信系统不仅要做到"保密"，而且要保证"安全"。

要满足这些"额外"的要求，传统密码体制已显得无能为力。所谓传统密码体制，指的是几千年来密码通信一直沿用的一类密码体制。这类密码体制在加密和解密时，使用的是同一个密钥，或者虽然使用不同的密钥，但是能通过加密密钥简便地导出解密密钥。这类密码体制也叫对称密码体制，或单密钥密码体制，它在现代通信面前暴露出越来越多的缺陷。

1. 密钥管理的麻烦

密钥管理包括密钥保存和分配。密钥分配，是传统密码体制遇到的最大困难之一。因为在以传统密码体制为基础的保密通信中，通信双方所使用的都是同一个密钥而密钥又是传统密码体制的核心，它是绝对不能暴露给第三者的。于是，在一次密码通信开始之前，信息的发送方必须提前把所用的保密密钥，经过特殊的秘密渠道，如信使、挂号信等，或者经一条特殊的保密通信线路（密钥信道）送到信息的接收方。在计算机通信网中，则要由主机把该次所用的密钥分送给交换信息的两个用户。

经特殊的密钥信道分配保密密钥是相当困难的。随着系统用户的增加，这种困难变得越来越严重。而近代商用和民用密码通信的特征之一，就是用户很多。如在一个民用密码通信网中，用户数为 n，则每个用户都要保存 n 个密钥，包括他自己的密钥。系统可能的用户对数，亦即系统拥有的密钥总数，将增加到 $n(n-1)/2$。一个拥有 10 万用户的民用通信网，就要拥有 5×10^9 个密钥。显然，要十分妥善地保存这些密钥，本身就是一个难题，而要经特殊的保密信道分配这么多密钥，更是难以想象！试想要做到真正保密，那么每两个用户之间都需要一条秘密信道，这在经济上也是绝对不允许的。不仅如此，按传统方法分配密钥，必然带来实际通信时间的推迟。然而在商业上，时间的延误往往意味着金钱的损失，这是任何一个商人所不希望的。

2．不能提供法律证据

在商业往来中，合同和协议的真实性是由书面签字来保证的。一张签字的合同可以作为法律上的证据。但是现代电子通信最易于剪接、篡改和伪造。要用“电子信件”代替“书面信件”，不仅要解决“保密问题”，而且要解决“认证问题”。

所谓信息的保密，是指信息从发送方传递到接收方的过程中，内容不会泄露给任何非法截收的第三者。而认证，包括身份认证、站点认证和消息认证三个基本类别。消息认证在第 5 章已经介绍过。这里主要指身份认证。也就是能够确认收方所收到和保存的信息，确实是由发方发出的，既不是伪造的，也没有经过包括收方在内的其他人所篡改。在传统密码体制中，收方利用保密密钥，对密文信息进行解密变换，能成功地解决信息的保密问题。因为只有掌握解密密钥的合法接收者，才能从密文恢复出明文。这能够解决收方对发方的证实问题，使收方能够确认该信息确实是由发方送出的，因为只有合法的发方才拥有该次通信的加密变换密钥。但是却无法解决对收方的证实问题，因为收方所掌握的解密密钥和发方的加密密钥相同，完全有能力篡改他接收到的文件或伪造文件。基于同样的理由，发方完全有借口抵赖他曾发出的文件，例如 Alice 向 Bob 订购了一大批货物，Bob 如数寄出，后来由于该商品价格猛跌，Alice 拒绝付款。这样，Alice 和 Bob 就发生了争端。由于上述原因，Bob 不能提供有说服力的法律证据，则法院无法受理此案。基于这种原因，传统密码体制难以在商业上获得更广泛的应用。

3．缺乏自动检测保密密钥泄密的能力

由于传统密码体制在分配密钥上的实际困难，因此，通信密钥一旦指定，总要使用一段时间，难以随时更换，更难以一次一换。所以，窃听者一旦破译出通信密钥，则在该密钥有效使用期内，就能顺利地破译出该密钥加密的所有信息。而合法的密码通信双方却无法察觉，显然这将会使通信双方蒙受巨大的损失。

为了对付密钥失窃所带来的损失和危害，最好采用一次一密的密码体制，这是信息论的创始人香农在《密码体制的通信理论》中证明的理论上完全保密的密码体制。每次通信都采用不同的密钥，要求密钥的分配迅速、保密和经济，而传统密码体制做不到。

为了解决传统密码体制所不能解决的问题，就必须寻求新的密码体制，于是公钥密码体制便应运而生。

6.1　公钥密码体制的基本原理

20 世纪 70 年代，美国学者 Diffie 和 Hellman，以及以色列学者 Merkle 分别独立地提出了一种全新密码体制的概念。Diffie 和 Hellman 首先将这一概念公布在 1976 年美国国家计算机会议上。几个月后，他们这篇开创性的论文《密码学的新方向》（New Directions in Cryptography）被发表在 IEEE 杂志信息理论卷上。由于印刷原因，Merkle 对这一领域的首次贡献直到 1978 年才出版。他们所创造的新的密码学理论，突破了传统密码体制对称密钥的概念，树起了近代密码学的又一大里程碑。

Diffie、Hellman 和 Merkle 的基本思想是，把加密密钥和解密密钥分割开来。每个用户都拥有一对密钥 PK 和 SK，而不是一个密钥。PK 在加密时使用，称为**加密密钥**。加密密钥可以像电话号码一样公开使用，所以也叫作**公开密钥**或简称为**公钥**。SK 则在解密时使用，它是用户自己所掌握的不能公开的密钥，因此叫作**秘密密钥**，简称**私钥**。加密时，密码体制采用以 PK 为参数的函数 E_{PK} 进行加密变换；解密时采用以 SK 为参数的函数 D_{SK} 进行解密变换。根据 Diffie、Hellman 和 Merkle 的设想，E_{PK} 和 D_{SK} 应满足下述条件：

（1）对明文 P 的加密变换可以表示为：

$$C = E_{PK}(P) \tag{6.1.1}$$

对密文 C 的解密变换可以表示为：

$$D_{SK}(C) = D_{SK}[E_{PK}(P)] = P \tag{6.1.2}$$

也就是说，加密变换 $E_{PK}(P)$ 和解密变换 $D_{SK}(C)$ 必须是一对互逆变换。

（2）加密变换函数 E_K 必须是一个性能很好的**密锁式或称陷门式单向函数**。所谓单向函数，是指已知加密密钥 PK 和明文 P，用 E_{PK} 对明文进行加密十分容易，即求 C 很容易。反过来，知道 C 和 E_{PK}，要计算出 P 则十分困难，即从公钥 PK 和密文 C 破译出明文 P 实际上是不可能的。但如果知道密码体制所用的解密密钥 SK，则用 SK 对密文 C 解密又很容易。

（3）加密和解密密钥对（PK，SK）很容易产生，但能够抵抗住已知明文的密码攻击。说得详细一点就是，即便知道了加密密钥 PK、明文 P 和相应的密文 C，也无法破译出解密密钥 SK。

（4）E_{PK} 和 D_{SK} 符合下述意义上的交换律：

$$D_{SK}[E_{PK}(P)] = E_{PK}[D_{SK}(P)] = P \tag{6.1.3}$$

上式的意思是，对明文 P 先用 E_{PK} 进行变换，再用 D_{SK} 进行变换，与先用 D_{SK} 进行变换，再用 E_{PK} 进行变换的效果是一样的，都能恢复出明文 P。这就是说，交换加密和解密的顺序结果不变。

公钥密码体制的实际运作是，每个用户都把自己的加密密钥 PK 作为公钥公布出来，连同自己的姓名地址一起存放到密钥管理中心，或者一起存放到像电话号码簿一样的用户加密密钥簿中，而仅保守解密密钥 SK 的秘密，所以称 SK 为秘密密钥。如果加密变换函数 E_{PK} 和解密变换函数 D_{SK} 满足上述前三个条件，则构造的公钥密码体制可以提供可靠的密码通信。

假设用户 Alice 需要把信息 P 传送给用户 Bob，我们用 PKa 和 SKa 分别表示 Alice 的公钥和私钥，用 PKb 和 SKb 分别表示 Bob 的公钥和私钥。通信时，Alice 先在公钥簿中查出 Bob 的公钥 PKb，然后按式（6.1.1）对明文 P 进行加密变换，得到密文 C。

密文 C 经不保密信道传送给 Bob，Bob 利用他的私钥 SKb 对密文 C 按式（6.1.2）进行解密变换，从而恢复出明文 P。

条件（1）保证了密码体制能够成功地完成加密和解密任务。因为加密变换 E_{PK} 和解密变换 D_{SK} 是一对互逆变换。

条件（2）保证了该体制能够抵抗住仅知密文的密码攻击。因为对于密码分析者来说，他所能利用的只有从公钥簿中查出的公钥 PK 和从不保密信道上截获的密文 C，而条件（2）保证了密码分析者从公钥 PK 和密文 C 不能破译出明文 P。

条件（3）保证了该体制能够抵抗住已知明文和任选明文的密码攻击。因为密码分析者虽然可以用 Bob 的公钥 PKb 对任意的明文 P 进行加密从得到相应的密文 C，但是条件（3）保证了密码分析者不能从公钥 PKb、明文 P 和密文 C 破译出 Bob 的私钥 SKb。这就保证了密码体制是保密的。

如果密码体制所选用的加密变换函数 E_{PK} 和解密变换函数 D_{SK} 不仅满足条件（1）～（3），同时还满足条件（4），即符合式（6.1.3）所示的交换律。那么，该体制不仅能提供保密通信，还能提供数字签名。其原理和操作方式将在第 7 章介绍。

这种密码体制由于加密密钥可以公开，因此被称为**公钥密码体制**。又因为它在加密和解密中分别用了两个密明，所以又称为**双密钥体制**，也称为**非对称密码体制**。构造这种体制的关键是寻找能满足前述四个条件的密锁式单向变换函数 E_{PK} 和 D_{SK}。

与传统密码体制相比，公钥密码体制有许多优越之处。

首先，它比一般的传统密码体制保密强度高。不仅能够击败密码分析者仅知密文的密码分析，而且还能抵抗住已知明文和已知任选明文的密码分析。这种优点还降低了对用户妥善保存明文和密文资料的要求。

其次，解除了对秘密密钥管理的麻烦，包括密钥的分配和存储。传统密码体制的密钥不能公开，因此必须对它进行严格的管理。传统密码体制必须经过特殊的秘密信道分配密钥，而公钥密码体制的加密密钥是公开的，因此可以在公开信道上分配密钥，进行解密的秘密密钥只有用户自己掌握，不需要传送。这一方面消除了密钥在传送过程中被窃的可能性，进一步提高密码体制的安全性，另一方面也可以免除特殊保密信道的建设费用，节约资金。另外，系统只需要管理公开密钥，这就比管理秘密密钥要容易得多。在一个同样大的密码系统中，比如都是 n 个用户，采用传统密码体制需要 $n(n-1)/2$ 个密钥。而采用公钥密码体制只需要 $2n$ 个密钥，其中需要系统管理的密钥只有 n 个公钥，另外 n 个私钥由每个用户自己保存。这就进一步减轻了系统密钥管理的负担。对于用户数很多的商用密码通信和网络通信来说，具有十分重要的意义。

除此之外，公钥密码体制还能够实现数字签名等传统密码体制所不能实现的功能，这些优点使它特别适合于现代密码通信。因此，它一问世就受到了众多密码学家的青睐。许许多多建立在各种数学基础之上的公钥密码体制问世，不过遗憾的是大多数公钥密码体制未能经受住密码分析的考验，只有少数几种公钥密码体制被认为是安全的。另外公钥密码体制的工作基础是构造单向函数，这使得它的加密和解密要经过比较复杂的计算过程。因此，一般说来，公钥密码体制的工作效率还远低于传统密码体制，这是它的最大缺点。

公钥密码体制一般分为两大类：一类叫公钥密码体制（Public Key Cryptosystem），另一类叫公钥密钥分配体制（Public Key Distribution System）。公钥密码体制直接对明文进行加密，它对信息加密和解密使用两种完全不同的密钥，加密密钥可以公开，加密和解密函数至少要满足前述要求的前三条。而公钥密钥分配体制并不直接对明文进行加密，而是设法在不保密的信道上传送秘密密钥，一旦通信双方获得了该次通信的加密解密密钥，就可按传统密码体制的工作方式进行加密和解密。

6.2 RSA 公钥密码体制

Diffie 和 Hellman 提出公钥密码体制思想后，很快有多个公钥密码体制被抛出，不幸的是这些密码体制均被证明有明显的安全缺陷。第一个被推广的公钥密码体制是由 Merkle 和 Hellman 共同提出的 M-H 背包公钥密码系统，这个体制建立在组合数学的基础之上，利用组合容易、分解难所呈现出来的单向性，将公钥密码体制构筑在难解的背包问题之上。稍晚于背包密码体制提出来的就是 RSA 公钥密码体制。

RSA 公钥密码体制是 1978 年由当时在麻省理工学院的三位学者 Ronald Rivest、Adi Shamir 和 Leonard Adleman 在他们的著名论文“A Method for Obtaining Digital Signatures and Public-Key Cryptosystems”中提出的一种实用公钥密码体制。Rivest 是麻省理工学院的教授，Adleman 是他的助手，Shamir 是以色列魏茨曼研究所的研究人员，当时正在麻省理工学院进行学术访问，后来长期任魏茨曼研究所研究员。RSA 的名称就是由三人姓氏首字母拼合而成。按照 Diffie-Hellman 的构想设计出的公钥密码体制 RSA（以下简称 RSA 或 RSA 算法）建立在数论的数学基础之上，巧妙地利用大合数分解的难题设计算法的单向陷门，至今没有实用的破解方法。此后便成为公钥密码的标志，作为国际标准为保证各种信息技术应用场合的信息安全做出了巨大贡献。三位发明人也因此获得 2002 年度图灵奖。

RSA 既可以用于加密，又可以用于数字签名，而且加、解密公式简洁、易懂，在保证高安全强度的同时也凸显出数学之美。

6.2.1 数论基本知识

先介绍 RSA 算法所涉及的一些数论知识。因数论不是本书要讨论的主要问题，所以这里只给出定义、定理和结论。有兴趣的读者请参阅与数论相关的专著或者教材。

定义 6.1 设 a，b 是整数，$a\neq 0$，如果有一个整数 x，使得 $b=ax$，则 b 叫作 a 的倍数，a 叫作 b 的因数。或说 a 能整除 b，或 b 能被 a 整除。

如果 a 能整除 b，记作 $a|b$；如果 a 不能整除 b，记作 $a\nmid b$ 。如果 $a|b$，且 $0<a<b$，那么 a 称为 b 的真因数。显然在 $a|b$ 中，左边元素 a 永远不可为 0，而右边元素 b 可以为 0，而且 $a|0$ 对于任何不为 0 的 a 都成立，即可整除。

定理 6.1 整除的性质

（1）如果 $a|b$，那么对任何整数 c，都有 $a|bc$。

（2）如果 $a|b, b|c$，那么有 $a|c$。

（3）如果 $a|b, a|c$，那么对于任何整数 x 和 y，都有 $a|(bx+cy)$。

（4）如过 $a|b, b|a$，那么 $a=\pm b$。

（5）如果 $a|b$，$a>0$，$b>0$，那么 $a \leqslant b$。

定理 6.2 带余除法。给定任意整数 a 和 b，且 $a>0$，必存在唯一的整数 q 和 r，满足 $b=qa+r$，$0 \leqslant r < a$，如果 $a \nmid b$，则 r 满足 $0<r<a$。式中 q 称为商数，r 称为余数，该式称为除法算式，其运算过程称为带余除法。

定义 6.2 最大公因数。如果 a, b, c 都是整数，且 $a|b, a|c$，那么 a 就是 b 和 c 的公因数。由于任何非零整数只存在有限个因数，因此，如果 b 和 c 不全为 0，则 b 和 c 也只存在有限个公因数。在所有公因数中最大的一个，就称为最大公因数并用符号（b, c）表示。类似地，如果整数 $b_1, b_2, \cdots, b_n$ 不全为 0，则它们的最大公因数可记为（$b_1, b_2, \cdots, b_n$）。

因此，对于每一对整数 b 和 c，除了 $b=0$，$c=0$ 外，我们都可以找出它们的最大公因数 (b, c)，且 $(b, c) \geqslant 1$。

定理 6.3 如果 g 是 b 和 c 的最大公因数，则必存在 x_0 和 y_0，使得 $g=(b,c)=bx_0+cy_0$。即整数 b 和 c 的最大公因数 g 可表示为 b 和 c 的线性组合。

定理 6.4 如果整数 $b_1, b_2, \cdots, b_n$ 不全为 0，且最大公因数为 g，那么必存在整数 $x_1, x_2, \cdots, x_n$，使得

$$g=(b_1, b_2, \cdots, b_n)=\sum_{j=1}^{n} b_j x_j \tag{6.2.1}$$

定义 6.3 一个大于 1 的正整数 p，只能被 1 和它本身整除，不能被其他正整数整除，则这样的正整数 p 叫作素数或质数，例如 2, 3, 5, 7 都是素数。

一个大于 1 的正整数 a 除了能被 1 和它本身整除外，还能被其他的正整数整除，这样的正整数 a 叫作复合数或合数。例如 4, 6, 8, 9 和 10 都是复合数。

根据素数和复合数的定义，我们可以把全体正整数分为三类：（1）1；（2）全体素数；（3）全体复合数。

定义 6.4 如果 a 和 b 的最大公因数是 $(a, b)=1$，则称 a 和 b 互素（或互质）。类似地，如果 $(a_1, a_2, \cdots, a_n)=1$，则称 $a_1, a_2, \cdots, a_n$ 互素。如果 $(a_i, a_j)=1$，$i \neq j$，$i=1,2,\cdots,n$，$j=1,2,\cdots,n$，则称 $a_1, a_2, \cdots, a_n$ 两两互素。

定理 6.5 如果 $c|ab$，$(b, c)=1$，则 $c|a$。

定理 6.6 **辗转相除法，又称欧几里得算法。**

给定整数 b 和 c，且设 $c>0$，根据定理 6.2 重复地使用带余除法，即用每次的余数为除数去除上一次的除数，直至余数为 0，这样可获得下面一组方程

$$\begin{aligned}
& b=cq_1+r_1,\ 0<r_1<c \\
& c=r_1q_2+r_2,\ 0<r_2<r_1 \\
& r_1=r_2q_3+r_3,\ 0<r_3<r_2 \\
& \cdots \\
& r_{j-2}=r_{j-1}q_j+r_j,\ 0<r_j<r_{j-1} \\
& r_{j-1}=r_jq_{j+1}
\end{aligned} \tag{6.2.2}$$

在上面带余除法过程中，最后一个不为 0 的余数 r_j 就是 b 和 c 的最大公因数（b, c）。

欧几里得算法在公钥密码体制中经常要用到，我们举一个例子，以便清楚地理解上述过程。

令 $b=963, c=657$，则有下列各式

$$963=657\times 1+306$$
$$657=306\times 2+45$$
$$306=45\times 6+36$$
$$45=36\times 1+9$$
$$36=9\times 4$$

因此，(963, 657)=9。通过消除上述余数 36, 45 和 306，可以把最大公因数 9 表示为 963 和 657 的一种线性组合

$$\begin{aligned}9&=45-36\\&=45-(306-45\times 6)\\&=-306+45\times 7\\&=-306+(657-306\times 2)\times 7\\&=657\times 7-306\times 15\\&=657\times 7-(963-657)\times 15\\&=657\times 22-963\times 15\end{aligned}$$

所以 $x_0=22, y_0=-15$。

定义 6.5 最小公倍数。如果 $a_1,a_2,\cdots,a_n$ 和 b 都是不为 0 的整数，有 $a_i|b$，$i=1,2,\cdots,n$，则 b 叫作 $a_1,a_2,\cdots,a_n$ 的公倍数。显然，公倍数是确实存在的。例如，乘积 $a_1\times a_2\times\cdots\times a_n$ 就是一个公倍数。在 $a_1,a_2,\cdots,a_n$ 所有的公倍数中，最小的一个正公倍数就叫作 $a_1,a_2,\cdots,a_n$ 的最小公倍数，并用符号 $[a_1,a_2,\cdots,a_n]$ 表示。

定理 6.7 大于 1 的正整数 n 都可以分解为素数的乘积。

定理 6.8 任何一个复合数 n，至少包含一个素因数 $\leqslant\sqrt{n}$。

上述定理也提供了一种求不大于 n 的所有素数的方法。例如求不大于 50 的所有素数。由于不大于 $\sqrt{50}$ 的全体素数是 2, 3, 5, 7，根据定理 6.8，在小于或等于 50 的复合数中，至少有一个素因数为 2, 3, 5, 7 其中之一。在≤50 的数表中先留下 2, 3, 5, 7，然后再顺次划去它们的倍数，则在表中余下的数 2, 3, 5, 7, 11, 13, 17, 19, 23, 29, 31, 37, 41, 43, 47，共 15 个数就是不超过 50 的全体素数（见表 6.2−1）。

表 6.2−1 寻找全体素数的一种筛法

2	3	~~4~~	5	~~6~~	7	~~8~~	~~9~~	~~10~~	11	~~12~~	13	~~14~~	~~15~~	~~16~~	17	~~18~~
19	~~20~~	~~21~~	~~22~~	23	~~24~~	~~25~~	~~26~~	~~27~~	~~28~~	29	~~30~~	31	~~32~~	~~33~~	~~34~~	~~35~~
~~36~~	37	~~38~~	~~39~~	~~40~~	41	~~42~~	43	~~44~~	~~45~~	~~46~~	47	~~48~~	~~49~~	~~50~~		

用以上方法逐步把素数筛选出来，这就是著名的厄拉多塞筛法。早在公元前 300 年左右，厄拉多塞就提出了这一方法，素数表就是根据这一方法略加变化造出来的。在近代密码技术当中，常常要用到随机大素数，因此，找到能迅速获取接近指定范围的大素数，在工程上是十分有意义的。

定理 6.9 如果 2^m+1 是素数，则 $m=2^n$，即 m 只能包含有真因数 2。

定义 6.6 形状是 $F_n=2^{2^n}+1$ 的数叫作费马数。当 n=0, 1, 2, 3, 4 时，$F_0=3$, $F_1=5$, $F_2=17$, $F_3=257$, $F_4=65537$，都是素数。由此，费马曾猜测，所有的费马数都是素数，即认为定理 6.9 的逆定理也是成立的。但是在 1732 年欧拉证明了 F_5 为复合数：

$$F_5 = 2^{2^5} + 1 = 641 \times 6700417$$

1880 年，Landry 证明了 F_6 也是复合数。

$$F_6 = 2^{2^6} + 1 = 274177 \times 67280421310721$$

后来，人们又证明了 46 个费马数是复合数。

定理 6.10 如果 $n>1$，且 $a^n - 1$ 是素数，则必有 $a=2$，且 n 是素数。

定义 6.7 形状是 $M_n = 2^n - 1$ 的数叫梅森数。

由定理 6.10 可知，如果 M_n 是素数，则 n 必是素数。但该定理的逆定理不成立。即当 n 是素数时，M_n 不一定是素数。例如：$23|M_{11}$，$47|M_{23}$，$167|M_{83}$，$359|M_{179}$ 等。

梅森在 1644 年证明了 $M_p = 2^p - 1$，当 p 为下列 9 个素数之一时，即 p=2, 3, 5, 7, 13, 17, 19, 31, 127 时，M_p 是素数，称为梅森素数。迄今为止总共找到了 51 个梅森素数，第 51 个梅森素数是 $M_{82589933} = 2^{82589933} - 1$，它共有 24862048 位十进制数，由美国的帕特里克·罗什发现，于 2019 年 1 月 2 日报道。

梅森数和费马数具有许多重要特性，在数字信号处理和密码学中有着很重要的地位。由于计算机所用的数均是二进制数，因此，当以梅森数成费马数为模时，取模运算在数字硬件上实现特别简单。

我们在第 2 章中定义了完全剩余系，现在我们给出简化剩余系的定义。

定义 6.8 在以 n 为模的完全剩余系中，共有 n 个数。在这 n 个数中，只有 $\varphi(n)$ 个数和 n 互素，则这 $\varphi(n)$ 个数就叫作以 n 为模的简化剩余系。不大于 n 而和 n 互素的全体正整数，称为以 n 为模的最小正简化剩余系。

由上述定义可知，从模 n 的完全剩余系中，划去那些和 n 不互素的数，就得到模 n 的简化剩余系。而且任何一个和 n 互素的整数，必然只与简化剩余系中的一个数模 n 同余。

定理 6.11 费马小定理。令 p 为素数，如果 (p, a)=1，则有

$$a^{p-1} \equiv 1 \pmod p \tag{6.2.3}$$

对于任何正整数 a，恒有

$$a^p = a \pmod p \tag{6.2.4}$$

式（6.2.3）中的指数 $p-1$ 是 p 的欧拉数，即 $\varphi(p) = p - 1$。

定理 6.12 欧拉定理。如果 (a, n)=1，则恒有

$$a^{\varphi(n)} \equiv 1 \pmod n \tag{6.2.5}$$

式中 $\varphi(n)$ 是 n 的欧拉数。

显然，欧拉定理是费马小定理的推广。

需要注意的是，费马小定理的逆定理不成立，即满足 (a, n)=1，且 $a^{n-1} \equiv 1 \pmod n$ 的正整数 n 不一定是素数。例如：341=11×31，显然 341 是复合数。但是它却满足 $2^{340} \equiv 1 \pmod{341}$。因为 1024= 341×3+1，所以 $1024 \equiv 1 \pmod{341}$，故有 $2^{340} \equiv (2^{10})^{34} \equiv 1024^{34} \equiv 1^{34} \equiv 1 \pmod{341}$。

定理 6.13 孙子定理，也称为**中国剩余定理**。如果 $k \geqslant 2$，而 $n_1, n_2, \cdots, n_k$ 是两两互素的 k 个正整数，令

$$\begin{aligned} N &= n_1 \times n_2 \times \cdots \times n_k \\ &= n_1 N_1 = n_2 N_2 = \cdots = n_k N_k \end{aligned} \tag{6.2.6}$$

式中 $$N_i=\frac{N}{n_i},\quad i=1,2,\cdots,k$$

二维码 6-1

则同时满足同余方程组：
$$\begin{aligned}x&\equiv b_1\ (\mathrm{mod}\,n_1)\\x&\equiv b_2\ (\mathrm{mod}\,n_2)\\&\cdots\\x&\equiv b_k\ (\mathrm{mod}\,n_k)\end{aligned}\tag{6.2.7}$$

的正整数解是 $$x_0\equiv b_1N_1'N_1+b_1N_2'N_2+\cdots+b_1N_k'N_k(\mathrm{mod}\,N)\tag{6.2.8}$$

式中 N_i' 是满足同余方程：

$$N_i'N_i\equiv 1\ (\mathrm{mod}\,n_i),\quad i=1,2,\cdots,k\tag{6.2.9}$$

的正整数解，即 N_i' 是 N_i 以 n_i 为模的乘逆。

【例 6.1】 求下面一组同余方程的解：

$$\begin{aligned}x&\equiv 1\ (\mathrm{mod}\,5)\\x&\equiv 5\ (\mathrm{mod}\,6)\\x&\equiv 4\ (\mathrm{mod}\,7)\\x&\equiv 10\ (\mathrm{mod}\,11)\end{aligned}$$

解：
$$\begin{aligned}N&=5\times6\times7\times11=2310\\N_1&=N/n_1=2310/5=462\\N_2&=N/n_2=2310/6=385\\N_3&=N/n_3=2310/7=330\\N_4&=N/n_4=2310/11=210\end{aligned}$$

由 $N_1'N_1\equiv 1\ (\mathrm{mod}\,5)$，有 $462N_1'\equiv 2N_1'\equiv 1\ (\mathrm{mod}\,5)$

求得 $N_1'=3$。同理可求得 $N_2'=N_3'=N_4'=1$。

根据孙子定理可得：$x_0\equiv 3\times462+5\times385+4\times330+10\times210\equiv 6731\equiv 2111\ (\mathrm{mod}\,2310)$

满足方程组（6.2.7）的解为： $x=2111+2310k,\ k=0,1,2,\cdots$

利用孙子定理求解同余方程的前提条件是所有的模两两互素，当模数不满足两两互素条件时，该同余方程组不一定有解。

定理 6.14 欧拉函数的性质。令 m 和 n 表示任意两个互素的正整数，即$(m, n)=1$，则有

$$\varphi(mn)=\varphi(m)\varphi(n)\tag{6.2.10}$$

上述定理给出了求解欧拉函数值的具体方法，这种方法在密码学中经常用到。

定理 6.15 费马小定理的推广。对于任意整数 a，如果模数 n 为素数或不同素数之积，即

$$n=p_1p_2\cdots p_i\cdots p_r,\quad i\neq j,\quad p_i\neq p_j,\quad 1\leqslant i,j\leqslant r$$

则有 $$a^{kl+1}\equiv a(\mathrm{mod}\,n)\tag{6.2.11}$$

式中 k 为任意正整数，而 l 为 n 的各素因子之欧拉数的最小公倍数，即

$$l=[\varphi(p_1),\varphi(p_2),\cdots,\varphi(p_r)]\tag{6.2.12}$$

6.2.2 RSA 公钥密码体制的加密和解密

RSA 公钥密码体制的加密和解密变换的数学表达式都非常简单，加密变换为：

$$c \equiv m^e (\bmod n) \tag{6.2.13}$$

其中 m 为明文，c 为密文，n 为模数。解密变换为：

$$m \equiv c^d (\bmod n) \tag{6.2.14}$$

$$0 \leqslant m \leqslant n-1, \quad 0 \leqslant c \leqslant n-1$$

n 为两个大素数 p 和 q 的乘积，即

$$n = pq$$

e 和 d 为大整数，且满足下述关系：

$$(d, \varphi(n)) = 1 \tag{6.2.15}$$

$$ed \equiv 1 \ (\bmod \varphi(n)) \tag{6.2.16}$$

式（6.2.15）和式（6.2.16）中的 $\varphi(n)$ 是 n 的欧拉数。由于 n 是两个大素数 p 和 q 的乘积，根据欧拉函数的特性有：

$$\varphi(n) = \varphi(pq) = \varphi(p)\varphi(q) = (p-1)(q-1) \tag{6.2.17}$$

由于 d 是按式（6.2.15）选择的，因此以 $\varphi(n)$ 为模的 d 的乘逆 e 一定存在，并可按式（6.2.16）求出。

在 RSA 公钥密码体制中，（e, n）是加密密钥，即公钥，（d, p, q）是解密密钥，即私钥。

根据欧拉定理，当(m, n)=1 时，有：

$$m^{\varphi(n)} \equiv 1 \ (\bmod n)$$

因为 n 仅含有因子 p 和 q，再考虑到 $m<n$，所以除了 $m=p$ 和 $m=q$ 的情况外，(m, n)=1 的条件均满足。上式两边都取 k 次幂得：

$$m^{k\varphi(n)} \equiv 1 \ (\bmod n) \tag{6.2.18}$$

式中 k 为整数。由式（6.2.16）有：

$$ed + k\varphi(n) = 1 \tag{6.2.19}$$

将上述关系代入式（6.2.18）得：

$$m^{(1-ed)} \equiv 1 \ (\bmod n)$$

整理得：

$$m = m^{ed} = (m^e)^d = c^d \ (\bmod n) \tag{6.2.20}$$

这就证明了 RSA 公钥密码体制的加密和解密确实是一对互逆变换。

假设 Alice 要发送信息给 Bob，可以先在公钥薄中查出 Bob 的公钥(e_b, n_b)，然后按下式对明文进行加密变换获得密文 c：

$$c \equiv m^{e_b} (\bmod n_b)$$

密文 c 经不保密信道传送给 Bob，Bob 利用自己的私钥 d_b 按式（6.2.14）对密文进行解密：

$$m \equiv c^{d_b} \ (\bmod n_b)$$

从而恢复出明文 m。这样就完成了建立在 RSA 公钥密码体制基础之上的保密通信。

RSA 公钥密码体制不仅能实现保密通信，由于

$$m^{ed} \equiv m^{de} (\bmod n)$$

RSA 公钥密码体制还能实现数字签名。数字签名将在第 7 章介绍。

二维码 6-2

在众多的公钥密码体制中，RSA 被认为是最成熟完善的一个。问世至今，尽管有许多密码学家对它进行了长期而深入的分析，但是一直没有发现它有明显的脆弱性。

综上所述，RSA 公钥密码体制至少有以下优点：

（1）数学表达式简单，其在公钥密码体制中是最容易理解和实现的一个。这个体制也是目前国际上应用最广泛的公钥密码体制之一。

（2）RSA 的安全性基于大合数分解的困难性。到目前为止，除了大数分解以外，人们还没有发现一种其他的数学分析方法能够对 RSA 进行非常有效的密码分析。虽然 RSA 也有一些弱点，但是只要在设计密码参数时仔细一点，这些弱点都是可以避免的。所以 RSA 公钥密码体制的安全性比较高。但是，20 世纪末发明的边信道攻击，对所有密码的实现方式都形成了威胁。

（3）RSA 公钥密码体制具有传统密码体制所不能实现的一些新功能，如认证、鉴别和数字签名等。因此，RSA 广泛应用于网络和金融系统也就不足为奇。

在实际应用中，RSA 公钥密码体制的公钥和私钥参数是一对 100～200 位十进制大素数的函数，其本身的数值也很大。因此，这种体制的加、解密运算速度很慢。这是它广泛应用的最大障碍。虽然有许多人致力于 RSA 运算速度的研究，并且在这方面不断取得进展，但是 RSA 芯片的速度与分组密码的速度相比仍然慢 1～3 个数量级。

6.2.3 RSA 算法密钥选择及设计举例

对于 RSA 公钥密码体制来说，密钥设计的第一步是寻找两个随机大素数，p 和 q，然后根据 $n = pq$ 计算出模数 n。在实际的密码系统中，通常 n 取 1024～4096 比特，p 和 q 的平均长度大约是 n 的一半。这种长度能够有效地防止将大合数 n 分解因子，从而推导出 p 和 q。

接下来是计算 n 的欧拉数 $\varphi(n)$，因为 $n=pq$，根据欧拉函数的特性

$$\varphi(n) = (p-1)(q-1)$$

然后用欧几里得算法计算私钥 d，使得 $(d, \varphi(n)) = 1$。一般的设计方法是，先随机选择一个大整数 d，用欧几里得算法计算最大公因数 $(d, (p-1)(q-1))$，如果最大公因数不是 1，则用（d+1）代替 d，继续计算 $(d, (p-1)(q-1))$ 的公因数，直至

$$(d, (p-1)(q-1)) = 1$$

为止。有时选择一个比 p 和 q 都大的素数作为 d，此时 d 必满足式（6.2.15）的要求。

选择好参数 d 以后，将 d 和 $\varphi(n)$ 写成线性表达式

$$ed + k\varphi(n) = 1$$

此时 d 的系数 e，就是我们所要选择的公钥参数。

【例 6.2】 设 p=11，q=13，求 RSA 公钥密码加解密参数。

解：

① 计算 n。n=11×13=143。

② 计算$\varphi(n)$。$\varphi(n)=(p-1)(q-1)=10\times12=120$。

③ 选择d=17。由于d是素数，且大于n的两个素因子为p和q，故一定有

$$(d,(p-1)(q-1))=(17,120)=1$$

④ 求d的逆元e。

$$120=7\times17+1，即\ 1=120-7\times17$$

$$e\equiv-7\equiv113(\bmod 120)$$

至此，一个 RSA 公钥密码体制设计完毕。其公钥为(e, m)=(113, 143)，私钥为d=17。

假设我们现在要对明文信息m=7进行加密，则密文：

$$c\equiv m^e(\bmod n)\equiv7^{113}\ (\bmod 143)=24$$

密文c经不保密信道传送到接收方后，接收方用自己的私钥对密文进行解密：

$$m\equiv c^d\ (\bmod n)\equiv24^{17}\ (\bmod 143)=7$$

则可正确无误地恢复出明文。

6.2.4 RSA快速算法

简单起见，上面的例子中我们选择的参数都非常小，明文和密文只有 1～2 位，密钥参数只有 2～3 位，但求幂的结果 $7^{113}\approx3.\ 234\times10^{95}$，$24^{17}\approx2.908\times10^{23}$，分别达到了十进制数的95位和23位。如果密钥$e$和$d$大到100位以上，求幂的结果将大到难以计算甚至难以存储的地步。不难想象，其计算速度是非常缓慢的，这成了它广泛应用的瓶颈问题。显然，寻求快速算法是解决这个瓶颈问题的有效途径之一。

下面介绍几种比较典型的RSA快速算法。

1. BR算法

BR（Binary Representation）算法即二进制表示法，是最传统的RSA快速算法，它的计算速度与传统密码体制相比仍然慢很多，不过几乎所有的 RSA 快速算法都是在 BR 算法的基础之上进一步改进得到的。

BR 算法利用了幂剩余计算一个非常有用的特性——乘积的剩余等于各因子的剩余之积再求剩余，用公式来表达就是：

$$ab(\bmod n)\equiv[a(\bmod n)\times b(\bmod n)](\bmod n) \tag{6.2.21}$$

利用上述特性可以将大整数幂剩余计算分解成一系列乘同余和平方剩余的迭代，从而加快RSA加密和解密的计算速度。

假设我们要按下式进行幂剩余计算：

$$c\equiv m^e(\bmod n) \tag{6.2.22}$$

首先将指数e表示成二进制数形式：

$$e=e_{n-1}2^{n-1}+e_{n-2}2^{n-2}+\cdots+e_i2^i+\cdots+e_12+e_0$$

将上式代入式（6.2.22）并考虑到式（6.2.21）得：

$$m^e(\bmod n) \equiv m^{e_{n-1}2^{n-1}+\cdots+e_i 2^i+\cdots e_1 2+e_0}(\bmod n)$$
$$\equiv [m^{e_{n-1}2^{n-1}}(\bmod n)\times\cdots\times m^{e_i 2^i}(\bmod n)\times\cdots\times m^{e_1 2}(\bmod n)\times m^{e_0}(\bmod n)](\bmod n)$$
$$\equiv [((\cdots(\cdots(1\times m^{e_{n-1}}(\bmod n))^2(\bmod n)\times\cdots\times m^{e_i}(\bmod n))^2\times$$
$$\cdots\times m^{e_1}(\bmod n))^2\times m^{e_0}(\bmod n))](\bmod n) \tag{6.2.23}$$

由于 e_i 只有 0 和 1 两种取值，当 $e_i=0$ 时，$m^{e_i}=1$；当 $e_i=1$ 时，$m^{e_i}=m$。把初始迭代结果置为 1，则幂剩余的迭代步骤为：

从 e 的二进制数的高位计算起，遇到为 1 的位就先求上一步迭代结果的平方剩余，然后用 m 去乘这个平方剩余再求乘同余；遇到为 0 的位就直接对上一步的迭代结果求平方剩余。如此继续下去，直至所有的位计算完为止。上述过程可简要地描述如下。

（1）$c=1$，$i=n-1$；

（2）计算：

（a）对于 $e_i=0$ 和 1，$c\equiv c^2(\bmod n)$；

（b）如果 $e_i=1$，$c\equiv cm(\bmod n)$；

（3）如果 $i\neq 0$，令 i=i-1，转向（2）；

如果 i=0，停止。此时的 c 即为所求。

除了最低位 e_0 外，e 有多少位就需要进行多少次平方剩余计算，用 $l(e)$ 表示 e 的二进制位数，则平方剩余的计算次数为 $(l(e)-1)$。如果用 $h(e)$ 表示 e 的汉明重量，即非零位个数，则计算乘同余的次数为 $(h(e)-1)$。故总的迭代步数为：

$$l=l(e)+h(e)-2 \tag{6.2.24}$$

$l(e)$ 表示 e 的长度。显然，e 的位数越多，即 $l(e)$ 越大，迭代步数就越多；e 的汉明重量 $h(e)$ 越大，即 e 的非零位越多，迭代步数就越多。当 e 只含有一个"1"时，汉明重量达到最小，即 $h(e)$=1，相应的迭代步数达到最小，即

$$l_{\min}=l(e)-1 \tag{6.2.25}$$

当 e 的所有位都为"1"时，汉明重量达到最大，即 $h(e)$=$l(e)$，此时的迭代步数也达到最大，即

$$l_{\max}=2l(e)-2 \tag{6.2.26}$$

【例 6.3】 求 24^{17} (mod 143)。

解：先将指数表示成二进制数形式：

$$17=(10001)_2$$

按前述方法将幂剩余分解成一系列乘同余和平方剩余的迭代：

$$24^{17}(\bmod 143)\equiv(((((1^2\times 24)^2(\bmod 143))^2(\bmod 143))^2(\bmod 143))^2(\bmod 143)\times 24)(\bmod 143)$$
$$\equiv(((4^2(\bmod 143))^2(\bmod 143))^2(\bmod 143)\times 24)(\bmod 143)$$
$$\equiv(113^2(\bmod 143)24)(\bmod 143)$$
$$\equiv 42\times 24(\bmod 143)$$
$$=7$$

在 BR 算法的每步迭代中，乘积或平方的最大值不超过$(n-1)^2$，求剩余的结果则不大于（n-1），因而易于存储和计算。这就为它的实际应用打下了一定的基础。

2．MBRR 算法

MBRR（Mollfied Binary Redundant Representations）算法是在 BR 算法的基础之上进行改进得到的。BR 算法是将幂剩余的指数 e 表示成二进制数形式，e_i 仅取 0 和 1 两个值，而 MBRR 算法是将 e 表示成二进制冗余形式，即 e_i 取 0, 1, -1 三个值，并用 $\bar{1}$ 表示-1。这样，当 e 的二进制数表示中有三个以上连“1”时，将最低位“1”变成“$\bar{1}$”，最高位“1”前面增加一个“1”，中间各位都置为“0”。如 111 变成 $100\bar{1}$，1111 变成 $1000\bar{1}$，……不难证明，$111=1000-1=100\bar{1}$，$1111=10000-1=1000\bar{1}$，……当 $e=10111001111101$ 时，相应的二进制冗余表示是 $p(e)=1100\bar{1}010000\bar{1}01$。容易证明，$e=p(e)$。

MBRR 算法实际是用 $p(e)$代替 e，然后按 BR 算法计算幂剩余

$$m^{p(e)}(\bmod n) \tag{6.2.27}$$

由上式明显可见，MBRR 算法是通过对指数重编码完成快速计算的。其运算步骤是，在计算幂剩余之前，首先用欧几里得算法从

$$mm^{-1} \equiv 1\ (\bmod n)$$

计算 m 对模 n 的乘逆 m^{-1}，然后仍按式（6.2.23）将幂剩余分解成一系列乘同余和平方剩余的迭代，不同的是此时的 e_i 取 0, 1, $\bar{1}$ 三个值，当 e_i=1 时，$m^{e_i}=m$；当 e_i=0 时，$m^{e_i}=1$；当 e_i=-1 时，$m^{e_i}=m^{-1}$。在进行迭代计算时，首先将幂剩余的指数表示成二进制冗余形式 $p(e)$，然后从 $p(e)$的高位计算起，遇到为“1”的位就先对上一步迭代结果计算平方剩余，再用 m 去乘这个平方剩余，然后求乘同余，如果遇到为“0”的位就直接对上一步迭代结果计算平方剩余；如果遇到为“$\bar{1}$”的位，就先求平方剩余，再用 m^{-1} 去乘这个平方剩余然后求乘同余。直至所有的位计算完为止。MBRR 算法的求解过程可简要描述如下。

（1）从 $mm^{-1} \equiv 1\ (\bmod n)$ 计算 m^{-1}。

（2）$c=1, i=n-1$。

（3）计算：

（a）对于所有 $e_i=0, 1, \bar{1}$，$c \equiv c^2(\bmod n)$；

（b）如果 $e_i=1$, $c \equiv cm(\bmod n)$；如果 $e_i=\bar{1}$, $c \equiv cm^{-1}(\bmod n)$。

（4）如果 $i \neq 0$，令 $i=i-1$，转向（3）；如果 $i=0$，停止。此时的 c 即为所求。

【例 6.4】 求 15^{63} (mad 143)。

解： 指数 $e=(111111)_2$，显然，指数长度 $l(e)=6$，汉明重量 $h(e)=6$，按照 BR 算法进行计算所需的迭代步数为：

$$l=l(e)+h(e)-2=6+6-2=10$$

将指数表示成二进制冗余形式，即 $p(e)=100000\bar{1}$，则 $l(e)=7$，$h(e)=2$，按照 MBRR 算法计算所需的运算步数为：

$$l=7+2-2=7$$

很明显，MBRR 算法的运算步数少。

由欧几里得算法：　　$143=9\times15+8$　　$15=8+7$　　$8=7+1$

将上述推导倒推回去得到：　　$2\times143-19\times15=1$

可见　　$15^{-1}\ (\bmod 143) \equiv -19(\bmod 143)=124$

于是

$$
\begin{aligned}
15^{63}(\text{mod}\,143) &\equiv ((((((15^2)^2)^2)^2)^2)^2)124\ (\text{mod}\,143) \\
&\equiv (((((82^2)^2)^2)^2)^2)124\ (\text{mod}\,143) \\
&\equiv ((((3^2)^2)^2)^2)124\ (\text{mod}\,143) \\
&\equiv ((81^2)^2)124\ (\text{mod}\,143) \equiv 86
\end{aligned}
$$

不难验证上述结果的正确性。这种快速算法适合于指数汉明重量明显大的情况。

3．SMM 算法

SMM 算法是基于乘同余对称特性（Symmetry of Modulo Mutiplication）的快速 RSA 算法。它利用平方剩余和乘同余的对称特性，使 RSA 在进行求模运算时的模减次数减少，同时有条件地用较小的数代换较大的数，使乘法的运算时间也缩短，从而提高整个 RSA 算法的运算速度。它也是对 BR 算法的进一步改进。

在 RSA 的加解密运算中，n 是两个大素数的乘积，因此它一定是一个奇数，那么$(n-1)$一定是一个偶数，所以$(n-1)/2$ 是整数。

令 $$i\in\{0, 1, 2, \cdots, (n-1)/2, (n+1)/2, \cdots, n-1\}$$

则由平方剩余的对称性有

$$(n-i)^2 \equiv n^2 - 2ni + i^2 \equiv i^2(\text{mod}\,n) \tag{6.2.28}$$

由乘同余的定义可以导出

$$(n-i)(n-j) \equiv n^2 - ni - nj + ij \equiv ij\ (\text{mod}\,n) \tag{6.2.29}$$

$$i(n-j) \equiv nj - ij \equiv -ij\ (\text{mod}\,n) \tag{6.2.30}$$

(ij)与$(-ij)$的不同之处在于(ij)对 n 求模时用模减，而$(-ij)$在对 n 求模时用模加。两者求模次数相差 1。因为当$|ij|<n$ 时不需要再进行模减，而$|-ij|<n$ 时还要再进行一次模加才能使运算结果落在 n 的完全剩余系内。

利用上述性质就可以构造出 SMM 算法。

在式（6.2.23）的每步迭代中，令 c 为每步迭代后的中间结果，则

$$c\in\{0, 1, 2, \cdots, (n-1)/2, \cdots, n-1\}$$

当该步迭代是计算平方剩余时，如果$c \leqslant (n-1)/2$，则计算 $c^2\,(\text{mod}\,n)$；如果 $c>(n-1)/2$，则

$$c \leftarrow n-c \tag{6.2.31}$$

由式（6.2.28）可见 $$(n-c)^2 \equiv c^2(\text{mod}\,n) \tag{6.2.32}$$

当该步迭代是计算乘同余时，如果中间结果 c 和待加密明文 m 都小于等于$(n-1)/2$，则直接计算 $cm(\text{mod}\,n)$；如果 c 和 m 都大于$(n-1)/2$，令 $c\leftarrow n-c, m\leftarrow n-m$，显然

$$(n-c), (n-m) \in \{0, 1, \cdots, (n-1)/2\} \tag{6.2.33}$$

由式（6.2.29）可知 $$cm \equiv (n-c)(n-m)\ (\text{mod}\,n) \tag{6.2.34}$$

同理，当 $c>(n-1)/2$，$m \leqslant (n-1)/2$ 时，用$-(n-c)$代替 c，计算$-(n-c)m(\text{mod}\,n)$。当 $c \leqslant (n-1)/2$，$m>(n-1)/2$ 时，用$-(n-m)$代替 m，计算$-(n-m)c(\text{mod}\,n)$。由式（6.2.30）可知

$$-(n-c)m \equiv -nm + cm \equiv cm\ (\text{mod}\,n) \tag{6.2.35}$$

$$-(n-m)c \equiv -nc + mc \equiv mc\ (\text{mod}\,n) \tag{6.2.36}$$

用上述代换规则计算式（6.2.23）中的每步迭代，即可完成 SMM 算法。

在算法的每步迭代中，基本运算只有两种：乘法和求模。在实际操作过程中，求模运算是通过模减来完成的。当把较大的数代换成较小的数进行乘同余和平方剩余计算时，模减的次数就相应减少，因此，求模运算速度加快。此外，有条件代换使乘数和被乘数的绝对值减小，又使乘法运算时间缩短。由于 RSA 加解密迭代运算中只有相乘和求模两种基本运算，所以乘法和求模时间的缩短必然会提高整个 RSA 算法的运算速度。

【例 6.5】 求 $105^{179}(\text{mod } 15229)$。

解： 将指数 e 表示成二进制数形式，即 $e=(10110011)_2$。显然，$l(e)=8$，$h(e)=5$。因此，迭代步数

$$l=8+5-2=11$$

模数 $n=15229$，故 $(n-1)/2=7614$。这就是说，在每步迭代计算中如果被计算的数字大于 7614，则用式（6.2.33）～式（6.2.36）的规则进行代换，否则就不代换。计算过程列于表 6.2-2。表 6.2-2 的最后一步结果即为所求，即

$$105^{179}\ (\text{mod } 15229)= 4877$$

表 6.2-2 SMM 快速算法举例

步	输入	>7614?	代换值	被模数	求模结果
1	105	N	–	105·105	11025
2	11025	Y	4204	204·4204	7976
3	7976,105	Y	−7253	−7253·105	15114
4	15114	Y	115	115·115	13225
5	13225,105	Y	−2004	−2004·105	2786
6	2786	N	–	2786·2786	10235
7	10235	Y	4994	4994·4994	10163
8	10163	Y	5066	5066·5066	3419
9	33419,105	N	–	3419·105	1059
10	1059	N	–	1059·1059	9764
11	9764,105	Y	−5465	−5465·105	4877

如果在所有的迭代步数中，有一半采用了有条件代换，可以证明，SMM 算法比 BR 算法的求模运算量大约可减少 30%。由于实际 RSA 公钥密码体制的参数都很大，减少 30%的求模运算量是很有实际意义的。

4．递归余数和算法

递归余数和（Recursive Sums of Residues）算法是各种 RSA 算法中较快而又比较实用的一种。它的基本思路是事先构造 2 的乘幂的余数表，将求模运算中的试商变成求和，通过提高求模运算速度达到提高 RSA 算法速度的目的。它也是在 BR 算法基础之上的进一步改进。

假设 BR 算法的中间结果为 c，每步迭代计算乘同余 $cm(\text{mod } n)$或平方剩余 $c^2(\text{mod } n)$。若令 $y=cm$ 或 $y=c^2$，将 y 表示成二进制数形式

$$y=\sum_{i=0}^{k-1} y_i 2^i,\quad y_i\in\{0,1\} \tag{6.2.37}$$

式中 k 为 y 的二进制数长度。$cm(\text{mod } n)$或 $c^2(\text{mod } n)$可表示成

$$y(\text{mod } n)\equiv\left(\sum_{i=0}^{k-1} y_i 2^i\right)(\text{mod } n)$$

考虑到求模运算满足结合律，上式可变为

$$y(\text{mod } n)\equiv\left(\sum_{i=0}^{k-1} y_i (2^i(\text{mod } n))\right)(\text{mod } n) \tag{6.2.38}$$

记2^i对模 n 的余数为 $$r_i \equiv 2^i (\bmod n),\quad r_i \in \{0,1,\cdots,n-1\} \tag{6.2.39}$$

代入式（6.2.38）得 $$y(\bmod n) \equiv \left(\sum_{i=0}^{k-1} y_i r_i\right)(\bmod n) \tag{6.2.40}$$

由于 y_i 只取 0, 1 两个数，当 y_i=0 时，$y_i r_i = 0$；当 y_i=1 时，$y_i r_i = r_i$。于是，式（6.2.40）中 y 对 n 的求模运算就变成了一系列余数之和。

由式（6.2.39）得 $$r_i \equiv 2^i \equiv 2(2^{i-1}(\bmod n))(\bmod n) \equiv 2r_{i-1}(\bmod n) \tag{6.2.41}$$

上式说明第 i 个余数可由前一个余数迭代而来。这就是递归余数和的由来。

递归余数和的操作步骤是，首先建立一个余数表，将预先产生的 2 的各次幂的余数顺序排列进去，在进行求模运算时，只需找出被模数的非零位，在余数表中查出相应的余数并求和即可。例如，2^i (mod 7)的余数表如表 6.2-3 所示。

表 6.2-3

i	2^0	2^1	2^2	2^3	2^4	2^5	…
r_i	1	2	4	1	2	4	…

【例 6.6】 计算 18 (mod7)。

解：由于 18=$(10010)_2$，非零位为 2^4 和 2^1，查表知 $r_4 = r_1 = 2$，所以

$$18\ (\bmod 7)=2+2=4$$

直接计算 18 (mod 7)亦可得到相同的结果。

由于 $c, m\in \{0, 1, 2, \cdots, (n-1)\}$，故 cm 或 $c^2 \leqslant (n-1)^2$。如果 n 的长度为 l，则 k 不超过 $2l$。递归余数和算法有以下特点：

（1）余数表大小为 $l\times l$，存储 $r_l \sim r_{k-1}$，共 l 个余数。

（2）求和次数取决于 y 大于 l 各位的非零位个数。例如，n=7，位数 l=3，$y=(101001)_2$，大于 l 的有 3 位，即 6, 5, 4 位为 101，非零位个数为 2，需要进行 2 次加法，即 $r_5 + r_3 + r_1$。显然，非零位个数越少，求和次数就越少，计算速度就越快。

（3）递归余数和算法速度比 BR 算法速度快 50%。

实际系统的 RSA 参数都很大，计算机的运算单元装不下，需要将大参数分解成字节或字，进行多轮运算，称为多精度算法。多精度算法一般与蒙哥马利快速算法结合，可以大幅度提高 RSA 算法的运算速度。

6.2.5 RSA 公钥密码体制的安全性

对密码分析者来说，攻击 RSA 体制的最显而易见的方法就是分解模数 n，因为一旦求得 n 的两个素因子 p 和 q，n 的欧拉数 $\varphi(n)=(p-1)(q-1)$立即可得，再利用欧几里得算法按式（6.2.16）求出以 $\varphi(n)$为模的公钥 e 的乘逆 d，从而破译 RSA 的秘密密钥。

但是分解大合数是众所周知的数学难题。300 多年来，许多著名的数学家对这个问题进行了大量的研究，即便借助大型计算工具，截至 2020 年，能够分解的大合数也只有 795 比特。

若有一种方法能够不分解 n 而方便地计算出 $\varphi(n)$，则 RSA 体制可轻而易举地被攻破。不过目前还没有人能够证明直接计算 $\varphi(n)$比分解 n 更容易。从另一个方面也说明为什么 RSA 密码体制的模数 n 必须选合数而不能选素数。因为如果模 n 选用素数，那么公布了 n 就等于公布了 $\varphi(n)$。利用欧几里得算法从 $\varphi(n)$和公钥 e 可以很容易地推导出私钥 d。

既然私钥 d 不能推导出来，那么它能不能直接计算出来呢？最显而易见的方法当然是穷举搜索法。但是只要密码设计者仔细选取 d，并使它本身足够大，就可以挫败密码分析者的穷举搜索攻击。

如果密码分析者知道了 d 可以方便地按下述方法实现对 n 的分解。首先计算出$(ed-1)$，由 RSA 体制的协议可知，$(ed-1)$必然是$\varphi(n)$的一个倍数。密码学家 Miller 指出，利用$\varphi(n)$的任何倍数都能成功地实现对 n 的分解。但是到目前为止，还没有人能够提出这类对 n 进行因数分解的实际方法。因此可以断言，密码分析者不可能用比分解 n 更容易的方法来直接计算私钥 d，否则大合数分解的难题就不存在了，但是这并不意味着密码分析者不能通过其他途径来破译 RSA 体制。

美国学者 Simmons 指出 RSA 公钥密码体制存在一种潜在的弱点，就是幂剩余变换的周期性。利用这种特殊的周期性，可以不必破译秘密密钥而直接得到明文。其方法如下：

设 m 是待加密的明文，(e, n)是 RSA 密码体制的公开密钥，则密文

$$m^e \equiv c \pmod{n} \tag{6.2.42}$$

密码分析者从不保密信道上得到密文 c 后，并不设法获取私钥 d，而是利用公钥对密文 c 依次进行如下变换：

$$\begin{aligned} c^e &\equiv c_1 \pmod{n} \\ c_1^e &\equiv c_2 \pmod{n} \\ &\cdots \\ c_{k-1}^e &\equiv c_k \pmod{n} \\ c_k^e &\equiv c_{k+1} \equiv c \pmod{n} \end{aligned} \tag{6.2.43}$$

上述一组变换经过（k+1）步迭代后，幂剩余变换的结果恰好等于密文 c。对照式（6.2.42）可知第 k 步的变换结果c_k就是明文。这样 Simmons 利用众所周知的公开密钥（e, n）和截获的密文 c 成功地破译了 RSA 公钥密码体制。

设 RSA 公钥密码体制的一组参数为p=383, q=563, n=pq=215629, e=49, d=56957, 加密和解密变换式分别为：

$$m^{49} \equiv c \pmod{215629}$$
$$c^{56957} \equiv m \pmod{215629}$$

如果明文信息 m=123456，则相应的密文为

$$(123456)^{49} \equiv 1603 \pmod{215629}$$

密码分析者利用公钥（49, 215629）和密文 1603 按式（6.2.43）所示的一组变换进行运算，得到

$$\begin{aligned} c_1 &\equiv 180661 \pmod{215629} \\ c_2 &\equiv 109265 \pmod{215629} \\ c_3 &\equiv 131172 \pmod{215629} \\ c_4 &\equiv 8178 \pmod{215629} \\ c_5 &\equiv 56372 \pmod{215629} \\ c_6 &\equiv 63846 \pmod{215629} \\ c_7 &\equiv 146799 \pmod{215629} \\ c_8 &\equiv 85978 \pmod{215629} \\ c_9 &\equiv 123456 \pmod{215629} \\ c_{10} &\equiv 1603 \equiv c \pmod{215629} \end{aligned}$$

由此可见，仅仅经过 10 步变换，就得到 c_{10}=c，于是立即推知 c_9=m=123456。

这是由于幂剩余函数满足下述周期性定理，即若 n 为素数或不同素数之积，且$(e, \varphi(n))=1$，则

$$a^{ek} \equiv a \pmod n$$

式中 k 为某一正整数。

当上述例子中模数的欧拉数为 $\varphi(n)=214684$ 时，49 的指数是 10，也就是说周期 k 仅等于 10。这固然是加密指数 e 的特定选择所决定的。这种结果也很容易理解。因为$(e, \varphi(n))=1$，所以每次变换均为一一映射，由于信息空间是有限的，连续映射，最终一定会恢复到初始状态。

要避免密码分析者利用幂剩余的周期性破译 RSA 体制，就要使 k 足够大以至密码分析者在合理的时间内不能够破译 RSA 密文。事实上，幂剩余函数的周期 k 与模数 n 的两个素因子的欧拉数 $\varphi(p)$和 $\varphi(q)$的最小公倍数 $l=[\varphi(p), \varphi(q)]$有关，$l$ 越大，幂剩余函数的周期就越长，反之 l 越小，周期 k 就越短。显然，为了使 RSA 公钥密码体制实际上是不可破译的，理应选择 l 较大的素因子 p 和 q。

还有一个值得注意的问题是，在以 RSA 公钥密码体制为加密标准的密码通信网中，每个用户的密钥不能有相同的模数值。这里最显而易见的问题是同一明文用相同的模数、但不同的指数进行加密，且这两个指数是互素的，那么无须任何一个解密密钥就可以恢复出明文。

假设 m 是明文信息，有两个用户 Alice 和 Bob 的加密密钥分别为 e_a和 e_b，它们有共同的模数 n，两个密文信息分别为

$$c_a \equiv m^{e_a} \pmod n$$

$$c_b \equiv m^{e_b} \pmod n$$

密码分析者知道 n, e_a, e_b, c_a和 c_b。他们用下述方法恢复出明文 m。

由于 e_a和 e_b互素，由欧几里得算法能够找出 r 和 s，使之满足

$$re_a + se_b = 1$$

在 r 和 s 中，有一个是负数。假定 r 是负数，用欧几里得算法计算出 c_a^{-1}，则有

$$(c_a^{-1})^{-r} c_b^s \equiv m^{e_a r + e_b s} \equiv m \pmod n$$

这样，无须破译秘密密钥 d，就可得到明文 m。这种攻击方法叫 RSA 的共模攻击。避免这种攻击的措施是不在一组用户之间共享 n。

综上所述，在使用 RSA 公钥密码体制时，必须注意以下问题：

（1）选择素数 p 和 q 时，应使这两个素数的欧拉数 $\varphi(p)$和 $\varphi(q)$的最小公倍数 l 尽可能地大，l 越大，幂剩余函数的周期就越长。这样可以避免密码分析者利用幂剩余函数的周期性破译该体制。

（2）密钥中的各项参数应该选得足够大，以避免密码分析者用穷举搜索法破译密码体制。

（3）在同一个通信网络中，不同的用户不应该使用共同的模数。

6.3 SM2 算法

信息科学技术的发展使得计算能力越来越强大，密码分析者可利用的资源也越来越多，为了防范攻击，要求构成 RSA 公钥密码体制的参数越来越大，这使得 RSA 在工程实现

的过程中消耗的资源越来越多，包括能耗、计算资源、存储量、时间等，这与许多新技术需求的低能耗、快速实现形成矛盾。为了克服这些困难，人们探寻新的构造公钥密码体制的方法，于是诞生了椭圆曲线密码体制（Elliptic Curve Cryptography，ECC）。

椭圆曲线密码最早由 Neal Koblitz 和 Victor Miller 于 1985 年提出，最近几十年受到了广泛的重视并提出了各种各样的基于 ECC 的实用公钥密码体制，包括基于 ECC 的加密体制、签名体制和密钥分配体制等。

SM2 是我国提出的基于 ECC 的公钥密码体制。它是国家商用密码管理局 2007 年组织的、由国内密码学家成立的专门研究小组研制的国内商用公钥密码标准，于 2010 年完成并公布，2012 年正式批准为行业标准（标准号：GM/T 0003-2012），2016 年批准发布为中国国家密码标准（标准号：GB/T 32918-2016）。2018 年 11 月，SM2 算法以正文形式随 ISO/IEC 14888-3:2018《信息安全技术带附录的数字签名第 3 部分：基于离散对数的机制》发布，正式成为国际标准中数字签名算法之一。

6.3.1 椭圆曲线基本概念及运算规则

椭圆曲线通俗地讲是有两个变量的 3 次方程，可以定义在有理数域、实数域、有限域和复数域。构造密码体制的椭圆曲线一般定义在有限域上。具体地，椭圆曲线是指满足下述形式的 Weierstrass 方程

$$y^2 + axy + by = x^3 + cx^2 + dx + e \tag{6.3.1}$$

的所有点（x, y），再加一个无穷远点 O 构成的集合。无穷远点指 y 坐标无穷大的点。

定义在有限域上的椭圆曲线又可细分为定义在素数域（简称素域）和素数扩域上的椭圆曲线，用椭圆曲线构造的密码体制 ECC 通常定义在素域 GF(p)和二元扩域 GF(2^m)上。本节只介绍定义在 GF(p)上的椭圆曲线。

对式（6.3.1）中的 x, y 进行变换，可将 Weierstrass 方程变换成素域上的椭圆曲线：

$$y^2 = x^3 + ax + b \tag{6.3.2}$$

式中 p 为素数；$P = (x, y)$ 为椭圆曲线上的点；x, y 是点 P 的平面坐标，$x, y \in \{\mathrm{GF}(p)\} \cup \{O\}$；$a, b \in \mathrm{GF}(p)$，且满足 $4a^2 + 27b^3 \neq 0$；素域 GF(p)中的元素用整数$\{0, 1, 2, \cdots, p-1\}$表示。这类椭圆曲线通常用 $E_p(a,b)$ 表示。$E_p(a,b)$ 含有有限个点，曲线上点数的个数 N（包括无穷远点），称为**椭圆曲线的阶**，根据 Hasse 定理，$p+1-2\sqrt{p} \leqslant N \leqslant p+1+2\sqrt{p}$。

如果 p 是大于 3 的素数，$E_p(a,b)$ 上点集的产生方法是：x 取$\{0, 1, 2, \cdots, p-1\}$中的每一个值，计算相应的 $x^3 + ax + b$；然后采用欧拉准则判断平方剩余 $y^2 (\mathrm{mod}\, p)$ 有无平方根；若有，计算出±y，若无，则椭圆曲线上没有相应的点。

欧拉准则：若 p 为奇数，则 Z 是模 p 平方剩余的充要条件是 $Z^{\frac{p-1}{2}} \equiv 1\ (\mathrm{mod}\, p)$。

若 Z 是模 p 的平方剩余，则当 $p \equiv 3\ (\mathrm{mod}\, 4)$ 时，两个平方根是 $\pm Z^{\frac{p+1}{4}} (\mathrm{mod}\, p)$。

【例 6.7】 求解椭圆曲线 $E_{11}(1,1)$：$y^2 = x^3 + x + 1$ 上的点。

解：令 $Z=y^2$。

（a）$x=0$，$Z \equiv 1\ (\mathrm{mod} 11)$；$Z^{\frac{11-1}{2}} \equiv 1^5 \equiv 1\ (\mathrm{mod} 11)$, 是平方剩余。$\pm Z^{\frac{11+1}{4}} \equiv \pm 1^3 \equiv \pm 1\ (\mathrm{mod} 11)$

是两个平方根。因为−1(mod 11)=10，所以(0, 1), (0, 10)是 $E_{11}(1,1)$ 上的两个点。

（b）x=1，$Z\equiv 3\ (\mathrm{mod} 11)$；$3^5\equiv 1\ (\mathrm{mod} 11)$，是平方剩余。两个平方根 $\pm 3^3\equiv \pm 5\ (\mathrm{mod} 11)$。所以(1, 5), (1, 6)是 $E_{11}(1,1)$ 上的两个点。

（c）x=2，$Z\equiv 0\ (\mathrm{mod} 11)$；$0^5=0\ (\mathrm{mod} 11)$，不是平方剩余。$E_{11}(1,1)$ 上没有相应的点。

以此类推计算出 $E_{11}(1,1)$ 上其余的点：(3, 3), (3, 8); (4, 5), (4, 6); (6, 5), (6, 6); (8, 2), (8, 9)。$E_{11}(1,1)$ 上的点集如图 6.3.1 所示。

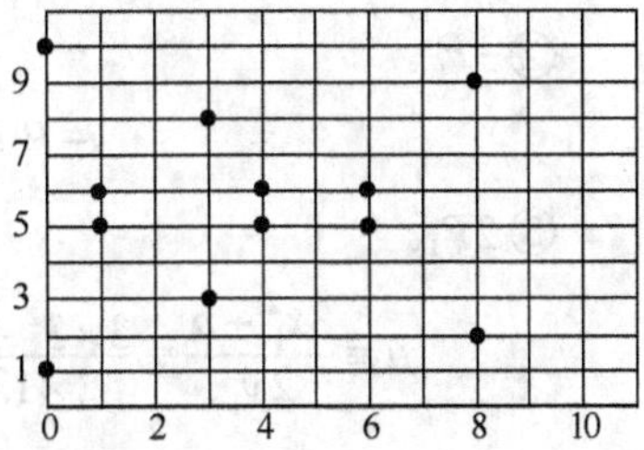

图 6.3.1 $E_{11}(1,1)$ 椭圆曲线点集

将这些点代入方程 $y^2\equiv x^3+x+1$ 验证，均可满足。

椭圆曲线 $E_p(a,b)$ 上的点，按照下面的加法运算规则，构成一个交换群：

（1）加法单位元 O：$O+O=O$，$-O=O$；

（2）对于 $E_p(a,b)$ 上的所有非无穷远点 $P=(x,y)$，$P+O=O+P=P$；

（3）对于 $E_p(a,b)$ 上的所有非无穷远点 $P=(x,y)$，P 的逆元素 $-P=(x,-y)$, $P+(-P)=O$；

（4）$E_p(a,b)$ 上的三个点 P, Q, R 满足结合律：$(P+Q)+R=P+(Q+R)$。

椭圆曲线 $E_p(a,b)$ 上的运算规则如下：

（1）点的加法，亦称为点加。

设 $P_1=(x_1,y_1)$，$P_2=(x_2,y_2)$，且 $x_1\neq x_2$，即两个点非互逆，设 $P_3=(x_3,y_3)=P_1+P_2$，加法规则为：

$$\mu\equiv\frac{y_2-y_1}{x_2-x_1}\ (\mathrm{mod}\ p) \tag{6.3.3}$$

$$x_3\equiv(\mu^2-x_1-x_2)\ (\mathrm{mod}\ p)\qquad y_3\equiv(\mu(x_1-x_3)-y_1)\ (\mathrm{mod}\ p) \tag{6.3.4}$$

（2）倍点运算，即两个相同点的加法规则。

设 $P_1=(x_1,y_1)=P_2$，且 $y_1\neq 0$，$P_3=(x_3,y_3)=P_1+P_1$，则

$$\mu\equiv\frac{3x_1^2+a}{2y_1}(\mathrm{mod}\ p) \tag{6.3.5}$$

$$x_3\equiv(\mu^2-2x_1)\ (\mathrm{mod}\ p)\qquad y_3\equiv(\mu(x_1-x_3)-y_1)\ (\mathrm{mod}\ p) \tag{6.3.6}$$

（3）椭圆曲线多倍点运算。

椭圆曲线上同一个点的多次加法称为该点的多倍点运算。设 k 是一个正整数，P 是椭圆曲线上的点，称点 P 的 k 次加为点 P 的 k 倍点运算，记为 $Q=kP=\underbrace{P+P+\cdots+P}_{k}$ 个。因为 $kP=(k-1)P+P$，所以 k 倍点可以递归求得，也可以通过一些技巧更有效地实现。多倍点运算的输出有可能是无穷远点 O。

【例 6.8】 椭圆曲线 $E_{23}(1,1)$：$y^2=x^3+x+1$ 上的两个点 $P_1=(3,13), P_2=(9,16)$。计算 $P_1+P_2, -P_1, 2P_1, 5P_1$。

解：① P_1+P_2。

$$\mu\equiv\frac{y_2-y_1}{x_2-x_1}\equiv\frac{16-13}{9-3}\equiv\frac{1}{2}\equiv\frac{1\times 2^{-1}}{2\times 2^{-1}}\equiv\frac{12}{2\times 12}\equiv 12\ (\mathrm{mod}\ 23)$$，其中 2×12≡1 (mod 23)

$$x_3 \equiv \mu^2 - x_1 - x_2 \equiv 12^2 - 3 - 9 \equiv 17 \pmod{23}$$
$$y_3 \equiv \mu(x_1 - x_3) - y_1 \equiv 12(3-17) - 13 \equiv 3 \pmod{23}$$
$$P_1 + P_2 = (17, 3)$$

② $-P_1$。

$$-P_1 \equiv (x_1, -y_1) \equiv (3, -13) \equiv (3, 10) \pmod{23}$$

③ $2P_1$。

$$\mu \equiv \frac{3x_1^2 + a}{2y_1} \equiv \frac{3\times 3^2 + 1}{2\times 13} \equiv \frac{28}{26} \equiv \frac{5\times 3^{-1}}{3\times 3^{-1}} \equiv 5\times 8 \equiv 17 \pmod{23}，\ 3\times 8 \equiv 1 \pmod{23}$$
$$x_3 \equiv \mu^2 - 2x_1 \equiv 17^2 - 2\times 3 \equiv 7 \pmod{23}$$
$$y_3 \equiv \mu(x_1 - x_3) - y_1 \equiv 17(3-7) - 13 \equiv 11 \pmod{23}$$
$$2P_1 = (7, 11)$$

④ $5P_1$。

$$5P_1 = 3P_1 + 2P_1 = (P_1 + 2P_1) + 2P_1$$
$$3P_1 = (P_1 + 2P_1) = (3, 13) + (7, 11)$$
$$\mu \equiv \frac{y_2 - y_1}{x_2 - x_1} \equiv \frac{11-13}{7-3} \equiv -\frac{1}{2} \equiv -12 \equiv 11 \pmod{23}$$
$$x_3 \equiv \mu^2 - x_1 - x_2 \equiv 11^2 - 3 - 7 \equiv 19 \pmod{23}$$
$$y_3 \equiv \mu(x_1 - x_3) - y_1 \equiv 11(3-19) - 13 \equiv 18 \pmod{23}$$
$$3P_1 = (19, 18)$$
$$5P_1 = 3P_1 + 2P_1 = (19, 18) + (7, 11)$$
$$\mu \equiv \frac{y_2 - y_1}{x_2 - x_1} \equiv \frac{11-18}{7-19} \equiv \frac{7}{12} \equiv 7\times 2 \equiv 14 \pmod{23}$$
$$x_3 \equiv \mu^2 - x_1 - x_2 \equiv 14^2 - 19 - 7 \equiv 9 \pmod{23}$$
$$y_3 \equiv \mu(x_1 - x_3) - y_1 \equiv 14(19-9) - 18 \equiv 7 \pmod{23}$$
$$5P_1 = (9, 7)$$

椭圆曲线加法的几何意义见图 6.3.2。图中曲线是一种典型的椭圆曲线。计算点 P 和 Q 的和，首先经过这两个点画直线，直线与椭圆曲线相交点 $-R = (x_3, -y_3)$ 的逆，就是 P 和 Q 两点的和 $R = (x_3, y_3)$。如果 P 和 Q 两点重合，则经过两点的割线，退化为经过点 P 的切线。

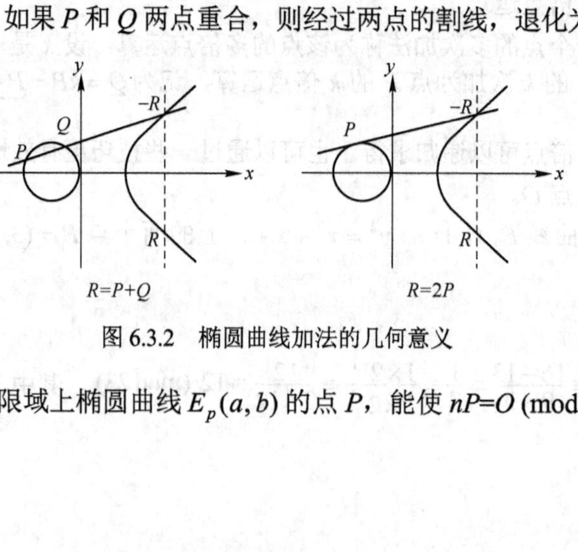

图 6.3.2　椭圆曲线加法的几何意义

定义 6.9　对于有限域上椭圆曲线 $E_p(a, b)$ 的点 P，能使 $nP = O \pmod{p}$ 的最小正整数 n，

称为点 P 的阶，记为 ord(P)。

注意：椭圆曲线的阶 N 与点 P 的阶 n 是两个概念。点 P 的阶总是存在，而且 $n \leqslant N$ 。

定义 6.10 G 是有限域上椭圆曲线 $E_p(a,b)$ 上的一个点，如果 $E_p(a,b)$ 上的其他点都可用 G 的某个倍数表示，且 ord(G)=ord[$E_p(a,b)$]，即 n=N，则 G 称为 $E_p(a,b)$ 的生成元，也称本原元或基点。如果 n<N，则 G 生成 $E_p(a,b)$ 的子集。

注意：不是椭圆曲线上的任何一点都能作为生成元。

Menezes 和 Vanstone 于 1993 年设计了实用椭圆曲线密码体制 ECC，其加密的基本思想是，选取一条椭圆曲线 $E_p(a,b)$ 和其生成元 G，作为系统的公开参数，其中 p 为素数，$a,b \in \{1,2,\cdots,n-1\}$，$n$ 是 G 的阶。任取整数 $d \in \{1,\cdots,n-1\}$，计算 ECC 公钥 $Y \equiv dG \pmod p$ 。

如果 m 是待发送的消息，任选随机整数 $k \in \{1,2,\cdots,n-1\}$ ，

加密：
$$c_1 = kG, c_2 = m + kY, c_3 = (c_1, c_2) \tag{6.3.7}$$

解密：
$$c_2 - dc_1 = m + kdG - dkG = m \tag{6.3.8}$$

式（6.3.8）中，“−”是“+”的逆操作，所有运算遵循椭圆曲线运算规则。

椭圆曲线密码体制还可基于素域的扩域，最常见的是 2 元扩域，即基于 GF(2^m)，其中 m 是整数。本书仅介绍基于素域的椭圆曲线密码体制。

6.3.2 SM2 公钥密码加解密算法

SM2 是基于椭圆曲线的公钥密码体制，密钥长度为 256 比特。SM2 有基于素域或 2 元扩域两种椭圆曲线，本书仅介绍基于素域的 SM2 算法。

SM2 运行过程中需要用到密钥派生函数。其作用是利用通信双方共享的秘密数据通过杂凑派生出一次性密钥。SM2 算法中的杂凑函数一般选用国产杂凑算法 SM3。

$$K = \mathrm{KF}(P_2, L) \tag{6.3.9}$$

其中 KF 是密钥派生函数；K 是函数的输出。P_2 和 L 是 KF 的两个输入，P_2 是椭圆曲线上点的横、纵坐标的链接，即 $P_2 = x_2 \| y_2$ ，L 是个整数，指示输出比特串 K 的长度。如果杂凑的输出比特长度是 l_h，$j = \lceil L / l_h \rceil$ 代表输出组数，$\lceil \cdot \rceil$ 表示符号内的数据上取整。杂凑函数的每组输出记为 H_i，$i = 1,2,\cdots h$ ，则派生函数 KF 的运行过程如下。

（1）初始化一个 32bit 计数器 C_t=0x00000001。

（2）对于 i=1～j，计算：

（a）$H_i = \mathrm{Hash}(P_2 \| C_t)$

（b）$C_t \leftarrow C_t + 1$

（3）若 (L / l_h) 是整数，输出 $K = H_1 \| H_2 \| \cdots \| H_j$ 。

（4）若 (L / l_h) 非整数，截取最后一组杂凑结果 H_h 最左边的 $[L-(j-1)l_h]$ 比特作为最后一组输出 H_j'，即输出 $K = H_1 \| H_2 \| \cdots \| H_j'$，以保证 K 的长度是 L。

基于素域的椭圆曲线 SM2 算法，其椭圆曲线方程为 $y^2 = x^3 + ax + b$。

1. 系统建立

选取系统参数（p,a,b,G,n,h），并公开。其中：

➢ p 为素数，要求足够大，目前 160 比特以上可以满足安全性要求，过大则影响计算

速度；

- $a, b \in \mathrm{GF}(p)$ 是椭圆曲线方程的系数；
- G 是基点（生成元），它所生成的子群须满足 ECC 的要求；
- n 是基点 G 的阶，要求是大素数；
- $h=N/n$，N 是椭圆曲线的阶，要求 $h \leqslant 4$；
- 对于椭圆曲线方程，要求 $4a^3 + 27b^2 \neq 0$。

2. 密钥生成

系统建立之后，每个参与的用户通过下列计算生成自己的密钥对：

（1）在$[1, n-1]$区间随机选择一个整数 d 作为自己的私钥；

（2）计算 $Q=dG$，作为自己的公钥。式中乘法遵循椭圆曲线多倍点乘法规则。（Q, d）即为用户的密钥对，Q 公开，d 保密。

3. SM2 算法加密

Alice 要发送长度为 L 的消息 m 给 Bob，Alice 需要查找 Bob 的公钥 Q_b，然后依照下列步骤加密：

（1）用随机数发生器产生随机数 $k \in \{1, 2, \cdots, n-1\}$；

（2）计算椭圆曲线上的点 $C_1 = kG = (x_1, y_1)$；

（3）计算椭圆曲线上的点 $S = hQ_b$，验证 S 不是无穷远点，否则报错；

（4）计算椭圆曲线上的点 $kQ_b = (x_2, y_2)$，令 $P_2 = x_2 \| y_2$；

（5）用密钥派生函数计算 $K = \mathrm{KF}(P_2, L)$，输出长度为 L 比特，并验证 K 是否为全 0，若为全 0，则重新产生随机数 k;

（6）计算 $C_2 = m \oplus K$，其中 $\oplus$ 为模 2 加；

（7）计算 $C_3 = \mathrm{Hash}(x_2 \| m \| y_2)$，Hash 为杂凑函数；

（8）发送密文 $C = C_1 \| C_2 \| C_3$。

4. SM2 算法解密

Bob 收到密文 C，通过以下步骤解密：

（1）将 C_1, C_2, C_3 从密文 C 中分离出来；

（2）验证 C_1 是否满足椭圆曲线方程，若不满足，则报错；

（3）计算 $S' = hC_1$，若 S' 为无穷远点，则报错；

（4）计算 $d_b C_1 = d_b kG = k(d_b G) = kQ_b = (x_2, y_2)$；

（5）计算 $K = \mathrm{KF}(P_2, L) = \mathrm{KF}(x_2 \| y_2, L)$，如果 K 为全 0，则报错；

（6）计算 $m' = C_2 \oplus K$；

（7）计算 $C_3' = \mathrm{Hash}(x_2 \| m' \| y_2)$，比较 C_3 和 C_3'，若 $C_3' \neq C_3$，则报错；

（8）输出明文 m'。

6.3.3 推荐参数

中国国家标准推荐的 SM2 公钥密码使用素域 256 比特椭圆曲线，即 SM2-256，椭圆曲线方程为：

$$y^2 = x^3 + ax + b$$

二维码 6-3

系统参数如下：

p=FFFFFFFE FFFFFFFF FFFFFFFF FFFFFFFF FFFFFFFF 00000000 FFFFFFFF FFFFFFFF

a=FFFFFFFE FFFFFFFF FFFFFFFF FFFFFFFF FFFFFFFF 00000000 FFFFFFFF FFFFFFFC

b=28E9FA9E 9D9F5E34 4D5A9E4B CF6509A7 F39789F5 15AB8F92 DDBCBD41 4D940E93

n= FFFFFFFE FFFFFFFF FFFFFFFF FFFFFFFF 7203DF6B 21C6052B 53BBF409 39D54123

基点 $G=(x_G, y_G)$

x_G =32C4AE2C 1F198119 5F990446 6A39C994 8FE30BBF F2660BE1 715A4589 334C74C7

y_G =BC3736A2 F4F6779C 59BDCEE3 6B692153 D0A9877C C62A4740 02DF32E5 2139F0A0

6.4 ElGamal 体制

ElGamal 体制也是当前国际上流行的公钥密码体制。它是 Diffie-Hellman 体制的变形，不仅可以用于加密，而且可以用于数字签名，其安全性基于计算离散对数的难度。

产生密钥时，首先选择一个素数 p，两个随机整数 g 和 d, g 和 d 都小于 p。然后计算

$$y \equiv g^d \pmod p \tag{6.4.1}$$

公钥是 y, g 和 p。g 和 p 可以由一组用户共享。私钥是 d。

EIGamal 方案的一种修改形式可对明文信息进行加密。要加密明文 m，首先选择随机数 k，k 与$(p-1)$互素。接着计算

$$a \equiv g^k \pmod p \quad b \equiv y^k m \pmod p \tag{6.4.2}$$

a 和 b 是密文。注意密文的长度是明文的两倍。

密文 a 和 b 经不保密信道传送到接收方后，接收方计算

$$\frac{b}{a^d} \pmod p \tag{6.4.3}$$

将式（6.4.2）代入式（6.4.3）得：

$$\frac{b}{a^d} \pmod p \equiv \frac{y^k m}{g^{kd}} \equiv \frac{g^{dk} m}{g^{kd}} \equiv m \pmod p \tag{6.4.4}$$

从而恢复出明文 m。

【例 6.9】 EIGamal 体制的共享参数是(g, p)=(7, 17)，Alice 要发送消息 m=8 给 Bob，Bob 的公钥是 $y_b = 14$，求密文，然后解密。

解： p-1=16，选择 k=3，验证(3, 16)=1。计算

$$a \equiv g^k \pmod p \equiv 7^3 \pmod{17} = 3$$
$$b \equiv y_b^k m \pmod p \equiv 14^3 \times 8 \pmod{17} = 5$$

Alice 将（3, 5）发送给 Bob。

Bob 收到密文后用自己的私钥 $d_b = 11$ 解密，因为 $7^{11} \pmod{17} = 14$。

$$\frac{b}{a^{d_B}} \pmod p \equiv \frac{5}{3^{11} \pmod{17}} \pmod{17} \equiv \frac{5}{7} \pmod{17} \equiv 5 \times 5 \pmod{17} = 8$$

$$7^{-1} \pmod{17} = 5, \text{ 因为 } 5 \times 7 \equiv 1 \pmod{17}$$

8 即为解密的明文 m。

习题

6.1　用欧几里得算法求 396 和 252 的最大公因数。

6.2　将 396 和 252 的最大公因数表示成这两个数的线性组合。

6.3　求 25 的欧拉函数 $\varphi(25)$。

6.4　求 221 的欧拉函数 $\varphi(221)$。

6.5　已知 $m\equiv2 \pmod 5$，$m\equiv3 \pmod 7$，求 m。

6.6　非对称密码和对称密码各自的特点是什么？

6.7　选择 p=103，q=157，e=179，构造一个 RSA 公钥密码体制，并对 16170, 13256, 4877 先进行加密，再进行解密。

6.8　ElGamal 体制的共享参数是(g, p)=(11, 29)，Alice 要发送消息 m=8 给 Bob，Bob 的公私钥对是(y_b, d_b)=(18, 15)，Allice 的私钥 k=5。求密文，然后解密。

6.9　比较 SM2 算法和 RSA 算法的异同。

6.10　椭圆曲线 $E_{23}(1,1)$，即 $y^2 \equiv x^3+x+1 \pmod{23}$ 上的两个点 P_1=(3, 10)，P_2=(9, 7)。计算 $P_1+P_2, -P_1, 2P_1, 5P_1$。

6.11　$E_{23}(1,1)$ 椭圆曲线 $y^2 \equiv x^3+x+1 \pmod{23}$ 的生成元 G=(6, 19)。Alice 的私钥 $d_a=3$，Bob 的公私钥对(Y_b, d_b)=[(12, 19), 9]。Alice 用 Menezes 和 Vanstone 设计的 ECC 体制向 Bob 发送消息 m=(12, 4)。

（1）计算 Alice 的加密过程；

（2）计算 Bob 的解密过程。

第7章 数字签名

在传统的商业往来中，合同和协议的真实性是由书面签字来保证的。一张签字的合同可以作为法律上的证据。但是现代电子通信最易于剪接、篡改和伪造，发方可以因此作为抵赖的借口。所以，要防止电子信息的伪造和抵赖，需要新的确认技术，数字签名就是对数字文本进行签名确认的技术，以达到对消息来源的真实性、合法性进行确证的目的。

7.1 数字签名的概念

传统的手写签名利用手迹的难以模拟特性判断签名真伪，从而鉴定所签法律文本内容的真实性。数字签名可以理解为对手写签名的模仿，签名对象是数字文本而非纸质文本。数字签名要起到手写签名的作用，需要满足下列条件：

（1）签名和消息文本有一一对应性，以杜绝歧义；

（2）任何人都可以验证签名，以保证签名的可信性；

（3）签名必须具有不可伪造性，一旦伪造，容易识别；

（4）签名必须具有不可否认性；

（5）签名具有时效性，以避免重复使用。

有了这些特征，数字签名就可提供消息来源的真实性、消息的完整性和不可否认性。可以作为法律裁决依据的数字签名一般建立在公开密钥基础之上。

1. 按照参与形式分类的数字签名

- 直接数字签名。只有通信的收、发双方参与的数字签名。
- 带仲裁的数字签名。除了收、发双方，还有第三方——可信的仲裁方参与的数字签名。

2. 按照数学基础分类的数字签名

- 基于大合数分解困难问题的数字签名，如著名的RSA数字签名方案。
- 基于离散对数问题的数字签名方案，如ElGamal和DSA数字签名方案。
- 基于椭圆曲线离散对数困难问题的数字签名方案，如我国的SM2数字签名算法。
- 其他数字签名，如基于格上困难问题的数字签名。

3. 满足专门需求的数字签名

- 门限签名。一个完整密钥被分割成 n 份，只有大于 p 份的密钥片段被组合在一起后才能恢复出完整密钥。p 是恢复完整密钥的最小阈值，因此这类签名被称为门限签名。
- 代理签名。获得授权的第三方代理用户进行数字签名。
- 群签名。多个成员组成的群体中，某个成员可以代表整个群体进行数字签名，且签名者可以被验证。

➢ 盲签名。签名者不知道被签名的文本内容。盲签名在电子货币系统中有广泛的应用。

➢ 双重签名。有个中间人在签名者和验证者之间进行验证授权操作。

专门的数字签名都建立在基本的数字签名之上，本章只介绍基本的数字签名。

数字签名建立在公开密钥技术基础之上，基本思路是利用签名方自己掌握的私钥对消息文本进行签名变换，得到签名文本，然后接收者用签名者的公钥对签名文本进行逆变换，恢复消息。如果从签名文本恢复的消息与直接发送的消息（可以是明文发送，也可以是加密发送）一致，验证通过，否则不通过。

下面介绍数字签名的工作原理。

设 PK 为公钥，SK 为私钥。E_{SK} 和 E_{PK} 分别代表公钥算法满足下列关系的变换：

$$E_{\mathrm{PK}}[E_{\mathrm{SK}}(m)]=m \tag{7.1.1}$$

如果 Alice 需要发送信息 m 给 Bob，Alice 拿自己的私钥SKa 用签名变换函数 E_{SKa} 对明文 m 进行一次变换：

$$E_{\mathrm{SKa}}(m)=S \tag{7.1.2}$$

上述变换称为**签名变换**，S 称为**签名文本**。如果 m 是有确定意义的明文文本的话，那么 S 就是一堆杂乱无章的符号集合。Alice 将明文和签名文本对（m, S）发送给 Bob。

Bob 收到文本对（m, S）后，用 Alice 的公钥 PKa 对签名文本 S 进行逆变换 E_{PKa}

$$E_{\mathrm{PKa}}(S)=m' \tag{7.1.3}$$

如果 $m'=m$，可以确认签名文本就是 Alice 用自己的私钥对消息 m 的签名，于是通过验证，否则不通过验证。式（7.1.3）称为**签名验证**，也称为**译名变换**，有时简称**验签**。

上面的签名系统中，明文是不保密的，如果还希望对明文保密，我们将私钥进行的变换记为 D_{SK}。E_{PK} 和 D_{SK} 分别代表加密和解密变换，两个变换需要满足交换律：

$$D_{\mathrm{SK}}[E_{\mathrm{PK}}(m)]=E_{\mathrm{PK}}[D_{\mathrm{SK}}(m)]=m \tag{7.1.4}$$

Alice 先用自己的私钥实施变换 $D_{\mathrm{SKa}}(m)=S$，将明文文本 m 变成签名文本 S 以后，再利用 Bob 的公钥 PKb 对 S 进行加密变换：

$$E_{\mathrm{PKb}}(S)=C \tag{7.1.5}$$

C 就是与 m 和 S 相对应的密文文本。密文 C 经不保密信道传送给收方 Bob。

Bob 收到密文文本 C 后，先用自己的私钥 SKb 对密文 C 进行解密。由于 C 是用 Bob 的公钥 PKb 进行加密保护的结果，因此当用 SKb 进行解密时，必能恢复出 Alice 的签名文本 S。

$$D_{\mathrm{SKb}}(C)=D_{\mathrm{SKb}}[E_{\mathrm{PKb}}(S)]=S \tag{7.1.6}$$

解密出 S 后再用式（7.1.3）完成签名验证。

Bob 同时保存了 Alice 发送来的明文文本和签名文本对（m, S）。显然，Bob 无法剪接、篡改、伪造（m, S）文本对。首先他不能篡改签名文本 S，因为 S 是用 Bob 自己的解密密钥 SKb 对密文 C 进行解密得到的，而 SKb 是 Bob 的私钥，只有 Bob 自己才知道。另外，Bob 也不能篡改明文文本 m，因为他不知道发方的私钥SKa，所以他不能从 m 中得到 S，而只能从 S 得到 m。这样就能做到对收方 Bob 的证实。同样，发方 Alice 也无法抵赖（m, S）文本对是由其所发出的，因为 Bob 是利用 Alice 的公钥PKa 从 S 得到 m 的，而与PKa 相对应的私钥SKa只有 Alice 自己知道。这样又做到了对发方的证实。如果收发双方就信息传送的内容发生了争端，法院就可以依据文本对（m, S）进行裁决。这就是数字签名的意义。

数字签名在实际应用中一般采用对消息摘要（消息的杂凑值）进行签名的方案，而不是对消息直接签名，这样可大大提高数字签名效率。在同时要求加密和数字签名的时候，为了提高运算效率，加解密算法通常采用对称算法，而非公钥算法。

任何数字签名方案大体都可分为三个阶段：初始化阶段、签名文本生成阶段和签名验证阶段。

初始化阶段完成签名和签名验证之前的准备工作，包括协商签名算法和系统参数，计算用户私钥和公钥，并公布用户标识和公钥。签名文本生成阶段由发方实施，用发方私钥产生签名文本，并发送消息和签名文本对。签名验证阶段由收方实施，用发方的公钥验证签名真伪。

7.2 基于RSA算法的数字签名

基于RSA公钥算法的数字签名是最容易理解的数字签名方法，把RSA的加密和解密顺序颠倒一下，就能实现RSA的数字签名。但密钥使用的是发方的密钥，而非收方的密钥。

RSA数字签名的参数与加解密参数一样，用户的公钥是（e, n），私钥是（d, p, q）。p, q 是两个大素数。$n=pq$，实际系统中要求 n 的长度至少为1024比特，也常选用2048比特。n 的欧拉数 $\varphi(n)=(p-1)(q-1)$。公钥参数 e 和私钥参数 d 满足关系式 $ed \equiv 1 \pmod{\varphi(n)}$。

若 m 是待签名的消息，RSA的数字签名为：

$$s \equiv m^d \pmod{n} \tag{7.2.1}$$

$$m \equiv S^e \pmod{n} \tag{7.2.2}$$

其中式（7.2.1）是签名变换，式（7.2.2）是译名变换或称签名验证。

Alice 要发消息 m 和消息的数字签名 S 给 Bob，先用自己的私钥 d_a 和模数 n_a，对明文进行签名变换（实际是解密操作）：

$$S \equiv m^{d_a} \pmod{n_a} \tag{7.2.3}$$

S 就是明文 m 经上述签名变换产生的签名文本。它强烈地依赖于明文 m 和 Alice 自己的私钥 d_a。Alice 将文本对（m, S）发送给 Bob。

Bob 对 S 进行验证：

$$S^{e_a} \pmod{n_a} \equiv m' \tag{7.2.4}$$

如果 $m' = m$，通过验证，否则不通过验证。

这种签名方案适合于消息无须保密的情况。如果消息中含有敏感信息，就不能用明文的方式发送消息，那么 Alice 生成签名文本后，还需要用 Bob 的公钥（e_b, n_b）对签名文本 S 进行一次加密变换：

$$C \equiv S^{e_b} \pmod{n_b} \tag{7.2.5}$$

C 就是经上述加密变换得到的密文文本。

密文 C 经不保密信道传送给 Bob，Bob 首先用自己的私钥 d_b 对密文 C 进行解密变换：

$$C^{d_b} \pmod{n_b} \equiv (S^{e_b})^{d_b} \pmod{n_b} = S \tag{7.2.6}$$

获得 Alice 的签名文本。由于签名文本 S 是明文 m 经 Alice 的签名变换而得的，所以文本 S

本身也是一堆杂乱无章、无法读懂的符号集合。Bob 用 Alice 的公钥(e_a, n_a)，用式（7.2.4）对签名文本 S 进行验证，如果$m' = m$，则通过验证，否则不通过验证。

Bob 同时保留了明文和签名文本对（m, S），这样 Alice 就无法抵赖明文 m 是自己发送的，因为明文 m 是利用 Alice 的公钥(e_a, n_a)对文本 S 进行译名变换或验签而得到的；而它的逆变换，即从 m 到 S 的变换，必须通过 Alice 的私钥d_a才能进行，而d_a只有 Alice 自己才拥有。

同样，Bob 要想篡改（m, S）文本对也是不可能的。因为 Bob 不知道 Alice 的私钥d_a，所以无法实现从 m 到 S 的签名变换，因而也就无法增加、删除或改变明文 m 的任何内容，否则就破坏了（m, S）文本对的一致性。

需要注意的是操作的顺序，一定是先签名，后加密。密文在公开的信道中传送，尽管很多用户都可以收到，但只有掌握私钥的合法用户才能正确解密出 S，然后对签名文本进行验证。如果先加密、后签名，签名的对象是密文，这就存在一个隐患。因为签名文本任何人都可以验证，不怀好意的第三方就可以通过验证签名从签名文本 S 获得加密的密文 C，然后用自己的私钥对密文重新签名成文本S'，由于 C 和S'也有一一对应性，收方无法发现非法伪造。

【例 7.1】 Alice 的 RSA 公钥为$(e_a, n_a) = (333, 667)$，私钥$d_a = 37$。Bob 的 RSA 公钥为$(e_b, n_b) = (17, 589)$，私钥$d_b = 413$。Alice 发送 m=16 给 Bob，生成消息的签名文本和密文，并解密和验证签名。

解：Alice 先产生签名文本：

$$
\begin{aligned}
S &\equiv m^{d_a} (\bmod n_a) \equiv 16^{37} \\
&\equiv (((((16^2)^2)^2 \times 16)^2)^2 \times 16) \\
&\equiv ((((256^2)^2 \times 16)^2)^2 \times 16) \\
&\equiv (((170^2 \times 16)^2)^2 \times 16) \\
&\equiv (((219 \times 16)^2)^2 \times 16) \\
&\equiv ((169^2)^2 \times 16) \\
&\equiv (547^2 \times 16) \\
&\equiv (393 \times 16) \\
&\equiv 285 \ (\bmod 667)
\end{aligned}
$$

再用 Bob 的公钥对签名文本进行加密：

$$
\begin{aligned}
C &\equiv S^{e_b} (\bmod n_b) \equiv 285^{17} (\bmod 589) \\
&\equiv ((((285^2)^2)^2)^2 \times 285) \\
&\equiv (((532^2)^2)^2 \times 285) \\
&\equiv ((304^2)^2 \times 285) \\
&\equiv (532^2 \times 285) \\
&\equiv (304 \times 285) \\
&\equiv 57 \ (\bmod 589)
\end{aligned}
$$

Alice 将 C=57 发送给 Bob。

Bob 收到密文后先用自己的私钥解密：

$$
\begin{aligned}
S \equiv C^{d_b} &\equiv 57^{413} \pmod{589} \\
&\equiv (((((((57^2 \times 57)^2)^2)^2 \times 57)^2 \times 57)^2 \times 57)^2)^2 \times 57) \\
&\equiv (((((((304 \times 57)^2)^2)^2 \times 57)^2 \times 57)^2 \times 57)^2)^2 \times 57) \\
&\equiv ((((((247^2)^2)^2 \times 57)^2 \times 57)^2 \times 57)^2)^2 \times 57) \\
&\equiv (((((342^2)^2 \times 57)^2 \times 57)^2 \times 57)^2)^2 \times 57) \\
&\equiv (((((342 \times 57)^2 \times 57)^2 \times 57)^2)^2 \times 57) \\
&\equiv ((((57^2 \times 57)^2 \times 57)^2)^2 \times 57) \\
&\equiv (((247^2 \times 57)^2)^2 \times 57) \\
&\equiv ((57^2)^2 \times 57) \\
&\equiv (304^2 \times 57) \\
&\equiv (532 \times 57) \\
&\equiv 285 \pmod{589}
\end{aligned}
$$

Bob 再将得到的签名文本进行验证：

$$
\begin{aligned}
m \equiv S^{e_a} \pmod{n_a} &\equiv 285^{333} \pmod{667} \\
&\equiv ((((((((285^2)^2 \times 285)^2)^2)^2 \times 285)^2 \times 285)^2)^2 \times 285) \\
&\equiv (((((((518^2 \times 285)^2)^2)^2 \times 285)^2 \times 285)^2)^2 \times 285) \\
&\equiv (((((((190 \times 285)^2)^2)^2 \times 285)^2 \times 285)^2)^2 \times 285) \\
&\equiv ((((((123^2)^2)^2 \times 285)^2 \times 285)^2)^2 \times 285) \\
&\equiv (((((455^2)^2 \times 285)^2 \times 285)^2)^2 \times 285) \\
&\equiv ((((255^2 \times 285)^2 \times 285)^2)^2 \times 285) \\
&\equiv ((((326 \times 285)^2 \times 285)^2)^2 \times 285) \\
&\equiv (((197^2 \times 285)^2)^2 \times 285) \\
&\equiv (((123 \times 285)^2)^2 \times 285) \\
&\equiv ((371^2)^2 \times 285) \\
&\equiv (239^2 \times 285) \\
&\equiv (426 \times 285) \\
&\equiv 16 \pmod{667}
\end{aligned}
$$

以上是 RSA 公钥算法数字签名和加密的原理，实际使用的数字签名并不直接对消息本身签名，而是对消息摘要签名。

RSA 算法还可以构造盲签名方案。假设 Bob 有一个文件 m 需要 Alice 签名，但又不希望 Alice 知晓文件内容，于是 Bob 选择一个盲因子 r（一个随机数），计算

$$m' = m \times r^{e_a} \pmod{n_a} \qquad (7.2.7)$$

Bob 将 m' 发给 Alice，Alice 对 m' 进行签名：

$$(m')^{d_a} \pmod{n_a} = S' \qquad (7.2.8)$$

Alice 将 S' 发回给 Bob，S' 就是消息的盲签名，要得到消息 m 的签名文本 S，Bob 需要计算

$$S' \times r^{-1} \equiv (m')^{d_a} \times r^{-1} \pmod{n_a} \equiv (m \times r^{e_a})^{d_a} \times r^{-1} \pmod{n_a} \equiv m^{d_a} \times r \times r^{-1} \pmod{n_a} = S \qquad (7.2.9)$$

实际系统中使用的密码套件，对消息加密也不用公钥算法，而是用分组算法。一般实现方案是采用分组算法对消息加密，计算消息的杂凑值（消息摘要），然后对杂凑值进行数字签名。这样的实现能够在保证安全的同时，最大程度减少密码运算对通信效率的影响。

7.3 基于 SM2 算法的数字签名

SM2 是国家密码标准推荐的公钥密码体制，包括 SM2 公钥加解密算法、SM2 数字签名算法和 SM2 密钥交换协议。公钥加解密算法我们在第 6 章已经介绍，本节介绍 SM2 的数字签名算法，密钥交换协议将在第 9 章介绍。SM2 公钥算法已经在国内金融系统、电力系统、电子政务、电子商务系统中推广应用。

1．SM2 数字签名算法概要

本节只介绍基于素域的 SM2 数字签名算法。签名所用的椭圆曲线方程，推荐的仍是 $y^2 = x^3 + ax + b \pmod p;\ a, b, x, y \in \mathrm{GF}(p)$。为了保证足够的安全性，要求奇素数 $p>2^{192}$。

如果待发送消息是 m，SM2 算法不对消息本身签名，而是将 m 用杂凑函数压缩后再签名，这样可以提高签名效率，同时也保证了消息的完整性。SM2 国家标准中推荐使用国产密码杂凑函数 SM3。

SM2 数字签名算法的系统参数为：

GF(p)：p 个元素的有限域，p 为大素数，$p>2^{192}$。

$a, b \in \mathrm{GF}(p)$：SM2 椭圆曲线参数。

$E_p(a, b)$：SM2 推荐椭圆曲线。

$G = (x_G, y_G)$：椭圆曲线基点的仿射坐标。

n：基点 G 的阶，大素数。

kG：基点 G 的 k 倍点。

$H_v(\cdot)$：杂凑函数，消息摘要长度为 v，国家标准推荐的杂凑函数是国产 SM3 密码杂凑函数。

在数字签名的过程中还需要签名用户的信息。假设 Alice 要发送数字签名给 Bob，则 Alice 需要选择自己的私钥 $d_a \in [1, n-2]$，公布自己的参数：

ID_a：Alice 的可辨别标识。长度为 edtlen$_a$，变换成比特串记为 ENTL$_a$，长度为两个字节。

P_a：Alice 的公钥。$P_a = (x_a, y_a) \equiv d_a G \pmod n$

Z_a：Alive 的标识和公钥以及部分椭圆曲线参数的杂凑值。

$$Z_a = H_{256}(\mathrm{ENTL}_a \,\|\, \mathrm{ID}_a \,\|\, a \,\|\, b \,\|\, x_G \,\|\, y_G \,\|\, x_a \,\|\, y_a) \tag{7.3.1}$$

2．签名文本生成

待签名的消息是 m，Alice 为了获得签名文本对（r, s），需要进行下列计算：

（1）计算 $e = H_v(Z_a \,\|\, m)$，然后将数据类型转换为整数；

（2）用随机数发生器生成随机数 $k \in \{1, 2, \cdots, n-1\}$；

（3）计算椭圆曲线点 $kG = (x_1, y_1)$，将 x_1 的数据类型转换为整数；

（4）计算 $r \equiv (e + x_1) \pmod n$，若 r=0 或 $r + k = n$，则返回（2）重新选择 k；

（5）计算 $s \equiv [(1 + d_a)^{-1}(k - rd_a)] \pmod n$，若 $s = 0$，则返回（2）重新选择 k；

（6）将 r 和 s 的数据类型转换成字节串，生成签名文本对（r, s），连同消息 m 一同发给 Bob。消息 m 可以明文发送，也可以加密后用密文发送。

3．签名验证

Bob 收到文本对 (r', s')，执行如下操作：

（1）检验 $r' \in [1, n-1]$ 是否成立，若否，验证失败；

（2）检验 $s' \in [1, n-1]$ 是否成立，若否，验证失败；

（3）计算 $e' = H_v(Z_a \| m')$，然后将数据类型转换为整数；

（4）将 r', s' 的数据类型转换为整数，计算 $t \equiv (r'+s')(\bmod n)$，若 t=0，验证失败；

（5）计算椭圆曲线点 $(x_1', y_1') = s'G + tP_a$，将 x_1' 的数据类型转换为整数；

（6）计算 $R \equiv (e' + x_1')(\bmod n)$，检验 $R = r'$ 是否成立？否，则验证失败；是，则验证成功。

4．正确性证明

传输过程中没有出错的话，收方收到的文本对 (r', s')=(r, s)，e' 是在本地计算出来的，如果消息 m 没有变化，必有 $e' = e$。关键需要证明 $(x_1', y_1') = (x_1, y_1)$，若相等，必有 $R = r'$。证明如下：

$$(x_1{}', y_1{}') = s'G + tP_a = s'G + (r'+s')d_aG = s'(1+d_a)G + r'd_aG$$
$$= \frac{k - r'd_a}{1+d_a}(1+d_a)G + r'd_aG = kG - r'd_aG + r'd_aG = kG = (x_1, y_1)$$

【例 7.2】 椭圆曲线 $E_{23}(1,1)$：$y^2 = x^3 + x + 1$，G=(3, 10)，n=28，假设待发送消息 m 及其用户标识的杂凑值 e=3，私钥 $d_a = 4$，公钥 $P_a = d_aG = 4G = (17,3)$，生成签名文本，并对签名进行验证。

解：该椭圆曲线上的点集如表 7.3-1 所示。

表 7.3-1　$E_{23}(1,1)$ 上的点集

(0, 1)(0, 22)	(1, 7)(1, 16)	(3, 10)(3, 13)	(4, 0)	(5, 4)(5, 19)	(6, 4)(6, 19)	(7, 11)(7, 12)
(9, 7)(9, 16)	(11, 3)(11, 20)	(12, 4)(12, 19)	(13, 7)(13, 16)	(17, 3)(17, 20)	(18, 3)(18, 20)	(19, 5)(19, 18)

① 生成签名文本。选取 k=2，计算

$$(x_1, y_1) = 2G = 2(3,10) = (7,12)$$
$$r \equiv (e + x_1)(\bmod n) \equiv (3+7)(\bmod 28) = 10$$
$$s \equiv [(1+d_a)^{-1}(k - rd_a)](\bmod n) \equiv [(1+4)^{-1}(2 - 10\times 4)](\bmod 28) \equiv [17\times(-38)](\bmod 28) = 26$$

签名文本（10, 26）。

② 验证签名。验证 $r, s \in [1, n-1]$，假设已经计算出杂凑值 e=3。计算

$$t \equiv (r' + s')\bmod n \equiv (10+26)(\bmod 28) = 8 \neq 0$$

$$(x_1', y_1{}') \equiv (s'G + tP_A) \equiv 26(3,10) + 8(17,3)(\bmod 28)$$
$$= -2(3,10) + 4(13,16) = 2(3,13) + 2(5,19) = (7,11) + (17,3) = (7,12)$$
$$R = (e' + x_1{}')(\bmod n) = (3+7)(\bmod 28) = 10$$

$R = r'$，通过验证。

7.4 基于 ElGamal 算法的数字签名

ElGamal 算法的安全性基于计算离散对数的困难性。

产生密钥时选择一个大素数 p，两个小于 p 的整数 g 和 d，然后计算

$$y = g^d \pmod p \tag{7.4.1}$$

y, g 和 p 作为公钥公布，g 和 p 可以由一组用户共享，d 是私钥。

1．签名文本生成

假设 m 是明文信息，Alice 为了给它签名首先选择一个随机数 k，k 与（p-1）互素。然后计算

$$a=g^k \pmod p \tag{7.4.2}$$

再利用欧几里得算法从下式求出 b：

$$m=da+kb \pmod{(p-1)} \tag{7.4.3}$$

签名是一对数 a 和 b。随机变量 k 保持秘密。Alice 将明文 m 和签名文本对（a, b）一同发给 Bob。

2．签名验证

Bob 收到 m 和签名文本对（a, b），只需验证

$$y^a a^b \pmod p = g^m \pmod p \tag{7.4.4}$$

因为 $y^a a^b \pmod p = g^{da} g^{kb} \pmod p = g^{da+kb} \pmod p = g^m \pmod p$

【例 7.3】 ElGamal 体制的公开密钥是 p=11，g=2，y=3，私钥 d=8，计算消息 m=5 的签名，并进行验证。

解：按照式（7.4.1）计算 $y \equiv 2^8 \pmod{11} \equiv 256 \pmod{11} = 3$

公钥和私钥合乎要求。

选择随机数 k=9，k<p，且$(k, p-1)=(9, 10)=1$，满足要求。计算

$$a \equiv g^k \pmod p \equiv 2^9 \pmod{11} = 6$$

利用欧几里得算法求 b： $m=ad+kb \Rightarrow 5 \equiv 6\times8+9\times b \pmod{10}$

解得 b=3，那么签名就是$(a, b)=(6, 3)$。

为验证签名，计算 $y^a a^b \pmod p \equiv 3^6 6^3 \pmod{11} = 10$

$$g^m \pmod p \equiv 2^5 \pmod{11} = 10$$

$$y^a a^b \pmod p \equiv g^m \pmod p$$

满足式（7.4.4），故认可签名。

7.5 数字签名算法 DSA

DSA（Digital Signature Algorithm）是美国国家标准技术研究所 NIST 公布的数字签名标准 DSS（Digital Signature Standard）（标准号：FIPS PUB 186-2）支持的数字签名算法之一。1991 最初提出的 DSS 只支持 DSA，后经过一系列修改又增加了 RSA 和 ECC 数字签名算法，并于 2000 年 1 月 27 日正式公布。IEEE 的 P1363 标准中也支持 DSA 数字签名算法。

DSA 是专用于数字签名的算法，它是 ElGamal 数字签名算法的变形。DSA 算法的最大优点是可以对一个大计算量的参数进行预计算。这样，DSA 签名计算就变成了一件非常容易的事。这一特点特别适合于智能卡的应用。

1．系统和用户参数

（1）共享参数 p, q, g

p：大素数。要求 $2^{L-1} < p < 2^L$，$512\text{bit} \leqslant L \leqslant 1024\text{bit}$，且 L 是 64 的倍数，即 L 增加 1，比特数增加 64。

q：是（p−1）的素因子。$2^{159} < q < 2^{160}$，即 q 的长度是 160 比特。

g：大于 1 的整数。满足 $$g \equiv h^{(p-1)/q} \pmod p \tag{7.5.1}$$

其中 h 是整数，且 $1 < h < p-1$。

p, q, g 三个参数是公开的，可以在一组用户中共享。

（2）用户密钥

用户的私钥是随机或伪随机整数 x，$0<x<q$。公钥计算如下：

$$y = g^x \pmod p \tag{7.5.2}$$

已知私钥 x，计算公钥 y 很容易；但是已知 y，要想解出 x 是计算离散对数的困难问题。

（3）一次性秘密参数

每次签名都要临时产生一个随机或伪随机整数 k，要求 $0<k<q$，k 不能重复使用。

2．签名文本生成

依然假设发方为 Alice，收方为 Bob。Alice 要对消息 m 签名，随机选择一个秘密值 k，$0<k<q$，计算

$$r \equiv (g^k \pmod p) \pmod q \tag{7.5.3}$$

$$s \equiv (k^{-1}(H(m) + xr)) \pmod q \tag{7.5.4}$$

或 $$s \equiv (k^{-1}(m + xr)) \pmod q \tag{7.5.5}$$

式（7.5.4）中 $H(m)$是消息 m 的杂凑值，DSA 使用的杂凑函数是 SHA-1。也可以对消息 m 直接签名，如式（7.5.5）。(r, s) 文本对，就是 Alice 对消息 m 的数字签名。

式（7.5.4）和式（7.5.5）中的 k^{-1} 是随机秘密参数 k 对模数 q 的乘法逆，且 $0<k^{-1}<q$，即

$$kk^{-1} \equiv 1 \pmod q \tag{7.5.6}$$

(r, s)生成后，Alice 需要验证是否 r=0 或者 s=0，若其中任一个为 0，则放弃签名，重新选择 k，并重新生成签名。

完成后，Alice 将 m, r, s 发送给 Bob。

3．签名验证

Bob 收到 m, r, s 后，首先验证 $0<r<q$, $0<s<q$ 是否满足。如果不满足，则停止验证，验证不通过。如果满足，则计算

$$w \equiv s^{-1} \pmod q \tag{7.5.7}$$

$$u_1 \equiv [H(m)w] \pmod q \quad 或者 \quad u_1 \equiv [mw] \pmod q \tag{7.5.8}$$

$$u_2 \equiv (rw) \pmod q \tag{7.5.9}$$

$$v \equiv [(g^{u_1} y^{u_2})(\bmod p)](\bmod q) \tag{7.5.10}$$

如果 $v=r$，通过签名。否则认为消息可能被篡改，或者签名可能被伪造，此时签名不通过。

4．正确性证明

假如收到的消息和签名文本 m', r', s' 与原始消息和签名文本 m, r, s 均相同，即

$$m' = m, \quad r' = r, \quad s' = s$$

则有 $v = r'$。

证明：

$$\begin{aligned} v &\equiv [(g^{u_1} y^{u_2})(\bmod p)](\bmod q) \\ &\equiv [(g^{H(m)w} g^{xrw})(\bmod p)](\bmod q) \\ &\equiv [g^{(H(m)+xr)w}(\bmod p)](\bmod q) \end{aligned} \tag{7.5.11}$$

将式（7.5.5）代入式（7.5.7），得

$$w \equiv s^{-1}(\bmod q) \equiv [k(H(m)+xr)^{-1}](\bmod q) \equiv \frac{k}{H(m)+xr}(\bmod q) \tag{7.5.12}$$

将式（7.5.12）代入式（7.5.11），得

$$v \equiv [g^{\frac{(H(m)+xr)k}{H(m)+xr}}(\bmod p)](\bmod q) \equiv [g^k(\bmod p)](\bmod q) = r = r' \tag{7.5.13}$$

【例 7.4】 假设取 p=107，q=53，h=3，选择私钥 x=17，计算 DSA 系统参数，对消息 m=20 进行签名，并验签。

解：验证$(p-1)/q$=106/53=2，保证了 q 是（$p-1$）的素因子。

① 计算共享参数： $g \equiv h^{(p-1)/q}(\bmod p) \equiv 3^{\frac{107-1}{53}}(\bmod 107) \equiv 3^2(\bmod 107) = 9$

g>1，符合系统共享参数要求。

② 计算用户公钥：

$$\begin{aligned} y &\equiv g^x(\bmod p) \equiv 9^{17}(\bmod 107) \equiv [(((9^2)^2)^2)^2 \times 9](\bmod 107) \equiv [((81^2)^2)^2 \times 9](\bmod 107) \\ &\equiv [(34^2)^2 \times 9](\bmod 107) \equiv [86^2 \times 9](\bmod 107) \equiv [13 \times 9](\bmod 107) = 10 \end{aligned}$$

③ 签名文本生成。选择随机数 k=33，计算 k^{-1}。由

$$kk^{-1} \equiv 1(\bmod q) \Rightarrow 33k^{-1} \equiv 1(\bmod 53)$$

用辗转相除法：$53=33+20 \quad 33=20+13 \quad 20=13+7 \quad 13=7+6 \quad 7=6+1$

将上面一组公式倒推回去，得

$$1=5\times53-8\times33$$

故

$$k^{-1}(\bmod q) \equiv -8(\bmod 53) = 45$$

$$\begin{aligned} r &\equiv (g^k(\bmod p))(\bmod q) = [9^{33}(\bmod 107)](\bmod 53) \\ &\equiv \{[(((((9^2)^2)^2)^2)^2 \times 9](\bmod 107)\}(\bmod 53) \\ &\equiv \{[13^2 \times 9](\bmod 107)\}(\bmod 53) \\ &\equiv \{[62 \times 9](\bmod 107)\}(\bmod 53) = 23 \end{aligned}$$

$$\begin{aligned} s &\equiv (k^{-1}(m+xr))(\bmod q) = [45(20+17\times23)](\bmod 53) \\ &\equiv [45\times40](\bmod 53) = 51 \end{aligned}$$

发送 (m, r, s)=(20, 23, 51)给收方。

④ 签名验证。收到(m, r, s)=(20, 23, 51)，计算s^{-1}。依然用辗转相除法：

$$\begin{aligned}53 &= 51+2 \\ 51 &= 25\times 2+1\end{aligned} \quad \Rightarrow \quad 26\times 51-25\times 53=1 \quad \Rightarrow \quad s^{-1}=26$$

$$w \equiv s^{-1}(\bmod q) \equiv 26(\bmod 53)=26$$

$$u_1 \equiv (mw)(\bmod q) \equiv (20\times 26)(\bmod 53)=43$$

$$u_2 \equiv (rw)(\bmod q) \equiv (23\times 26)(\bmod 53)=15$$

$$v \equiv [(g^{u_1}y^{u_2})(\bmod p)](\bmod q) \equiv [9^{43}10^{15}(\bmod 107)](\bmod 53) \tag{7.5.14}$$

$$9^{43}(\bmod 107) \equiv [((((9^2)^2\times 9)^2)^2\times 9)^2\times 9](\bmod 107)=39$$

$$10^{15}(\bmod 107)=[((10^2\times 10)^2\times 10)^2\times 10](\bmod 107)=39$$

代入式（7.5.14）得：$v=[(39\times 39)(\bmod 107)](\bmod 53)=23(\bmod 53)=23=r$

故签名验证通过。

习题

7.1 什么是数字签名？

7.2 数字签名的作用是什么？

7.3 设计数字签名算法需要满足哪些基本条件？

7.4 数字签名的基本原理是什么？

7.5 数字签名和加密的区别是什么？

7.6 数字签名有哪几种分类？

7.7 数字签名方案一般包含哪几个步骤？

7.8 同时需要对消息签名和保密时，应该先签名后加密还是先加密后签名？为什么？

7.9 RSA 的签名和加密有何区别？

7.10 Alice 和 Bob 使用 RSA 公钥密码体制进行信息交互。Alice 的公钥为$(e_a, n_a)=(7,143)$，私钥$d_a=103$；Bob 的公钥为$(e_b, n_b)=(11,221)$，私钥$d_b=35$。Alice 需要将文本 m=18 签名后加密发送给 Bob。（1）计算 Alice 的签名和密文文本对（s, c）；（2）计算 Bob 的解密和验证签名文本对（s, m）。

7.11 椭圆曲线$E_{23}(1,1): y^2 \equiv x^3+x+1 \ (\bmod 23)$，$G$=(3, 10)，$n$=28，假设待发送消息 m 及其用户标识的杂凑值 e=3，私钥$d_a=8$，公钥$P_a=d_aG=8G=(13,16)$。选择 k=4，生成 SM2 签名文本，并对签名进行验证。

7.12 ElGamal 体制的公钥是 p=17，g=3，y=16，私钥 d=8，计算消息 m=7 的签名，并进行验证。

7.13 假设取 p=83，q=41，h=7，选择私钥 x=19，计算 DSA 系统参数；选择 k=29，对消息 m=20 进行签名，并验证签名。

第8章 身份认证

加密技术是防范未授权的用户非法获得合法用户的信息，可以防范被动攻击，但是对于伪造、假冒、篡改一类的主动攻击缺乏识别能力。认证是密码学中防范主动攻击的技术，包括对信息发送者的身份认证和消息完整性认证。在一些专用场合还需要对站点进行认证。消息认证和身份认证在商用和民用领域得到了广泛的应用。消息认证的原理已经在第5章进行了介绍，实际应用中对消息的认证还有更细致和具体的要求。本章介绍身份认证。

8.1 身份认证基础

身份认证也称为实体认证或身份识别。通常在多方（2个以上）参与协同完成一项任务时需要身份认证。所谓身份认证是指多方参与的任务中，一方声称自己的身份，其余方用某种方法验证其身份与声称是否相符的过程。与消息认证不同的是，身份认证是对发送消息的实体（人或设备）的真实性确认过程，而消息认证是对发送消息内容真实性的确认过程。

1. 身份认证的目的

身份认证的目的是在工作开始之前对参与的一方或多方进行真假识别，以便建立信任关系后展开正常工作。

假设 Alice 是消息的发方，Bob 是消息的收方，Alice 发送“我是 Alice”的消息给 Bob，那么：

（1）对于 Alice 来说，希望 Bob 相信自己就是 Alice；

（2）对于 Bob 来说，希望确认发送消息的就是 Alice，不是别人；

（3）其他人冒充 Alice 的可能性很小，可以忽略不计；或者如果有人冒充可以识破。

这些就是最简单的身份认证希望达到的目的。说得通俗一点就是防止假冒。

2. 身份认证系统的组成

现实生活中的身份认证，需要事先拥有经过权威机构确认的文本，如户口本、身份证、护照、驾照等，在乘坐飞机、火车时，乘坐人需要出示本人身份证或护照，在检票口实时采集人脸图像并与后台数据库存储的身份照片和信息进行比对，如果比对一致，说明持证者就是本人，身份真实，于是认证通过，持票人可以登机或乘车；否则人与身份不符，持票人不能登机或乘车。如果把飞机或火车看作资源，等同于身份认证通过即可享用资源，否则不能享用资源。

在计算机网络信息系统中，同样需要对参与其中的实体进行身份认证。认证通过视为合法用户，否则为非法用户。合法用户可以享用系统中的部分或全部资源，如存取文件、查阅资料、调用程序、使用数据等，而非法用户则不行。

可见，身份认证系统，至少应包含用户、验证实体、授权机构、审计等部分。用户在认证系统当中是被验证的一方，需要提供自己的身份证明以供他方验证。身份认证往往是系统安全的第一道屏障，所以用户在使用系统资源之前，必须提供自己的身份信息，证明自己是符合系统要求的。验证实体通过某些方法和手段能够确认用户所提供的身份信息是否真实可信。授权机构的作用是将用户的身份属性和权限与用户绑定，以提供验证时审核。审计则是记录用户使用资源的历史，在发生疑问、纠纷时，作为使用资源各方的凭据。

3. 身份认证的分类

身份认证依据不同的方法可分为：

- 基于口令的身份认证；
- 基于对称密码的身份认证；
- 基于公钥算法的身份认证；
- 基于生物特征识别的身份认证；
- 协议认证。

认证方式又可分为单向认证和双向认证，有时候还需要三方以上的多方认证。

4. 身份认证与数字签名的关系

在数字签名一章中，我们已知数字签名可以作为对通信一方或双方的身份确认，基于公钥算法的身份认证与数字签名有紧密联系。但数字签名不一定要求实时性，而身份认证则是实时的——即刻声明身份、即刻验证、即刻决定允许或拒绝使用资源。数字签名有一定的生存期，比如合同文本，一旦签名，在合同期内都有效；而身份认证通常是一次性的，比如坐飞机，每次都需要身份认证。数字签名技术的实现比较复杂，并兼有不可抵赖性，而身份认证技术的实现相对简单。

8.2 身份认证技术

8.2.1 基于口令的身份认证

基于口令的身份认证可以说是最原始的身份认证。计算机开机“密码”、手机开机“密码”、银行卡“密码”……实际都属于口令（password），与密码学中所说的密码（cipher），是两个不同的概念。“password”一般是比较短的、不一定有规律的、不是很复杂的、也可以是明文形式存储的字符串，而“cipher”一般是长的、相对复杂的、由运算规则产生的不可懂密文输出。

1. 简单的口令身份认证

最初的计算口令就是一串短的随机字符串，用户设置好以后，保存在计算机的口令文件中，形成用户与主机的共享秘密。

早期的口令是固定的，并以明文形式存储，没有应用任何密码技术。用户每次开机时输入完全一样的口令，主机与口令文件中存储的字符串比对，如果完全一致，则认为是合法用户，允许用户使用计算机，否则拒绝用户使用计算机。这种认证方式太过简单，只要黑客知道存储口令的文件名，就能轻易窃取用户口令，很容易遭受攻击。

2. 与杂凑结合的口令身份认证

为了提高安全性，后来出现了口令与杂凑技术相结合的身份认证。比如以前曾经使用过的 BASE64 算法、MD5 算法等。

此类身份认证是对用户设置的口令进行杂凑函数运算，将杂凑值存储在口令文件中。用户登录前输入开机口令，主机用规定的杂凑函数进行计算，然后将计算结果与口令文件中存储的杂凑值进行比对，一致则通过验证，否则不通过验证。这种认证方式降低了黑客入侵系统窃取口令的威胁。

3．与密码结合的口令身份认证

这种认证方式同基于杂凑函数的口令身份认证类似，只是把口令的杂凑计算换成了加密，加密后的口令密文存储在口令文件中。比如曾经使用过的简化变型 DES 算法。加密存储的方式除降低了窃取口令的威胁外，还减弱了口令遭遇碰撞的风险。

4．掺杂式口令身份认证

上述三种基于口令的身份认证方式中，口令都是静态的，即固定不变的。为了提供更安全的保护，人们又把静态口令和一些动态信息相结合，提出了掺杂式的口令身份认证。这种方式将一组称为“salt”（盐）的随机字符串附加在静态口令之后，然后再进行杂凑计算，把 salt 和杂凑值都存储在主机中。这种身份认证方式可以降低口令被字典攻击的风险。

5．挑战-应答式口令身份认证

挑战-应答式身份认证方式一般需要用户和主机之间 2 个以上的“提问-回答”往复。具体认证方法五花八门，大体思路是，用户申请登录，主机收到请求后产生一个随机数回给用户；用户将收到的随机数与自己的口令链接在一起，用约定的杂凑函数进行计算，并将计算结果返回主机，主机收到用户的杂凑值，将其与自己计算的杂凑值比对，一致，则通过身份认证，否则不通过认证。下次用户再登录时，主机将产生一个新的随机数。这种身份认证方式吸收了香农“一次一密”的思想，进一步提高了身份认证的安全性。

8.2.2　基于对称密码的身份认证

口令身份认证只涉及两方，在身份认证之前双方有一个共享秘密——口令或口令的杂凑值。在一个大的系统当中，用户数很多，用户与用户之间并不熟悉，这时候不管是认证一方还是被认证一方都需要一个可信的第三方的帮助，于是在身份认证系统中就出现了密钥分配中心。口令身份认证只是主机对用户进行了认证，用户默认主机是可信的，并没有对主机进行认证，这是单向认证。很多情况下，通信的双方需要相互认证，所以还需要双向认证。不论单向认证还是双向认证，可以基于对称密码进行，也可以基于公钥密码进行。本节介绍基于对称密码的身份认证。

1．基于对称密码的单向认证

拥有 n 个用户和 1 个密钥分配中心 KDC（Key Distribution Center）的系统，KDC 与每个用户拥有不同的共享密钥，共保存 n 个共享密钥；每个用户保存自己与 KDC 的共享密钥。在一次身份认证过程中有三个角色：用户 Alice 和 Bob，KDC。

假设下列符号代表的意义为：

$\mathrm{ID}_a, \mathrm{ID}_b$：分别代表 Alice 和 Bob 的身份标识。

K_a, K_b：分别代表 Alice 和 Bob 与 KDC 的共享密钥。

E_{K_a}, E_{K_b}：代表 Alice 和 Bob 分别用自己与 KDC 的共享密钥进行的对称密码加密操作。

D_{K_a}, D_{K_b}：代表 Alice 和 Bob 分别用自己与 KDC 的共享密钥进行的对称密码解密操作。

K_S：KDC 临时分配给 Alice 和 Bob 的一次性会话密钥。

如果 Alice 要发消息 m 给 Bob，Bob 需要先对 Alice 的身份进行认证，认证过程如图 8.2.1 所示。

（1）Alice 向密钥分配中心请求与 Bob 通信，将自己和 Bob 的身份标识以及本次请求的唯一标识符发送给 KDC。

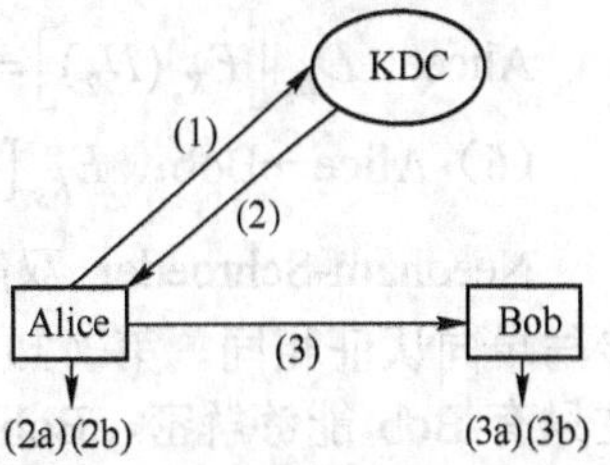

图 8.2.1　基于对称密码的单向认证

$$\text{Alice} \rightarrow \text{KDC}：\ \text{ID}_a \| \text{ID}_b \| N_1$$

（2）KDC 收到请求后，先用它与 Bob 的共享密钥 K_b 将一次性会话密钥 K_S 和 Alice 的标识符链接起来加密成密文，然后把密文链接到会话密钥、Bob 的标识符和请求标识符之后，再用它与 Alice 的共享密钥 K_a 将链接后的数据加密后发回给 Alice。

$$\text{KDC} \rightarrow \text{Alice}：\ E_{K_a}[K_s \| \text{ID}_b \| N_1 \| E_{K_b}(K_s \| \text{ID}_a)]$$

（a）Alice 收到 KDC 的应答，用自己与 KDC 的共享密钥 K_a 对消息解密，得到本次会话密钥 K_S。

$$\text{Alice：}\ D_{K_a}\{E_{K_a}[K_s \| \text{ID}_b \| N_1 \| E_{K_b}(K_s \| \text{ID}_a)]\} = K_s \| E_b \| N_1 \| E_{K_b}(K_s \| \text{ID}_a)$$

（b）Alice 将解密的 N_1 与发送给 KDC 的 N_1 进行比对，如果完全匹配，可以确信消息来自 KDC，没有被篡改或重放。

（3）确认安全后，Alice 将收到的密文 $E_{K_b}(K_s \| \text{ID}_a)$ 和用 K_S 加密的消息 $E_{K_s}(m)$ 链接，然后发给 Bob。

$$\text{Alice} \rightarrow \text{Bob}：\ E_{K_b}(K_s \| \text{ID}_a) \| E_{K_s}(m)$$

（a）Bob 收到 Alice 发来的消息串，先用自己与 KDC 的共享密钥 K_b 解密密文，得到会话密钥 K_S 和 Alice 的标识符 ID_a，因为 K_b 是 Bob 与 KDC 的共享秘密，所以 Bob 相信这是 KDC 生成的会话密钥，并且用于与 Alice 的通信。

$$\text{Bob：}\ D_{K_b}[E_{K_b}(K_s \| \text{ID}_a)] = K_s \| \text{ID}_a$$

（b）于是 Bob 用 K_S 解密 $E_{K_s}(m)$，得到 m，并确信这就是 Alice 发送的消息。

$$\text{Bob：}\ D_{K_s}[E_{K_s}(m)] = m$$

单向认证方式中，接收方 Bob 能够确认消息是 Alice 发送的，但是 Alice 并不知道 Bob 是否收到了消息。

2. 基于对称密码的双向认证

身份认证系统仍然为如图 8.2.1 所示的结构。Needham-Schroeder 双向身份认证协议如下：

（1）Alice→KDC：$\text{ID}_a \| \text{ID}_b \| N_1$。

（2）KDC→Alice：$E_{K_a}\left[K_s \| \text{ID}_b \| N_1 \| E_{K_b}(K_s \| \text{ID}_a)\right]$。

（a）Alice：$D_{K_a}\left\{E_{K_a}\left[K_s \| \text{ID}_b \| N_1 \| E_{K_b}(K_s \| \text{ID}_a)\right]\right\} = K_s \| \text{ID}_b \| N_1 \| E_{K_b}(K_s \| \text{ID}_a$。

（b）Alice：验证解密得到的 N_1 与发送的 N_1 是否匹配，若匹配，进入下一步。

（3）Alice→Bob：$E_{K_b}(K_s \| \text{ID}_a)$。

Bob：$D_{K_b}\left[E_{K_b}(K_s \parallel \mathrm{ID}_a)\right]=K_s \parallel \mathrm{ID}_a$。

（4）Bob→Alice：$E_{K_s}(N_2)$。

Alice：$D_{K_s}\left[E_{K_s}(N_2)\right]=N_2$。

（5）Alice→Bob：$E_{K_S}\left[f(N_2)\right]$。

Needham-Schroeder 双向身份认证协议仅对收发双方进行身份认证，不发送消息。前两步与单向认证相同。第（3）步，Alice 仅向 Bob 发送了从 KDC 应答解密的密文，而这段密文只有 Bob 能够解密，Bob 解密后获得会话密钥 K_S，并确知通信的对方是 Alice。第（4）步，Bob 用会话密钥加密参数 N_2 并传给 Alice，一方面告诉 Alice 自己已经掌握了会话密钥，并询问 Alice 该密钥是否新鲜？Alice 用会话密钥解密出 N_2 后，确信 Bob 已掌握 K_S，然后用事先约定的函数 f 对 N_2 计算后再发给 Bob，函数 f 能够使 Bob 相信 K_S 是新鲜的，即 K_S 是本次会话的密钥，不是以前用过的旧密钥。N_1 和 N_2 可以是随机数，也可以是计数器或时间戳，要求都是一次性的。

8.2.3 基于公钥密码的身份认证

数字签名实际上也能起到认证身份的作用，不同的是身份认证要求是即时的，一次性的；而数字签名有一定的有效期。

1. 基于公钥密码的单向认证

公钥密码虽然计算速度慢，但是用于身份认证则可以在通信双方之间直接进行，如图 8.2.2 所示。

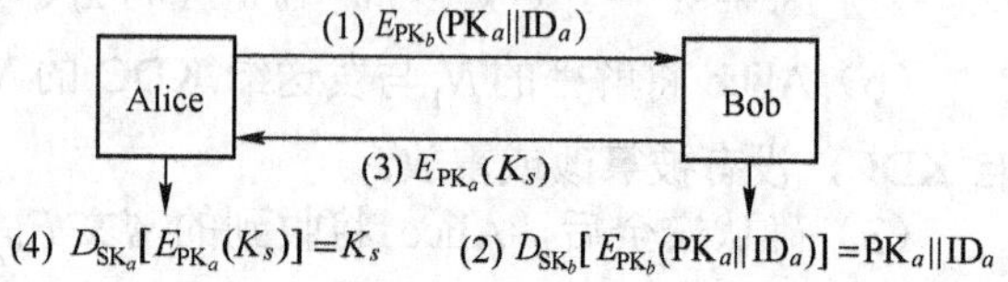

图 8.2.2 基于公钥密码的单向认证

图 8.2.2 中 PK 和 SK 分别代表用户的公钥和私钥，E_{PK} 和 D_{SK} 分别代表公钥密码的加密和解密变换，下标 a, b 分别代表用户 Alice 和 Bob 的参数；K_S 表示会话密钥；ID_a 是 Alice 的身份标识。基于公钥密码的单向身份认证步骤如下：

（1）Alice→Bob：Alice 将自己的公钥和身份标识用 Bob 的公钥加密后发给 Bob。

$$E_{\mathrm{PK}_b}(\mathrm{PK}_a \parallel \mathrm{ID}_a)$$

（2）Bob：Bob 用自己的私钥对 Alice 发来的密文解密，得到 Alice 的公钥和身份标识。此密文只有 Bob 能够解译。

$$D_{\mathrm{SK}_b}[E_{\mathrm{PK}_b}(\mathrm{PK}_a \parallel \mathrm{ID}_a)]=\mathrm{PK}_a \parallel \mathrm{ID}_a$$

（3）Bob→Alice：Bob 生成临时会话密钥，并用 Alice 的公钥加密，发给 Alice。

$$E_{\mathrm{PK}_a}(K_S)$$

（4）Alice：Alice 用自己的私钥对 Bob 发来的密文解密，得到本次会话密钥。

$$D_{\mathrm{SK}_a}[E_{\mathrm{PK}_a}(K_S)]=K_S$$

在整个过程中，Bob 通过 Alice 的身份标识完成对 Alice 的单向身份认证。

2. 基于公钥密码的双向认证

基于公钥密码的双向认证，理论上也可以由通信双方自行完成，无须 KDC。而实际系统一般采用的是有密钥分配中心 KDC 的结构。其实现认证的基本思路是，由系统认可的权威可信机构 KDC 为注册用户产生公、私钥密钥对，私钥由用户自己保存，公钥和用户身份标识用 KDC 的私钥签名后做成公钥证书 Cert。

假设 KDC 的公钥和私钥分别为PK_C和SK_C，$Cert_a$和$Cert_b$分别表示用户 Alice 和 Bob 的公钥证书，N_a和N_b分别为 Alice 和 Bob 生成的随机数，其余符号释义与上一条目相同。基于公钥密码的双向身份认证步骤如下：

（1）Alice→Bob：Alice 生成随机数N_a发给 Bob。

（2）Bob→Alice：发送$Cert_b \| N_b \| D_{SK_b}(N_a \| N_b \| ID_b)$给 Alice。$Cert_b$是 Bob 的公钥证书，$N_b$是 Bob 生成的随机数，$ID_b$是 Bob 的身份标识，$D_{SK_b}(N_a \| N_b \| ID_b)$是 Bob 的签名文本。

（3）Alice：

（a）用 KDC 的公钥PK_c验证$Cert_b$，取出 Bob 的公钥PK_b和身份标识ID_b；

（b）用 Bob 的公钥PK_b对 Bob 签名的文本进行验证，解得N_a, N_b和ID_b；

（c）比较（a）和（b）解出的ID_b是否一致，比较解得的N_a和发送的N_a是否一致。一致，则通过对 Bob 的身份认证，否则不通过认证。

（4）Alice→Bob：$Cert_a \| D_{SK_a}(N_a \| N_b \| ID_a)$。Alice 将自己的公钥证书和签名文本发给 Bob。

（5）Bob：

（a）用 KDC 的公钥PK_c验证$Cert_a$，取出 Alice 的公钥PK_a和身份标识ID_a；

（b）用 Alice 的公钥PK_a对 Alice 签名的文本进行验证，解得N_a, N_b和ID_a；

（c）比较（a）和（b）解出的ID_a是否一致，比较解得的N_b和发送的N_b是否一致。比较第（1）步收到N_a和本步解出的N_a是否一致。一致，则通过对 Alice 的身份认证，否则不通过认证。

如果将公钥密码算法都替换成数字签名算法，按照上述步骤，也可以构成基于数字签名的单向身份认证和双向身份认证。

8.2.4 基于生物特征识别的身份认证

最早应用的基于生物特征的身份识别技术是用于刑事侦破的指纹对比技术。19 世纪初，研究指纹的专家就发现了指纹有唯一性和终生不变性，即每个人指纹的纹理由基因决定，各不相同，而且一个人的不同手指的指纹也不相同。由于指纹终生不变，刑侦专家在犯罪现场采集指纹，作为对嫌疑人的身份认证，精准无误。

基于数字技术的身份认证，虽然方便，但是也有天生的缺陷。如基于口令的身份认证，若非高频度使用，容易遗忘或丢失，如果恶意入侵者窃取了他人的身份标识，系统也无法识别。而基于生物特征的身份识别技术就克服了这些缺点——不存在遗忘、也无法冒充，而且与人"绑定"，随时随地可用，所以特别适合于对人的身份进行鉴别。

除了指纹外，具有唯一、不变的生物特征还有掌纹、虹膜、声音、人脸图像等。这些生物特征都由基因决定，因人而异，如掌纹的纹线、纹理、起皱、分叉、式样等各不相同。虹膜是指瞳孔四周有彩色环形薄膜的部分，模式极其复杂。声音由不同的谱线组成，也就是由不同频率的单频声波合成，不同的频率分量和每个分量的强弱变化可以组合成极大数量的不同或不尽相同的声音。日常生活中主要通过"长相"识别人，把它移植到技术领域就是人脸图像识别。人脸图像识别并非对图片的像素进行逐一比对，而是提取脸部特征，如五官相对位置、边界坐标、大小比例等，作为有效的识别信息。

不论哪种生物特征识别技术，认证的步骤大体相同。先用传感器采集生物信息，量化、按照预先设定的模式进行特征提取、录入数据库，完成预处理。身份认证时现场采集生物信息，并进行特征提取，然后与数据库录入信息进行比对，一致则通过认证，允许用户使用系统资源，否则拒绝用户使用资源。

基于生物特征的身份认证技术如今已被广泛应用，如指纹锁、手机和计算机的指纹登录、刷脸支付、刷脸进站等。有一个潜在的安全问题是，如果存储特征模板的数据库过于集中，一旦数据库遭受攻击或出现故障，对用户的影响面就比较大。

8.3 认 证 协 议

所谓协议，通俗地讲就是参与事务的各方通过事先协商，达成一致意见，并确定下来，作为共同遵守的条约或规范。所以前面两节介绍的身份认证技术，原则上也是在协议的框架下构建和运行的，不过协议的形式比较简单，认证所依托的基本方法也可以灵活选择。比如基于对称密码的身份认证，可以采用 DES、IDEA、SM4 或 AES 算法等。本节介绍的认证协议是指交互式的、使用非对称技术但不依赖于现有公钥加密或数字签名算法的认证协议。

8.3.1 零知识证明原理

有时候有这样的安全需求：希望秘密被验证，但是又不希望泄露任何可用信息。比如用户声称某账户和密码属于自己，希望验证者确信此事但又不希望把账户和密码信息泄露给验证者。能够使验证者深信断言而不泄露有用信息的方法，称为零知识证明。

零知识证明的思路与传统的基于数学的证明思路不同，基于数学的证明是确定的、绝对的，而零知识证明是交互式的博弈，因而证明是概率的、非绝对的，仅在一定的概率界内正确，尽管概率界可能任意接近 1。显然，零知识证明需要声称者和验证者之间更多回合的交互，需要消耗更多的通信资源。

零知识证明原理可以用穿过洞穴的例子解释，如图 8.3.1 所示。洞穴通道的中间有一道密门，只有知道咒语的人能打开。假设 Alice 声称知道开门的咒语，Bob 进行验证。证明过程如下：

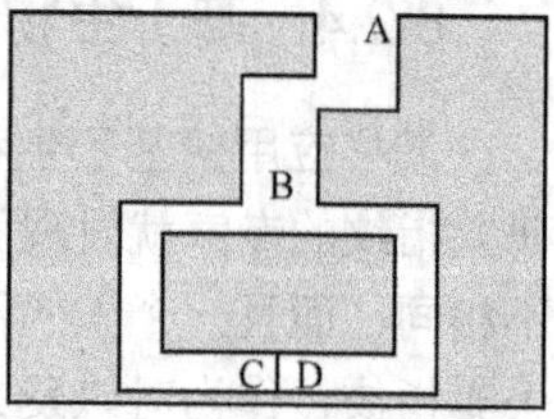

图 8.3.1 零知识证明原理

（1）Bob 站在洞口，即 A 点；

（2）Alice 进入洞穴到达密门附近（C 点或 D 点）；

（3）Bob 走到 B 点；

（4）Bob 随机选择左通道或右通道，要求 Alice 从该通道出来；

（5）Alice 从要求的通道出来，必要时用咒语开门；

（6）Bob 和 Alice 重复步骤（1）和（5）n 次。

当 Bob 站在 A 点时，看不见 Alice 是从左边还是右边进入通道的，当 Bob 走到 B 点时，看得见 Alice 从哪边出来。假设 Bob 要求 Alice 从左边通道出来而 Alice 也做到了。一种可能是 Alice 刚好是从左边进去的，不知道咒语也可以按要求出来；另一种可能是 Alice 从右边进入通道用咒语打开密门，然后从左边出来。那么，判断 Alice 知道咒语的错误概率是 1/2, 如果 Bob 随机选择左、右通道 n 次，每次 Alice 都能按要求走出，则判断错误的概率就降低到 $1/2^n$。当 n 足够大时，判错的概率可忽略不计。至此，Bob 可以相信 Alice 掌握咒语，但咒语并没有泄露给 Bob。

8.3.2 Feige-Fiat-Shamir 零知识身份认证协议

将 Alice 掌握的咒语换成数学难题，Bob 可以解题但不知道其中秘密，就能构造出实用的零知识证明协议。Feige-Fiat-Shamir 零知识身份认证协议就是这样的实用协议之一。

零知识证明的基本步骤一般有三步：

Alice→Bob：证据

Bob→Alice：挑战

Alice→Bob：应答

如果把这三步理解成一个完整的证明轮次，零知识证明协议则通过 t 轮的迭代证明来降低成功欺骗概率的界。

基本的 Feige-Fiat-Shamir 零知识身份认证协议包含 4 个部分：系统参数的选择、每个实体秘密的选择、协议消息和协议执行。下面分别予以介绍。

1．系统参数的选择

可信中心 T 选择两个秘密的大素数 p 和 q，计算 $n=pq$，作为系统的公共模数向所有的用户公开。为防范大合数分解攻击，n 的长度应在 1024 比特以上。要求

$$p \equiv 3 \pmod 4,\ q \equiv 3 \pmod 4$$

满足上述条件的合数 n 称为 Blum 整数。整数 k 和 t 定义为安全参数。k 是用户私钥序列长度，t 是挑战-应答轮数。

2．每个实体秘密的选择

每个实体执行以下步骤：

（1）随机选择 k 个整数 $s_1, s_2, \cdots, s_i, \cdots, s_k$，$1 \leqslant s_i \leqslant n-1$，且 $(s_i, n)=1$，作为用户的私钥。再选择 k 个随机比特 $b_1, b_2, \cdots, b_i, \cdots, b_k$。

（2）计算 $v_i = [(-1)^{b_i} \cdot (s_i^2)^{-1}] \pmod n,\ 1 \leqslant i \leqslant k$，作为用户的公钥。

（3）用户用非密码学的方法（比如照片、身份证、面对面等）向 T 证明自己的身份，T 允许用户注册其公钥（$v_1, v_2, \cdots, v_i, \cdots, v_k; n$），只有用户知道自己的私钥（$s_1, s_2, \cdots, s_k$）。

3．协议消息

若 Alice 希望 Bob 认可自己的身份，则在 t 轮的零知识证明中，每轮都需 3 次计算：

（1）Alice 选择随机数 r，$1 \leqslant r \leqslant n-1$。计算 $x \equiv r^2 \pmod n$，然后将 x 发给 Bob。

（2）Bob 将一个 k 位随机比特串 $(e_1, \cdots e_i, \cdots, e_k), e_i \in \{0,1\}$ 发给 Alice。

（3）Alice 按照比特串中取值为 1 的位，挑选出自己私钥序列中对应的整数。即若 $e_i = 1$，则 s_i 被选中，否则不选。计算所有被选中的整数以及与 r 的乘积，并将乘积 y 发给 Bob。

（4）Bob 按照比特串选择 Alice 对应位置的公钥整数，计算这些整数及 y^2 的乘积，验证结果是否与 Alice 发来的 x 或 $-x$ 相等，相等则验证通过，否则不通过。

4．协议执行

Bob 接收可信中心 T 发来的 Alice 的公钥证书，获得 Alice 的公钥（$v_1, v_2, \cdots, v_i, \cdots, v_k; n$）。执行 t 轮验证步骤，如果每轮都成功，Bob 就认可 Alice 的身份。

（1）Alice 选择随机整数 $r, 1 \leqslant r \leqslant n-1$，和一个随机比特 b；计算 $x = (-1)^b r^2 \pmod n$；将 x 发给 Bob（相当于证据）。

（2）Bob 将随机 k 比特向量 $(e_1,\cdots,e_k)$ 发送给 Alice（挑战）。

（3）Alice 计算 $y\equiv\left(r\cdot\prod_{j=1}^{k}s_j^{e_j}\right)(\bmod n)$，并发回给 Bob（响应）。

（4）Bob 计算 $z=\left(y^2\cdot\prod_{j=1}^{k}v_j^{e_j}\right)(\bmod n)$，验证 $z=\pm x$ 和 $z\neq 0$。

【例 8.1】 Feige-Fiat-Shamir 协议。

（1）可信中心 T 选择 p=103，q=127，验证 $103\equiv 127\equiv 3$（mod 4），公布 n=pq=13081。选择 k=3，t=1，作为安全参数。

（2）Alice 执行如下操作：

（a）选择三个随机整数 $s_1=97,\ s_2=4646,\ s_3=6051$，和三个比特 $b_1b_2b_3=(101)$。

（b）计算

$$v_1\equiv(-1)^{b_1}(s_1^2)^{-1}(\bmod n)\equiv(-1)^1(97^2)^{-1}(\bmod 13081)=11453$$
$$v_2\equiv(-1)^{b_2}(s_2^2)^{-1}(\bmod n)\equiv(-1)^0(4646^2)^{-1}(\bmod 13081)=7891$$
$$v_3\equiv(-1)^{b_3}(s_3^2)^{-1}(\bmod n)\equiv(-1)^1(6051^2)^{-1}(\bmod 13081)=5443$$

（c）Alice 的公钥是（11453, 7891, 5443; 13081），私钥是（97, 4646, 6051）。

（3）因为 t=1，只执行一轮证据-挑战-应答步骤。

（a）Alice 选择 r=115，b=1，计算

$$x\equiv(-1)^b r^2(\bmod n)\equiv(-1)^1 115^2(\bmod 13081)\equiv -144(\bmod 13081)=12937$$

将 x 发送给 Bob。

（b）Bob 发送 3 比特向量（010）给 Alice。

（c）Alice 计算 $y\equiv r\cdot s_2(\bmod n)\equiv 115\times 4646(\bmod 13081)=11050$，并发送给 Bob。

（d）Bob 计算 $z\equiv y^2\cdot v_2(\bmod n)\equiv 11050^2\times 7891(\bmod 13081)\equiv 4446\times 7891(\bmod 13081)=144$
由于 $144=-12937(\bmod 13081)$，证实 $z=-x$，且 $z\neq 0$，故 Bob 认可 Alice 的身份。

8.3.3 Kerberos 认证协议

Kerberos 认证协议是为 TCP/IP 网络设计的可信第三方认证协议。Kerberos 服务提供可行的网络鉴别，并扮演可信仲裁者的角色。Kerberos 认证由 Kerberos 可信中心、票据许可服务器 TGS（Ticket-Granting Server）、客户端和服务器四部分组成（图 8.3.2），基于对称密码技术提供认证服务，所以 Kerberos 与系统中的每一个实体共享一个不同的秘密密钥。

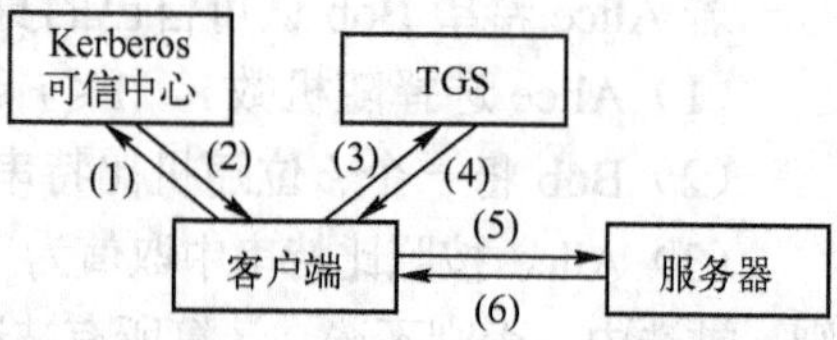

图 8.3.2　Kerberos 认证协议步骤

Kerberos 使用票据（ticket）和鉴别码（authenticator）两类凭证。票据用于秘密地向客户请求访问的服务器发送持有票据的客户身份信息，以便服务器辨识客户身份的真实性，鉴别码是在票据有效期内客户访问服务器的一次性识别码。Kerberos 协议步骤为：

（1）客户 C（Client）向 Kerberos 请求一张票据作为票据许可服务

C→Kerberos：$ID_c \| ID_{TGS} \| TS_1$。

ID_c 是客户标识，ID_{TGS} 是票据许可服务器标识，TS_1 是时间戳。

（2）Kerberos 为客户发放会话密钥和许可票据

Kerberos→C：$E_{K_c}[K_{c,TGS} \| \mathrm{ID}_{TGS} \| \mathrm{TS}_2 \| L_2 \| \mathrm{ticket}_{TGS}]$。

K_c 是从客户口令导出的 DES 密钥，E_{K_c} 是 DES 加密算法（可以替换成其他对称分组算法），$K_{c,TGS}$ 是客户与 TGS 通信的会话密钥，TS_2 是时间戳，L_2 是票据的生命周期，ticket_{TGS} 是许可票据。

有点像看电影先买票，“买”一张可多次使用的票据。稍有不同的是，Kerberos 不“收钱”，而是核实客户的身份（事先在 Kerberos 注册）是否合法。合法，则允许客户申请票据许可服务，否则拒绝。

（3）客户向 TGS 请求服务器票据

C→TGS：$\mathrm{ID}_S \| \mathrm{tecket}_{TGS} \| A_c$

客户端用自己的秘密密钥 K_c 解密 Kerberos 回应的信息，得到与 TGS 的会话密钥 $K_{c,TGS}$ 和访问 TGS 的票据，并将票据发送给 TGS。ID_S 是服务器的标识，A_c 是客户的鉴别码。

（4）TGS 发放服务器票据和会话密钥

TGS→C：$E_{K_{c,TGS}}[K_{c,s} \| \mathrm{ID}_s \| \mathrm{TS}_4 \| \mathrm{ticket}_s]$

TGS 收到客户的消息后，生成客户和服务器的会话密钥 $K_{c,s}$ 和服务器的服务票据 ticket_s，连同服务器标识和时间戳，用客户和 TGS 的共享密钥 $K_{c,TGS}$ 加密后发送给客户，客户收到消息后用 $K_{c,TGS}$ 解密，得到与服务器的会话密钥 $K_{c,s}$ 和服务器的票据 ticket_s。

（5）客户请求服务

C→S：$\mathrm{tecket}_s \| A_c$

客户向服务器请求服务，服务器收到请求后验证票据的有效性。tecket_s 可以使用多次，直至有效期过期。鉴别码 A_c 只使用一次，下次访问需要更换。

（6）服务器提供认证信息

S→C：$E_{K_{c,s}}[\mathrm{TS}_5 + 1]$

TS_5 是客户预验证服务器身份时发送给服务器的时间戳，服务器收到后，将时间戳加 1，然后用会话密钥 $K_{c,s}$ 加密后发给客户。客户收到应答后，用 $K_{c,s}$ 解密验证服务器的身份。

至此，客户和服务器相互验证了彼此的身份，并拥有共享会话密钥 $K_{c,s}$。

习题

8.1 简述口令和密码的区别。

8.2 身份认证的作用是什么？

8.3 简述身份认证的分类。

8.4 数字签名和身份认证的区别和联系是什么？

8.5 可信中心 T 选择 p=131，q=127，公布 n=pq=16637。选择 k=3，t=1，作为安全参数。运用 Feige-Fiat-Shamir 协议进行身份认证。

（1）p 和 q 是否符合协议要求？

（2）Alice 选择 3 个随机整数 $s_1 = 97$，$s_2 = 4646$，$s_3 = 6051$，和 3 个比特 $b_1b_2b_3 = (101)$，计算 Alice 的公钥。

（3）Alice 希望 Bob 进行身份认证。选择 $r = 155$，$b = 1$，计算发送参数 x。

（4）Bob 返回 3 比特向量（010）。

（5）Alice 计算 y，并发给 Bob。

（6）Bob 计算 z，并验证 Alice 的身份。

第9章 密钥管理

在通信不发达的年代，保密通信仅限于军事、政治、外交部门使用。密钥管理以行政管理为主。密钥的分发有专门的秘密渠道，或建有秘密电话专线。在一个行政系统内部，比如一个国家的某个军种，往往使用同一密钥进行保密通信，一旦密钥被破译，所有军事机密就暴露无遗。比如著名的不列颠之战，就是因为英国破译了德国的棋盘格密码，掌握了德国消灭英国皇家空军的全盘计划，从而能够集中皇家空军战力在最恰当的时间和关键的空域痛击数倍于己的德国空军，最终挫败了德国的阴谋。再如中途岛之战，也是因为美国破译了日本的密码，使日本摧毁美国海空力量的计划完全失败。

随着通信和网络技术的飞速发展，保密通信走向了民间，而且需求大幅度增长。建设秘密电话专线或密钥分发专线在经济上不可行，需要新的技术在公开信道上对密钥进行保密传输。为了更加安全，希望一个密钥只使用一次，即做到一次一密。由于通信规模的大幅扩展，用户数暴增，密钥安全保管和安全分发的任务非常繁重，于是出现了密钥管理的需求。

9.1 密钥管理的概念

密钥管理是密码学的一个重要分支，是密码学中综合性最强的部分，涉及行政、法律、技术三个层面。本书仅讨论密钥管理的技术方法。

密钥管理技术是密码学中最重要、也是最困难的一个部分，包含安全的密钥产生、存储、备份、分发、使用、恢复、撤销、更新和销毁等内容。密钥是维护保密通信正常运行的基础，没有密钥，消息的保密、完整性校验、数字签名、身份和数据源认证等技术都无法实现，况且，现代密码学要求算法是公开的，仅有密钥需要保密，所以，密钥管理技术在密码学中占有相当重要的地位。

9.1.1 密钥的种类与层次结构

若以密码算法对密钥的要求来分，密钥可分为对称密钥和非对称密钥；若以保密的需求来分，又可分为公开密钥和私密密钥；在实际使用中密钥的种类繁多，比如一张智能卡上一般有 30 多种密钥。按照所加密的内容来分，这些密钥大体可分为三类：主密钥、密钥加密密钥和会话密钥。

1. 主密钥

主密钥（master key）在限定的范围内，位于密钥体系结构的最高层。比如智能卡的主密钥指智能卡上对所有其他密钥进行加密和进行密钥分发的秘密密钥，也称为万能密钥（pass-key）。万能密钥一般在较长时间内保持不变。在公钥基础设施 PKI（Public Key Infrastructure）系统中，主密钥位于密钥分发中心，也称为根密钥（root key）。主密钥除了保护密钥加密密钥和会话密钥外，还起标识用户的作用。主密钥泄露可使整个系统失密，造成的损失无法估量，因此主密钥一般保存在可信中心、网络中心、主节点等重要的设备中，受到严格保护。主密钥的分发和保管本身一般不采用纯技术方法，而是采用传统的人工（如保密邮差）或物理隔离的渠道或行政与技术相结合的可靠方法进行传递和保管。主密钥一般长期保持不变，因此安全性至关重要。

2. 密钥加密密钥

密钥加密密钥 KEK（Key-Enciphered Key）用于对会话密钥的加密，一般位于通信网的各节点，不同节点密钥不同。密钥加密密钥也称为二级密钥、次主密钥、辅助密钥，生命周期也比较长，通常用于协商会话密钥或加密传输会话密钥。它可以用随机数产生，也可以用主密钥控制的算法产生，它的泄露会导致生命周期内区域会话密钥失密，所以密钥加密密钥的保密级别较高，一般存储在主设备或专门设备当中。

3. 会话密钥

会话密钥（Session Key）是对消息加密的密钥，也称数据密钥，位于密钥体系的最下层，一般只使用一次，会话开始前临时生成，会话结束后立即销毁。会话密钥可以通过密钥协商算法即时生成，也可以由密钥分配中心产生，再经加密后分配给通信双方，后者通常由系统自动产生，且对用户不可见。会话密钥由于采取一次一密的使用方式，即使泄露，损失也仅限于一次通信的内容。而且因为使用一次便丢弃，大大减轻了密钥存储保护的负担。

大多数密钥管理体系都采用了上述三种类型的密钥层级结构。主密钥在最上层，是保密级别最高、生命周期最长的密钥，数量也最少；密钥加密密钥位于中间层，保密级别也比较高，生命周期相对长一些，数量比主密钥多一些；会话密钥在底层，保密级别一般，生命周期只存续一次会话的时间，数量最多，但用完就销毁，不用保存。在只有一个可信中心或密钥分配中心的系统中，主密钥也称根密钥。在有多个可信中心或密钥分配中心的系统中，同一层级的密钥使用由相应层级的密钥协议控制。密钥管理的层次结构见图 9.1.1。

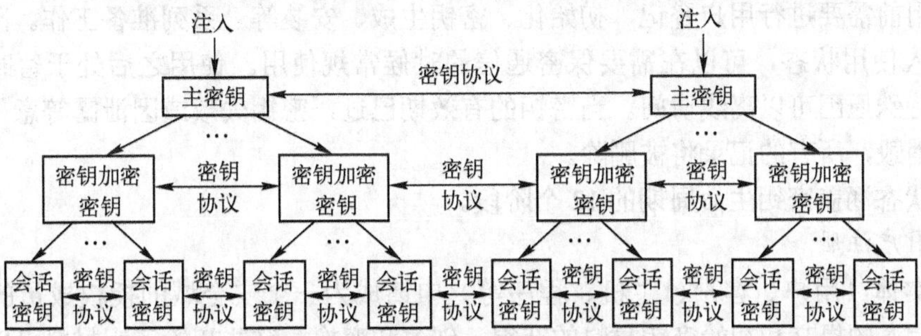

图 9.1.1　密钥管理的层次结构

这种结构的密钥管理思路简单明了，主密钥保护密钥加密密钥、密钥加密密钥保护会话密钥，会话密钥即时产生，用完即销毁，大大减轻了密钥管理的负担。密钥加密密钥以密文形式存储，提高了密钥自身的安全性。主密钥则以物理隔离+行政的手段进行管理。比如一个主密钥被分成 5 个片段，分别存储在 5 个物理器件中，并由 5 个不同的人进行保管，只有 3 个以上的人同时到场并正确出示所持密钥片段才能根据一定的规则（如门限方案）恢复出整个主密钥。

由于会话密钥在不断变化，对于攻击者来说，它面临的已经不是一个静态的密钥系统，而是一个动态的密钥系统，攻击更困难，并且即使攻击成功，得到的仅是一次加密的内容，下层会话密钥的破译，也不会影响到上层密钥的安全。密钥的总体安全性大大改善。

9.1.2 密钥管理生命周期

密钥管理生命周期指密钥从最初生成到最终销毁的全过程，如图 9.1.2 所示。

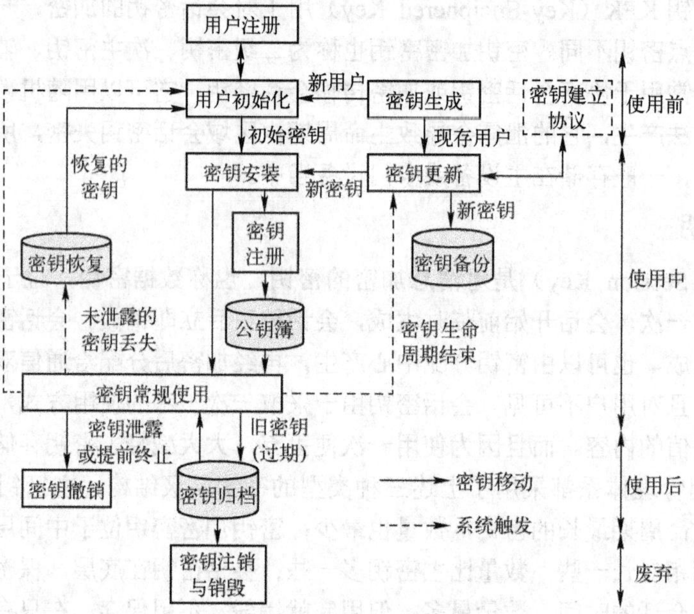

图 9.1.2 密钥管理生命周期

密钥在整个生命周期中先后处于 4 种不同的状态：使用前、使用中、使用后和废弃。密钥在使用前需要进行用户登记、初始化、密钥生成、安装等一系列准备工作。准备工作完成后才进入使用状态，可以在需要保密通信的时候常规使用。使用之后处于暂时不用的状态，但因特殊原因可以离线访问。当密钥的有效期已过，密钥失效或因泄露等意外不能再用时，需要销毁，所有的记录将被删除。

四种状态涵盖密钥生命周期的 12 个阶段。

（1）用户注册

一个实体（用户、客户、主机、程序等）申请成为一个安全域的授权成员的过程。它包括实体信息的提交和初始密钥材料的获得、创建和变换。这些初始密钥材料可以是共享的口令或 PIN 码，通过面对面的方式获得，也可以通过其他安全的一次性技术获得。

（2）用户初始化

设置实体的软件和硬件，包括在用户注册阶段获得的初始密钥材料的安装。为使用密钥材料做好准备。

（3）密钥生成

密钥可以由实体自己生成，也可以从可信机构或密钥分配中心获得。不论哪种渠道，生成密钥所使用的算法必须确保实体能够达到应用目标（如加密、完整性校验、数字签名等），生成的密钥要有足够的随机性，换句话说，攻击者成功预测该密钥的概率非常小，可以忽略不计。

（4）密钥安装

密钥材料安装在一个实体的软件和硬件中，以便运行使用。可以用手工输入口令或 PIN 码的方式装载，也可以用只读存储介质（芯片卡、U 盘等）经专门的加载程序导入。初始密钥材料可用来建立一个安全的在线会话，导出工作密钥，以便进行常规通信。在随后的更新中，理想状态是通过一种安全的在线更新技术，替换正在使用的密钥。

（5）密钥注册

密钥材料仅在实体上安装了还不能实际使用，需要在权威授权机构注册，通过权威机构对密钥材料正式记录、与实体的部分信息和属性绑定，并用唯一的用户名来区分一个实体。 经过注册的密钥才能在安全域中得到认可。典型的信息包括与密钥材料相关的实体的身份、网址、信任级别、公钥等。比如在 PKI 系统中，这些信息被证书颁发机构创建成公钥证书，并通过一个公开目录颁布，安全域中的其他用户或实体可通过查阅目录使用该实体的公钥或核实该实体的身份。

（6）密钥常规使用

密钥管理生命周期的目标是便于密钥材料的正确使用。常规状态下，密钥在有效期内均可使用。当然，期满也可以再细分，例如，一个公钥对，公钥过期对于加密不再有效，但私钥可以继续保留，用于对以前加密的信息进行解密。

（7）密钥备份

密钥材料存储在独立、安全的介质上，以便为密钥恢复提供数据源。备份指的是运行使用中的短期存储。

（8）密钥更新

在密钥有效期到期之前，用新的密钥材料代替现有的密钥材料，以便继续对敏感信息实施保护。它包括密钥生成、密钥导出、双方密钥建立协议的执行。新的密钥可以自主生成，也可以由权威授权机构产生并分配。例如申请公钥证书更新。

（9）密钥归档

不再常规使用的密钥材料需要被归档，以便为特殊环境下（如澄清由于抵赖引起的争论问题）密钥的恢复提供资源。归档，指的是对过了有效期或因某种原因不再使用的密钥进行长期的离线存储。

（10）密钥注销与销毁

一旦不再进一步需要密钥的值或保持密钥与一个实体的联系，这个密钥就可以注销，即从所有现存密钥的正式记录中粉碎，并销毁密钥的所有副本。对于私钥的情况，所有的痕迹都要安全擦除。这里的销毁和安全擦除应保证销毁的信息不能以物理或电子的方法恢复。

（11）密钥恢复

从一个安全的备份副本中恢复密钥材料的过程，适合于密钥材料丢失，但并没有泄漏的情况。类似于口令忘了，用“找回密码”的功能再找回自己的口令。

（12）密钥撤销

在密钥预定的有效期未满之前，有可能因密钥泄露、受到攻击、面临潜在威胁、工作变动或注册信息变化等原因需要撤销密钥。自主生成密钥的实体需要自主通知所有其他使用该密钥的实体，包括密钥材料的完整 ID、撤销的日期时间、撤销的原因等。在以数字证书为合法凭证的系统中，实体需要申请公钥证书撤销，并由权威授权机构公布，以便域内其他实体能够查阅到。

所有阶段，除了特殊情况下引起的密钥恢复和密钥撤销外，都需按计划执行。

9.2 密钥的生成和安全存储

9.2.1 密钥产生方法

好的密钥必须有良好的随机性并满足密码特性，这对密码体系的安全至关重要。然而，现代通信需要的密钥数量很多，要保证每个密钥都是好密钥并非易事。因此需要采取一些措施保证产生的密钥能够满足随机性和密码特性。

噪声具有天然良好的随机特性，因此密钥的产生离不开噪声源。物理噪声源大体可分为3类：基于力学的噪声源、基于电子学的噪声源、基于混沌现象的噪声源。每类噪声源又可分为不同种。比如振动噪声和热噪声属于力学噪声，电源噪声和频率噪声都是电子学噪声。

密钥产生的方法大体可归为3类：

（1）基于物理噪声

选择一种或多种物理噪声源，如热噪声、电源噪声等，记录噪声信号，对信号采样，并截取足够长度，将噪声采样序列作为密钥。噪声本身是随机的，作为密钥有其合理性。但电子噪声有时受环境和电路的影响，其随机性不一定特别好。

（2）伪随机序列

以很短的种子密钥通过数学的方法产生的周期很长、随机性很好的数字序列，称为伪随机序列，比如 m 序列。由于严密的数学构造，伪随机序列的随机性可以得到保证。只有序列长度超过香农唯一解距离时，周期才可测，不过此时的周期往往是个天文数字。

从另一个角度说，猜测周期并不一定是预测伪随机序列的唯一方法，比如 m 序列，如果掌握了连续 2 倍寄存器长度的序列值，即可还原 m 序列结构。所以在生成密钥时，对密钥的特性需要综合检验。

（3）物理噪声与数学方法相结合

这种方法是将物理噪声源作为输入或激励源，通过精心构造的数学方法产生准随机序列。这种方法可以克服前两种方法的缺点，也是目前密钥生成的主要方法。生成的密钥需要按照密码标准规范通过一系列随机性和密码学特性来检验，通过检验的保留，没有通过检验的丢弃，重新生成。不同的密码体制对密钥的要求和产生密钥的机制不尽相同，但须避免弱密钥的出现。

9.2.2 密钥的安全存储

密钥的层级不同，存储的方法和保护的措施不同。对于主密钥，一般采用行政和技术相结合的分布存储和分散物理保管的保护方法。

会话密钥用完即销毁，也不需要存储。公钥密码中的公钥不需要机密性保护，但是需要完整性校验，以防篡改。公钥密码中的私钥需要保护和安全存储。不论哪个层级的密钥，如果使用对称密钥，都可以采用一次一密的使用方式，即时产生、即时销毁，无须存储。

所有密钥禁止明文存储。

（1）基于口令加密的安全存储

这种存储方式先要规定一种密码算法，把用户的口令与一串称为“盐”的随机数混合，直接或变换后作为该算法的密钥对需要保护的密钥进行加密，以密文的形式存储密钥。使用被保护密钥的时候需要输入同样的口令，然后调用盐值，用同样的算法和运算方式进行解密，得到密钥。

口令本身用杂凑值的方式存储。用户每次输入的口令，使用相同的杂凑算法进行杂凑计算，如果与存储的杂凑值不符，则用户无法使用密钥。

（2）基于硬件的安全存储

将加解密密钥的软件程序、密钥材料存储在与计算机相分离的物理介质中。如令牌、U盾、数据钥匙、Java环等。使用密钥时，需要与相关的硬件器件通信。

（3）软件+硬件的安全存储

对于安全性要求比较高的应用，密钥材料及其运行加解密的程序采用分开存储的方式，计算机软件和单独的物理介质分别存放一部分信息，同时掌握那两个设备的用户方能存取以密文形式存储的密钥。

（4）根密钥的安全存储

一些影响到整个安全域全局的主密钥称为根密钥。例如国家电网控制网络最高层次的密钥，PKI系统的根密钥等。根密钥一旦受损，对于整个系统将是致命的。所以根密钥一般被分成n份，分别保密存储在n个不同的物理介质上，由n个人分别保管。如果根密钥被损坏，需要k（$2 \leqslant k \leqslant n$）个人同时到场，方可恢复密钥。

9.3 密钥分发

密钥分发是指秘密密钥安全传递的过程。密钥分发有两种基本方式：一种由通信方自主分发，即参与通信的一方生成秘密密钥，然后用规定的安全机制将秘密密钥分发给参与通信的其他一方或多方；另一种方式是借助可信中心TC或密钥分配中心KDC生成秘密密钥，然后将密钥用规定的安全机制传输给参与通信的各方。后一种方式是现代密钥分发的主要方式。

第8章介绍的身份认证协议，多数在认证用户身份的同时也完成了通信协议双方会话密钥的分发。比如Kerberos协议通过6步通信实现身份认证的同时也将客户端和服务器之间的会话密钥分发给了客户端和服务器。此类密钥分发不再赘述。

当系统庞大，一个KDC中无法承担所有用户会话密钥分发的时候，可采用KDC分级的方式。把整个系统划分成若干区域，区域的KDC负责本区域用户的密钥分发。当通信双方都在一个区域内时，由本区域KDC直接给双方分发密钥。如果通信双方不在同一区域，须通过两个区域KDC的密钥协议完成通信双方的会话密钥分发。KDC负责区域KDC的密钥分发。

用户非对称密钥的私钥分发与公钥分发的方式不同。私钥可以采用面对面注入用户物理介质的方式，也可以通过KDC与用户之间的单独共享密钥完成用户私钥的传输。用户的公钥可以自己分发，也可以采用数字证书的方式，比如X.509协议（参见9.5节）。

公钥体制问世的原因之一就是为了解决现代通信大规模密钥管理和分发的难题。公开密钥是公开的，理论上可以通过公开信道由用户自己分发或广播给其他用户。这种方式虽然简单便捷，大大降低了密钥管理的要求和成本，但是很容易被假冒。比如Alice的公钥是K_a，另一用户Eve如果声称自己是Alice并用自己的公钥K_e假冒Alice的公钥，其他用户无法辨识。

克服假冒可以采用建立公钥目录的方法，由可信的目录管理员管理公钥目录，所有用户可以通过访问目录使用所需的公钥。这种方式的潜在威胁是，一旦管理员的密钥被窃取，攻击者可任意篡改目录，继而获取通信方的消息。

上述缺点可以通过增加认证功能予以克服。具体方法是将公钥用目录管理员（可信中心）的私钥进行数字签名，用户获取对方公钥的签名后用管理员的公钥进行验证，从而确定该用户公钥的真实性。这种密钥分发方式更加安全一些，具体步骤与身份认证步骤大同小异。

现在常用的公钥分发方式是公钥数字证书，它是以离线的方式分发的，我们将在 9.5 节介绍。

9.4 密钥交换协议

还有一种获取会话密钥的方法称为密钥交换协议，也称为密钥协商。密钥交换协议建立在公钥算法基础之上，因此密钥交换协议也称为公钥密钥分配体制（Public Key Distribution System）。公钥密钥分配体制并不直接对明文进行加密，而是设法在不保密的信道上"传送"秘密密钥，一旦通信双方获得了该次通信的加密、解密密钥，就可按传统密码体制的工作方式进行加密和解密。

9.4.1 Diffie-Hellman 体制

Diffie-Hellman 体制是一种公钥密钥分配体制，也称为密钥交换协议或密钥协商协议。这种体制是美国学者 Diffie 和 Hellman 于 1976 年提出的第一个实用的公钥密钥分配体制。这种体制可以用来分配密钥，但是不能用来加解密信息。它的理论基础是有限域上指数函数的单向性。即计算有限域 GF(q)上的指数很容易，但是要计算 GF(q)上对数的整数解则要困难得多。

Diffie-Hellman 密钥交换的基本思路是，发送者和接收者事先建立起自己的公钥和私钥对，通信时交换彼此的公钥，然后用自己的私钥对接收到的对方的公钥进行计算，得到双方一致的会话密钥。而对于不掌握私钥的第三方来说，截获任何一方的公钥，推算出会话密钥都是一个非常困难的问题。

设 q 为素数，则在有限域 GF(q)上的指数可以表示如下：

$$y \equiv g^x (\bmod q), \quad 1 \leqslant x \leqslant q-1 \tag{9.4.1}$$

式中 g 为 GF(q)上的原根，$1<g<q$，x 分布在 GF(q)的所有非零元素$\{1, 2, \cdots, q-1\}$集上。

当 q 为素数时，y 也分布在 GF(q)的所有非零元素$(1, 2, \cdots, q-1)$集上。

由式（9.4.1）不难推知，x 也可以表示为在 GF(q)上、以 g 为底的 y 的对数：

$$x \equiv \log_g y (\bmod q), \quad 1 \leqslant y \leqslant q-1 \tag{9.4.2}$$

用式（9.4.1）从 x 计算 y 是十分容易的，但是，若已知 y 用式（9.4.2）计算 x 则是极其困难的。Diffie-Hellman 体制正是利用这种单向性巧妙地解决了会话密钥的安全传输问题。其协议如下：

系统中的每一个用户都从整数集$\{1, 2, \cdots, q-1\}$选择一个随机数，并把这个随机数作为自己的秘密密钥。例如用户 Alice 和用户 Bob 选择的私钥分别记为 x_a 和 x_b。选择好密钥后，按式（9.4.1）进行下述变换：

$$y_a \equiv g^{x_a} (\bmod q) \tag{9.4.3}$$

$$y_b \equiv g^{x_b} (\bmod q) \tag{9.4.4}$$

式中 q 为素数；g 为有限域 GF(q)上的原根；q、g 均为 Diffie-Hellman 体制已知的公共参数，且 $1<g<q$。用户 Alice 和 Bob 分别将 y_a 和 y_b 作为自己的公钥连同自己的姓名、地址一

起放到系统的用户目录中。当 Alice 和 Bob 需要通信时，通过下式

$$K_{ab} \equiv g^{x_a x_b} (\bmod q) \tag{9.4.5}$$

获得对信息加密和解密的会话密钥。得到密钥以后即可按传统密码体制的工作方式对信息进行加密和解密。

对于用户 Alice 来说，如果他要和 Bob 通信，需要先在用户目录中查出 Bob 的公开密钥 y_b，然后利用 y_b 和自己的私钥 x_a 按下式计算，获得会话密钥 K_{ab}：

$$K_{ab} \equiv y_b^{x_a} (\bmod q) \equiv (g^{x_b})^{x_a} (\bmod q) \equiv g^{x_a x_b} (\bmod q) \tag{9.4.6}$$

用户 Bob 用类似的方法获得 K_{ab}：

$$K_{ab} \equiv y_a^{x_b} (\bmod q) \equiv (g^{x_a})^{x_b} (\bmod q) \equiv g^{x_a x_b} (\bmod q) \tag{9.4.7}$$

对于密码分析者来说，由于他不知道 Alice 和 Bob 的私钥 x_a 和 x_b，要想获得 Alice 和 Bob 的会话密钥，只能按下式来计算：

$$K_{ab} \equiv y_a^{(\log_g y_b)} (\bmod q) \tag{9.4.8}$$

显然，密码分析者需要计算一个有限域上的对数，这是十分困难的。而合法用户求高次幂剩余则要迅速得多。

后来，Diffie-Hellman 体制又被推广到模数为合数的情况。这种密钥交换协议，还能容易地扩展到三方或多方之间进行，例如，现在有 Alice, Bob, Cain 三个用户需要进行通信，他们的公共参数是 g 和 m，其中 m 是合数。x_a, x_b 和 x_c 分别是各自的私钥，y_a, y_b 和 y_c 分别是各自的公钥。Alice, Bob, Cain 分别在用户目录中查出 Cain，Alice 和 Bob 的公钥 y_c, y_a 和 y_b，首先计算出 K_{ca}, K_{ab} 和 K_{bc}：

Alice：
$$K_{ca} \equiv y_c^{x_a} (\bmod m) \equiv (g^{x_c})^{x_a} (\bmod m) \equiv g^{x_a x_c} (\bmod m) \tag{9.4.9}$$

Bob：
$$K_{ab} \equiv y_a^{x_b} (\bmod m) \equiv (g^{x_a})^{x_b} (\bmod m) \equiv g^{x_a x_b} (\bmod m) \tag{9.4.10}$$

Cain：
$$K_{bc} \equiv y_b^{x_c} (\bmod m) \equiv (g^{x_b})^{x_c} (\bmod m) \equiv g^{x_b x_c} (\bmod m) \tag{9.4.11}$$

然后，Alice, Bob 和 Cain 分别将 K_{ca}, K_{ab} 和 K_{bc} 传送给 Bob, Cain 和 Alice，再分别按下述三式得到他们的会话密钥 K_{abc}：

Alice：
$$K_{abc} \equiv K_{bc}^{x_a} (\bmod m) \equiv (g^{x_b x_c})^{x_a} (\bmod m) \equiv g^{x_a x_b x_c} (\bmod m) \tag{9.4.12}$$

Bob：
$$K_{abc} \equiv K_{ac}^{x_b} (\bmod m) \equiv (g^{x_a x_c})^{x_b} (\bmod m) \equiv g^{x_a x_b x_c} (\bmod m) \tag{9.4.13}$$

Cain：
$$K_{abc} \equiv y_{ab}^{x_c} (\bmod m) \equiv (g^{x_a x_b})^{x_c} (\bmod m) \equiv g^{x_a x_b x_c} (\bmod m) \tag{9.4.14}$$

Diffie-Hellman 体制的保密性强烈地依赖于模数 q 或 m 的大小，为了提高保密强度，必须选择足够大的模数。这种密钥协商机制解决了在不保密信道上“传送”保密密钥的问题，安全性高，也易于操作。

9.4.2 基于 SM2 的密钥交换协议

基于国产椭圆曲线公钥算法 SM2 也可以设计密钥交换协议。本节仅介绍基于素域 SM2 算法的密钥交换协议。密钥交换协议有时也称为密钥交换算法。

椭圆曲线方程：$y^2 = x^3 + ax + b$，$a,b \in \mathrm{GF}(p)$，记为 $E_p(a,b)$，其中 p 为素数。

SM2 椭圆曲线密钥交换协议的符号定义见表 9.4-1。

SM2 椭圆曲线密钥交换协议中要求使用的密码杂凑函数为 SM3 杂凑算法。除了 SM3 以外，SM2 椭圆曲线密钥交换协议还需要密钥派生函数和随机数发生器两个辅助函数。

1．准备工作

（1）系统准备工作

公布系统参数 (p,a,b,G,n,h)。G 为椭圆曲线基点，p 为素数，其余符号定义见表 9.4-1。

（2）用户准备工作

假设 Alice 和 Bob 需要获取通信的会话密钥，Alice 是发送方，Bob 是接收方。Alice 和 Bob 的信息列于表 9.4-2。

表 9.4-1　SM2 椭圆曲线密钥交换协议的符号定义

&	两个长度相等的整数按比特与运算
$\lceil x \rceil$	上取整函数（顶函数），大于等于 x 的最小整数
$\lfloor x \rfloor$	下取整函数（底函数），小于等于 x 的最大整数
$\mathrm{Hash}_v()$	输出比特长度为 v 的密码杂凑函数
N	$E_p(a,b)$ 的阶
n	基点 G 的阶
h	$h=N/n$
KF(·)	密钥派生函数

表 9.4-2　用户信息列表

Alice	Bob	释义
ID_a	ID_b	用户的可辨别标识
L_a	L_b	用户标识的比特长度（2 个字节）
d_a	d_b	用户的私钥（保密）
P_a	P_b	用户的公钥（公开）
(x_a,y_a)	(x_b,y_b)	用比特串表示的用户公钥坐标
Z_a	Z_b	用户信息的杂凑值
(x_G,y_G)		用比特串表示的椭圆曲线基点坐标

表 9.4-2 中用户 $u(u=a$ 或 $b)$之信息的杂凑值 Z_u 为：

$$\begin{aligned} Z_u &= H(L_u \| \mathrm{ID}_u \| a \| b \| x_G \| y_G \| x_u \| y_u) \\ &= \mathrm{SM3}(L_u \| \mathrm{ID}_u \| a \| b \| x_G \| y_G \| x_u \| y_u) \end{aligned} \tag{9.4.15}$$

式（9.4.15）中的杂凑值的长度为 256 比特。

Alice 生成自己的公私钥对(P_a,d_a)，并将公钥用二元坐标表示，$P_a=(x_a,y_a)$。Bob 也生成自己的公私钥对(P_b,d_b)，并将公钥用二元坐标表示，$P_b=(x_b,y_b)$。

（3）密钥派生函数计算

密钥派生函数有 2 个输入 Z_u、l_K 和 1 个输出 K。K 为二进制表示的密钥数据，l_K 表示比特串 K 的长度，要求 $l_K<[(2^{32}-1)v]$，v 是杂凑值长度，选择 $v=256$。计算公式为

$$K=\mathrm{KF}(Z_u,l_K) \tag{9.4.16}$$

令 $j=\lceil l_K/v \rceil$，密钥配送函数计算步骤如下。

① 初始化 32 比特计数器 $C_t=0x00000001$。

② 对 $i=1,\cdots,j$，执行：

a．计算 $H_i=\mathrm{SM3}(Z_u \| C_t)$;

b．C_t++。

③ 如果 $v|l_K$，即 $j=l_K/v$，输出 $K=H_1\|H_2\|\cdots\|H_j$。

④ 如果 $v\nmid l_K$，截取最后一组杂凑结果 H_j 最左边的 $[l_K-(j-1)v]$ 比特作为最后一组输出 H_j'，即输出 $K=H_1\|H_2\|\cdots\|H_j'$，以保证 K 的长度是 l_K。

2．密钥交换协议流程

设 Alice 和 Bob 需要协商的会话密钥长度是 l_K，Alice 的公私钥对为(P_a,d_a)，Bob 的公

私钥对为(P_b,d_b)。双方在协商密钥前需要计算

$$w=\lceil(\lceil\log_2 n\rceil/2)\rceil-1 \tag{9.4.17}$$

双方已获取的系统参数为（p, a, b, G, n, h），Alice 的原始数据为（Z_a,Z_b,d_a,P_a,P_b），Bob 的原始数据为（Z_a,Z_b,d_b,P_a,P_b）。Alice 和 Bob 的密钥协商步骤如下（见图 9.3）。

● Alice 的操作：

（1）用随机数发生器产生随机数$r_a\in[1,n-1]$。

（2）计算椭圆曲线点$R_a=r_aG=(x_1,y_1)$。

（3）将R_a发送给 Bob。

（4）取出R_a中的域元素x_1，将x_1的数据类型转换成整数，计算$\overline{x}_1=2^w+(x_1\,\&\,(2^w-1))$。"x&y" 表示$x$和$y$逐比特与运算。

（5）计算$t_a\equiv(d_a+\overline{x}_1\cdot r_a)(\mathrm{mod}\,n)$。

等待，如果 Bob 验证R_a不满足椭圆曲线方程、参数 $V=O$，协商失败；如果R_a满足椭圆曲线方程、参数$V\neq O$，则继续。Bob 发送参数R_b，（选项）S_b（见后面 Bob 的操作）给 Alice；Alice 接收到R_b和S_b后继续下面的操作。

（6）验证R_b是否满足椭圆曲线方程，不满足，则协商失败；满足，则继续。取出R_b中的域元素x_2，将x_2的数据类型转换成整数，计算$\overline{x}_2=2^w+(x_2\,\&\,(2^w-1))$。

（7）计算椭圆曲线点$U=[h\cdot t_a](P_b+\overline{x}_2R_b)=(x_u,y_u)$，若$U$为无穷远点，则 Alice 协商失败；否则继续。将点坐标(x_u,y_u)转换成二进制数。

（8）计算$K_a=\mathrm{KF}(x_u\,\|\,y_u\,\|\,Z_a\,\|\,Z_b,l_K)$。

（9）（选项）将R_a和R_b坐标的(x_1,y_1)和(x_2,y_2)转换成比特串，计算

$$S_1=\mathrm{SM3}\left(0\mathrm{x}02\,\|\,y_u\,\|\,\mathrm{SM3}(x_u\,\|\,Z_a\,\|\,Z_b\,\|\,x_1\,\|\,y_1\,\|\,x_2\,\|\,y_2)\right)$$

并检验$S_1=S_b$是否成立，如果等式不成立，则 Bob 到 Alice 的密钥确认失败；若$S_1=S_b$，继续。

（10）（选项）计算$S_a=\mathrm{SM3}\left(0\mathrm{x}03\,\|\,y_u\,\|\,\mathrm{SM3}(x_u\,\|\,Z_a\,\|\,Z_b\,\|\,x_1\,\|\,y_1\,\|\,x_2\,\|\,y_2)\right)$，并将$S_a$发送给 Bob。

● Bob 的操作：

（1）用随机数发生器产生随机数$r_b\in[1,n-1]$。

（2）计算椭圆曲线点$R_b=r_bG=(x_2,y_2)$。

（3）取出R_b中的域元素x_2，将x_2的数据类型转换成整数，计算$\overline{x}_2=2^w+(x_2\,\&\,(2^w-1))$。

（4）计算$t_b\equiv(d_b+\overline{x}_2\cdot r_b)(\mathrm{mod}\,n)$。

接收 Allice 发送过来的R_a，验证R_a是否满足椭圆曲线方程，不满足，则协商失败；满足，则继续。

（5）取出R_a中的域元素x_1，将x_1的数据类型转换成整数，计算$\overline{x}_1=2^w+(x_1\,\&\,(2^w-1))$。

（6）计算椭圆曲线点$V=[h\cdot t_b](P_a+\overline{x}_1\cdot R_a)=(x_v,y_v)$，若$V$为无穷远点，则 Bob 协商失败；否则继续。将点坐标(x_v,y_v)转换成二进制数。

（7）计算$K_b=\mathrm{KF}(x_v\,\|\,y_v\,\|\,Z_a\,\|\,Z_b,l_K)$。

（8）（选项）将R_a的坐标(x_1,y_1)和R_b的坐标(x_2,y_2)转换成比特串，并计算

$$S_b=\mathrm{SM3}\left(0\mathrm{x}02\,\|\,y_v\,\|\,\mathrm{SM3}(x_v\,\|\,Z_a\,\|\,Z_b\,\|\,x_1\,\|\,y_1\,\|\,x_2\,\|\,y_2)\right)$$

（9）将 R_b，（选项）S_b 发送给 Alice。

接收 Alice 发送的 S_a。

（10）（选项）计算 $S_2 = \mathrm{SM3}(0\mathrm{x}03 \| y_v \| \mathrm{SM3}(x_v \| Z_a \| Z_b \| x_1 \| y_1 \| x_2 \| y_2))$ 并验证 $S_2 = S_a$ 是否成立，若不成立，从 Alice 到 Bob 的密钥确认失败；成立，则密钥确认成功。

将 U 和 V 的各项参数代入各自的计算公式，容易证明 U=V，因此有 $K_a = K_b$。这就是 Alice 和 Bob 获得的本次会话密钥。密钥协商步骤见图 9.4.1。

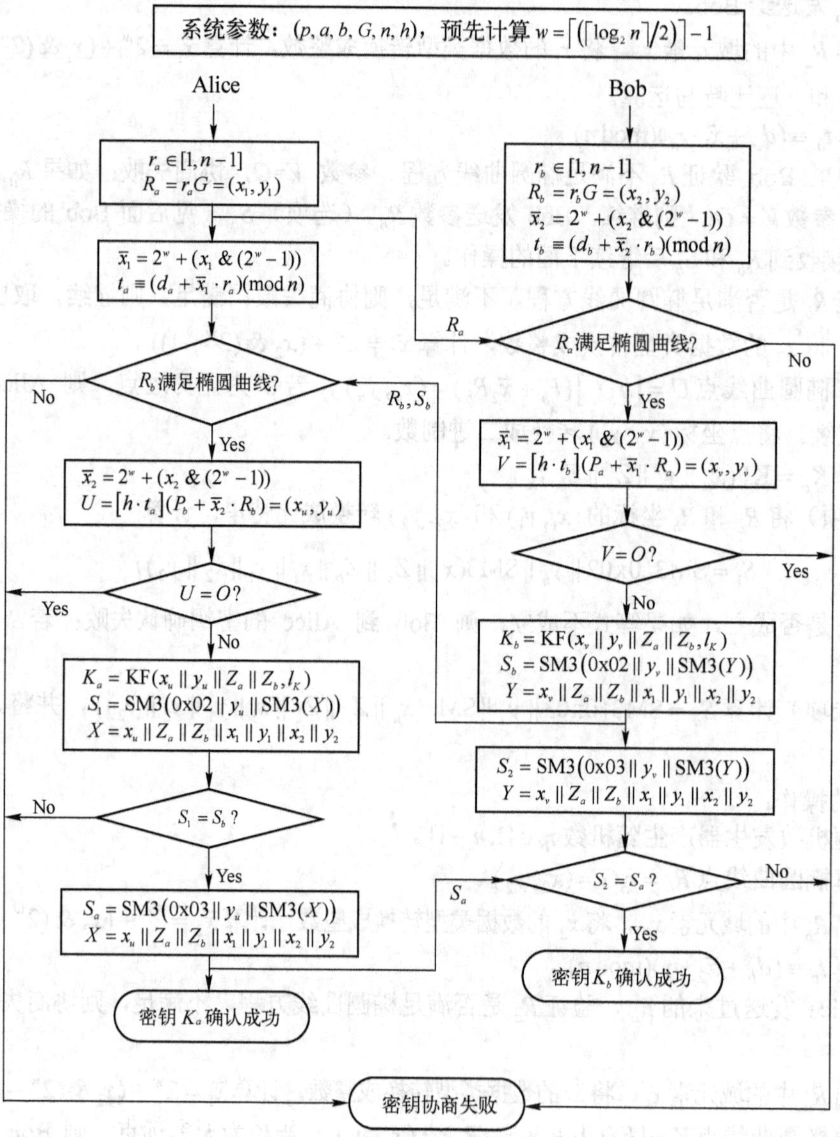

图 9.4.1　基于 SM2 算法的密钥协商步骤

二维码 9-1

9.5　公钥基础设施 PKI

公钥基础设施 PKI（Public-Key Infrastructure）是为了在计算机网络的海量用户之间建

立彼此信任关系，以便用户能够安全地进行线上交易而开发的技术。PKI 采用数字证书的方式实现电子交易的身份认证、数据加密、安全传输、不可否认性、数据完整性鉴别和公证服务等功能。由此可见，PKI 不仅涉及密钥的产生、安全存储和分发、应用等密钥管理问题，还实际提供了综合性的密码服务。本节介绍 PKI 中的密钥管理部分。

PKI 的数据加密采用数字信封的机制。Alice 欲与 Bob 通信，Alice 先产生一个会话密钥 K_{ab}，然后用 Bob 的公钥 PK_b 对会话密钥加密，就像用数字信封把会话密钥封装了起来，并用 K_{ab} 对消息 m 加密，再与“数字信封”一起发给 Bob。Bob 收到 Alice 发过来的消息，先用自己的私钥 SK_b 解密得到会话密钥 K_{ab}，然后用 K_{ab} 解密出 Alice 发来的消息。具体步骤如下。

（1）Alice：生成密钥 K_{ab}，计算 $C=E_{K_{ab}}(m)$，$E_{\mathrm{PK}_b}(K_{ab})$；

（2）Alice → Bob：$E_{\mathrm{PK}_b}(K_{ab})\|C$；

（3）Bob：计算 $D_{\mathrm{SK}_b}[E_{\mathrm{PK}_b}(K_{ab})]=K_{ab}$，$D_{K_{ab}}(C)=D_{K_{ab}}[E_{K_{ab}}(m)]=m$。

PKI 的不可否认性服务泛指对通信用户或实体各种行为的认可，包括数据来源的不可否认性、数据接收的不可否认性、传输和创建的不可否认性等。

PKI 的公证指对通信双方数据内容的认证。具体需要验证的是基于杂凑值的数字签名、公钥的数学正确性和签名私钥的合法性。

由于 PKI 能够提供完整的信息安全服务，因此在网络银行、手机银行、电子交易、安全浏览器、安全电子邮件、电子数据交换、VPN 等业务中得到了广泛的应用。

9.5.1 PKI 组成

PKI 的基本要件有以下几部分组成：

- 证书授权机构 CA（Certification Authority），即可信的证书颁发机构。
- RCA（Root Certification Authority, RCA），即根 CA，位于整个系统最上层的 CA。
- 注册机构 RA（Registration Authority）。
- 本地注册机构 LRA（Local Registration Authority），位于注册机构的下层，负责本区域的注册。
- 目录服务（Directories）。
- 管理协议 MP（Management Protocols）。
- 操作协议 OP（Operational Protocols）。
- 个人安全环境 PSE（Personal Security Environment）。

CA 是用户数字证书签发、管理机构，对数字证书的真实性负责。在 X.509 标准中，CA 由可信的第三方担任。

RCA 是 PKI 系统中权限最高的可信机构，对下级 CA 签发带有数字签名的证书并进行管理，提供下级 CA 的认证并担保其可信度。因此，RCA 的私钥必须安全保管，一旦泄露，对系统会产生致命威胁。

注册机构 RA 分担 CA 的部分功能，负责用户注册信息的审核、维护和管理，包括维护本中心辖区用户黑名单库。LRA 位于 RA 的下层，类似于 RCA 与 CA 的关系。

目录服务遵照 X.500 标准，主要功能是发布用户的证书和黑名单信息，以方便用户查询和下载。

管理协议负责证书的注册、生效、发布和撤销。管理协议包括证书管理协议 PKIX CMP（PKI for X.509 Certificate Management Protocol）、消息格式、证书管理消息格式 CMMF（Certi-ficate Management Message Format ）和公钥密码学标准（Public-Key Cryptography Standards）中的证书请求语法规范 PKCS#10。

操作协议的作用是规范用户对目录和证书库的访问和操作，往往需要与应用环境下的其他协议（如 HTTP，邮件协议等）共同合作。

个人安全环境指用户为接入 PKI 系统获取申请、检索、撤销、管理证书的功能和权限所安装的客户端软件，必须保护用户私钥的安全、严格控制其他用户对个人敏感信息的访问。

9.5.2 X.509 数字证书

PKI 支持不同应用环境下多种数字证书，不同应用的数字证书格式略有不同，本节介绍 X.509 数字证书。数字证书是 PKI 技术的关键。

所谓数字证书是一个由可信机构（CA 或 RCA）签发的权威性电子文件，该文件包含持有者信息及其公开密钥，以及 CA 或 RCA 的数字签名。

可以把数字证书理解为互联网上的身份证。有了数字证书，用户可以在线上交往中用来证明自己的身份和识别他人的身份，也可以凭借数字证书使用 PKI 提供的整套密码技术对网络上传输的信息进行加密解密、数字签名和验证，从而保证网上传递信息的机密性、完整性和交易的不可否认性。

X.509 版本 3 数字证书格式如图 9.5.1 所示。

版本号	序列号	签名算法标识符	颁发者	有效期	持有者名称	持有者公钥信息	颁发者唯一标识符	持有者唯一标识符	扩展域	签名

图 9.5.1 X.509 版本 3 数字证书格式

图 9.5.1 中各字段说明如下：

（1）版本号——标示数字证书的版本（1,2 或 3），用 V 表示。

（2）序列号——整数，CA 分配给管辖域内每个证书的唯一顺序号，表示为 SN。

（3）签名算法标识符——说明本证书使用的签名算法及其参数，用 AI 表示。

（4）颁发者——签署并发放证书的 CA 可识别名称，记为 CA。

（5）有效期——证书的起始时间和终止时间，用 T_A 表示。

（6）持有者名称——证书持有者的可识别名称，表示为 A。

（7）持有者公钥信息——证书持有者所使用的算法、系统参数及自己的公钥，记为 A_P。

（8）颁发者唯一标识符——（可选项）颁发证书的 CA 的唯一标识符。

（9）持有者唯一标识符——（可选项）当持有者名称重复时，用于对主体的唯一识别。

（10）扩展域——可选的标准和专用扩展，以适应不同的应用场合。共包括 12 个字段，一般需要协议子集来规范用户的通信。

（11）签名——证书颁发者 CA 用自己的私钥对字段（1）～（10）的杂凑值进行的数字签名。

CA 向 A 颁发 X.509 证书的表示方法为：CA<<A>>= {V, SN, AI, CA, T_A, A, A_P}；CA 对证书签名的表示方法为：CA{V, SN, AI, CA, T_A, A, A_P}。

9.5.3 数字证书验证

使用数字证书是为了保证应用的安全，但是证书本身是否真实有效，需要有一种机制进行验证。证书验证需要确认的内容有：

（1）用可信 CA 的公钥验证数字签名信息的正确与否。

（2）证书的完整性验证。即验证的签名，与证书信息的杂凑值一致。

（3）证书在有效期内。

（4）证书没有被撤销，即证书不在撤销列表中。

（5）证书的使用方式与声明的策略或使用限制相一致（由特殊的扩展来限定）。

9.5.4 数字证书管理

X.509 数字证书的关键信息是密钥，而密钥有生命周期，所以证书的管理实际是密钥生命周期的管理。图 9.1.2 已列出密钥生命周期管理的全过程，X.509 证书管理过程与其类似，大体分为初始化、颁发和取消三个阶段，各阶段的管理内容示于表 9.5-1。不论处于哪个阶段，实施管理都是系统可信机构与用户相互配合协同的过程。

1. 初始化阶段

首先是用户注册。注册可以采用各种方式，可以线下注册，也可以线上注册。可以是下级 CA 注册，也可以是终端实体注册。终端实体注册是单个用户或进程的身份被确认和建立的过程。图 9.5.2 给出了终端实体线上注册的一个可能方案，其中 RA 是注册机构。

表 9.5-1 X.509 数字证书生命周期管理

阶段	初始化	颁发	取消
管理内容	注册	证书检索	证书过期
	密钥对产生	证书验证	证书撤销
	证书创建和密钥传递	密钥恢复	密钥历史
	证书分发	密钥更新	密钥归档
	密钥备份（选项）		

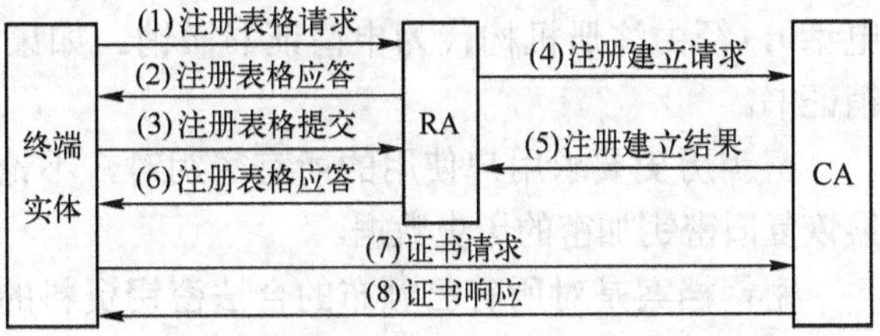

图 9.5.2 终端实体线上初始化方案之一

用作机密性和密钥管理的密钥对可以由 CA 生成，也可以由用户自己生成。在用户自己生成密钥对的应用中，密钥必须安全地传递给 CA，以便 CA 将实体的公钥植入证书。有些应用场合使用两个密钥对，一个密钥对用于身份认证，另一个密钥对用于消息加密和密钥管理。用于身份认证的密钥对须由用户自己生成。

证书创建是 CA 的固有职责。如果密钥对是 CA 产生的，创建证书时直接将用户的公钥放入证书。用户私钥可以用线下方式或事先约定的安全方式传递给终端客户。如果由用户自己生成，则公钥必须安全地传递给 CA。比如用 CA 的公钥加密传送给 CA。

证书创建以后可以采用线下或线上的方式分发给证书持有者，采用线上分发方式时需要采取安全保护技术。另一方面，证书需要在公开的数据库中予以公布，以便其他用户检索和验证。

密钥备份指终端实体的密钥对和证书在可信的第三方存储备份。这是一个选项，有些应用场合并不考虑第三方备份。

2. 颁发阶段

证书颁发阶段包括证书检索和验证、密钥恢复和更新。

一个用户发消息给另一个用户，需要用对方的公钥对消息加密；收到对方用户的签名消息，也需要用对方的公钥对消息进行验证。两种情况下都需要检索对方的公钥证书，当然在使用之前还需要对证书的真实性、完整性、有效性和适用性进行核实、验证。

与我们忘记开机口令的情况类似，有时候用户的密钥会因意外情况受损而不可用，导致用户不能够访问自己已经加密的信息，如果是企业财务信息，用户的损失是相当大的。如果用户密钥对由CA生成，则CA有用户的私钥备份，可从CA恢复用户的私钥。

每张证书都设置了一个固定的生存期。当证书接近过期时，必须颁发一个新的密钥对及对应的数字证书，称为密钥更新。建议证书生存期达到70%～80%的时候申请密钥更新，确保在证书过期之前获得新的证书，以避免服务被中断。

3. 取消阶段

证书生命周期管理结束于取消阶段。该阶段包含证书过期或撤销、密钥历史和档案4部分内容。

证书过期需要处理三种不同的情况。一是自然过期后终端实体不再接入PKI，原有证书彻底失效；二是过期后仍然需要PKI服务，但使用原有密钥对，那么将原有公钥放入一张新有效期的证书中；三是过期仍需PKI服务，但不再使用旧密钥，则CA需要为用户生成新的密钥对，并将新公钥放入新证书后重新颁发。

证书撤销是指有效期还没有过，因密钥或证书出现意外，例如计算机被窃，需要将证书即时取消的情况。用户可以直接向CA请求证书撤销，也可以通过线下的方式（例如打电话），经由注册机构代为申请证书撤销。如果是自主生成密钥对的情况，用户可亲自撤销证书。

密钥历史要求用户使用的所有密钥对，不论是否过期均须安全存储，以便在需要的时候恢复旧密钥加密的历史数据。

密钥档案是对所有已颁布的合法密钥资料的长期存储。为审计和解决实体间的争端提供公证服务。

习题

9.1 为什么要进行密钥管理？密钥管理包含哪些内容？

9.2 密钥管理有哪些种类？密钥管理的分层结构是为了解决什么问题？

9.3 密钥管理的生命周期包含几个阶段？各阶段的任务是什么？

9.4 密钥管理的生成和存储方法有哪些？

9.5 什么是数字证书？数字证书的作用是什么？为什么要建立公钥基础设施？

9.6 X.509数字证书管理分哪几个阶段？各阶段的任务是什么？

9.7 Diffie-Hellman密钥交换协议的系统参数为$g=43$，$q=197$，Alice选择个人私钥$x_a=17$，Bob选择个人私钥$x_b=33$。（1）计算Alice的公钥；（2）计算Bob的公钥；（3）Alice计算会话密钥；（4）Bob计算会话密钥；（5）会话密钥是否一致？

第10章 密码协议

所谓协议，指的是两个以上参与者为完成一项特定任务而采取的一系列协同步骤。形成可操作协议须具备三个要素：至少2个以上参与者、目的明确、按预先约定的规则有条不紊地协同执行一系列步骤。

凡需通信的地方皆须协议，没有协议，通信无法实现。

10.1 密码协议的概念

所谓密码协议，指的是使用密码技术的通信协议，包括一整套共同约定的安全规则和一系列逻辑操作步骤。目的是实现信息的安全产生、保护、交换、存储、完整及其他安全目标。因此又称为安全协议或安全通信协议。

实际上，所有密码技术的实现都需要“协议”的支持。保密通信的双方必须使用相同的密码算法方能正确加密和解密；数字签名和验证必须使用符合公钥密码规则的一对密钥才能实现正确的签名和验证；密钥协商也是一种协议。

本章要介绍的是将密码技术应用于网络通信的协议，又称为网络安全通信协议，是网络安全体系结构中的核心问题之一。

与密码算法安全性不同，网络安全通信协议的安全性不仅依赖于所采用的密码算法的强度，还要求具有完备性，也就是不能存在安全漏洞。这与密码协议的应用环境、实现技术及管理策略和规则都有关系。网络上，一个不安全的协议可使入侵者绕过密码技术而窃取信息或成功假冒或实施破坏。

一般来说，密码协议至少应包含以下要素：

（1）使用密码技术。密码技术是保证信息机密性、完整性和不可否认性的专门技术，因此是保证网络通信安全的核心技术。

（2）具有共同约定的严密逻辑操作规则。网络攻击往往针对的就是操作规则不够严密而产生的逻辑漏洞。

（3）保证信息交换的安全。除了满足前两个条件，还需要对信息交换的全过程进行保护和控制，包括对敏感信息的保护。

（4）使用访问控制等安全机制。除了对访问权限进行分级，还需要运用一些认证和检验规则，无法通过检验的报文一律丢弃。

对于密码协议进行严格的分类不是件容易的事情，不同的视角会有不同的分类方法。如果按照前面9章介绍的密码技术所实现的功能进行分类，则比较清晰和容易记忆。本章所要介绍的网络安全通信协议具备比较完整的密码功能，可用密码综合服务协议来标记。

如此，密码协议可分为认证协议、密钥管理协议、不可否认协议和密码综合服务协议。密码综合服务协议不仅包含认证、密钥管理和不可否认功能，还包含消息机密性、完整性校验以及为信息安全交换而设计的关联协议，比如认证头（Authentication Header, AH）和封装安全载荷协议（Encapsulation Security-payload Protocol, ESP）。每一个类别下，还可以进一步细分。密码协议分类见图 10.1.1。

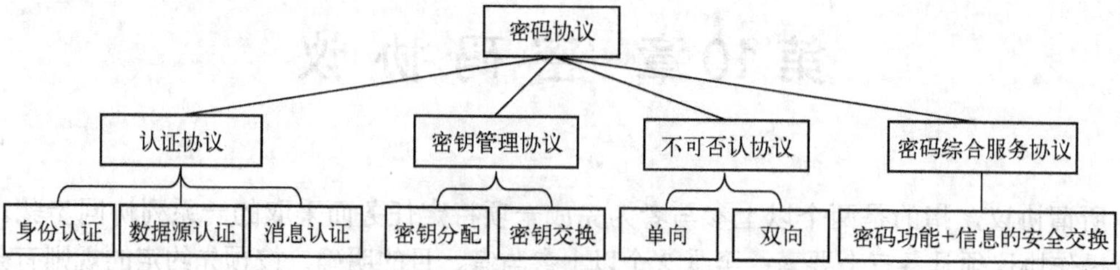

图 10.1.1　密码协议分类

10.2　密码协议的安全问题

在不考虑应用环境的情况下，密码算法的安全性主要决定于密码强度。而密码协议的安全性，除了密码算法强度以外，更多地需要考虑信息交互过程中的逻辑严密性。协议设计者在设计时一定会尽可能避免出现人为错误和逻辑漏洞，但是密码协议在实际使用中碰到的各种类型的缺陷仍然难以回避。产生缺陷的原因是十分复杂的，可能是设计的不规范所引发，也可能在具体执行时产生，还有可能是运行环境的软硬件变化所导致。根据密码协议缺陷产生的原因和相应的攻击方法可以将密码协议的安全问题分成以下几类。

（1）基本协议缺陷

基本协议缺陷一般是协议设计时考虑不周，或因技术进步推动的应用环境升级，从而导致原有安全设计不再完全适配所引发的。例如，早期的协议设计一般假设系统内部用户都是可信的，主要针对系统外部的用户加以防范，导致内部攻击容易得手。

（2）并行会话缺陷

并行会话缺陷指多个协议并行执行的时候，一个协议的信息被另一个协议读取。这种情况有点像电话串扰，Alice 明明在跟 Bob 通电话，却在话筒里听到了 Caro 的声音。

（3）口令设置缺陷

密钥对用户而言很难记忆，故往往用口令与密钥关联。为了便于记忆，很多用户使用简单的、与自己的公开信息相关联的符号作为密钥，比如生日、电话号码、身份证的部分数字等，纯数字口令有时候也选用简单的重复数字或按顺序排列的数字，这类缺陷很容易应用社会工程学猜中。

（4）弱密钥缺陷

弱密钥指那些使得密码算法的明文和密文之间存在很强关联性的密钥。尽管每种算法的弱密钥数量都极少，若不加防范，一旦误用了弱密钥，后果是非常严重的。如果选取了不安全的伪随机数生成算法，构造出的密钥也易于攻破。

（5）陈旧消息缺陷

如果发送的信息无法判断其新鲜性，攻击者则可能通过陈旧消息的重新发送，达到某些不当目的。这种行为称为重放攻击，包括对信源的重放攻击和对信宿的重放攻击。

（6）内部协议缺陷

因协议设计考虑不周，致使协议的参与者中至少有一方不能完成所有必需的动作，继而造成协议执行错误或任务不可达。

（7）密码系统缺陷

协议中使用的密码算法或协议漏洞所导致的安全强度降低而引发的安全问题。

（8）边信道安全问题

当密码协议的逻辑设计严密、所使用的密码算法强度也足够高的情况下，因实现方法未考虑电磁信息和实现结构与算法或协议的关联性而导致的边信息泄露，如功耗、电磁辐射等引发的安全问题。

既然存在这些可能的安全缺陷，密码协议在设计时首先应力求消息的语义无歧义、表达形式不可区分、用户标识唯一，以避免任何模棱两可给入侵者留下可乘之机。在一个实体同时需要签名和加密时，先签名、后加密。

其次要保证运行逻辑的清晰性和严密性。用户发起通信的目的、消息运行的前提和环境与所选择协议的适用性须一致。在接入协议时尽量减少并行对话的发生，如果必须建立并行对话，设计协议时必须对不同的对话有明确的界定，采用挑战-应答方式会话时，所有问题的指向必须准确无误，避免不同会话间的消息“串扰”。

防范重放攻击可采用顺序号、时间戳和握手协议的方式。顺序号方式最简单易行，只需事先约定好顺序变化的方法。时间戳方式需要全局时钟同步，否则可能引起错乱。握手协议方式因经过多次问-答，相对安全性高些，但用户多时通信负荷增加较大。

口令设置时避免使用自己的公开信息或设置懒人口令，如重复 1、重复 8 或 12345678 等简单口令。现在很多系统要求用户设置的口令含有字母并区分大小写、数字和标点符号三种不同的符号，就是为了防范弱口令攻击。弱密钥比较容易防范，只须增加一个简单的弱密钥检测操作。使用伪随机序列生成密钥时避免使用线性的伪随机序列发生器。

协议设计完后应使用形式化验证逻辑进行逻辑验证，检测协议所有状态的可达性和状态间的转移路径的通畅性，避免协议出现死循环或锁死。

协议中使用的密码算法尽可能选择经过充分分析的健壮型算法，并且密码算法本身有一定的扩充空间，与协议外部的交互尽可能设计为可替换的，一旦核心算法被发现有致命漏洞，可保留原有结构即时替换。

具体实现时，尽量均匀分配各功能模块的计算量和通信交互次数，避免因运算的不平衡引起资源占有或消耗的不平衡而产生的边信息泄露，继而出现严重的安全隐患。

当然，执行效率、实用性、灵活性和经济性也是协议设计时必须考虑的因素。

10.3 SSL/TLS 协议

Internet 是在 TCP/IP 协议簇基础上构建起来的计算机通信网络。TCP/IP 协议簇含 4 个层次，从上到下依次为：应用层、传输层、网络层和链路层。

链路层位于 TCP/IP 的底层，是网络接口层，负责接收来自网络层的数据报文并将报文用规定格式发送到指定的网络上。链路层主要用隧道协议提供安全。

网络层的功能是网际互联，负责处理数据包在网络上的活动。网络层安全主要提供主机对主机的安全服务。

传输层的功能是负责互联主机上应用程序之间的通信。它不仅要控制消息的流动，还要保证端到端的数据正确、可靠、安全传递。与网络层安全的区别是传输层提供进程对进程的安全机制。

应用层位于 TCP/IP 的最上层，负责处理特定应用程序的细节问题。不同应用需要的安全机制不同。

本节介绍传输层安全通信协议 SSL/TLS，它为应用层提供安全服务，保证应用程序到应用程序之间的通信安全。

SSL（Secure Socket Layer）协议称为安全套接层协议。协议最初由 Netscape 公司开发，版本 1 仅在企业内部应用；升级到版本 2 后，嵌入公司的产品中投放市场；版本 3 在改进了版本 2 的许多局限性后被互联网工程任务组 IETF （The Internet Engineering Task Force）所采纳。1996 年 4 月，IETF 授权传输层安全工作组 TLS WG（Transport Layer Security Working Group）组织制定传输层安全协议 TLSP（Transport Layer Security Protocol），TLS WG 对 SSL 各版本及其改进版进行了规范，编写出 TLS 协议的请求评论文档 RFCs。1999 年 1 月，TLS1.0 被写入 RFC2246，它兼容了 SSL3.0 的功能。经过不断补充、修改，现在的版本号为 TLS3.1。

SSL/TLS 协议提供 3 个方面的安全服务。

（1）认证。包括对用户的身份认证和对终端实体——服务器和客户端的合法性认证。确保数据发送到正确的客户端或服务器。

（2）机密性。对待传送的数据进行加密传送，保证应用程序之间数据交换的机密性。其中既涉及对称密码算法，也用到公钥密码算法。

（3）数据完整性。运用密码杂凑函数保护数据的完整性，避免数据在传输过程中被篡改，包括添加、删除、替换等恶意行为，保证数据原样不动地传递给接收者。

10.3.1 SSL 协议组成

我们先介绍 SSL 协议，然后再介绍 TLS 协议与 SSL 的区别。

SSL 协议构架在 TCP 协议 4 层体系的应用层和传输层之间，对应用层是透明的。为了得到 SSL 的安全保护，要求参与通信的两方——客户端和服务器必须都嵌入 SSL 协议。

SSL 协议分为两层：底层是 SSL 记录协议层（Record Protocol Layer），高层是 SSL 握手协议层（Handshake Protocol Layer）。握手协议层又有 SSL 握手协议、SSL 密码规格更改协议、SSL 告警协议和 SSL 应用数据协议等 4 个子协议。SSL 协议的组成及在 TCP/IP 协议栈中所处位置见图 10.3.1。

图 10.3.1　SSL 协议组成及在 TCP/IP 协议栈中所处位置

握手协议负责协商两个通信实体——客户端和服务器之间建立 SSL 会话和连接的安全参数及终端实体的必要信息，包括使用协议的哪个版本、身份相互认证、使用哪个密码套件、密码算法的参数规格等。在执行完握手协议之后，如果一切正常，则客户端和服务器之间建立会话。

如果使用的密码套件或密码规格发生了变化，则需要执行 SSL 密码规格更改子协议。在握手过程中出现了非常规情况，执行 SSL 告警子协议。如果通信双方交换数据还有些特殊要求，则需执行 SSL 应用数据子协议。

SSL 记录协议按照握手协议协商的密码算法及协议的参数，对拟发送的数据进行压缩和加密。

握手协议层的功能类似于“商谈合同”，记录协议的功能类似于“履行合同”。

10.3.2 SSL 握手协议

SSL 握手协议的目的是在两个通信实体之间建立安全的会话。这里的会话，指的是客户端应用程序与服务器应用程序之间的对话。握手协议需要完成的工作是双方的身份认证、确认所使用协议的版本、协商将要使用的密码算法、杂凑算法、算法的参数以及会话密钥等。

1 字节	3 字节	≥1 字节
消息类型	消息的字节长度	消息内容

图 10.3.2 握手协议的信息格式

1. 消息格式和类型

握手消息是建立 SSL 会话的基本语言。每条消息由 3 个字段组成，见图 10.3.2。消息类型共分 10 类，各种消息的内容示于表 10.3−1。

2. 握手协议执行步骤

下面我们来看一个使用 WEB 客户端和服务器的范例。

SSL 会话的默认连接端口是 443。WEB 客户端发出一个连接请求通过端口 443 到达一个支持 SSL 的服务器，服务器接受 SSL 连接请求后，客户端启动一次建立 SSL 会话的握手。当握手完成之后，SSL 记录协议对通信内容及其杂凑值进行加密、传送，维持会话直到 SSL 会话过期。握手过程示于图 10.3.3。

表 10.3−1 SSL 握手协议消息类型

消息类型	消息内容
Hello_Request	无
Client_Hello	版本号，随机数，会话标识，密码套件，压缩方法
Server_Hello	版本号，随机数，会话标识，密码套件，压缩方法
Certificate	X.509 v3 证书
Server_Key_Exchange	参数，签名
Certificat_Request	类型，授权机构
Server_Hello_Done	无
Certificate_Verify	签名
Clien_Key_Exchange	参数，签名
Finished	杂凑值

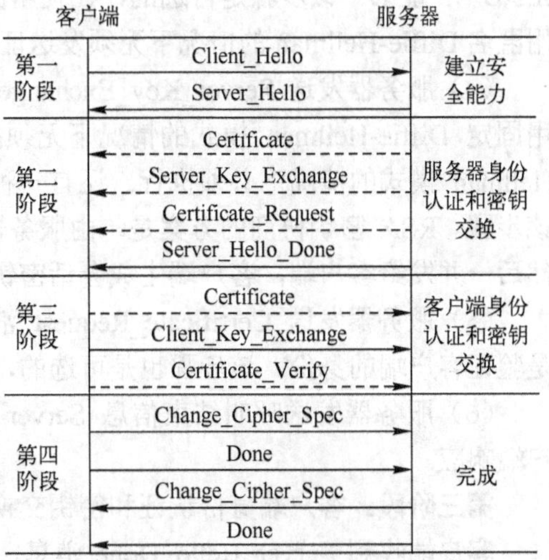

图 10.3.3 SSL 协议握手过程

图 10.3.3 中实线箭头表示必须执行的步骤，虚线箭头表示根据条件选择执行的步骤。SSL 握手过程经历 4 个阶段：建立安全能力、服务器身份认证和密钥交换、客户端身份认证和密钥交换、完成。

第一阶段：建立安全能力。

（1）客户端发送 Client_Hello 消息给服务器，该消息共 5 个字段：第 1 个字段是客户端可用的 SSL 协议版本号（Version）；第 2 个字段是客户端生成的随机数（Random）；第 3 个字段是本次会话标识（SessionID）；第 4 个字段是客户端支持的若干密码套件（CipherSuite）列表；第 5 个字段是客户端支持的几种压缩方法（Compression Method）（指杂凑算法）列表。发送完后等待服务器的回复。

SSL2.0 和 SSL3.0 支持的密码算法有流密码 RC4，分组密码 RC2、DES 和 IDEA，公钥算法是 RSA 和 DSS。支持的杂凑算法是 MD5 和 SHA-1。密钥协商算法有 Diffie-Hellman 算法和堡垒算法 Fortezza。

Diffie-Hellman 算法又有 3 种不同的实施方案：固定的 Diffie-Hellman 密钥协商、短暂的 Diffie-Hellman 密钥协商和匿名的 Diffie-Hellman 密钥协商。

Fortezza 是美国 NSA 使用的一种安全产品，包括一个令牌和护身符软件，用于协商会话密钥。其实现思路是，先用 Fortezza 协商令牌密钥 TEK（Token Encryption Key），协商过程与 Diffie-Hellman 类似，用对方的公钥和自己的私钥计算令牌密钥，然后客户端生成会话密钥并用 TEK 加密传送给服务器。微软的视窗服务器浏览器支持 Fortezza。

（2）服务器收到客户端的 Client_Hello 消息后，回复 Server_Hello 消息给客户端，同样包含 5 个字段，顺序与客户端的相同。第 1 个字段是客户端的 SSL 版本号和服务器的 SSL 版本号，服务器的版本号可以高于客户端的版本号；第 2 个字段是服务器生成的随机数，与客户端的不同；第 3 个字段，若收到的会话标识非零，则复制该参数，否则产生一个新的会话标识值；第 4 个字段是从客户端支持的密码套件中选定的一组，通常是安全强度最高的一组；第 5 个字段是从客户端支持的杂凑算法中选取的一种，用于完整性校验。

第二阶段： 服务器身份认证和密钥交换。

（3）服务器发送它的数字证书给客户端，以证明自己的身份。证书包含一个或一系列 X.509 v3 证书。该步骤是可选的，在使用固定 Diffie-Hellman 模式的情况下必须执行，在使用匿名 Diffie-Hellman 的情况下无须发送证书。

（4）服务器发送 Server_Key_Exchange 消息，要求密钥交换。该步骤也是可选的，在使用固定 Diffie-Hellman 模式的情况下无须执行；在使用短暂 Diffie-Hellman 或匿名 Diffie-Hellman 模式的情况下必须执行。还有一种应用 RSA 算法进行密钥协商的模式也需要执行该步骤。RSA 密钥协商的方案是，由服务器产生临时的 RSA 密钥对，并对公钥进行签名，然后一并发给客户端，客户端生成会话密钥，用验证的公钥加密后再发送给服务器。

（5）服务器发送 Certificate_Request 消息。非匿名的服务器要从客户端请求证书，目的是验证客户端的身份。该步骤也是可选的，因为有时候客户端没有证书。

（6）服务器发送呼叫结束信息 Server_Hello_Done，表示本阶段工作结束。然后等待客户端响应。

第三阶段： 客户端身份认证和密钥交换。

客户端收到 Server_Hello_Done 消息，验证证书的正确性，并检查 Server_Hello 消息参数是否可接受。若检查和验证都通过，则客户端向服务器发送消息。

（7）如果服务器发送了证书请求消息，则客户端需要将自己的证书 Certificate 发送给服务器。如果客户端没有合适的证书，客户端将发送 No_Certificate 消息告警。

（8）如果服务器发送了密钥交换消息，客户端必须发送 Client_Key_Exchange 消息。消息内容与密钥协商模式有关。固定、暂时或匿名的 Diffie-Hellman 模式下需要发送客户端的公开 Diffie-Hellman 参数，包括系统公共参数和客户端的公开密钥；在 Fortezza 模式下需要发送客户端的 Fortezza 参数；在 RSA 密钥交换模式下，客户端生成 48 字节的预主密码（Pre-Master Secret），并用服务器证书中的公钥，或从服务器 Server_Key_Exchange 消息中得到的临时 RSA 公钥加密后发送给服务器。

（9）客户端在需要的情况下向服务器发送 Certificate_Verify 消息，以便服务器验证自己的证书。消息内容是分别用 MD5 和 SHA 对 Client_Hello 开始之后除本消息之外的所有 SSL 握手消息进行杂凑计算，如果用户使用 RSA 算法，则要使用私钥对 MD5 和 SHA 杂凑值的链接进行签名。杂凑内容定义如下：

```
CertificateVerify.signature.md5_hash
    MD5(master_secret||pad_2||MD5(handshake_messages||master_secret||pad_1));
Certificate.signature.sha_hash
    SHA(master_secret||pad_2||SHA(handshake_messages||master_secret||pad_1));
```

pad_1 和 pad_2 是两个预先为消息认证码定义的值，SHA 杂凑算法使用的是 SHA-1。字段 master_secret 是主密钥。

第四阶段： 完成。

服务器和客户端身份认证和密钥交换结束后，进入握手的完成阶段。

（10）客户端发送密码规格更改消息 Change_Cipher_Spec。

（11）客户端在新算法、新密钥和密码下发送 Finished 消息，完成安全连接。

结束消息的内容如下：

MD5(master_secret||pad_2||MD5(handshake_messages||Sender||master_secret||pad_1))（10.3.1）

SHA(master_secret||pad_2||SHA(handshake_messages|| Sender||master_secret||pad_1))（10.3.2）

Sender 是客户端代码，handshake_messages 是除本消息以外的所有握手消息。

（12）服务器响应第（10）和（11）条消息，也发送 Change_Cipher_Spec 消息，将新的密码规格传送到 CipherSpec，并发送其结束消息。

至此，握手过程结束，客户端和服务器可以开始应用层安全通信了。

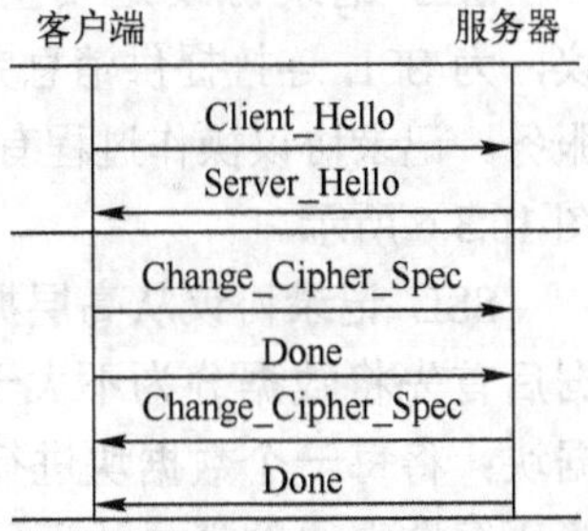

图 10.3.4　恢复会话的握手过程

3．恢复会话

如果一个已存在的会话需要恢复时，握手协议简化为图 10.3.4 所示的过程。

与完整握手协议不同的是客户端发送的 Client_Hello 消息中的 SessionID 字段是要恢复的会话 ID。服务器检查当前状态中是否有该识别号，若有，在相应的会话状态下建立一个新的连接，服务器回应一条含有相同 SessionID 的 Server_Hello 消息；若未检索到符合这个 SessionID 的会话，则需要生成一个新的 SessionID，执行完整的握手协议建立新的会话。

当建立的连接是恢复的会话时，密码套件、杂凑算法和主密钥延续该会话的选择，仅生成 Client_Hello 和 Server_Hello 中的新随机数，与主密钥一起生成新的会话密钥、初始向量和消息认证码密钥，供随后的记录协议使用。

10.3.3　更改密码规格协议

这个协议只有一个值为 1 的单字节消息。作用是将待定的密码规格 CipherSpec 复制到当前的 CipherSpec，完成密码规格更新。

客户端和服务器都有各自的读、写状态（read state, write state），在握手协议层为待定状态（the pending state），包含了握手协议协商好的密码套件（包括压缩、加密、MAC 计算、密钥等）；在记录协议层为当前操作状态（the current state），指的是正在实施的密码套件。

密码规格更新通过把待定读状态的内容复制到当前读状态，或者把待定写状态的内容复制到当前写状态来完成。

读状态包含解压缩、解密、MAC 验证和解密密钥；写状态包含压缩、加密、MAC 计算、加密密钥等信息。

10.3.4 警告协议

警告级别	警告代码

图 10.3.5 警告协议组

警告协议用于向对等实体发出 SSL 警告。每条消息有 2 个字节，第 1 个字节指示警告级别，第 2 个字节是特定警告的代码。警告协议组成如图 10.3.5 所示。

第 1 个字节取值有两个：1 和 2，分别代表警告级（warning）和错误级（fatal），表示消息异常情况的严重性。如果为 2，SSL 立即终止该连接。如果为 1，接收方根据警告的级别做相应的处理。警告的代码列于表 10.3-2。

表 10.3-2 警告代码

警告级别	代码	释义
错误级	Unexpected_message	不恰当消息
	Bad_record_mac	错误 MAC 码
	Decompression_failure	解压失败（不能解压或超过了最大允许长度的解压缩）
	Handshake_failure	握手失败（发送方生成的安全参数不可接受，故无法选择）
	Illegal_parameter	握手消息的某个值超过值域或与其他的不相符
警告级	Close_notify	通知收方终止连接。在关闭连接的写端之前，每一方都须发送该警告
	No_certificate	没有合适的证书可用
	Bad_certificate	收到的证书已损坏
	Unsupported_certificate	不支持的证书类型
	Certificate_revoked	证书已被吊销
	Certificate_expired	证书过期
	Certificate_unknown	未知证书

10.3.5 记录协议

SSL 记录协议是安全服务的执行协议，为 SSL 连接提供消息完整性和机密性服务。记录协议操作过程有 5 个步骤，如图 10.3.6 所示。

SSL 记录协议从高层握手协议收到数据后首先将数据分为不大于 2^{14} 字节的数据块；将每一个数据块进行压缩；接着计算压缩数据块的消息认证码 MAC，并将 MAC 附于压缩数据之后；然后对压缩数据及其 MAC 进行加密；最后在密文前面添加 SSL 记录报头。

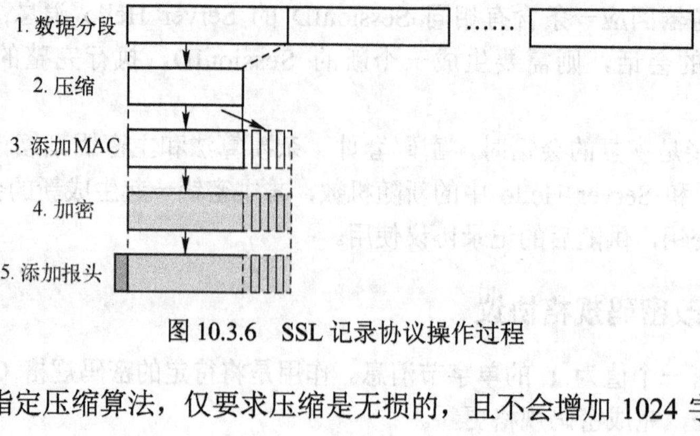

图 10.3.6 SSL 记录协议操作过程

SSL3.0 没有指定压缩算法，仅要求压缩是无损的，且不会增加 1024 字节以上长度的内

表 10.3-3　杂凑函数输入参数定义

符号	对应参数	定义
a	MAC_write_secret	共享的保密密钥
b	pad_1	常量 0x36，对 MD5 重复 48 次，对 SHA-1 重复 40 次
c	pad_2	常量 0x5c，对 MD5 重复 48 次，对 SHA-1 重复 40 次
d	seq_num	消息的序列号
e	SSLCompressed.type	处理数据分段的高级协议
f	SSLCompressed.length	压缩分段数据的长度
g	SSLCompressed.fragment	压缩分段（若未使用压缩，则为明文分段）

容。在没有使用压缩的情况下，直接对明文分段。杂凑算法用 MD5 或 SHA-1。MAC 码的计算式为

$$\mathrm{Hash}(a\|c\|\mathrm{Hash}(a\|b\|d\|e\|f\|g)) \tag{10.3.3}$$

式（10.3.3）中杂凑函数输入参数定义见表 10.3-3。

实际上 SSL 记录协议采用了 RFC2104 规范中指定的 HMAC 结构的轻微修正版，稍有区别的是杂凑之前在消息中插入了序列号，以防重放攻击。

第 4 步加密时可采用杂凑密码 RC4，也可以采用分组密码 RC2、DES 或 IDEA。采用分组密码时，如果数据+MAC 的总长不是分组长度的倍数，则最后一个分组需要填充一些比特，凑成一个分组的长度。

最后生成一个 SSL 记录报头。最终形成的 SSL 记录格式示于图 10.3.7。

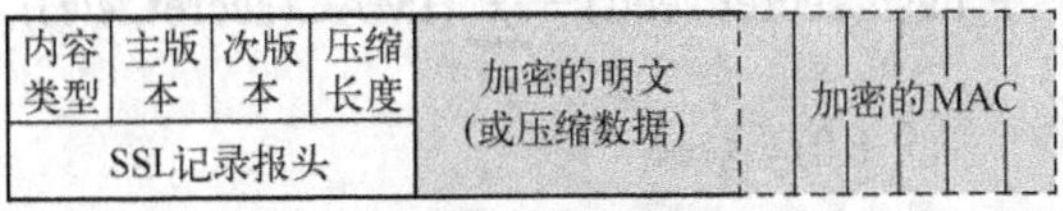

图 10.3.7　SSL 记录格式

由图 10.3.7 可见，SSL 记录报头包含内容类型、主版本、次版本和压缩长度 4 个字段。

内容类型有更改密码规格 Change_Cipher_Spec、警告 alert、握手 handshake 和应用数据 application_data，共 4 种，用 1 个字节表示。

主版本号和次版本号各用 1 个字节表示。SSL3.0 的主版本号为 3，次版本号为 0。最后一个字段定义了分段的字节长度，最大值是 2^{14}+2048。

10.3.6　TLS 协议

TLS 协议由 SSL 协议发展而来，两个协议在结构、层次的构架、功能、模式和操作步骤上酷似，仅有微小差别。本节仅对两者不同之处加以介绍。

1．版本号

TLS 的消息格式和报头字段的意义与 SSL 相同，版本值不同。TLS 目前的主版本号是 3，次版本号是 1；SSL 的主版本号是 3，次版本号是 0。

2．消息认证码

TLS1.0 中计算消息认证码所采用的是 RFC2104 规范中的 HMAC 算法，不是 MAC 算法。HMAC 算法的运算过程，见第 5 章的图 5.5.5。如果数据分组长度是 n 比特，则 HMAC 算法中的两个常量 ipad(0x36)和 opad(0x5C)，需要重复 $n/8$ 次。

TLS 中的填充字节与保密密钥之间是异或（⊕）关系，而 SSL 中的两者是链接（||）关系。

另外，TLS 中 HMAC 的输入参数增加了一个字段 TLSCompressed.version，指明了正在

使用的协议版本。计算公式为

$$\text{HMAC\_hash}(a\|c\|\text{HMAC\_hash}(a\|b\|d\|e\|\text{TLSCompressed.version}\|f\|g)) \quad (10.3.4)$$

式（10.3.4）中，字母 $a \sim g$ 的定义见表 10.3-3。

3．伪随机函数

TLS 使用伪随机函数 PRF（Pseudo-random Function）的作用是将较短的秘密值（secret）、种子（seed）和标签（label）扩展成任意长度的输出，以便能生成合乎要求的密钥。

将秘密值 secret 平分为 S_1 和 S_2 两部分，S_1 是前半部分，S_2 是后半部分。如果秘密值的长度是奇数字节，则 S_2 的第一个字节重复 S_1 的最后一个字节，使两半部分等长。然后用扩展函数 P_hash 将输入的秘密值和种子分别用 MD5 扩展函数和 SHA-1 扩展函数将 S_1 和 S_2 予以扩展，伪随机函数就定义为两个扩展的随机流的异或：

$$\text{PRF}(\text{secret},\text{label},\text{seed}) = \text{P\_MD5}(S_1,\text{label}+\text{seed}) \oplus \text{P\_SHA}-1(S_2,\text{label}+\text{seed}) \quad (10.3.5)$$

式中的识别标签 label 用 ASCⅡ码表示。

扩展函数定义为：

$$\text{P\_hash}(\text{secret},\text{seed}) = \sum_{i=1}^{n} \text{HMAC}(\text{secret}, A(i)) \quad (10.3.6)$$

式中 $A(i)$定义为：

$$\begin{cases} A(0) = \text{seed} \\ A(i) = \text{HMAC\_hash}(\text{secret}, A(i-1)) \end{cases} \quad (10.3.7)$$

扩展函数的计算过程可用图 10.3.8 表示。

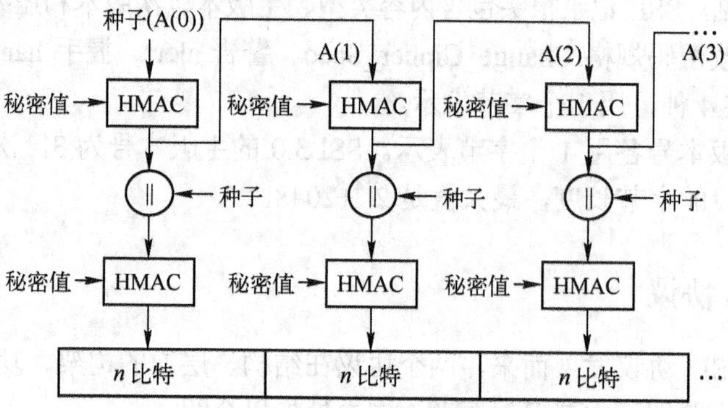

图 10.3.8　TLS 的扩展函数 P_hash

伪随机函数 PRF 根据需要可以迭代产生足够长的数据流。例如，如果需要产生 64 字节的数据流，而 MD5 只有 128 位，即 16 字节，则 P_MD5 就需要迭代 4 次。如果使用 160 位的 SHA-1，也必须迭代 4 次，最后多出来的 16 字节将被丢弃。

为了计算式（10.3.5）中 PRF 的异或，P_MD5 和 P_SHA-1 的长度必须相同，因此 P_MD5 总是比 P_SHA-1 多迭代几轮。

伪随机函数中使用了两种杂凑算法，主要是为了安全性考虑。只要其中任一个杂凑算法安全，即使另一个杂凑算法被找到了碰撞，伪随机函数的输出序列流仍然是安全的。

4．警告码

TLS 没有 no_certificate 警告码，其余 SSL3.0 的警告码都支持。另外，TLS 还新增了一些警告码，列于表 10.3-4。

表 10.3-4 TLS 新增警告码

警告级别	代码	释义
致命错误级	decryption_failed	解密失败。填充值检测错误或密文不是分组长度的偶数倍
	record_overflow	密文的记录超过了 2^{14}+2048 字节
	unknown_ca	CA 不匹配或未知 CA
	access_denied	收到了有效证书，但应用在访问控制时决定不协商
	decode_error	解码错误。因消息长度不正确或某些域溢出导致无法解码
	export_restriction	协商的和检测到的出口限制不一致
	protocol_version	不支持客户端的该版本号
	insufficient_security	安全强度不足。服务器的版本高于客户端的版本即可能发生此错误
其他警告	Decrypt_error	握手协议密码操作失败。包括解密失败、签名验证失败和密钥协商失败
	user_canceled	因与协议无关的其他原因取消握手过程
	no_renegotiation	客户端或服务器初始化握手后发送。启动重新协商

5. 密码套件

TLS1.0 协议不支持堡垒算法 Fortezza，其余与 SSL3.0 相同。

6. 客户端证书类型

SSL3.0 和 TLS1.0 客户端证书类型的区别列于表 10.3-5。

表 10.3-5 客户端证书类型的区别

证书类型	SSL3.0	TLS1.0
rsa_sign	√	√
dss_sign	√	√
rsa_fixed_dh	√	√
dss_fixed_dh	√	√
rsa_ephemeral_dh	√	×
dss_ephemeral_dh	√	×
fortezza_kea	√	×

7. 证书验证消息

TLS 的证书验证 Certificate_Verify 消息中对杂凑输入进行了简化：

CertificateVerify.signature.md5_hash MD5 (handshake_messages);
Certificate.signature.sha_hash SHA (handshake_messages);

而在 SSL3.0 中，主密钥和填充也是杂凑函数的输入。因这些字段并没有增加安全性而在 TLS 协议中被简化。

8. 结束消息

TLS 结束消息的计算常数和计算方法与 SSL 都不同。SSL 结束消息的计算参见式（10.3.1）和式（10.3.2）。TLS 结束消息的计算公式为：

$$\mathrm{PRF}(\mathrm{master\_secret}, \mathrm{finnished\_label}, \mathrm{MD5}(\mathrm{handshake\_messages}) \oplus \mathrm{SHA}-1(\mathrm{handshake\_messages})) \quad (10.3.8)$$

此处的 finished_label 对于客户端是“client_finished”，对于服务器是“server_finished”。

9. 密钥计算

TLS 预主密钥的计算与 SSL3.0 的相同，但主密钥的计算不甚相同。TLS 主密钥的计算公式为：

$$\mathrm{ms} = \mathrm{PRF}(\mathrm{p\_ms}, \text{"ms"}, \mathrm{Chr} \oplus \mathrm{Shr}) \quad (10.3.9)$$

式中各符号意义如下：

ms——主密钥 master_secret；

p_ms——预主密钥 pre_ master_secret；

Chr——客户端握手参数 ClientHello.random；

Shr——服务器握手参数 ServerHello.random。

采用不同的密钥交换算法产生的预主密钥长度不同，但是主密钥始终是 48 字节。因而式（10.3.9）的伪随机函数将循环执行，直到产生 48 字节的序列流为止。

包括会话密钥、杂凑密钥、初始化变量在内的密钥组计算公式如下：

$$kb = PRF(SP.ms,"ke",SP.sr \oplus SP.cr) \tag{10.3.10}$$

式中各符号意义：

kb——密码组 key_block；

SP.ms——主密钥（安全参数）SecurityParameters.master_secret；

ke——密钥扩展 key expansion；

SP.sr——服务器随机数（安全参数）SecurityParameters.server_random;

SP.cr——客户端随机数（安全参数）SecurityParameters.client_random。

10．填充

当数据总长度不是密码分组长度的倍数时，数据在加密之前需要填充至分组密码的倍数。SSL 协议的填充规则是保持分组密码长度倍数的最小字节数，而 TLS 的填充是可变的，只要数据总长度是分组密码的倍数，填充字节可以在 1～255 字节之间选择。

SSL/TLS 协议能够提供网络通信高层应用安全的核心技术是密码技术。尽管 SSL/TLS 协议建议使用的都是国外广泛流行的密码算法，但是替换成其他对等功能的算法同样能够构造出提供应用层安全服务的 SSL 协议，故国内建议将国产 SM 系列算法嵌入 SSL 协议。如用国产公钥算法 SM2 可实现数字签名和密钥协商的功能，国产杂凑算法 SM3 可实现完整性校验功能、计算消息认证码，用分组算法 SM4 可实现数据加密功能。这三个算法现在也都已经成为新的国际标准。

习题

10.1 什么是密码协议？

10.2 密码协议应包含哪些要素？

10.3 密码协议分为哪几类？

10.4 密码协议面临的安全问题有哪些？

10.5 SSL/TLS 协议的全称是什么？其作用是什么？

10.6 SSL/TLS 协议提供哪些服务？

10.7 SSL 协议由哪些部分构成？各部分的作用是什么？

10.8 SSL 协议握手过程分几个阶段？各阶段的任务是什么？

参 考 文 献

[1] C E Shannon. The Communication Theory of Secrecy System [J]. Bell System Technical Journal, 1949, (28)4:656～715.

[2] C E Shannon. A Mathematical Theory of Communications[J]. Bell Labs Technical Journal,1948, 27(4):379～423.

[3] Paul.Kocher, J.Jafe, B.Jun. Differential Power Analysis[J], CRYPTO 1999, LNCS 1666, pp.388～397,1999.

[4] P. Kocher, J. Jaffe, and B. Jun. Differential Power Analysis [A]. Proceedings of the 19th Annual International Cryptology Conference on Advances in Cryptology[C]. LNCS 1666.Berlin: Spring-Verlag, pp388～397,1999

[5] W. Diffie, M. E. Hellman. New Directions in Cryptography[J]. IEEE Transactions on Information Theory,1976, 22(6):644～654.

[6] 陈运, 周亮, 陈新, 陈伟建. 信息论与编码(第 3 版) [M]. 北京：电子工业出版社，2016

[7] 陈运. 信息加密原理[M]. 成都：电子科技大学出版社，1996

[8] International Standard, ISO/IEC 18033-4. Information technology-Security techniques-Encryption algorithms-Part 4：Stream ciphers AMENDMENT 1:ZUC[S]. 2020.08

[9] Specification of the 3GPP Confidentiality and Integrity Algorithms 128-EEA3 and 128-EIA3, Document 4: Design and Evaluation Report[S]. http://www.gsmworld.com/documents/EEA3_EIA3_Design_Evaluation_v1_1.pdf.

[10] 中华人民共和国国家标准，GB/T 32907-2016，信息安全技术 SM4 分组密码算法[S]. 北京：中华人民共和国国家质量监督检验检疫总局、中国国家标准化管理委员会，2016

[11] 中华人民共和国国家标准，GB/T 38625-2020 密码模块安全检测要求[S]. 北京：中华人民共和国国家质量监督检验检疫总局、中国国家标准化管理委员会，2020

[12] 中华人民共和国国家标准，GB/T 38635.1-2020 信息安全技术 SM9 标识密码算法 第 1 部分：总则[S]. 北京：中华人民共和国国家质量监督检验检疫总局、中国国家标准化管理委员会，2020

[13] 中华人民共和国国家标准，GB/T 38635.2-2020 信息安全技术 SM9 标识密码算法 第 2 部分：算法[S]. 北京：中华人民共和国国家质量监督检验检疫总局、中国国家标准化管理委员会，2020

[14] 中华人民共和国国家标准，GB/T 39786-2021 信息安全技术 信息系统密码应用基本要求[S]. 北京：中华人民共和国国家质量监督检验检疫总局、中国国家标准化管理委员会，2021

[15] 中华人民共和国密码行业标准， GM/T 0001.1-2012 祖冲之序列密码算法 第 1 部分 算法描述[S]. 北京：国家密码管理局，2012

[16] 中华人民共和国密码行业标准, GM/T 0001.2-2012 祖冲之序列密码算法 第 2 部分 基于祖冲之算法的机密性算法[S]. 北京：国家密码管理局，2012

[17] 中华人民共和国密码行业标准, GM/T 0001.3-2012 祖冲之序列密码算法 第 3 部分 基于祖冲之算法的完整性算法[S]. 北京：国家密码管理局，2012

[18] 中华人民共和国密码行业标准, GM/T 0002-2012 SM4 分组密码算法[S]. 北京：国家密码管理局，2012

[19] 中华人民共和国密码行业标准, GM/T 0003.1-2012 SM2 椭圆曲线公钥密码算法 第 1 部分 总则[S]. 北京：国家密码管理局，2012

[20] 中华人民共和国密码行业标准, GM/T 0003.2-2012 SM2 椭圆曲线公钥密码算法 第 2 部分 数字签名算

法[S]. 北京：国家密码管理局，2012
[21] 中华人民共和国密码行业标准, GM/T 0003.3-2012 SM2 椭圆曲线公钥密码算法 第 3 部分 密钥交换协议[S]. 北京：国家密码管理局，2012
[22] 中华人民共和国密码行业标准, GM/T 0003.4-2012 SM2 椭圆曲线公钥密码算法 第 4 部分 公钥加密算法[S]. 北京：国家密码管理局，2012
[23] 中华人民共和国密码行业标准, GM/T 0003.5-2012 SM2 椭圆曲线公钥密码算法 第 5 部分 参数定义[S]. 北京：国家密码管理局，2012
[24] 中华人民共和国密码行业标准, GM/T 0004-2012 SM3 密码杂凑算法[S]. 北京：国家密码管理局，2012
[25] 中华人民共和国密码行业标准, GM/T 0005-2012 随机性检测规范[S]. 北京：国家密码管理局，2012
[26] 中华人民共和国密码行业标准, GM/T0008-2012. 安全芯片密码检测准则[S]. 北京：国家密码管理局，2012
[27] 中华人民共和国密码行业标准, GM/T0009-2012. SM2 密码算法使用规范[S]. 北京：国家密码管理局，2012
[28] 中华人民共和国密码行业标准, GM/T0010-2012. SM2 密码算法加密签名消息语法规范[S]. 北京：国家密码管理局，2012
[29] 中华人民共和国密码行业标准， GM/T 0014-2012 数字证书认证系统密码协议规范[S]. 北京：国家密码管理局，2012
[30] 中华人民共和国密码行业标准, GM/T0015-2012. 基于 SM2 密码算法的数字证书格式规范[S]. 北京：国家密码管理局，2012
[31] 中华人民共和国密码行业标准, GM/T 0021-2012 动态口令密码应用技术规范[S]. 北京：国家密码管理局，2012
[32] 中华人民共和国密码行业标准, GM/T 00034-2014 基于 SM2 密码算法的证书认证系统密码及其相关安全技术规范[S]. 北京：国家密码管理局，2014
[33] 中华人民共和国密码行业标准， GM/T 00039-2015 密码模块安全检测要求[S]. 北京：国家密码管理局，2015
[34] 中华人民共和国密码行业标准，GM/T 0044.1-2016，SM9 标识密码算法 第 1 部分：总则[S]. 北京：国家密码管理局，2016
[35] 中华人民共和国密码行业标准，GM/T 0044.2-2016，SM9 标识密码算法 第 2 部分：数字签名算法[S]. 北京：国家密码管理局，2016
[36] 中华人民共和国密码行业标准，GM/T 0044.3-2016，SM9 标识密码算法 第 3 部分：密钥交换协议[S]. 国家密码管理局，2016.03.28
[37] 中华人民共和国密码行业标准，GM/T 0044.4-2016，SM9 标识密码算法 第 4 部分：密钥封装机制和公钥加密算法[S]. 国家密码管理局，2016
[38] 中华人民共和国密码行业标准，GM/T 0044.5-2016，SM9 标识密码算法 第 5 部分：参数定义[S]. 北京：国家密码管理局，2016
[39] 中华人民共和国密码行业标准，GM/T 0045-2016，金融数据密码机技术规范[S]. 北京：国家密码管理局，2016
[40] 中华人民共和国密码行业标准, GM/T 00061-2018 动态口令密码应用检测规范[S]. 北京：国家密码管理局，2018
[41] 中华人民共和国密码行业标准，GM/T 00062-2018 密码产品随机数检测要求[S]. 北京：国家密码管理局，2018
[42] 中华人民共和国密码行业标准，GM/T0078-2020. 密码随机数生成模块设计指南[S]. 北京：国家密码管

理局，2020
[43] 中华人民共和国密码行业标准, GM/T0080-2020. SM9 密码算法使用规范[S]. 北京：国家密码管理局，2020
[44] 中华人民共和国密码行业标准, GM/T0081-2020. SM9 密码算法加密签名消息语法规范[S]. 北京：国家密码管理局，2020
[45] 中华人民共和国密码行业标准, GM/T0083-2020. 密码模块非入侵式攻击缓解技术指南[S]. 北京：国家密码管理局，2020
[46] 中华人民共和国密码行业标准, GM/T0084-2020. 密码模块物理攻击缓解技术指南[S]. 北京：国家密码管理局，2020
[47] 中华人民共和国密码行业标准, GM/T0085-2020. 基于 SM9 标识密码算法的技术体系框架[S]. 北京：国家密码管理局，2020
[48] 中华人民共和国密码行业标准, GM/T0086-2020. 基于 SM9 标识密码算法的密钥管理系统技术规范[S]. 北京：国家密码管理局，2020
[49] 中华人民共和国密码行业标准, GM/T0091-2020. 基于口令的密钥派生规范[S]. 北京：国家密码管理局，2020
[50] 中华人民共和国密码行业标准, GM/T0092-2020. 基于 SM2 算法的证书申请语法规范[S]. 北京：国家密码管理局，2020
[51] 中华人民共和国密码行业标准, GM/T0093-2020. 证书与密钥交换格式规范[S]. 北京：国家密码管理局，2020
[52] 中华人民共和国密码行业标准, GM/T0094-2020. 公钥密码应用技术体系框架规范[S]. 北京：国家密码管理局，2020
[53] 杨义先，钮忻心. 安全通论[M]. 北京：电子工业出版社，2018
[54] 杨义先，钮忻心. 安全简史[M]. 北京：电子工业出版社，2017
[55] Joan Daemen,Vincent Rijmen. The Design of Rijndael[J]. Berlin Heidelberg: Springer-Verlag, 2002
[56] Joan Daemen,Vincent Rijmen. 谷大武，徐胜波，译. 高级加密标准(AES)算法——Rijndael 的设计[M]. 北京：清华大学出版社，2003
[57] William Stallings. Cryptography and Network Security Principle and Practice [M]. Prentice Hall, 2005
[58] Stefan Mangard, Elisabeth Oswald, Thomas Popp. Power Analysis Attacks: Revealing the Secrets of Smart Cards[M]. New York: Springer Science+Business Media, LLC, 2007
[59] Bruce Schneier. 应用密码学——协议、算法及 C 源程序(第 2 版)[M]. 北京：机械工业出版社，2000
[60] Oded Goldreich. 密码学基础(英文版)[M]. 北京：电子工业出版社，2003
[61] Darrel Hankerson, Alfred Menezes,Scott Vanstone. 椭圆曲线密码学导论[M]. 北京：电子工业出版社，2005
[62] William Stallings. 密码编码学与网络安全：原理与实践(第 2 版)[M]. 北京：电子工业出版社，2001
[63] F.L. Bauer. 密码编码和密码分析——原理与方法(第 2 版)[M]. 北京：机械工业出版社，2001
[64] Bruce Schneier. 网络信息安全真相[M]. 北京：机械工业出版社，2001
[65] Carlisle Adams, Steve Lloyd. 公开密钥基础设施——概念、标准和实施[M]. 北京：人民邮电出版社，2001
[66] William Stallings, Lawrie Brown. 计算机安全原理与实践[M]. 北京：机械工业出版社，2008
[67] Alfred J. Menezes，Paul C. van Oorschot，Scott A. Vanstone. 应用密码学手册[M]. 北京：电子工业出版

社，2005
[68] 胡向东，魏琴芳，胡蓉. 应用密码学(第 4 版)[M]. 北京：电子工业出版社，2019
[69] 李子臣. 密码学——基础理论与应用[M]. 北京：电子工业出版社，2019
[70] 汤永利，闫玺玺，叶青. 应用密码学[M]. 北京：电子工业出版社，2017
[71] 章照止. 现代密码学基础[M]. 北京：北京邮电大学出版社，2004
[72] Wenbo Mao. 现代密码学理论与实践(英文版)[M]. 北京：电子工业出版社，2004
[73] 张焕国，覃中平. 演化密码引论[M]. 武汉：武汉大学出版社，2010
[74] 郭世泽，王韬，赵新杰. 密码旁路分析方法[M]. 北京：科学出版社，2014
[75] 尼尔斯·弗格森，布鲁斯·施奈尔，大仓河野. 密码工程——原理与应用[M]. 北京：机械工业出版社，2019
[76] Steve Burnett, Stephen Pane. 冯登国，等译. 密码工程实践指南[M]. 北京：清华大学出版社，2001
[77] 荆继武. 浅谈密码与网络空间安全学科的不同点（网络文章）. 微信公众号：商密君，微信号：shangmijun https://m.vlambda.com/account_shangmijun.html
[78] 方永强，李志刚，高伟. NESSIE 工程评选综述[J]. 安全技术，2003 年第 6 期：27~29
[79] 张海纳. eSTREAM 序列密码候选算法的安全性分析[J]. 电信技术, 2015 年第 7 期：850～854